基于数据和度量的软件和信息技术管理

软件成本度量及造价分析

李华北　吴小庆　韩　珊　李咏华
何建煌　张　旭　门轩庭　白　溥　◎著

電子工業出版社
Publishing House of Electronics Industry
北京・BEIJING

内 容 简 介

本书针对现代软件工程的特点，结合金融、航空航天、电子政务、制造及互联网等行业特征，基于相关国际标准、国家标准和行业标准，建立了适用于软件成本度量的体系方法和模型。本书共 10 章，阐述了软件成本度量和造价的一般理论；引入了软件规模估算技术，包括 NESMA、SNAP、COSMIC 等方法的应用和实践；分析了基准数据库的建立及应用，包括生产率、费率、工作量、工期、质量等数据收集、分析和应用方法；建立了软件成本估算、造价分析模型，介绍了行业实施规则、整体案例等内容。

本书可作为各行业从事软件成本度量和造价分析工作人员的参考用书，也可作为从事信息技术及软件研发、软件运维工作人员的学习用书。

图书在版编目（CIP）数据

软件成本度量及造价分析/李华北等著. —北京：电子工业出版社，2018.6
（基于数据和度量的软件和信息技术管理）
ISBN 978-7-121-34349-0
Ⅰ. ①软… Ⅱ. ①李… Ⅲ. ①软件开发－成本－度量 ②软件开发－造价管理 Ⅳ. ①TP311.52

中国版本图书馆 CIP 数据核字（2018）第 117600 号

策划编辑：徐蔷薇
责任编辑：徐蔷薇　　特约编辑：劳嫦娟
印　　刷：天津千鹤文化传播有限公司
装　　订：天津千鹤文化传播有限公司
出版发行：电子工业出版社
　　　　　北京市海淀区万寿路 173 信箱　邮编　100036
开　　本：787×1092　1/16　印张：22　字数：564 千字
版　　次：2018 年 6 月第 1 版
印　　次：2018 年 6 月第 1 次印刷
定　　价：88.00 元

凡所购买电子工业出版社图书有缺损问题，请向购买书店调换。若书店售缺，请与本社发行部联系，联系及邮购电话：（010）88254888，88258888。

质量投诉请发邮件至 zlts@phei.com.cn，盗版侵权举报请发邮件至 dbqq@phei.com.cn。

本书咨询联系方式：xuqw@phei.com.cn。

总序 PREFACE

信息技术产业发展和应用已进入一个全新的时代，软件成为新一代信息技术产业的灵魂。当前，软件和信息技术服务是引领科技创新、驱动经济社会转型发展的核心力量，是建设制造强国和网络强国的核心支撑。“软件定义”是信息革命的新标志和新特征，其推动信息技术应用进入跨界融合，呈现“网构化、普适化、智能化”的新趋势，不断催生新平台、新模式和新思维，形成以云计算、大数据、物联网、人工智能等为主导的信息应用新业态，同时成为制造业转型升级的关键支撑。

管理是指一定组织中的人员在特定环境下，对组织所拥有的资源进行有效的计划、组织、领导和控制，以便实现组织既定目标的活动过程。管理是一种社会现象，具有明确的任务、职能和层次，其载体是组织，主体是管理者，核心是处理好人际关系，管理工作的有效性追求效率和效果两个方面。管理具有自然属性和社会属性，是科学性和艺术性的统一，包括计划、组织、人员配备、领导和控制等职能。

随着国家建设制造强国、网络强国战略的实施，以及信息产业和数字经济的推进，无论是传统行业还是新兴领域，软件和信息技术产品和服务的应用都越来越广泛，其质量的好坏将对行业产生重要的影响，这些影响体现了软件和信息技术组织的企业管理水平。但是，软件和信息技术组织的产品和服务与传统行业相比有很大的区别，其管理有其特殊性，如组织战略目标、组织结构形式、产品开发和服务模式、人员的组成及其管理方式、绩效管理和控制方法等，都与传统的管理模式有很大的区别。所以，针对上述问题，以及云计算、大数据、物联网、人工智能等新业态和环境所带来的变化，软件和信息技术组织管理形态如何定义、变化和控制，传统软件工程、硬件工程管理方法模式如何发展和更新，产品和服务的过程管理如何开展、运作等，是当前用户、厂商和产业链上的所有合作伙伴所面临的关键问题，亟须建立新的管理概念和模式，推动行业健康发展。

近年来，工业和信息化部电子第五研究所认证中心（以下简称赛宝认证中心）承担了大量产业政策研究、企业管理、两化融合任务，为软件和信息技术服务业、传统制造业等提供了快速、有效的服务，且深感管理技术及其工程实践经验对企业的重要性。

为了使广大管理人员和技术人员能够快速掌握新型管理的基本方法和模式并应用于管理、工程实践，同时顺应新技术、新方法应用的发展，解决上述变化产生的问题，赛宝认证中心编写了“基于数据和度量的软件和信息技术管理”系列丛书。本系列丛书由四本著作组成，分别覆盖四个方面的内容。

（1）新时代软件和信息技术产品研发模式和方法。认识“新业态下的产品和服务管理特点，分析常用的开发方法和生命周期，如迭代、顺序模式等，建立新时代的产品和服务开发理论。

（2）软件和信息技术产品质量模型及工程。基于 ISO 25000 系列标准，建立现代 IT 产品质量度量模型，评价 IT 产品和服务质量；同时，建立产品和服务质量指标与工程过程的关联模型，通过过程管理实现产品和服务的质量目标。

（3）度量方法及高成熟度管理。强化管理基于数据的概念，定义度量系统和方法，建立度量系统和管理过程的联系，建立高成熟管理的基线和模型特征，实施量化管理方法，分析其根本原因，应用度量系统实现高成熟度管理目标。

（4）软件成本度量及造价分析。体现软件价值，完善、建立软件产品造价模型、方法和评估机制，通过行业数据的采集和分析，深化软件工程造价标准的应用，引入第三方评估计价机制，改善低价竞标、恶性竞争的市场环境。

四个方面形成一个有机整体，根据新时代的产品和服务特点，建立开发模式和度量系统，使组织达到高成熟度管理水平，从而提高国际竞争力。

本丛书的主要目的是让读者了解软件和信息技术新时代的管理模式变化，以及度量在管理过程中的重要作用；指导读者应用度量系统等管理方法，使组织实现高成熟度的管理目标。

前言 FOREWORD

进入 21 世纪以来，软件和信息技术应用的飞速发展，已经广泛覆盖并渗透到了社会生活的方方面面。特别是近十年来，以云计算、大数据、物联网、人工智能等为代表的新一代信息技术推动信息技术应用进入跨界融合的繁荣期。无所不在的软件，正在走出信息领域的范畴，开始深度渗透到物理世界和人类社会的各个方面，并扮演着重新定义整个世界的重要角色，我们正在进入一个“软件定义一切”的时代。

如何科学、规范地对软件成本进行度量和计价，一直是业界的难题和关注重点。2013 年，工业和信息化部发布了行业标准《软件研发成本度量规范》（SJ/T 11463），提出了以功能点估算为基础的软件研发成本估算方法和标准，对软件研发成本的估算和度量工作做出了明确的指引和说明。经过多年的推广应用，很多政府部门、金融企业、信息技术企业等，均开展了基于行业标准的软件成本度量、计价和招投标工作，并根据应用实践，形成了行之有效的、系统的实施办法。

赛宝认证中心作为标准起草和推广应用的核心单位，先后为国内很多知名企业和机构提供了不同成熟度级别的软件成本度量和计价的培训、咨询和评估业务，积累了丰富的实践经验。赛宝认证中心以此为基础，结合软件度量技术方法和标准，形成了适用于软件组织定制化、高效化的软件成本度量体系方法和模型。基于此，赛宝认证中心总结多年经验教训，创新性地建立适用性技术方法和标准，编写了本书，供软件成本度量和造价相关人员学习参考，以解决软件组织和管理人员的迫切需求，共同推动软件成本度量体系和方法在软件行业的实践与应用。

本书共 10 章，主要内容如下。

第 1 章　软件成本度量及造价概论。介绍了当今和未来社会软件的定义、地位和发展，以及软件成本度量和造价的基本思路，包括软件造价方法和标准的实践及完善。

第 2 章　规模计数方法。介绍了软件功能需求和非功能需求规模计数的常用方法，对各规模计数方法及应用范围进行了对比分析。

第 3 章　NESMA 应用。介绍了国际功能点方法 NESMA 标准的功能点分析基本步骤、三种估算方法（指示、估算、详细）、通用计数规则、规模调整等，通过案例分析具体说明 NESMA 应用。

第 4 章　SNAP 应用。介绍了软件非功能规模计数 SNAP 标准的基本概念、基本原理、计数规则及方法的应用。

第 5 章　COSMIC 应用。介绍了国际功能点方法 COSMIC 标准的基本概念、度量基本模型、度量基本过程、方法应用及应用中的常见问题。

第 6 章　基准数据库的建立及应用。介绍了基准数据库的目的、建立与维护，基准数据库的常用工具和方法，包括测量元定义、基准数据分析方法、基准比对方法、功能点字典应用等，并通过基准数据库实例，具体说明数据库的应用。

第 7 章　工作量和工期估算。介绍了工作量估算的常用方法、估算模型及典型案例应用，以及工期估算的过程、方法和工期进度控制与分析等。

第 8 章　成本估算。介绍了软件成本的定义和构成，软件成本估算过程、估算常用方法、估算模型和典型案例应用，以及软件成本的测量与分析。

第 9 章　软件造价分析。介绍了软件产品及其价格特点，软件产品定价的主要影响因素、定价过程、定价策略、定价方法等。

第 10 章　行业实施规则及整体案例分析。通过项目预算、项目招投标、项目计划、项目管理、项目结算 5 个典型场景的完整案例，说明在实际业务中如何应用本书中介绍的方法、工具、经验，开展软件成本度量工作。

参与本书写作工作的人员有李华北、吴小庆、韩珊、李咏华、何建煌、张旭、门轩庭、白溥，参与本书审校工作的人员有李华北、谢映瑶，感谢上述人员对本书写作和审校工作的大力支持，希望本书能够给众多 IT 服务企业及从事软件成本度量和造价分析工作的相关人员提供帮助，也热忱欢迎广大读者对本书提出宝贵的意见和建议。

李华北

2018 年 4 月 16 日

目录 CONTENTS

第 1 章　软件成本度量及造价概论

1.1　软件的地位和发展

1.1.1　软件的定义

软件是一系列按照特定顺序组织的计算机数据和指令的集合。一般来讲，软件可划分为系统软件、应用软件和介于这两者之间的中间件。软件不仅包括可以在计算机（这里的计算机是指广义的计算机）上运行的电脑程序，与这些电脑程序相关的文档一般也被认为是软件的一部分。简单地说，软件就是程序加文档的集合体。另外，软件也泛指社会结构中的管理系统、思想意识形态、思想政治觉悟、法律法规，等等。计算机软件的含义包括如下三个方面：

（1）运行时，能够提供所要求功能和性能的指令或计算机程序集合。

（2）程序能够满意地处理信息的数据结构。

（3）描述程序功能需求及程序如何操作和使用的文档。

软件具备如下特点：

（1）软件是无形的，没有物理形态，只能通过运行状况来了解其功能、特性和质量。

（2）软件渗透了大量的脑力劳动，人的逻辑思维、智能活动和技术水平是软件产品的关键。

（3）软件不会像硬件一样老化、磨损，但需要进行缺陷维护和技术更新。

（4）软件的开发和运行必须依赖于特定的计算机系统环境，且对于硬件也有依赖性，为了减少依赖，在开发软件过程中提出了软件的可移植性。

（5）软件具有可复用性，软件开发出来很容易被复制，从而形成多个副本。

软件也是用户与硬件之间的接口界面。用户主要是通过软件与计算机进行交互。软件是计算机系统设计的重要依据。为了方便用户和使计算机系统具有较高的总体效用，在设计计算机系统时，必须通盘考虑软件与硬件的结合，以及用户的要求和软件的要求。

计算机软件与一般硬件产品相比有很大的区别，主要包括如下几个方面：

（1）硬件有形，有色，有味，看得见，摸得着，闻得到。而软件无形，无色，无味，看不见，摸不着，闻不到。软件大多存在于人们的脑中或纸面上，它的正确与否，是好是坏，一直要到程序在机器上运行才能知道。这就给设计、生产和管理带来了许多困难。

（2）计算机软件生产方式不同，软件需要开发，它是人的智力的高度发挥，不是传统意义上的硬件制造。尽管软件开发与硬件制造之间有许多共同点，但这两种活动是根本不同的。

（3）计算机软件要求不同。硬件产品允许有误差，而软件产品却不允许有误差，但软件产品允许存在缺陷。

（4）计算机软件维护不同。硬件是会用旧、用坏的，理论上，软件是不会用旧、用坏的，但实际上，软件也会变旧、变坏。因为在软件的整个生命周期中，一直处于更新、维护状态。

长期以来，软件的应用已渗透到各个行业，其种类繁多。软件的分类目前尚没有统一、科学的标准。常用的软件分类方法包括以下几种。

1. 按照软件的应用对象分类

1）系统软件

系统软件为计算机使用提供最基本的功能，可分为操作系统和支撑软件，其中操作系统是最基本的软件。系统软件负责管理计算机系统中各种独立的硬件，使得它们可以协调工作。系统软件使得计算机使用者和其他软件将计算机当成一个整体而不需要顾及底层每个硬件是如何工作的。

操作系统是管理计算机硬件与软件资源的程序，同时也是计算机系统的内核与基石。操作系统身负诸如管理与配置内存、决定系统资源供需的优先次序、控制输入与输出设备、操作网络与管理文件系统等基本事务。操作系统也提供一个让使用者与系统交互的操作接口。

支撑软件是支撑各种软件的开发与维护的软件，又称为软件开发环境（SDE）。它主要包括环境数据库、各种接口软件和工具组。著名的软件开发环境有IBM公司的Web Sphere，微软公司的Studio.NET等。这些支撑软件包括一系列基本的工具，如编译器、数据库管理、存储器格式化、文件系统管理、用户身份验证、驱动管理、网络连接等方面的工具。

2）应用软件

系统软件并不针对某一特定应用领域，而应用软件则相反，不同的应用软件根据用户和所服务的领域提供不同的功能。应用软件是为了某种特定的用途而被开发的软件。它可以是一个特定的程序，如一个图像浏览器；也可以是一组功能联系紧密、可以互相协作的程序的集合，如微软的 Office 软件；还可以是一个由众多独立程序组成的庞大的软件系统，如数据库管理系统。

如今智能手机得到了极大的普及，运行在手机上的应用软件简称手机软件，它能完善原始系统的不足与实现个性化。随着科技的发展，手机的功能也越来越多，越来越强大。而且手机功能的设计不像过去那样简单死板，而是发展到了可以和掌上电脑相媲美。需要注意的是，下载手机软件时还要考虑手机所安装的系统来决定所要下载的软件。手机主流系统包括 Android、iOS、Windows Phone、Symbian 等。

不同的软件一般都有对应的软件授权，软件的用户必须在同意所使用软件的许可证的情况下，才能合法地使用软件。从另一方面来讲，特定软件的许可条款也不能与法律相违背。

2. 按照软件的授权类别分类

（1）专属软件：此类授权通常不允许用户随意复制、研究、修改或散布该软件。违反此类授权通常会负严重的法律责任。传统的商业软件公司会采用此类授权，如微软的 Windows 系统和办公软件。专属软件的源代码通常被公司视为私有财产而予以严密保护。

（2）自由软件：此类授权正好与专属软件相反，赋予用户复制、研究、修改和散布该软件的权利，并提供源代码供用户自由使用，仅给予些许的其他限制。Linux、Firefox 和 OpenOffice 是此类软件的代表。

（3）共享软件：通常可免费取得并使用其试用版，但在功能或使用期限上受到限制。开发者会鼓励用户付费以获取功能完整的商业版。根据共享软件作者的授权，用户可以从各种渠道免费得到，也可以自由传播。

（4）免费软件：可免费取得和转载，但并不提供源代码，也无法修改。

（5）公共软件：原作者已放弃权利，著作权已过期，或作者已经不可考究的软件。使用上无任何限制。

根据工业和信息化部运行监测协调局的《软件产业统计制度修订说明》，软件分类如表 1-1 所示。

表 1-1　软件分类

软件分类		
一级分类	二级分类	举　例
基础软件	操作系统	Linux、Windows
	数据库系统	Access、ORACLE
中间件	基础中间件	交易中间件、应用服务器（J2EE）
	业务中间件	信息集成中间件、门户中间件
	领域中间件	无线射频中间件、数字电视中间件
应用软件	通用软件	企业管理软件
		游戏软件
		辅助设计与辅助制造软件（CAD/CAM）
		地理信息软件
		多媒体应用软件

（续表）

软件分类		
一级分类	二级分类	举　例
应用软件	行业应用软件	通信软件（QQ）
		金融财税软件
		能源软件
		工业控制软件
		交通应用软件
	文字语言处理软件	文本处理软件（WPS）
		翻译软件
		信息检索软件
嵌入式软件	嵌入式操作系统	Symbian、Android
	嵌入式应用软件	手机软件
信息安全软件	安全应用产品	杀毒软件
	安全测试评估	信息化安全管理
	其他信息安全产品及服务	云安全
支撑软件	开发工具软件	Visual Studio
	建模软件	3DSMAX
	配置管理软件	Microsoft VSS
	测试工具软件	Quality Center、LoadRunner
软件定制服务	软件咨询和供应	软件设计
	业务流程外包（BPO）	代码编写及调试
	其他服务	软件测试

根据《国民经济行业分类》（GB/T 4754—2011）标准，软件行业分类及代码和软件分类目录及代码分别如表 1-2 和表 1-3 所示。

表 1-2　软件行业分类及代码

软件行业代码	软件行业分类	备　注
E6201	软件产品行业	向用户提供的计算机软件、信息系统或设备中嵌入的软件或在提供计算机信息系统集成、应用服务等技术服务时提供的计算机软件。包括基础软件、中间件软件、应用软件、支撑软件、定制软件、信息安全产品和嵌入式软件产品等
E6202	信息系统集成服务行业	基于需方业务需求提供的信息系统设计服务、集成实施服务，以及为需方软/硬件系统及业务正常运行提供的支持服务。包括信息系统设计、集成实施服务、运行维护服务等
E6203	信息技术咨询服务行业	在信息资源开发利用、工程建设、人员培训、管理体系建设、技术支撑等方面向需方提供的管理或技术咨询评估服务。包括信息化规划、信息技术管理、信息系统工程监理、测试评估认证、信息技术培训等

（续表）

软件行业代码	软件行业分类	备　　注
E6204	数据处理和运营服务行业	利用信息技术为需方提供的除信息技术咨询、系统集成等常规服务以外的附加服务，包括数据处理、运营服务、存储服务、数字内容加工处理、客户交互服务等服务
E6205	嵌入式系统软件行业	以应用为中心编制的，并嵌入和固化在硬件中与其共同构成完整功能的软件产品。特指制造业企业自主研发并使用的嵌入式系统软件
E6206	IC 设计行业	集成电路研发设计

表 1-3　软件分类目录及代码（详细的软件分类）

软件代码	标　识　位	名　　称	备　　注
E000	软件业务收入明细合计		
E1	软件产品行业（E6201）		
E101000000		一、软件产品合计	向用户提供的计算机软件、信息系统或设备中嵌入的软件或在提供计算机信息系统集成、应用服务等技术服务时提供的计算机软件。包括基础软件、中间件软件、应用软件、信息安全产品、支撑软件、嵌入式软件和软件定制产品和服务
E101010000		（一）基础软件	包括操作系统、数据库系统等
E101010100	录入	1．操作系统	含通用操作系统、嵌入式操作系统
E101010200	录入	2．数据库系统	
E101010300	录入	3．其他	
E101020000		（二）中间件	包括基础中间件、业务中间件、领域中间件等
E101020100	录入	1．基础中间件	含交易中间件、消息中间件、应用服务器（J2EE）、对象中间件等
E101020200	录入	2．业务中间件	含系统集成中间件、信息集成中间件、企业服务总线、工作流中间件、门户中间件、安全中间件、商业智能中间件、内容管理中间件等
E101020300	录入	3．领域中间件	含计算机语言集成中间件（CTI）、移动中间件、无线射频（RFID）中间件、数字电视中间件等
E101030000		（三）应用软件	含通用软件、行业应用软件、文字语言处理软件等
E101030100		1．通用软件	
E101030101	录入	（1）企业管理软件	
E101030102	录入	（2）游戏软件	
E101030103	录入	（3）辅助设计与辅助制造（CAD/CAM）软件	
E101030104	录入	（4）其他通用软件	如地理信息软件、多媒体应用软件、网络软件等
E101030200		2．行业应用软件	
E101030201	录入	（1）通信软件	
E101030202	录入	（2）金融财税软件	

（续表）

软件代码	标 识 位	名 称	备 注
E101030203	录入	（3）能源软件	
E101030204	录入	（4）工业控制软件	
E101030205	录入	（5）交通应用软件	
E101030206	录入	（6）其他行业应用软件	
E101030300	录入	3．文字语言处理软件	含信息检索、文本处理、语音应用、翻译软件等
E101040000	录入	（四）嵌入式应用软件	指企业接受委托开发的嵌入式软件
E101050000		（五）信息安全产品	指企业开发的保障信息内容、信息系统和网络不受侵害的软件及支持与应用系统
E101050100	录入	1．基础和平台类安全产品	
E101050200	录入	2．内容安全产品	
E101050300	录入	3．网络安全产品	
E101050400	录入	4．专用安全产品	
E101050500	录入	5．安全测试评估	
E101050600	录入	6．安全应用产品	
E101050700		7．其他信息安全产品及相关服务	
E101060000	录入	（六）支撑软件	指软件开发过程中使用到的开发工具和环境、建模工具、界面工具、项目管理工具、配置管理软件、测试工具等软件
E101070000	录入	（七）软件定制服务	通过承接外包的方式，向需方提供定制的软件设计、代码编写及调试、执行测试和编写文档等服务。其中，供方并不拥有服务过程中产生的著作权（以此区别于其他软件产品）
E2		信息系统集成服务行业（E6202）	
E201000000		二、信息系统集成服务合计	基于需方业务需求提供的信息系统设计服务、集成实施服务，以及为需方软/硬件系统及业务正常运行提供的支持服务。包括信息系统设计、集成实施服务、运行维护服务等
E201010000	录入	（一）信息系统设计服务	基于需方实际业务需求提供的信息系统需求分析、构架设计、概要设计、详细设计以及实施方案、验证方案和测试方案编制等服务
E201020000	录入	（二）集成实施服务	通过结构化的综合布线系统、计算机网络技术和软件技术，将各个分离的设备、功能和信息等集成到相互关联的、统一和协调的系统之中的服务。包括主机系统集成、存储系统集成、网络系统集成、智能建筑系统集成、安全防护系统集成、界面集成、数据集成、应用集成等

（续表）

软件代码	标 识 位	名 称	备 注
E201030000	录入	（三）运行维护服务	采用相关的技术和方法，依据需方提出的服务级别要求，对其所使用的信息系统运行环境（如基础环境、软/硬件环境、网络环境等）、业务系统等提供的综合服务。包括基础环境运行维护、硬件运行维护、软件运行维护等
E301000000		三、信息技术咨询服务合计	在信息资源开发利用、工程建设、人员培训、管理体系建设、技术支撑等方面向需方提供的管理或技术咨询评估服务。包括：信息化规划、信息技术管理、信息系统工程监理、测试评估认证、信息技术培训等
E301010000	录入	（一）信息化规划	提出行业、区域或领域的信息化建设方案，包括信息化远景、目标、战略和总体框架等，全面系统地指导信息化建设，以满足其可持续发展需要的咨询服务（如该服务同系统集成服务打包进行，则不单独统计）
E301020000	录入	（二）信息技术管理咨询	协助需方提升和优化信息化管理活动的咨询服务。包括信息技术治理、信息技术服务管理、质量管理、信息安全管理、过程能力成熟度等咨询，如 GB/T 24405.1（ISO/IEC 20000）、GB/T 22080（ISO/IEC 27001）、ISO/IEC 38500 等
E301030000	录入	（三）信息系统工程监理	供方（指通过相关资质认证的组织）在监理支撑要素的基础上，结合各项监理内容，为需方提供监理服务，以保证信息系统建设达到预期目标。包括通用布缆系统工程监理、电子设备机房系统工程监理、计算机网络系统工程监理、软件工程监理、信息化工程安全监理、信息技术服务工程监理等
E301040000	录入	（四）测试评估	供方（一般指具有相关资质的第三方测试评估机构）提供的对软件、硬件、网络、信息技术服务管理及信息安全等是否满足规定要求而进行的测试检验和评估认证服务。包括软件、硬件、网络、信息安全等的测试检验服务以及信息技术服务管理、信息安全管理等评估和认证服务
E301050000	录入	（五）信息技术培训	软件企业针对信息技术提供的培训服务。包括信息技术标准培训服务、信息技术职业技能培训等。不包括学历教育
E4		数据处理和运营服务行业（E6204）	
E401000000		四、数据处理和运营服务合计	利用信息技术为需方提供的除信息技术咨询、系统集成、设计与开发等常规服务以外的附加服务，包括数据处理、运营服务、存储服务、数字内容加工处理、客户交互服务等

（续表）

软件代码	标识位	名称	备注
E401010000	录入	（一）数据处理服务	向需方提供数据分析、整理、计算、编辑等加工和处理的服务。包括数据库活动、业务流程外包、网站内容更新、文件扫描存储等
E401020000		（二）运营服务	根据需方的需求提供租用软件应用系统、业务支撑平台、信息系统基础设施等的部分或全部功能的服务
E401020100	录入	1．软件运营服务	根据需方的需求提供租用软件系统的部分或全部功能的服务。包括在 ERP、在线 CRM、在线杀毒等
E401020200		2．平台运营服务	根据需方的需求提供的业务支撑平台租用服务。包括物流管理服务平台、电子商务管理、在线娱乐平台、在线教育平台等服务
E401020201	录入	（1）物流管理服务平台	通过信息化平台整合物流系统中各个环节的不同层次的信息和功能需求，为物流业务提供信息化的支撑和管理服务
E401020202	录入	（2）电子商务管理	为电子商务活动提供的支撑和管理服务。包括 CA 安全认证服务、支付结算服务、公共电子商务服务等
E401020203	录入	（3）在线娱乐平台	通过网络为各种娱乐活动提供的支撑和管理服务。包括网络游戏平台、网络动漫平台、网络聊天平台、网络视听平台等
E401020204	录入	（4）在线教育平台	通过网络教育平台为远程教育活动提供的支撑和管理服务
E401020205	录入	（5）其他在线服务平台	通过网络为其他生活生产活动提供的支撑和管理服务，包括在线医疗平台等
E401020300	录入	3．基础设施运营服务	根据需方的需求提供的信息系统基础设施租用服务。包括服务器、机柜等租用服务，以及主机托管和计算能力、虚拟主机等租用服务
E401030000	录入	（三）存储服务	根据需方需求提供的合理、安全、有效的数据保存服务。包括以在线、近线、离线等方式提供的数据备份、容灾等服务，以及数据中心、存储中心或灾备中心提供的数据存储、数据备份、容灾等服务
E401040000	录入	（四）数字内容加工处理	将图片、文字、视频、音频等信息内容运用数字化技术进行加工处理并整合运用的服务。包括数字动漫、游戏设计制作、地理信息加工处理等
E401050000	录入	（五）客户交互服务	如呼叫中心服务等。不包括企业自建自用的呼叫中心
E5		嵌入式系统软件行业（E6205）	嵌入式系统软件的各产品代码和名称，按照《嵌入式系统软件产品目录及权数》表中各项填列
E6		IC 设计行业（E6206）	
E601000000		六、IC 设计合计	指各种集成电路的研发设计服务
E601010000	录入	（一）MOS 微器件	

（续表）

软件代码	标 识 位	名　　称	备　　注
E601020000	录入	（二）逻辑电路	
E601030000	录入	（三）MOS 存储器	
E601040000	录入	（四）模拟电路	
E601050000	录入	（五）专用电路	
E601060000	录入	（六）智能卡芯片及电子标签芯片	
E601070000	录入	（七）传感器电路	
E601080000	录入	（八）微波集成电路	
E601090000	录入	（九）混合集成电路	

1.1.2　软件的地位

当前，全球软件行业正处于成长期向成熟期转变的阶段，而中国的软件行业正处于高速发展的成长期。随着中国软件行业的逐渐成熟，软件和信息技术服务收入将持续提高，发展空间广阔。中国企业用户的信息技术需求已从基于信息系统的基础构建应用转变成基于自身业务发展构建应用，伴随着这种改变，连接应用软件和底层操作软件之间的软件基础平台产品呈现出旺盛的需求。

受益于经济转型、产业升级，我国软件行业呈现加速发展态势。中国正处于经济转型和产业升级阶段，正从以廉价劳动力为主的生产加工模式，向提供具有自主知识产权、高附加值的生产和服务模式转变，其中信息技术产业是经济转型和产业升级的支柱和先导，是“两化融合”的核心，软件产业是信息技术产业的核心组成部分。随着经济转型、产业升级进程的不断深入，传统产业的信息化需求将会不断激发，市场规模将逐年提升。同时，伴随着人力资源成本的上升，以及提高自主核心竞争力的双重压力，信息技术应用软件和专业化服务的价值将更加凸显。

1. 软件生态系统

随着信息网络技术的快速发展和应用的普及，软件越来越多地以服务的形式进入传统行业，并与电子商务、电子政务等商业流程、业务流程紧密结合。在软件与服务、网络与软件融合的过程中，苹果、微软、华为、亚马逊、阿里巴巴、腾讯、甲骨文、SAP、用友、金蝶等国内外大企业纷纷加快自身转型，通过业务整合、打造开放平台、跨界合作等方式，积极探索新模式和新的应用领域，建立软件生态系统。

生态系统的概念源于生态学，是指在一个地区所有的植物、动物、微生物（生物因素）和所有的非生物物理（生物的）环境因素共同起作用的自然单元。一个人类的生态系统是参与者、参与者之间的连接、物理或非物理因素的连接之间的交易，一般分为商业生态系统和社会生态系统。在商业生态系统中的参与者是企业、供应商和客户，因素是商品、服务和交易，包括信息和知识的共享、查询、售前和售后联系方式等。社会生态系统包括参与者，以及他们的社会关系和各种形式的信息交换。

一个软件生态系统包括一套软件解决方案。在相关的社会或商业生态系统中，这些方案提供参与者能够支持和自动执行的活动和交易。当然，一个软件生态系统也是一个生态系统，特别是一个商业生态系统，因此，商品和服务是能为活动和交易提供支持或自动执行的软件解决方案和软件服务。这一类生态系统已经存在几十年，如 20 世纪 90 年代初，为谋取桌面操作系统的霸主地位，获得最具影响力和数量最多的第三方开发者的支持，IBM 和微软等公司建立的相关软件生态系统。

软件的生态系统存在于多个领域和层次，体现类似的应用价值和意义。如图 1-1 所示，可以用平行和垂直两个维度描述这些生态系统。平行维度的软件生态系统为互联网大平台，提供不同应用领域的全面服务，如云计算、互联网、大数据、人工智能等。垂直维度关注在某个行业领域，包括操作系统、应用程序和终端用户编程定义等多个层次，形成行业应用平台。

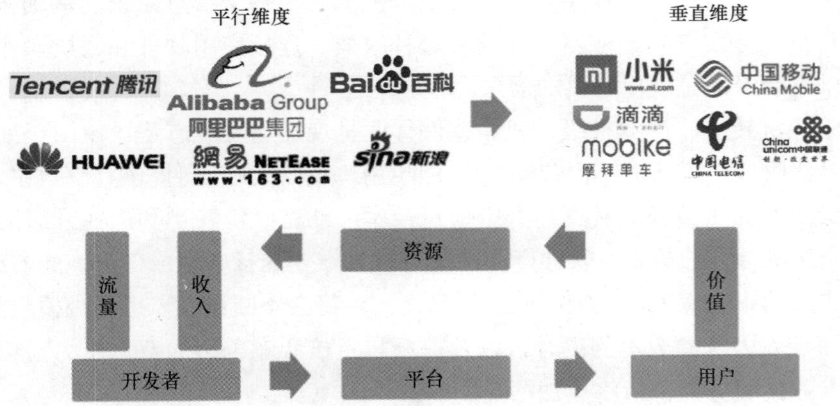

图 1-1　软件生态系统

1）以操作系统为核心的软件生态系统

以操作系统为核心的软件生态系统有明确识别和管理的标志，如 Windows、Linux 和苹果的 OS X。Windows 是目前占主导地位的操作系统，在 20 世纪 90 年代初，它与 IBM 的 OS/2 和 Mac OS 是竞争关系。最近几年，Linux 和苹果的 OS X 都分别在服务器和客户端桌面获得了一定的市场份额。

操作系统生态系统的成功，是由建立在它之上的应用程序决定的。因此，成功的关键因素是，开发者在操作系统之上构造应用程序时，尽量简化其工作。

虽然操作系统提供通用功能，但是为了吸引开发者，它需要不断地扩展其功能集。对操作系统来说，决定其成功或失败的重要因素是，能够包含早期的商品化功能，而不疏远现有的开发者。

不同硬件配置的复杂度很容易使效率降低。对于台式机、移动设备和各种类型的设备而言，由于物理配置的不同，应用程序很容易不兼容。尤其在硬件功能发生快速进化的移动领域，个别设备开发最新功能和老设备向后兼容，是很难维持平衡的。

2）以应用程序为中心的软件生态系统

在某种程度上，以应用程序为中心的软件生态系统与以操作系统为中心的软件生态系统是相反的。以应用程序为中心的软件生态系统是特定领域，通常从市场上成功的应用程序开始，而且这些应用程序没有生态系统的支持。一个公司在该领域成功的第一步是，创建大量的用户群，并且有稳健的财务基础。

成功的应用程序往往会产生大量的特殊需求，公司由于其有限研发资源和商业模式，通常不允许用户子集的特殊应用，因此无法满足这些需求。对于这个问题，公司通常会提供 API，那么用户能聘请软件工程师来扩展具有用户特定功能的应用程序。一旦公司通过提供 API 来开放应用程序，应用程序就会变成一个特定领域的平台，第三方开发者可以在此之上扩建其他应用程序，为用户子集增加价值。假设公司从应用程序成功转变成平台，那么软件生态系统的建立就为第二阶段的快速发展奠定了基础。

有许多公司不断改进其产品，已成为软件生态系统的平台，给经营策略、架构、开发流程和研发部门带来了许多改变。

以应用程序为中心的软件生态系统的特点是：应用程序平台通常是从一个成功的在线应用程序开始。平台提供者经常提供托管服务或其他技术，为用户在第三方开发者和平台间带来无缝体验。在以操作系统为核心的生态系统中，开发者构建自己的应用程序。与此不同的是，在平台上，第三方的应用程序开发者扩展特定领域的功能。为了实现无缝集成和为用户增加价值，应用程序开发者在平台和扩展间深度集成，以便数据、工作流交互和提高用户体验。

以应用程序为中心的软件生态系统最重要的成功因素是有大量的用户或者说这些用户能够扩展平台、增加功能的前景，即潜在客户池。虽然大多数的应用平台公司专注于提供数据的访问，提供扩展数据模型的解决方案和工作流程，但平台公司更应该注重简化第三方开发者的工作，允许他们使用通用和流行的开发环境、稳定的接口、Web 应用程序、容易的部署和集成的平台。从用户角度来看，相同用户体验架构的集成对于无缝集成是很重要的。如果需要付费给第三方开发者，平台公司就要提供可行的通道，使用户看到第三方开发者的贡献。

应用平台遇到的主要挑战是产品战略和平台战略的冲突。整个公司都关注产品战略，即公司已实现了第一次成功，现在需要向平台战略转变，这两种战略都将产生深远的影响。从产品战略的角度来看，首先，平台战略并不为用户产生新的价值，因为它主要为第三方开发者创造价值。其次，平台战略限制了改变 API、用户界面和数据模型的自由，尤其是由于最初平台战略的相对优先级尚未充分确定，平台公司很可能造成二元断裂。

为第三方开发者建立一个可行的商业模型是一个可望而不可即的目标，对于大多数的软件生态系统来说是很难实现的。对于以应用程序为中心的生态系统，应用平台有其自身的优点，但吸引用户是其一大挑战。

3）终端用户编程的软件生态系统

相较于前两个，终端用户编程的软件生态系统是比较小的和不太重要的。软件平台提供的配置和组合环境是直观的，那么终端用户可以自己创建所需的应用程序。

大多数终端编程的生态系统采取特定领域的编程语言（DSL）、图形或者文字。实际上，DSL 捕获相关应用程序的特定领域平台的变化和组合点，并通过工具公开这些，以便配置和组合。由于大量的工作需要创造 DSL 和它周围的工具，因此最终用户可以创建应用程序的空间是有限的。

终端用户编程的软件生态系统的例子有 Microsoft Excel、Lego Mindstorms（乐高头脑风暴），以及基于流的混搭创建工具，如 Yahoo!管道和微软的 Popfly。

终端用户编程的软件生态系统主要集中在应用程序开发人员，他们对该领域有很好的理解，但没有计算机科学或工程的基础知识。从软件工程师的角度来看，终端用户编程往往关注预先创建的积木的创造性组合，而不是从根本上创建新的功能。

最终用户自己通过创建一个独特的解决方案产生价值。实际上可以有小的用户子集创建应用程序，提供有效的共享应用程序的方法，以便更多的用户采用、调整和使用这些解决方案，这是至关重要的。这一类生态系统的经济效益很低，最终用户参与应用程序创建和共享的动力是他们的身份和地位。

到目前为止，终端编程的生态系统面临的最大挑战是模块化应用领域，使最终用户能以小的指令理解和直观地创建应用程序，从而简化最终用户的理解。许多领域太复杂，以至于不能创建满足大量用户需求的有特定的语言、相关的配置、组成环境的领域。最终用户创建的生态系统领域必须是足够稳定的，可以减少维护创建这个领域的工具基础设施的工作量。

平台（无论是操作系统还是应用）是生态系统构建的核心，能够集聚开发者、合作伙伴和用户，汇聚技术、内容、应用等重要资源，强化对产业链上下游的把控。目前，以综合信息平台、社交网络平台、电子商务平台、第三方支付平台等为代表的平台迅速崛起，成为企业构建竞争力的核心。随着软件和服务的进一步深化耦合，软件、应用与服务加快协同发展，微软、甲骨文、SAP、金蝶、用友等国内外软件开发企业纷纷通过开放平台建设向服务化转型。甲骨文积极打造 Oracle 云端平台服务，为用户提供简便、快速的服务，包括巨量资料分析、整合、流程管理、Java 平台、Java 标准版（Java SE），以及服务器端 JavaScript 的 Node.js。为加快服务化转型，用友推出了定位小微企业的 CSP 公有云平台，为小微企业提供会计家园、记账宝、工作圈、易代账、客户管家等各种实时在线的云服务；久其软件建设了物流互联网平台“空中物流港”，为用户提供智能配货服务、物流黄页、货源推荐、政务通知、地图导航等多样化服务。

2．软件基础平台

软件基础平台是用来构建与支撑企业尤其是大型企业各种 IT 应用的独立软件系统，包含可复用的软件开发框架和组件。它是开发、部署、运行和管理各种 IT 应用的基础，是各种应用系统得以实现与运营的支撑条件，可以帮助客户达到应用软件低成本研发、安全可靠运行、快速响应业务变化、规避技术风险的目的。

软件基础平台介于底层的操作系统、数据库和前端的业务系统之间，是更为贴近前端业务应用的软件层级，它承载了所有的应用系统，是实现软件全生命周期核心资产的共享与复用、降低多系统多项目并行构建与管理复杂度的一套实践体系。

1）SOA 架构下的软件基础平台

SOA 是一种软件架构方法，在 SOA 架构下，应用软件被划分为具有不同功能的服务单元，并通过标准的软件接口把这些服务连接起来。当企业业务需求变化时，不需要重新编写软件代码，而是把服务单元重新组合和编制，从而使企业应用系统获得“组件化封装、接口标准化、结构松耦合”的关键特性。这样，以 SOA 架构实现的应用系统可以更灵活、快速地响应企业业务变化，实现新旧软件资产的整合和复用，极大地降低软件的整体拥有成本。

相对于传统软件架构，业界把 SOA 这种软件设计方式比喻成“活字印刷术”。在“活字印刷术”发明之前是“雕版印刷术”。活字印刷术的发明改善了雕版印刷术的不足，将每个字按标准的规格设计成单个活字，可随时拼版，大大地提高了印刷效率。活字字版印完后，可以拆版，活字可重复使用，且活字比雕版占用的空间小，容易存储和保管。传统软件架构的应用软件就像是“雕版印刷”的雕版一样，软件由千百万行代码组成，按业务功能来划分，如 ERP、CRM 等，软件形态耦合度很高。当业务发生变化时，传统软件架构无法及时响应；同时，已开发的软件系统在需求变化后，往往需要推倒重来，从而造成软件复用度低，总体拥有成本高。

2）软件基础平台与云计算和大数据技术相融合

云计算是一种基于互联网的计算方式，通过这种方式，共享的软/硬件资源和信息可以按需提供给计算机和其他设备。互联网上汇聚的计算资源、存储资源、数据资源和应用资源正随着互联网规模的扩大而不断增加，云计算技术使得企业能够方便、有效地共享和利用这些资源，并已成为新一代软件基础架构的底层计算架构。大型企业和政府用户逐步采用云计算技术构建云计算基础设施，或者采用公有云服务方式，或者自建私有云，以更高效地利用资源，将传统的企业软件升级为云环境运行，以服务的方式提供给内部的员工、业务部门和外部的供应商与合作伙伴。但是，企业往往缺少相关的技术能力和知识储备，也缺乏软件的支持来实现对计算、存储和网络资源的统一管理，这些用户需求使得软件基础平台必须形成云计算的支撑能力。

强大的云计算能力使得降低数据提取过程中的成本成为可能。随着行业应用系统的规模迅速扩大，行业应用所产生的数据呈爆炸性增长，已远远超出了现有传统的计算技术和信息系统的处理能力。大数据应用与传统的数据应用相比，具有数据体量巨大、数据类型繁多、查询分析复杂、处理速度快等特点。大数据技术就是提供从各种类型的数据中快速获得有价值信息的能力，其核心是数据集成、数据管理、数据存储与数据分析。因此，寻求有效的大数据处理技术、方法和手段已经成为迫切需求。

软件基础平台作为构建和支撑企业应用的独立软件系统，必须适应云计算和大数据技术的发展。新一代的软件基础平台将融合 SOA、云计算、大数据的功能与技术架构，为客户的业务提供新的技术价值，帮助客户的业务向数字化转型。

云计算和大数据的核心也是服务，计算、存储、数据、应用等都属于服务，SOA 可以发挥其在系统界面和接口标准化等方面的优势，为云计算和大数据提供一个较好的技术平台。SOA 在应用层面进行资源整合，云计算在基础设施层面进行整合，大数据满足了企业对数据管理的要求，三者的融合可以使企业用户获得更大的价值。

3. 软件定义世界

基于软件生态系统的概念，未来所有的企业，不管是传统企业还是非传统企业，不管是制造企业还是服务企业，其实都是软件企业，都是数据驱动的企业。（如果企业的生产制造与用户需求实现无缝对接，或者企业的生产制造、产品与服务供给完全基于数据来驱动，或者企业的经验积累、企业的核心资产都以数字化来呈现，或者企业基于数据来运营，那么，这些企业就是软件企业。）软件像一个“幽灵”，在我们这个时代“无孔不入”“无处不在”。软件定义网络、定义基础设施、定义存储，软件改变了原有的网络、计算、存储，软件改变了制造业、零售业、运输业、金融业。在这样一个软件无所不在、软件定义一切的背景下，需要突破“边界思维”来推动企业的发展和变革。

图 1-2 和图 1-3 显示了应用“互联网+智能制造 2025”，实现软件定义世界和软件定义一切的原理。

软件产业归根结底是对信息的组织、传递和加工。信息系统因不断地优化处理信息的手段而来，现在已经变成所有的信息设备和装置，以及操纵和使用信息系统的人员都实现了互联互通、互操作。这正是软件生态系统和协同管理理念的体现。

当前，软件定义正成为信息技术行业的热词，其具体概念也从 SDN（软件定义网络）

开始，逐步扩展到软件定义存储、软件定义 SSD，甚至软件定义数据中心、软件定义信息技术基础架构等诸多领域，其已经成为企业缩减成本、扩展需求的一把利剑。这些还只是冰山一角，未来所有的硬件组织形式，都会以软件定义的形式出现，也就是“软件定义一切”。

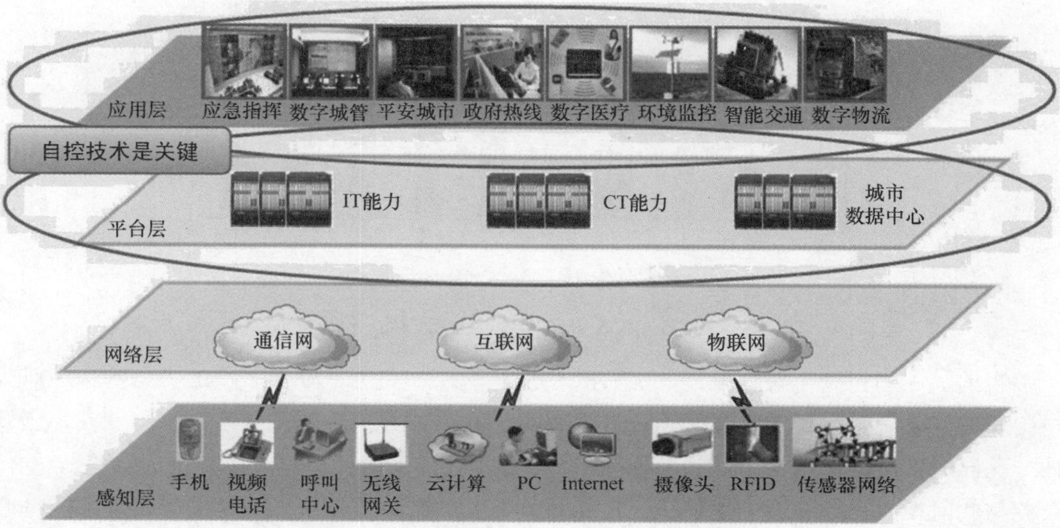

图 1-2 互联网+应用

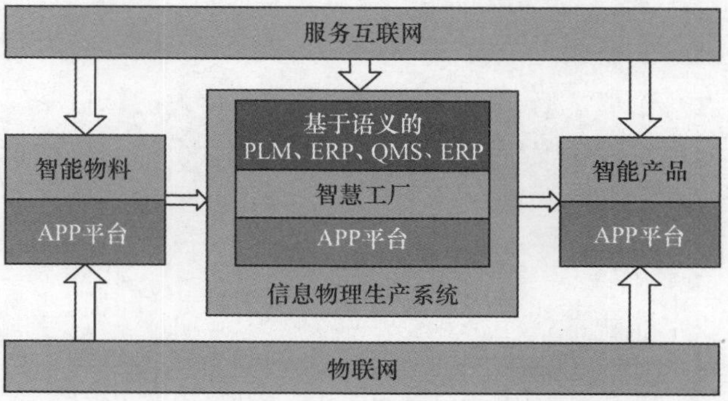

图 1-3 智能制造

1.1.3 软件的发展

2006 年以来，随着国民经济的持续高速增长，中国软件行业保持快速、健康发展态势，“十一五”期间，软件行业收入年均增速达 31%。2016 年，在整体经济增长放缓的条件下，软件行业依然保持快速增长态势。2016 年，中国软件行业共实现业务收入 4.9 万亿元，同比增长 14.9%。2007—2016 年我国软件业务收入及增长情况如图 1-4 所示。

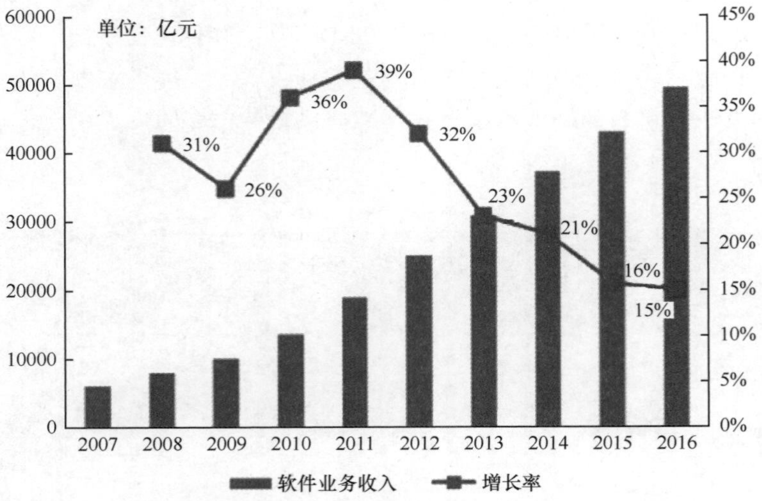

图 1-4 2007—2016 年我国软件业务收入及增长情况

当前，中国正处于快速发展的大好时期，而软件产业更是处在风口浪尖。到 2020 年，中国软件产业规模将超过 8 万亿元，将占 GDP 的 4%，成为中国的核心支柱产业。中国软件产业已经开始进入定义一切、无所不在、无处不在的新时代。进入互联网+时代后，软件产业与此前相比已经有了本质的区别。从基础的互联网、通信层到具体的应用层，软件产业的发展已经开始逐步突破“软硬结合”的传统观念，从产品化走向服务化。中国软件产业的形态已经开始向平台化、智能化和网络化等方向发展，目前处于良好的上升时期。

软件正以跨界融合的新面目，打破旧秩序，重构新世界。中国信息技术刚起步时，单独的软件被认为没有价值，必须和硬件一起卖。而今天的软件不仅有独立的价值，还能够定义硬件。华为用软件定义网络，苹果用软件定义手机，特斯拉用软件定义汽车。尤其是云计算、大数据、移动互联网、人工智能等新技术推动的新软件浪潮，正在定义企业创新，定义新的商业模式，如图 1-5 所示。

在过去的几十年中，全球和中国企业发展已经先后走过以制造为核心、以营销为核心的时代，现在已进入以创新为核心的时代。人们必须转换思维，通过创新，通过企业互联网化，以应对商业环境的变化和经济的不确定性。互联网技术正在重塑企业商业场景，企业边界、资源、经营要素、资产正在发生巨大的变化。企业之间正在打破边界，形成生态经济；企业与消费者之间的关系正在改变，形成粉丝经济；企业营销必须全员参与，形成社群经济。受移动互联网、云计算、大数据和人工智能技术的驱动，企业互联网部署模式与在消费端的模式不同，有公有云模式、私有云模式和混合云模式。但是部署模式和技术都不是最关键的，最关键的是应用，几个焦点应用为：数字营销和客户服务场景，社群经济的社交与协同办公，智能制造，面对企业的共享服务。中国的信息技术已经进入 3.0 时代，如图 1-6 所示。

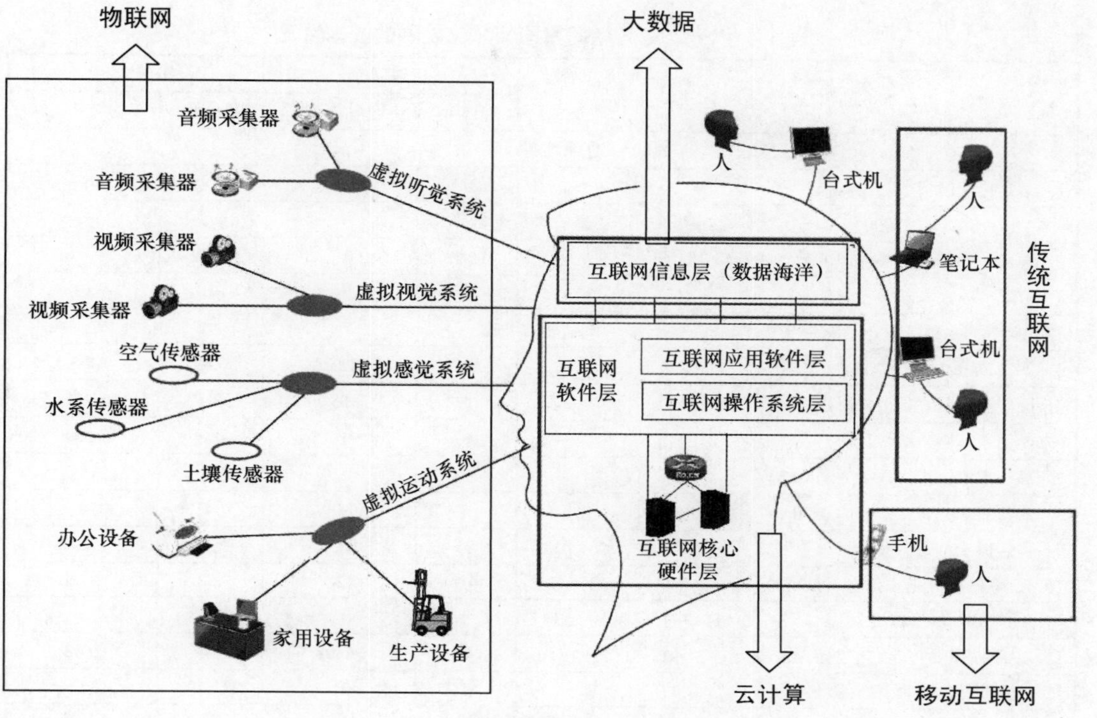

图 1-5　软件定义世界

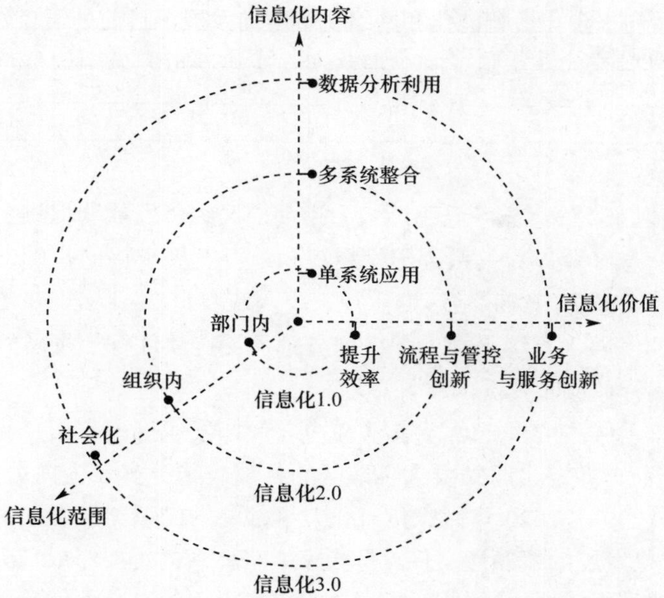

图 1-6　信息技术 3.0 时代

“十二五”期间我国信息化发展的基本情况如表 1-4 所示。

表 1-4 “十二五”期间我国信息化发展的基本情况

指标	规划目标		实现情况	
	2015 年	年均增长（%）	2015 年	年均增长（%）
总体发展水平				
1. 信息化发展指数	>79	—	72.45	—
信息技术与产业				
2. 集成电路芯片规模生产工艺（纳米）	32/28	—	28	—
3. 信息产业收入规模（万亿元）	16	10	17.1	13
信息基础设施				
4. 网民数量（亿）	8.5	13.2	6.88	8.5
5. 固定互联网宽带接入用户（亿户）	>2.7	>15.7	2.1	10.1
6. 光纤入户用户数（亿户）	>0.77	>103.6	1.2	126.8
7. 城市家庭宽带接入能力（Mbps）	20	38.0	20	38.0
8. 农村家庭宽带接入能力（Mbps）	4	14.9	4	14.9
9. 县级以上城市有线广播电视网络实现双向化率（%）	80	〔55〕	53	〔28〕
10. 互联网国际出口带宽（Tbps）	6.5	42.7	3.8	37.5
信息经济				
11. 制造业主要行业大中型企业关键工序数（自）控化率（%）	>70	>6.08	70	6.08
12. 电子商务交易规模（万亿元）	>18	>31.7	21.79	35.5
信息服务				
13. 中央部委和省级政务部门主要业务信息化覆盖率（%）	>85	〔>15〕	90.8	〔20.8〕
14. 地市级政务部门主要业务信息化覆盖率（%）	70	〔30〕	76.8	〔36.8〕
15. 县级政务部门主要业务信息化覆盖率（%）	50	〔25〕	52.5	〔27.5〕
16. 电子健康档案城乡居民覆盖率（%）	>70	〔>30〕	75	〔35〕
17. 社会保障卡持卡人数（亿）	8	50.7	8.84	53.7

注：〔〕表示五年累计数。

进入 21 世纪以来，信息技术已逐渐成为推动国民经济发展和促进全社会生产效率提升的强大动力，信息产业作为关系到国民经济和社会发展全局的基础性、战略性、先导性产业，受到了越来越多国家和地区的重视。中国政府自 20 世纪 90 年代中期以来就高度重视软件行业的发展，相继出台了一系列鼓励、支持软件行业发展的政策法规，从制度层面提供了保障行业蓬勃发展的良好环境。

2016 年 7 月，中共中央办公厅、国务院办公厅印发了《国家信息化发展战略纲要》（以下简称《纲要》），并发出通知要求各地区、各部门结合实际认真贯彻落实。《纲要》是根据新形势对《2006—2020 年国家信息化发展战略》的调整和发展，是规范和指导未来 10 年国家信息化发展的纲领性文件，是国家战略体系的重要组成部分，是信息化领域规划、政策制定的重要依据。《纲要》指出，当今世界，信息技术创新日新月异，以数字化、网络化、智能化为特征的信息化浪潮蓬勃兴起。全球信息化进入全面渗透、跨界融合、加速创新、引领发展的新阶段。谁在信息化上占据制高点，谁就能掌握先机、赢得优势、赢得安全、赢得未来。《纲要》强调，要围绕“五位一体”总体布局和“四个全面”战略布局，牢固树立创新、协调、绿色、开放、共享的发展理念，贯彻以人民为中心的发展思想，以信息化驱动现代化为主线，以建设网络强国为目标，着力增强国家信息化发展能力，着力提高信息化应用水平，着力优化信息化发展环境，让信息化造福社会、造福人民，为实现中华民族伟大复兴的中国梦奠定坚实基础。《纲要》要求，坚持“统筹推进、创新引领、驱动发展、惠及民生、合作共赢、确保安全”的基本方针，提出网络强国“三步走”的战略目标，主要是：到 2020 年，核心关键技术部分领域达到国际先进水平，信息产业国际竞争力大幅提升，信息化成为驱动现代化建设的先导力量；到 2025 年，建成国际领先的移动通信网络，根本改变核心关键技术受制于人的局面，实现技术先进、产业发达、应用领先、网络安全坚不可摧的战略目标，涌现一批具有强大国际竞争力的大型跨国网信企业；到 21 世纪中叶，信息化全面支撑富强民主文明和谐的社会主义现代化国家建设，网络强国地位日益巩固，在引领全球信息化发展方面有更大作为。

2016 年 12 月，国务院颁发了《“十三五”国家信息化规划》（以下简称《规划》）。《规划》旨在贯彻落实“十三五”规划纲要和《国家信息化发展战略纲要》，是“十三五”国家规划体系的重要组成部分，是指导“十三五”期间各地区、各部门信息化工作的行动指南。

《规划》提出，到 2020 年，“数字中国”建设取得显著成效，信息化发展水平大幅跃升，信息化能力跻身国际前列，具有国际竞争力、安全可控的信息产业生态体系基本建立。核心技术自主创新实现系统性突破。信息领域核心技术设备自主创新能力全面增强，新一代网络技术体系、云计算技术体系、端计算技术体系和安全技术体系基本建立。云计算、大数据、物联网、移动互联网等核心技术接近国际先进水平。部分前沿技术、颠覆性技术在全球率先取得突破，成为全球网信产业重要领导者。信息基础设施达到全球领先水平。“宽带中国”战略目标全面实现，建成高速、移动、安全、泛在的新一代信息基础设施。信息经济全面发展。信息经济新产业、新业态不断成长，信息消费规模达到 6 万亿元，电子商务交易规模超过 38 万亿元，信息化和工业化融合发展水平进一步提高，重点行业数字化、网络化、智能化取得明显进展，网络化协同创新体系全面形成。

“十三五”信息化发展主要指标如表 1-5 所示。

表 1-5 “十三五”信息化发展主要指标

指　标	2015 年	2020 年	年均增速（%）
总体发展水平			
1．信息化发展指数	72.45	88	—
信息技术与产业			
2．信息产业收入规模（万亿元）	17.1	26.2	8.9
3．国内信息技术发明专利授权数（万件）	11.0	15.3	6.9
4．IT 项目投资占全社会固定资产投资总额的比例（%）	2.2	5	〔2.8〕

（续表）

指　标	2015年	2020年	年均增速（%）
信息基础设施			
5．光纤入户用户占总宽带用户的比率（%）	56	80	〔24〕
6．固定宽带家庭普及率（%）	40	70	〔30〕
7．移动宽带用户普及率（%）	57	85	〔28〕
8．贫困村宽带网络覆盖率（%）	78	90	〔12〕
9．互联网国际出口带宽（Tbps）	3.8	20	39.4
信息经济			
10．信息消费规模（万亿元）	3.2	6	13.4
11．电子商务交易规模（万亿元）	21.79	>38	>11.8
12．网络零售额（万亿元）	3.88	10	20.8
信息服务			
13．网民数量（亿）	6.88	>10	>7.8
14．社会保障卡普及率（%）	64.6	90	〔25.4〕
15．电子健康档案城乡居民覆盖率（%）	75	90	〔15〕
16．基本公共服务事项网上办理率（%）	20	80	〔60〕
17．电子诉讼占比（%）	<1	>15	〔>14〕

注：〔〕表示五年累计数。

1.2 软件成本度量及造价

综上所述，随着信息化程度的不断提高，相关软件已经成为产品和硬件的重要组成部分，软件的代码行与功能点越来越多，软件系统的规模越来越大，软件研制的复杂度也越来越高，使得软件的成本逐渐升高，软件复杂程度和价格已经成为产品和系统研制与发展的重要风险来源。据统计，产品及系统中的软、硬件经费比例已经从最初的20%：80%发展到现在的80%：20%。产品的发展越来越离不开包括信息技术在内的高技术的支撑，呈现出信息化和高技术化的主要技术特征。具有广泛渗透性和高度融合性的信息技术的广泛应用，使硬件产品的信息化程度越来越高，软件实现的功能越来越多。鉴于此，软件成本度量及造价工作需求已显现其迫切性。

1.2.1 软件度量

软件成本度量和造价是整体软件度量系统的关键部分，成本和价格的影响因素很多，涉及很多度量指标。所以，一个真实、可靠的软件成本度量和造价是建立在系统的软件度量系统之上的。

度量是对项目、过程及其产品进行数据定义、收集及分析的持续性定量化过程，目的在于对此加以理解、预测、评估、控制和改善。通过度量可以改进产品开发过程，促进项目成功，开发高质量的产品。度量取向是各项工作的横断面，包括顾客满意度度量、质量度量、项目度量等。度量取向要依靠事实、数据、原理、法则；其方法是测试、审核、调查；其工具是统计、图表、数字、模型；其标准是量化的指标。

软件度量与分析的目的，就是开发和保持度量能力，以支持管理信息的需要。通过度量和分析，对组织产品和服务提供各环节的指标进行监控，客观了解组织各部门的过程和产品的实施情况；识别组织的薄弱环节，为组织过程改进和产品改进提供定量信息；并为组织管理决策提供定量信息。度量分析通过提供各种实践来支持所有其他活动，指导各个项目和组织满足度量的需要和客观目标，度量方法也将给出客观结果，丰富决策信息，支持采取适当、正确的行动。

根据 IEEE 的标准，度量（Metrics）定义为："度量是一个函数，它的输入是软件数据，输出是单一的数值，能用以解释软件所具有的一个给定属性对软件质量影响的程度。软件度量是对影响软件质量的属性所进行的定量测量。"软件度量的实质是根据一定规则，将数字或符号赋予系统、构件、过程或者质量等实体的特定属性，即对实体属性的量化表示，从而能够清楚地理解该实体。软件度量贯穿整个软件开发生命周期，是软件开发过程中进行理解、预测、评估、控制和改善的重要载体。

软件度量学是在过去 30 多年研究非常活跃的软件工程领域。提出软件度量的原因是大家都认为结构和模块化对开发可靠软件非常重要。国际上有很多组织在关注、研究软件度量理论和技术，如国际软件工程大会（ICSE）、国际软件可靠性工程研讨会（ISSRE）、IEEE 软件度量座谈会、国际软件工程标准座谈会（ISESS）、卡内基-梅隆大学软件工程研究所（SEI）、国际化标准组织的 ISO9001、ISO-SPICE 等。很多软件组织通过各种不同的量度对软件生命周期中的各个元素进行度量，这些度量能够为项目管理者提供有关项目的各种重要信息，同时也是进行大部分评估活动的基础。

1974 年，Wolverton 第一次正式用 LOC 度量程序员的生产率。他提出了客观的指标——"人月"，作为生产率的度量单位，并且他认为他研究的内容可以作为典型的代码率。LOC 能作为度量单位的基础是程序的长度能预测程序的特性，如可靠性和易维护性等。1979 年，Albrecht 提出了著名的功能点方法（Function Point Analysis）。功能点来源于需求说明书。这种方法可以用于软件生命周期的需求分析阶段，今天已被广泛应用。1981 年，在 LOC 量度的基础上，Boehm 提出了构造性成本模型（Constructive Cost Model，COCOMO），这是一种基于预测模型的成本估算方法，它定义了开发一段程序的工作量这个外部变量和 LOC 度量的关系。

20 世纪 80 年代，软件度量的研究重点从度量产品的性能拓宽到实施度量的机制和方法的研究上。国内外不少组织都对软件过程度量技术进行了研究，在具体的过程度量定义方法方面，出现了很多度量过程模型。其中，最具代表性的是 1984 年由 Basili 教授和他的团队提出的目标驱动度量（Goal-Question-Metric，GQM）模型。GQM 模型是一种面向目标定义度量的方法，在软件过程度量中被广泛采用。后来，美国卡内基–梅隆大学软件工程研究所对 GQM 模型做了改进，在 Question 层和 Metric 层之间加入了 IndiCator（指示器），提出了 GQ(I)M 模型。GQ(I)M 模型使得度量更加直观，易于理解。

William A.Florac 和他的团队对软件过程度量的过程模型和度量分析技术进行了研究，于 1999 年提出了一个过程框架，该框架由六个活动组成：确定商业目标，确定问题并安排优先次序，选择和定义度量，采集、验证、保存数据，分析过程行为和评估过程性能。通过不断循环执行框架所包含的活动，达到持续改进软件过程的目的。该框架将统计过程的控制（SPC）和各种控制图表应用到软件过程度量领域，用来分析软件产品和过程的特性。另外，也有些软件组织在尝试应用类似统计过程控制的 6Ω 技术。在软件过程度量分析方面，ISO 和 IEC 共同推出了关于软件度量过程的一个标准——ISO/IEC 15939。它描述的软件度量过程模型由四个活动组成：建立和维护度量能力、计划度量过程、执行度量过程和评价度量过程。这些活动顺序执行，根据获得的反馈对度量过程进行改进，并循环和迭代，持续改进。

实用软件度量（Practical Software Measurement，PSM）是由美国实用软件和系统度量支持中心提出的一种信息驱动的度量方式，是对软件度量过程的国际标准 ISO/IEC 15939 的具体实现，其给出了两个度量方面的子模型——度量信息模型 MIM 和度量过程模型 MPM，用以帮助项目管理者分析所需过程信息。PSM 相对于实施的技术细节，更注重度量概念模型。PSM 是一种针对软件组织所特有技术和商业目标的信息驱动软件度量过程。它以组织具体信息需要为度量的出发点，以度量结果为信息产品，构建了一个具有实用性和特定适应性的度量过程。

ISO/IEC JTC1 推出的 ISO/IEC 25000 系列《系统与软件工程——系统与软件质量要求和评价（SQuaRE)》，使软件产品质量管理与评价更趋合理和有效。SQuaRE（ISO/IEC 25000 系列）软件质量度量和软件产品评价系列标准是国际标准化组织 ISO/IEC 近年来在软件工程标准方面的研究重点之一，对于通过量化手段进行软件产品的度量和评价，规范软件产品的质量管理，SQuaRE 系列标准提供了一条可以参考的实施途径。SQuaRE 系列标准期望用于但不限于软件产品的开发方、需求方和独立的评价方，特别是那些负责定义软件质量需求和负责软件产品评价的人员。

由上述软件度量发展的经验可知，软件度量根据度量对象的不同一般分为三个维度：过程度量、项目度量和产品度量。

（1）过程度量。过程度量指对软件开发过程的行为进行目标管理，以形成组织的各种模型，它是控制软件开发过程、持续改善过程评价、提高软件生产率的基础。过程度量理解和控制当前项目的情况和状态，包括项目过程改进；过程度量具有战略性意义，在整个组织范围内进行，具体内容包括成熟度、管理、软件生命周期等。GQIM 过程度量方法如图 1-7 所示。

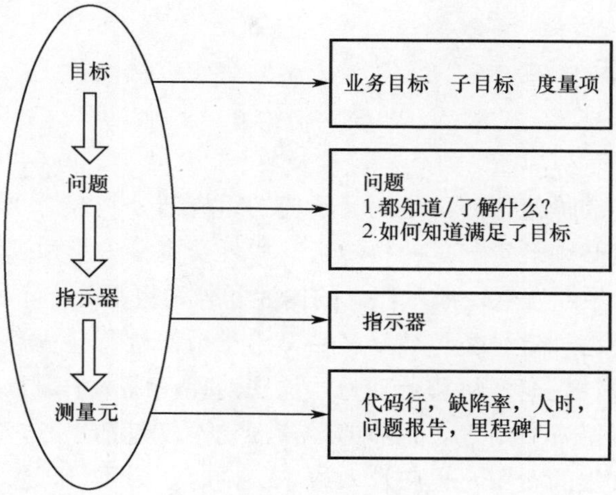

图 1-7　GQIM 过程度量方法

（2）项目度量。项目度量的关注点是理解和控制当前项目的情况和状态，具有战术性意义。它是对软件开发项目的特定度量，目的是评估项目开发过程的质量，预测项目进度、工作量等，辅助管理者进行质量控制和项目控制。项目度量主要包括对项目的规模、成本、工作量、进度、生产率、风险、客户满意度等的度量。

（3）产品度量。偏重于理解和控制当前产品的质量状况，用于对产品质量的预测和控制。产品度量是对软件产品进行评价，在此基础之上进行产品设计、产品制造和产品服务优化。软件产品的度量实质上是软件质量的度量，在 ISO/IEC 25000 标准中就对系统与软件质量模型做出了明确的定义，质量度量包括功能性、可靠性、易用性、效率性、可维护性、易使用性、可移植性的度量。产品度量方法如图 1-8 所示。

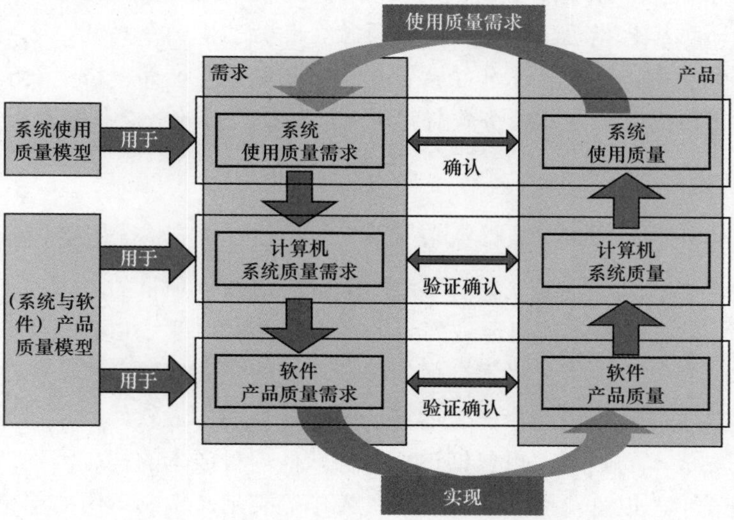

图 1-8　产品度量方法

1.2.2 软件成本

1．成本的概念

成本是商品经济的价值范畴，是商品价值的组成部分。人们要进行生产经营活动或达到一定的目的，就必须耗费一定的资源，其所耗费资源的货币表现及其对象化称为成本。随着商品经济的不断发展，成本概念的内涵和外延也都处于不断变化发展之中。

成本是生产和销售一定种类与数量产品，用货币计量所耗费资源的经济价值。企业进行产品生产需要消耗生产资料和劳动力，这些消耗在成本中用货币计量，就表现为材料费用、折旧费用、工资费用等。企业的经营活动不仅包括生产，也包括销售活动，因此在销售活动中所发生的费用，也应计入成本。同时，为了管理生产所发生的费用，也应计入成本。此外，为了管理生产经营活动所发生的费用，也具有形成成本的性质。

成本是为取得物质资源所需付出的经济价值。企业为进行生产经营活动，购置各种生产资料或采购商品而支付的价款和费用，就是购置成本或采购成本。随着生产经营活动的不断进行，这些成本就转化为生产成本和销售成本。

成本的构成一般包括：

（1）原料、材料、燃料等费用，表现商品生产中已耗费的劳动对象的价值。

（2）折旧费用，表现商品生产中已耗费的劳动资料（手段）的价值。

（3）工资，表现生产者的必要劳动所创造的价值。

成本的影响在于：成本是补偿生产耗费的尺度，是制订产品价格的基础，是计算企业盈亏的依据，是企业进行决策的依据，是综合反映企业工作业绩的重要指标。借助成本可以反映国家和企业经济活动中“投入”和“产出”的关系。它也是衡量企业生产经营管理水平的一项综合指标，因为它可以反映企业劳动生产率高低，原料和劳动力的消耗状况，设备利用率，生产技术和经营管理水平高低。在产品价格不变的情况下，成本下降，利润就可以提高，企业经济效益就可以增加，相对的社会积累就可以增加。

2．软件成本

软件的成本估算一直以来是比较复杂的，由于软件本身的复杂度，估算人员经验的缺乏及人为错误、估算工具的缺乏等多种原因，导致软件项目的成本估算和实际情况相差较远。因此，软件估算错误已经被列为软件项目失败的四大主要原因之一。

软件成本估算是软件项目成本管理的核心，是确定软件项目成本估算和成本控制的基础及依据，其实质就是通过分析来估算及确定软件成本。软件成本估算不仅包括估算和确定各种开发成本的数额，也包括识别各种软件项目成本的构成因素，估算单位既可以用货币单位表示，也可以用人天、人月、人年等表示，本书运用的单位是人月，主要对软件开发过程中花费的工作量进行估算。软件成本估算有两个最基本的要求：一是估算要有一定的精确性，不够精确的估算只会给软件开发带来危机和灾难；二是估算方法要力求节省劳动力，在估算中花费很多的劳动力显然不是一个很好的方法。

软件成本估算方法多种多样，包括以线性模型、分析模型及复合模型为代表的数学算法模型，也包括类比法、专家判断法、功能点分析法及 COCOMO 模型法等。但是由于软件成本受到许多不确定因素的影响，使得我们很难构建一个明确的估算模型。此外，软件成本的影响因子中包括很多难以用精确数据来描述的因素，如软件项目的复杂程度、估算人员的技术水平及需求的变更等，这也导致许多估算方法经常会带有一定的主观性。

对于国内来说，之前在一个比较长的时间内软件成本估算并没有引起重视。而在国外，现在应用到软件成本估算的方法已经非常多。赫尔姆和达尔克提出了专家估算德尔菲法（Delphi Method），后来逐渐地被应用到各个领域进行预测和评价。1946 年，该方法被兰德公司第一次应用到预测方面。该方法因便于独立思考和估测、计算量和花费少、既经济又合理等优点，被很多学者广泛使用和传播；但是该方法的缺点是没有明确目标，预测结果缺乏科学分析，结果也不够精确。1979 年，Allan Albrecht 提出了一种软件估算模型即功能点分析法（Function Point Analysis），该方法不需要考虑或者理解软件项目开发过程中使用的是什么语言或是什么开发技术，适用于软件项目的开发初期，或是对软件项目的需求有具体、详细掌握的情况，这样估算比较准确。1981 年，勃姆以功能点为基础，提出 COCOMO 模型，此方法虽然完全适用于存在差异性很大和完全不同的项目，或者历史数据很少的软件项目，但是不能完全精准地估计所有项目的成本，估算准确性相对较低。1989 年，Abdel-Hamid 等学者设计了一个估算器，其对项目的成本估算和工作进度估算相对准确，但是其估算值的准确性取决于项目输入的初始值。1994 年，Macdachy 根据动态技术设计了一个动态模型公式，可以应用到软件项目估算中。随着对软件成本估算的不断研究，各种方法也在不断创新和改进。由于影响软件项目成本的因素特别多，而且很多因素具有不确定性，随着软件项目的不断开发，这些因素也在不断变化，特别是人员因素和环境因素，如人员会随着项目开发过程而出现变动等。软件项目的不确定性和变化性提升了软件成本估算的复杂度和困难度，导致软件成本估算的结果不准确，这样的结果对于软件开发的投资人是不可接受和不信任的。另外，在影响软件成本的众多因素中，有许多因素不能量化和不能准确地用数据表示其具体特性，这也是目前很多估算方法都是以主观的态度对其做出评价的原因，造成得到的结果具有主观性。现在国外学者研究与应用的最热门、流行的估算方法是用机器学习方法的思想，来实现软件成本估算，Briand.L 以决策树理论为基础，提出了一种属性约简法，从中找到最优解，即最优集约简法。最开始该方法用来分析软件项目过程的各种数据，后来将其应用于软件成本估算，实验证明该方法能有效、准确地进行软件成本估算。该方法是非参数方法，这也是其最大的优势，能够较好地适应不同的研究对象。基于机器学习的方法还包括神经网络技术、基于案例推理技术及分类预测技术等。

软件成本估算在软件项目开发过程中是非常重要的任务，它的目标在于合理、有效地进行成本估算，主要是对软件项目的规模（工作量）和进度等进行估算，得到一个项目总成本，然后对软件项目开发制订一个合理、规范的开发计划，作用于软件开发的全过程，使开发过程能够完整、顺利地进行，直至项目完成。在软件进行成本估算时，因为软件与其他的产品不同，没有一个固定的生产线和具体的生产过程，它的成本是以这一次应用于开发过程中所花费的代价来计算的。软件估算的定义简单地讲，是在所设定的可接受的误差范围内，对完成软件项目时所需的工作量、成本和所需时间等进行合理估算。通过以上描述不难看出，软件估算在一定程度上可以看成对工作量的估算，应从软件计划、需求分析、设计、编码、单元测试、集成测试等整个开发过程进行工作量估算，工作量估算和成本估算是同时进行的，工作量估算确定了，就可以根据工作量继续估算软件项目所需要的时间，最后综合两项的数据确定项目的成本。例如，如果一个软件项目的工作量是 25 人月，而企业的人力成本参数是 3 万元/人月，就可以得出项目的成本就是 75 万元。综上所述可以看出，软件的成本估算是一个对软件开发项目中所需要的总工作量进行估算的过程。

成本估算是把项目的相关信息转化成一种作为估算结果的数据，会存在一定的误差，可以通过公式或者一些方法不断地进行调整，使其误差得到缩小。与平时购买商品不一样，商品有固定的价格，而估算是制订工作进度计划非常重要的一步。估算代码行、所花费成本及除了人力以外的资源花费和进度时，需要参考已完成项目的历史数据和信息，或者以往项目的经验等。这就好比说，如果建好 99 座相同的房子以后，可以很准确地估计第 100 座房子的成本和进度，这是因为已经掌握了很丰富的经验。但是更多的情况对于项目所做的推测是缺乏经验的，尤其是伴随着使用先进技术和不断发展的技术的项目，会存在很多不了解的领域，所以对成本进行估算时有时会存在某些风险。由于影响软件成本的因素太多，软件估算技术仍然是很不成熟的，一些方法只能作为借鉴，更多的时候需要经验。

3. 软件成本的范畴

软件成本的范畴，从不同的角度看所反映的范围也不尽相同。从经济学的角度讲，成本主要是从金钱方面去看，软件成本就是指软件项目在开发过程中各项任务花费的总和，软件项目成本的描述如表 1-6 所示。从软件项目开发的各阶段角度出发，软件项目成本的描述如表 1-7 所示。

表 1-6 软件项目成本描述

财 务 分 类	成 本 类 型
直接成本	直接人力成本
	直接非人力成本
间接成本	间接人力成本
	间接非人力成本

表 1-7　从项目开发阶段角度软件项目成本描述

项目开发阶段	成本类型
需　求	需求阶段成本
研　发	设计阶段成本
	开发阶段成本
	测试阶段成本
上　线	实施阶段成本

长期以来，如何度量软件研发的成本一直是产业界的难题，尤其是在预算、招/投标、项目计划等活动中，因为缺失科学、统一的软件研发成本度量标准，导致做项目预算时无据可依，进而造成预算浪费或预算不足；在软件项目招/投标过程中，因为缺乏软件研发成本度量依据，恶意竞标、低价中标现象频频发生；在项目实施过程中，由于缺乏成本控制的科学依据，也经常出现时间滞后、费用远远超出最初预算的情况。科学、统一的软件研发成本度量标准既是有效进行软件项目管理的重要依据，也是当前软件产业发展的迫切需要。

本书借鉴国外成熟经验并结合国内产业实际情况，建立了软件研发成本度量方法、过程及原则，以使规范软件研发涉及各方在软件研发成本度量方法上达成一致，从而满足软件产业发展的迫切需求。

1.2.3　软件造价

在现代社会的日常应用之中，价格（Price）一般指进行交易时，买方所需要付出的代价或款项。按照经济学的严格定义，价格是商品同货币交换比例的指数，或者说，价格是价值的货币表现，是商品的交换价值在流通过程中所取得的转化形式，是一项以货币为表现形式，为商品、服务及资产所订立的价值数字。在物物交换的时代，不存在价格的概念。当一般等价物或者货币产生时，价格问题才随之产生。在微观经济学中，资源在需求和供应者之间重新分配的过程中，价格是重要的变数之一。

价值的变动是价格变动的内在的、支配性的因素，是价格形成的基础。但是，由于商品的价格既是由商品本身的价值决定的，也是由货币本身的价值决定的，因而商品价格的变动不一定反映商品价值的变动。例如，在商品价值不变时，货币价值的变动就会引起商品价格的变动。同样，商品价值的变动也并不一定就会引起商品价格的变动。例如，在商品价值和货币价值按同一方向发生相同比例变动时，商品价值的变动并不引起商品价格的变动。因此，商品的价格虽然是表现价值的，但是仍然存在商品价格和商品价值不一致的情况。在简单商品经济条件下，商品价格随市场供求关系变动，直接围绕它的价值上下波动；由于部门之间的竞争和利润的平均化，商品价值转化为生产价格，商品价格随市场供求关系变动，围绕生产价格上下波动。因此，价格矛盾的同时，商品价格由供给与需求及商品本身的价值决定。商品的价格和生产力成反比，生产力的高低是相对于需求来定义的，所以从广义上讲，价格是需求和生产力之比。

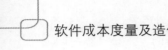

1. 价格职能

价格主要具备以下职能。

（1）标度职能。即价格所具有的表现商品价值量的度量标记。在商品经济条件下，劳动时间是商品的内在价值尺度，而货币是商品内在价值尺度的外部表现形式。货币的价值尺度的作用是借助价格来实现的，价格承担了表现社会劳动耗费的职能，成为从观念上表现商品价值量大小的货币标记。

（2）调节职能。即价格所具有的调整经济关系、调节经济活动的功能。由于商品的价格和价值经常存在不一致的情况，价格的每一次变动都会引起交换双方利益关系的转换，因而使价格成为有效的经济调节手段和经济杠杆。最典型的例子就是当有许多人想要买黄金饰品时，黄金饰品的价格就会自动上升，从而使那些买不起的人放弃消费，从而调节有限的资源。

（3）信息职能。即价格变动可以向人们传递市场信息，反映供求关系变化状况，引导企业进行生产、经营决策。价格的信息职能，是在商品交换过程中形成的，是市场上多种因素共同作用的结果。

（4）表价职能。就是价格表现商品价值的职能。表价职能是价格本质的反映，它用货币形式把商品内含的社会价值表现出来，从而使交换行为得以顺利实现，也向市场主体提供和传递了信息。商品交换和市场经济越发达，价格的表价职能越能得到充分体现，也越能显示出其重要性。

（5）核算职能。是指通过价格对商品生产中企业乃至部门和整个国民经济的劳动投入进行核算、比较和分析的职能，它是以价格的表价职能为基础的。具体的劳动和不同商品的使用价值是不可综合的，也是不可进行比较的。价格的核算职能不仅为企业计算成本和核算盈亏创造了可能，而且也为社会劳动在不同产业部门、不同产品间进行合理分配，提供了计算工具。

（6）分配职能。是指它对国民收入再分配的职能，它是由价格的表价职能和调节职能派生出来的。国民收入再分配可以通过税收、保险、国家预算等手段实现，也可以通过价格这一经济杠杆来实现。当价格实现调节职能时，它同时也已承担了国民经济收入企业和部门间的再分配职能。

2. 造价方法

造价是市场营销组合中一个十分关键的组成部分。价格通常是影响交易成败的重要因素，同时又是市场营销组合中最难以确定的因素。企业定价的目标是促进销售，获取利润。这要求企业既要考虑成本的补偿，又要考虑消费者对价格的接受能力，从而使定价策略具有买卖双方双向决策的特征。此外，价格还是市场营销组合中最灵活的因素，它可以对市场做出灵敏的反应。一般常用的造价方法如下。

1）成本导向定价法

成本导向定价法是企业定价首先需要考虑的方法。成本是企业生产经营过程中所发生的实际耗费，客观上要求通过商品的销售而得到补偿，并且要获得大于其支出的收入，超出的部分表现为企业利润。以产品单位成本为基本依据，再加上预期利润来确定价格的成本导向定价法，是中外企业最常用、最基本的定价方法。成本导向定价法又衍生出了总成本加成定价法、目标收益定价法、边际定价策略、成本定价法、盈亏平衡定价法等几种具体的定价方法。

2）需求导向定价法

需求导向定价法是指按照顾客对商品的认知和需求程度制定价格，而不是根据卖方的成本定价。这类定价方法的出发点是顾客需求，认为企业生产产品就是为了满足顾客的需要，所以产品的价格应以顾客对商品价值的理解为依据来制定。若成本导向定价法的逻辑关系是：成本+税金+利润=价格，则需求导向定价法的逻辑关系是：价格−税金−利润=成本。需求导向定价法的主要方法包括认知价值定价法、反向定价法和需求差异定价法三种。

3）价值导向定价法

价值导向定价法是指根据客户对公司产品的价值认知确定价格。

3. 造价策略

商品和服务的价格形式不仅受价值、成本和市场供求关系的影响，还受市场竞争程度和市场结构的制约。在完全竞争或垄断竞争的市场结构下，市场中有较多的生产经营者，多数企业无法控制市场价格，市场上同质商品的可选择性强，市场信息充分，市场经营者对市场信息的反应灵敏，为抢占市场份额，企业纷纷采用多角度应对策略，展开价格战。

在竞争行业，产品市场生命周期可分为介绍期、成长期、成熟期和衰退期。介绍期，新产品初涉市场，在技术性能上较老产品有明显优势，而在企业投入上却存在批量小、成本大、宣传费等期间费用高的劣势，该类企业定价决策时要考虑企业自身的竞争实力和新产品科技含量，若新产品具有高品质且不易模仿的特点，则可选择撇脂定价策略，即高价策略，产品打入市场，迅速收回投资成本；若新产品的需求弹性较大，低价可大大增加销售量，则可选择低价薄利多销的价格策略，产品打入市场，迅速占领市场份额，以扩大销售量，达到增加利润总额的目的。成长期，产品销量增加，市场竞争加剧，产品的性价比仍然保持优势，企业可根据自身的规模和市场的知名程度选择定价策略，规模大的知名企业可选择略有提高的价格策略，继续获取高额利润，而规模较小的企业则要考虑由于市场进入带来的价格竞争风险，应以实现预期利润为目标，选择目标价格策略。成熟期，市场需求趋于饱和，市场竞争趋于白热化状态，企业面临的是价格战的威胁，该阶段应选择竞争价格策略，即采用降价的方法达到抑制竞争、保持销量的目的。衰退期，产品面临被更优品质、性能的新型产品取代的危险，因而企业选择定价策略的指导思想是尽快销售，避免积压，可选择小幅逐渐降价、平稳过渡的价格策略，同时辅之以非价格手段，如馈赠、奖励等促销方式，最大限度地保护企业利润不受损失；若产品技术更新程度高，则选择一次性大幅降价策略，迅速退出市场，但在运用降价策略时，要注意是否有损知名品牌的企业形象。

企业在选择定价策略时，应具备必要的前提基础，采用撇脂定价策略和略有提高的定价策略的企业，必须具备较高的技术能力和先进的技术水平，产品的质量应达到国内较高水平，并得到目标顾客的认同，该类企业多属于资金、技术密集型企业，或知名企业，其产品属知名品牌产品，其服务的顾客属中、高收入阶层，主要是满足消费者高品质生活及追逐名牌的心理需要。采用竞争价格策略的企业，特别是发动价格战的企业，要有一定的生产规模，一般认为，生产能力达到整个市场容量的10%是一个临界点，达到这一顶点后企业的大幅降价行为就会对整个市场产生震撼性的影响，这一点也是企业形成规模经济的起点；企业运用竞争价格策略时，把握最佳的价格时机是至关重要的因素，如果行业内价格战在所难免，一般应率先下手，首发者较少的降价所取得的效果，跟进者需花较多降价才能取得，但降价的幅度应与商品的需求弹性相适应，需求弹性大的商品，降价的幅度可大些，降价的损失可通过增加销量来弥补，而需求弹性较小的商品，降价的幅度要小些，避免企业产品的总利润减少过多；对于规模小、市场份额少、劳动密集型的企业，在有效竞争的市场结构下，通常采取跟进价格策略，主要通过挖掘自身潜力、降低成本，达到增加效益的目的。

在垄断性行业，其分为完全垄断市场结构和寡头垄断市场结构。完全垄断市场指行业中只有唯一的一个企业的市场组织，该企业生产和销售的商品没有任何相近的替代品，其他任何企业进入该行业都极为困难或不可能，其市场排除了任何的竞争因素。垄断企业可以控制和操纵市场价格，其垄断的原因主要为政府垄断和自然垄断，如铁路运输、天然气、供水、供电、供热等部门。完全垄断企业价格策略的基本原则是边际成本等于边际收益，通过调整产量和价格达到企业利润最大化目标。垄断企业虽掌握市场价格的垄断权，但要制定科学、合理的产品价格，还需考虑市场的需求，分析边际收益、产品价格与需求价格弹性系数之间的关系，当需求富有弹性时，企业定价水平略低，当需求缺乏弹性时，企业选择高价策略。

寡头垄断市场指行业中企业为数甚少，而且企业之间存在相互依存、相互竞争关系的市场，该市场中具有少数几家企业生产经营，如汽车制造业、电信业，它们中的每一家企业对整个市场的价格和产量都有控制能力，任何一家企业都必须根据市场中其他企业的价格策略来形成自己的决策。例如，2017 年中国汽车市场各企业相互影响、纷纷降价，但企业在选择定价策略时，必须考虑到自己的价格决策对竞争对手的连锁反应，因为价格战往往会造成两败俱伤的结果。因而该类企业的产品价格在经过相互作用达到均衡后，应在一段期间内保持相对稳定，而从产品的性能、质量、宣传、服务等方面展开非价格竞争。

垄断虽不利于市场机制的形成，但从规模经济角度分析，独家经营的生产效益一定优于多家经营，因而，在某些产品的生产中，垄断经营是必选方式。在定价决策中，考虑不同层次消费者的消费需求及承受能力，垄断企业可选择差别定价策略，针对不同消费群体、不同消费形式及消费量，提供不同的产品服务，并采用不同的价格策略，如天然气、水、电、采暖等产品价格，应区别居民、商用、政府部门等不同消费对象，采用差别价格。

4．软件产品特点

从软件产品外延的定义来说，其具有以下特性。

一是软件产品在生产上具有高固定成本、低边际成本特性。软件产品生产成本具有特殊的结构，其生产固定成本很高，且绝大部分是沉没成本（Sunk Cost），必须在生产开始之前预付，生产一旦停止就无法收回；但是其复制的可变成本很低，只要第一份软件产品生产出来，多复制一份的成本几乎为零，并且生产复制的数量不受自然能力限制。这种高固定成本、低增量成本的成本结构对软件产品的生产具有重要的现实意义，它表明软件产品的生产能力是无穷的，具有巨大的规模经济效应。所以，软件产品与传统实物产品的差别就在于：传统实物产品存在边际成本递增的现象，而软件产品的边际成本可以保持不变或递减。

二是软件产品在消费上具有外在规模经济效应。“对许多信息技术来说，使用普及的格式或系统对消费者有好处。当一种产品对一名用户的价值取决于该产品别的用户的数量时，经济学家称这种产品显示出网络外部性（Net Externality），或网络效应。”即消费者消费软件产品所获得的效用随着购买这种产品的其他消费者数量的增加而不断增加，也就是所谓的消费规模经济。例如，使用 Windows 操作系统的人越多，其普及得越广，新购买者对其效用评价就可能越好，因而 Windows 操作系统的销售量就可能越大。一般说来，在一定的限度内（指网络容量不超载的范围），软件产品的消费行为也存在规模效应，使用软件产品的人数越多，消费者对它的口碑越好，就越愿意出高价来购买它的产品。当然，这种网络效应一般会有一个较长的引入期，然后才是爆炸性增长，即随着软件产品的安装基础（Installed Base）的增加，越来越多的用户发现使用该产品是值得的，最后产品达到了临界容量（Critical Mass），便能迅速占领市场。

三是软件产品在使用上具有先验性。软件产品消费偏好的确立，消费者必须事先对其进行尝试，然后才能进行效用比较并进行选择，因此几乎所有的软件产品都是“经验”产品。只有市场营销人员通过诸如免费样品、市场测试版、网上免费浏览、促销定价和鉴定书等策略进行信息充分披露，才能减少商品信息的不对称性，来帮助消费者了解新产品，获得经验性消费感受，确立消费偏好。微软公司的操作系统在中国的销售就是一个很好的例子。MS-DOS 和 Windows 操作系统开始进入中国市场时，通过免费安装、赠送等方式让消费者了解、学习、掌握，从而达到普及的目的，甚至对其盗版也视而不见，但到了 20 世纪 90 年代末，便提高了操作系统在中国的售价，甚至 Windows 操作系统在中国的价格高于美国的价格，并且加大了打击盗版的力度，一度造成微软公司与国内电脑销售商之间的紧张关系。微软公司之所以在开始时采取低价、免费、赠送的策略，主要是让消费者体验其产品的性能特点，使消费者对其产品产生依赖，即形成路径依赖（Path Dependence）。

四是软件产品在价格变化上具有向下的刚性。软件产品的高沉没成本、低边际成本的特征使软件产品在价格变化上具有向下的刚性，“一旦有几家公司在生产时付出沉没成本，竞争的驱动总是会使软件产品的价格向其边际成本（生产另一份复制的成本）移动。”而且软件产品价格的下降是向其自然下限零逼近的。例如，美国最早的光盘电话系统售价 1 万多美元，但现在其价格大幅下降，十几美元便可购买到。

5. 软件产品造价

软件产品具有生产与消费的规模经济效应，且在价格上具有向下的刚性，特别是软件产品生产边际成本不变的特性，说明了软件产品复制数量不受自然能力的约束。如果按复制成本定价就很难立即收回其巨大的、沉没的设计开发成本。因此，软件产品的定价都是以其使用价值为基础，采取个性化的定价策略。它主要包括以下几种方法。

（1）渗透定价法。渗透定价法主要是根据软件产品特殊的成本结构和网络外部性特点，着眼于产品的长期收益，在进入市场初期时采取低价格、零价格或负价格进行产品的销售。软件产品要取得消费规模效应，必须要争取更多的安装基础，达到必要的临界量，采取渗透定价法的目的是让消费者获得使用产品的“经验”，形成对产品的偏好，培养消费者对产品的忠诚度。软件产品在刚进入市场时宜采取渗透定价法，即低价和零价销售的策略。例如，网景浏览器在开始进入市场时就以低价甚至免费赠送给原始设备制造商，将其安装在新机器上，从而取得了在浏览器市场上先入为主的地位。总之，渗透定价法是软件产品开拓市场的一种行之有效的策略。

（2）金凤花定价法。消费者在购买商品时都有一种“回避极端”的心理，它们认为选择系列产品的最高端和最低端都是危险的，因此在购物时往往都采取折中的办法，就像购买金凤花一样，大部分消费者不愿意选择“太大”的或“太小”的，他们想要的是

“正好”的。所以，同一种软件可以设计三种版本并以不同的价格向不同的市场出售，强调不同版本产品的不同特征，突出产品使用价值的差别。例如，Basic Quicken 就分成初级版、专业版和黄金版，初级版的售价为 20 美元，专业版的售价为 60 美元，而黄金版的价格高达 500 多美元，结果专业版销售最好。实际上，初级版只是在专业版的基础上关闭了某些功能，黄金版只是在专业版的基础上增加了一两个功能而已。

（3）牡蛎定价法。软件产品升级换代的速度是很快的，新的升级版本就像牡蛎，新鲜的时候最有价值，根据用户对新版本的急需程度，在开始发行阶段暂时限量发行新版本，抬高新版本的售价；同时，大幅度降低老版本的价格，且不再发行老版本的软件。这样对新版本需求急切的用户就会出高价购买新版产品。牡蛎定价法主要是针对被软件锁定的用户，而且新老版本的差别很大，新版本的许多功能是老版本所不具备的。例如，微软公司在推出新版本的软件产品时，就采取了牡蛎定价法的策略。

（4）捆绑定价法。捆绑定价法是根据产品的互补关系和核心产品的市场垄断地位，把产品捆绑在一起以低于产品单价总和的价格进行销售。捆绑定价销售最为成功的例子就是微软公司的 Office 办公系统，它利用 Office 办公系统的市场垄断地位，开发出 8 个不同的办公组件，且每个组件之间有一定的互补性。目前 Office 办公系统取得了 90%的办公市场份额，其成功的原因就在于它实行了捆绑定价的策略。捆绑销售最大的优点就是它减少了消费者支付意愿的分散性，增加了供应商的销售收入。

（5）在线与离线定价法。根据销售渠道的不同，软件产品的定价可采取在线定价与离线定价法。通常的情况是在线销售的价格较低，离线销售的价格较高，这是因为在线的软件没有生产和分销成本，其主要目的是以销售软件来带动客户点击网站，以广告收入来收回成本，但对用户来说它也有下载的不便性。离线销售虽然价格较高，但对用户来说它在安装使用上有随时性的便利。在线与离线定价法关键在于在线和离线是互补关系还是替代关系。如果是它们是替代关系，那么就要对在线版本收费来弥补成本；或进行版本划分，使它不会直接与离线版本竞争。如果它们是互补关系，那么就要尽可能地大胆推出它，因为它刺激了离线版产品的销售，可以带来“滚滚财源”。

（6）非线性定价法。主要是根据客户购买的数量进行累计递减定价。例如，网上有 30000 首不同歌曲的数据库可供客户选择，客户可以批量定制，最低订单是 5 首歌 9.5 美元，以后每增加一首歌仅收 1 美元，超过 20 首，每增加 1 首歌收 0.5 美元。

1.2.4　实施意义

在当前的信息化建设工作中，对于软件研发价格及成本的估算和度量一直是业界的难题。由此导致的种种问题屡见不鲜，软件产品质量低下，如软件项目预算浪费或预算不足，不能按质论价；甲乙双方无法对软件项目的合理价格达成共识；项目开发过程中超支、延期等。技术上，目前软件的成本度量和造价存在以下几个方面的问题。

（1）技术方法和标准不完善。当前软件与系统和硬件配套，其成本度量和产品造价的技术方法不够科学、系统、客观。现行相关成本度量和造价技术的适用性、可操作性不强，没有考虑软件的复杂度和计价特点，也没有考虑系统、元器件、材料等硬件计价差异性，难以反映软件的成本构成和价格特点。软件计价范围也不科学，没有准确界定软件成本的内容和范围，多以硬件科研成本的项目费用直接套用等。

（2）造价人才缺乏。软件的造价工作，必须依靠既懂管理，又懂软件工程的复合型人才。但目前的造价和成本度量队伍从事软件技术和工程管理方面的人才较少，不利于对软件进行全面、系统的了解和掌握，不利于软件价格的合理确定。

（3）没有系统开展数据的应用工作及建立数据库。任何决策的制定和实施都必须由科学的信息数据作为支撑。近年来，我国信息化建设方面取得了很大的进步，建立了相应的价格信息数据库。但软件价格信息化建设不足，软件价格方面的信息比较少，而且存在零乱、不完整现象。由于缺乏有效的参考依据，导致造价过程和结果失去了继承性和延续性。样本数量少，信息不完整已成为目前软件成本度量和计价工作难以开展的重要原因之一。

为了解决这些问题，经过多年的准备和研究，国家发布了行业标准《软件研发成本度量规范》（以下简称《规范》），提出了以功能点估算为基础的软件研发成本估算办法和标准，对软件研发成本的估算和度量工作做出了明确的指引和说明。《规范》推出后，多个政府部门、金融企业均表示出了极大的关注，并迅速开展了基于行业标准的成本度量工作，形成了行之有效的实施办法。经过多年的推广应用，《规范》已得到业界的广泛认可，应用效果显著。目前，《规范》正在升级为国家标准，必然会得到越来越广的应用。

软件成本度量国标的研制意义重大，可有效支撑甲方预算、甲乙方招投评标、乙方项目计划、科学合理资源配置、研发成本控制、软件产品质量管理。它可以助力软件组织建设高成熟度，形成成熟、稳健的软件市场，对于软件产业可持续健康发展意义重大。《规范》可以应用在下述几个场景：

（1）软件项目在招/投标时，按照《规范》中的要求进行以功能点为基础的报价，结合质量指标完成情况，作为确定投标价格的依据，从而避免毫无根据的报高价，或恶意报低价的情况发生。

（2）在招/投标、项目实施过程中出现变更时，对软件项目成本、变更成本做出客观判断，作为决策的参考。

（3）在项目预算、立项时，对预算金额、质量目标进行应用和评估，使预算、立项过程客观、公正、准确。

（4）在项目结项、决算、后评价时，对结项时项目的实际规模、成本和质量进行评价，结合预算执行情况对项目做出评价。

软件成本度量和造价的实施意义在于：首先是落实创新驱动，解决软件造价“老大难”问题，推进信息化建设。引入软件行业基准生产率和人月费率，实现基于社会平均成本计价，体现优者多酬价值导向，鼓励硬件功能软件化，促进信息化水平不断提升。其次是体现知识价值。科学量化软件研发智力成本，切实尊重软件研发人员创造性劳动，激发软件研发人员创新活力和潜力，充分调动软件研发人员的积极性。最后是规范软件成本度量和造价过程，基于软件规模估算国际标准，综合考虑软件成本各种因素，客观反映软件成本构成和价格特点，统一计价组成、计算方法和费率模型，保证造价结果的客观性、一致性和可验证性。

第 2 章　规模计数方法

2.1　功能点计数模型的发展和现状

在软件度量体系中，软件的规模是重要的度量指标之一，不仅是决定软件成本的主要因素，也是项目管理者在整个项目生命周期进行跟踪和评估的基础。在项目初期，以软件规模估算结果为依据来进行软件工作量、成本、工期的估算，并完成资源分配和项目计划。在项目进行过程中，与软件规模相关的度量指标，如挣值分析、交付完成率等，可以帮助项目管理者有效地了解项目进展情况，控制风险。在项目完成后，软件规模的采集可以核算工作量、评估产出绩效，同样也是纳入组织级度量库并形成基线的重要指标。由此可见，尽早地对软件进行科学、有效的规模估算，对软件开发的成败起到了至关重要的作用。

软件规模估算是估算软件产品大小的过程，为了能在软件开发早期对整个软件规模有一个总体的把握和了解，业界提出了很多规模估算方法，常用的有专家法、代码行（Lines of Code，LOC）、COCOMO Ⅱ模型、功能点分析（Function Point Analysis，FPA）方法等。这些方法各有优/缺点：专家法最简单易行，但误差最大，不适合开发商使用；代码行由于和开发语言有关，而且目前尚无统一的度量标准，容易导致不同组织、不同人员得到的代码行规模数据有较大差异，对没有开发经验的用户来说无法掌握；COCOMO Ⅱ模型测算得比较准确，但参数取值比较困难，所以也不太适合用户评价；功能点分析方法是一种有效、可靠的软件规模度量方法，最早是 20 世纪 70 年代初期，IBM 委托 Al-lan Albrecht 工程师和他的同事为解决 LOC 度量所产生的问题和局限性而研究发布的，随后被国际功能点用户协会（International Function Point Users' Group，IFPUG）提出的 IFPUG 方法继承，在国际软件行业范围内得到推崇和一致接受，并从单纯的规模度量发展到倾向于软件工程整个生命周期中的应用。功能点分析方法基于完整规则约束，针对用户功能性需求进行度量，具有可在项目早期进行度量、不依赖于开发的语言和技术等特点，因此在国际上已经成为主流的软件规模度量方法。

功能点分析方法是一种以功能点（Function Point）为单位测量软件功能规模的度量方法，根据 Daich 和 Kitchenharm 提出的分类方法，功能点分析方法是一种分解类的规模度量方法，即把复杂系统分解成子系统进行评估的方法。它主要是基于软件文件，如可行性研究报告、需求规格说明书、设计文档等对功能性需求进行分析和度量，其结果以功能点数的形式表示功能规模。

功能点分析方法经过近 40 年的发展，以 IFPUG 方法为主线，演化了 NESMA、COSMIC 和 Mark II 这 3 个主要方法和十几个分支方法。此外，还有一些应用较少的方法，如适合操作系统和电信系统的 Bang 度量、数据点（Data Points）；适合面向对象技术的对象点（Object Point）方法；适用于科学计算系统的 3-D 功能点，以及适用于实时系统的特征点（Feature Point）方法等。功能点分析方法发展历程如图 2-1 所示。

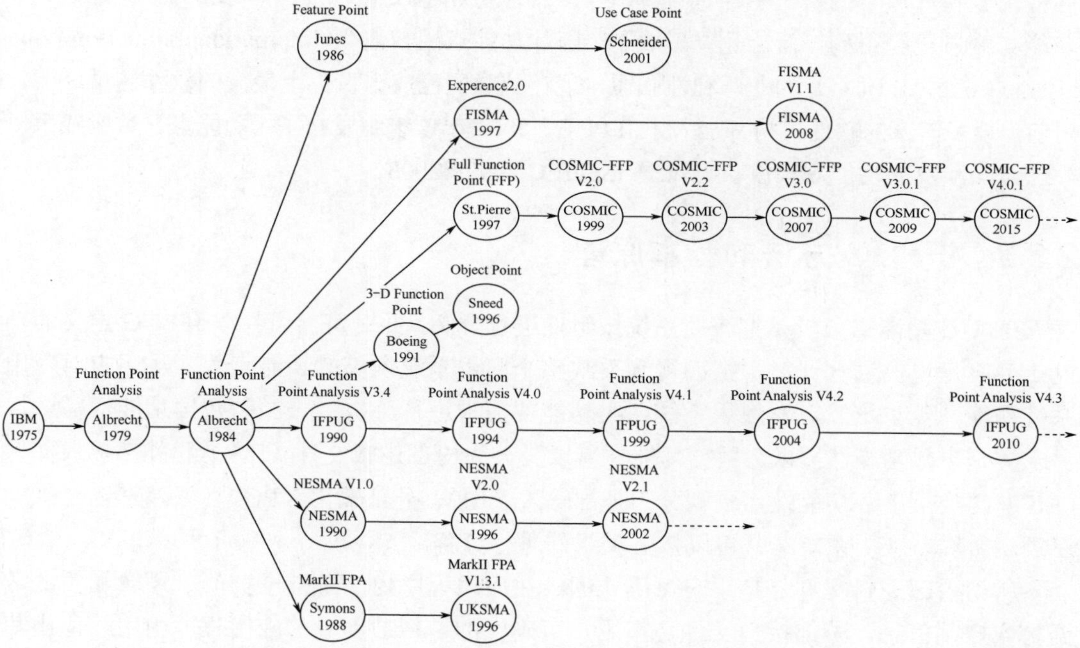

图 2-1 功能点分析方法发展历程

功能点分析方法已于 2007 年被纳入 ISO14143 标准系统，目前符合 ISO14143 标准的功能点方法总共有 5 种，分别是美国 IFPUG 组织提出的功能点标准（http://www.ifpug.org）、荷兰软件度量协会提出的 NESMA 功能点标准（http://www.nesma.nl）、加拿大非营利组织 COSMIC 提出的 COSMIC 功能点（http://www.cosmicon.com）；此外，还有芬兰软件度量协会提出的 FISMA 功能点标准（http://www.fisma.fi）和英国人 Charles Symon 提出的 Mark II 功能点标准（http://www.uksma.co.uk）；IFPUG 组织在 2015 年又发布了关于非功能规模的度量方法 SNAP。这些功能点分析方法的分析规则以计算手册（Counting Practices Manual，CPM）的形式存在，并不定期发布新的版本，更新规则以适用不断出现的新技术，如图形界面、Web 技术、数据仓库等。

下面就对几种常用的功能点分析方法进行简要介绍。

2.2 商务性软件：IFPUG 方法和模型

2.2.1 IFPUG 功能点估算方法的由来

20 世纪 70 年代中期，Albrecht 和他的团队发布了名为“功能点”的公式化度量方法的第一个版本。功能点度量的意图在于使度量值和软件应用的代码无关，但是渐渐地倾向应用于软件项目的整个生命周期，从早期需求分析到交付以后的升级、维护。1984 年，功能点度量已经得到广泛应用，形成了“国际功能点用户组”（International Function Point Users Group，IFPUG）的非营利性联盟，现在该联盟已成为世界上最大的软件测量联盟。目前，很多国家的软件机构都加入了 IFPUG。2004 年该组织发布了《功能点计数实践手册 4.2 版》，涉及的功能规模度量标准是 ISO/IEC 20926:2003。

2.2.2 IFPUG 方法的基本原理

IFPUG 功能点分析是把应用系统按组件进行分解，并对每类组件以 IFPUG 定义的功能点为度量单位进行计算，从而得到反映整个应用系统规模的功能点数。从用户对应用系统功能性需求出发，对应用系统两类功能性需求进行分析：一类是数据功能性需求，另一类是事务功能性需求。数据功能性需求又分为内部逻辑文件（ILF）和外部接口文件（EIF）两类，事务功能性需求则分为外部输入（EI）、外部输出（EO）、外部查询（EQ）三类。所以，应用系统一共可以按五类组件进行分解。

所谓内部逻辑文件是指用户可确认的、在应用程序内部进行维护的、逻辑相关的数据块或控制信息。外部接口文件是指用户可确认的、由被度量的应用程序引用，但由其他应用程序内部进行维护的、逻辑上相关的数据块或控制信息。通常 MIS 系统的开发者和用户对这类组件并不陌生。

外部输入是指应用程序对来自应用程序边界以外的数据或控制信息的基本处理；外部输出是指应用程序向其边界之外提供数据或控制信息的基本处理，这种处理逻辑中可能包含数学计算或导出数据等，并且要对内部逻辑文件进行维护；外部查询是指应用程序向其边界之外提供数据或控制信息查询的基本处理，与 EO 不同的是，处理逻辑中既不包含数学计算公式，也不产生导出数据，处理过程中也不维护 ILF。

2.2.3 IFPUG 的具体计算方法

在 IFPUG 的功能点计算实践手册中，按照组件的复杂程度分别对某个组件按若干个功能点进行计算。复杂度分成低、中、高三个基本级别。对数据功能性的组件来说，复杂度取决于两个因素：一个是所包含的数据元素个数（DET），另一个则是用户可以识别的记录元素类型的个数（RET）。而对事务功能性组件，复杂度则取决于所引用的所有内部文件或外部文件的个数（FTR），以及事务处理过程中输入或输出文件中涉及的动态数据元素个数（DET）。

按照功能点计算实践手册 4.1 版本中的规定：ILF 和 EIF 的低、中、高三个基本级别的确定方法如表 2-1 所示。

表 2-1　ILF 和 EIF 数据的复杂度确定

记录元素类型（RET）	数据元素类型（DET）		
	1～19	20～50	>50
1	低	低	中
2～5	低	中	高
>5	中	高	高

EI 的低、中、高三个基本级别的复杂度确定方法如表 2-2 所示。

表 2-2　EI 的复杂度确定

引用的文件类型个数（FTR）	数据元素类型（DET）		
	1～4	5～15	>15
0～1	低	低	中
2	低	中	高
>2	中	高	高

EO 和 EQ 的低、中、高三个基本级别的复杂度确定方法如表 2-3 所示。

表 2-3　EO 和 EQ 的复杂度确定

引用的文件类型个数（FTR）	数据元素类型（DET）		
	1～5	6～19	>19
0～1	低	低	中
2～3	低	中	高
>3	中	高	高

每个组件的复杂度等级与功能点数的对应关系如表 2-4 所示。

表 2-4　每个组件的复杂度等级与功能点数的对应关系

类　型	复杂度级别		
	低	中	高
ILF	×7	×10	×15
EIF	×5	×7	×10

（续表）

类　型	复杂度级别		
	低	中	高
EI	×3	×4	×6
EO	×4	×5	×7
EQ	×3	×4	×6

这样，如果将一个应用系统按组件分解后，确定每个组件的复杂度等级，然后按照 IFPUG 功能点计算实践手册给出的计算方法，就可以用定义的功能点作为度量单位计算出该系统的初始规模。

2.2.4 IFPUG 方法的工作流程

IFPUG 方法主要分为以下五个步骤来进行。

1．第一步：工程类型判定

研究发现，功能点对软件规模的计算可包含软件生命周期的整个过程，从最初的软件需求到中间的详细设计、测试再到最后的软件维护，功能点计算规模的准确度逐步提高。通常功能点计算包括三种类型：开发型项目功能点计算、升级型项目功能点计算及应用程序功能点计算。

1）开发型项目功能点计算

开发型项目功能点计算是指软件首次安装测量时即为最终用户提供的功能。这些功能既包括应用程序本身包含的功能，也包含因数据转换而带来的功能点的功能，开发型项目功能点的计算必须随着开发的深入而更新。后续计算不必从头进行，但必须核实已确定功能并努力捕获新增功能，即通常所谓的“范围延伸”。

2）升级型项目功能点计算

升级型项目功能点计算指对现有的应用程序所进行的修改，它包括由于新增功能、删除功能和改变功能而带给用户的功能组合。注意，在升级型项目中实施删除功能时，尽管软件规模缩小，但工作量却可能成倍增加。转换功能也可以存在于升级型项目中，升级以后，应用程序的功能点计算必须能反映出应用程序功能的变化。

3）应用程序功能点计算

应用程序功能点计算的对象是一个已安装的应用程序。它也称为基线计算值或者已安装计算值，用来评估应用程序目前为最终用户提供的功能。一次任务的已安装应用程序总功能点计算值代表了目前正被使用和维护的所有应用程序功能点的和。

2．第二步：确定系统边界及范围

功能点计算中，边界的划分和确定是正确估算系统的重点和难点，计算范围确定主要取决于计算的目的。通常我们认为应用程序的边界是指被测程序与其他外部程序或用户之间的边界，如图 2-2 所示。

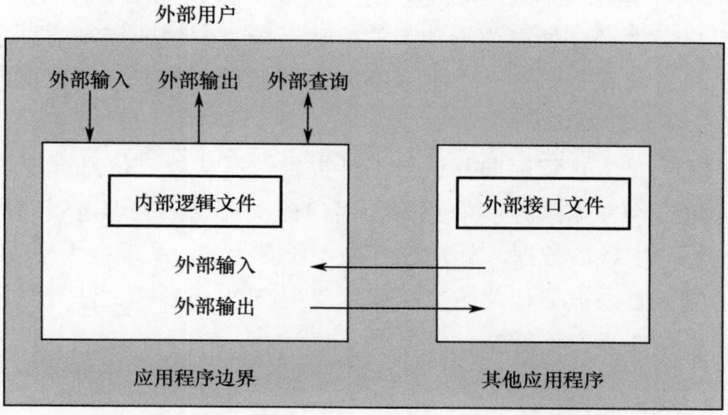

图 2-2　用户边界示意

3．第三步：计算数据功能点及其复杂度

数据功能是指供更新、引用和检索而储存的可用的逻辑数据。数据块或控制信息是逻辑上的并且是用户可确认的。通常数据功能分为内部逻辑文件（ILF）和外部接口文件（EIF）。

内部逻辑文件是用户可确认的，在应用程序的内部维护的、逻辑上相关的数据块或控制信息。ILF 的主要意图是通过被测应用程序的一个或多个基本处理来保存数据。一旦应用程序内部的一个数据块被标志为 ILF，即使它被另一个事务所引用，它也不能再被同一个应用程序当成 EIF，在该应用程序的升级项目中，它也不能被算做 EIF。

外部接口文件是用户可确认的、由被测应用程序引用，但在其他应用程序内部维护的、逻辑上相关的数据块或控制信息。EIF 的主要意图是存放被测应用程序中的一个或多个基本处理所引用的数据。数据或控制数据应该通过诸如增加、结账、变更、评估、更新等事务来维护，一个 EIF 可以被多个应用程序引用和计算，但是对于一个应用程序来说，一个 EIF 只应该被计算一次。

内部每个 ILF 或 EIF 都必须根据相关的数据元素类型 DET 和记录元素类型 RET 被赋予一个功能复杂度。这个复杂度分为低、中、高三种不同的等级，详情参看本章表 2-1。

4．第四步：计算事务功能点及其复杂度

事务功能主要是指外部输入、外部输出、外部查询、完成更新、检索和输出等操作。

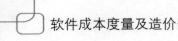

每种功能都有其自己的基于特定复杂度矩阵的未调整功能点权值。

外部输入（EI）是应用程序处理来自应用程序边界以外的数据或控制信息的基本过程。经过处理的数据维护一个或多个 ILF，经过处理的控制信息则可能维护一个 ILF 或者不维护它。EI 的主要意图是维护一个或多个 ILF，以及通过其处理逻辑来改变应用程序行为。

外部输出（EO）是应用程序向其边界之外提供数据或控制信息的基本处理。EO 的主要目的是向用户提供经过处理逻辑加工的，除了检索数据或控制信息之外的信息或附加信息。处理逻辑必须至少包含一个数学公式或者计算，创建导出数据或者维护一个或多个 ILF，并且改变系统的行为。

外部查询（EQ）是应用程序向其边界之外提供数据或控制信息查询的基本处理。EQ 的主要目的是通过查询数据或控制信息来为用户提供信息，处理逻辑中既不包含数学公式或者计算，也不产生导出数据。处理过程中不维护 ILF，系统行为不受影响。

所有事务功能都必须根据相关的数据元素类型 DET 和参考文件类型 FTR 获得一个功能复杂度。详情参看表 2-2 及表 2-3。

5．第五步：功能点计算

得出未调整功能点数是流程中最简单的一步，依据估算流程的第三步和第四步，即在确定数据功能及其复杂度和事务功能及其复杂度后，依据每项功能的复杂度级别乘以相应的权值复杂度权值数（见表 2-4），最后将各类功能相加，就得到了整个系统的未调整功能点。

简单举例如下：2 个低复杂度 ILF，权值每个 7 点，共 14 点；3 个低复杂度 EI，权值每个 3 点，共 9 点；6 个中等复杂度 EO，权值每个 5 点，共 30 点。合计共 53 点，即上述各项之和即为未调整的功能点数的和。

2.3　一般软件：NESMA 方法和模型

2.3.1　NESMA 背景及发展历史

NESMA 成立于 1989 年 5 月 12 日，最早的 NESMA 是荷兰软件度量用户协会（Netherlands Software Metrics Users Association）的缩写。NESMA 主要关注软件度量的规模，已经成为国际公认的 ISO 认证标准很长时间。该组织的口号是“NESMA，不仅仅是功能点”，意思是虽然软件度量过程中，功能点规模虽然是一个重要的方面，但是实际中对软件行业来说更重要的是我们可以用功能点规模做什么。因此，NESMA 组织在很多业务领域提供客观独立度量数据。例如，软件项目估算、软件基准数据、基于软件度量的外包、生产率的度量和管理、项目控制和度量方法等。

NESMA 组织有以下特点：

- 非营利组织；
- 独立的组织；
- 客观；
- 由志愿者组织和管理；
- 活跃且有进展。

其愿景如下：

- 传播关于软件度量和测量的知识；
- 在各个业务领域，建立软件度量的知识体系；
- 报纸独立、客观和非营利；
- 在各个业务领域，研究软件度量的适用性；
- 联络相关组织；
- 生成对软件产业有用的相关指南、报告和其他信息产品；
- 建立一个平台，使得在软件度量与测量方面有经验的人士能够进行知识的沟通与交流。

NESMA 最早产生的原因是一些用户不赞成 IFPUG 度量手册中的部分技术指南，认为它们太过技术化。NESMA 规范很快成为 ISO/IEC 规范。NESMA 规范从头到尾采用的都是纯功能视角的估算，IFPUG 组织也越来越赞同和引用 NESMA 的观点。因此，当前的 IFPUG 方法和 NESMA 方法只有非常细小的区别，业界认为这两种功能点的数量基本可以直接兑换。

人们常说的 NESMA 标准指的是 NESMA 功能点度量方法标准（Software Engineering-NESMA Functional Size Measurement Method Version2.1），标准号为（ISO/IEC 24570:2005（E））。以下是该标准的版本发布历史。

- 1990 年 11 月发布版本 1.0。
- 1991 年 5 月发布版本 1.1。修改了一些小错误。
- 1996 年 4 月发布版本 2.0。增加了大量的例子；并与 IFPUG 组织一起，对相关技术问题进行了大量的响应。从这个版本开始，NESMA 标准和 IFPUG 标准规则上基本趋于一致。
- 2002 年 2 月发布版本 2.1。主要修改去掉了“一般性系统特征”的章节。

2.3.2　NESMA 基本方法

NESMA 方法借鉴 IFPUG，并与 IFPUG 方法兼容。需要识别的组件和复杂度的确认也与 IFPUG 的方法相似。主要分为以下六个步骤来进行：

第一步，收集现有文档；

第二步，确定软件用户；

第三步，确定估算类型；

第四步，识别功能部件并确定复杂度；

第五步，与用户验证估算结果并进行结果校正；

第六步，与功能点分析专家验证估算结果。

NESMA 方法为了弥补 IFPUG 估算复杂、工作量大的缺点，提供了基于软件逻辑规模的分析规则，基于需求文档进行估算。因此，NESMA 方法更适合早期项目的快速估算。

根据使用的项目阶段和收集到的文档的清晰度不同，NESMA 方法提供了三种类型的功能点估算方法，依次是：

（1）指示功能点计数（Indicative Function Point Count）；

（2）估算功能点计数（Estimated Function Point Count）；

（3）详细功能点计数（Detailed Function Point Count）。

在使用“指示功能点计数”方法时，只识别出软件需求的数据功能个数，根据经验公式得出软件规模。而在使用“估算功能点计数”方法时，在确定每个功能部件（数据功能部件或事务功能部件）的复杂度时使用标准值，一个 ILF 为 5FP，一个 EIF 为 5FP，EI、EO 和 EQ 分别为 4FP、5FP 和 4FP。

在使用“详细功能点计数”方法时，估算方法与标准 IFPUG 方法相同，其实现步骤为：①确定每个功能的功能类型（ILF，EIF，EI，EO，EQ）；②确定每个功能的复杂度（低、中、高）；③计算整体未调整功能点。对于调整因子的使用，NESMA 沿用 IFPUG 的调整因子的使用方法。

2.3.3 NESMA 的主要特点

NESMA 作为一种 FPA 的方法，有以下几个主要特点。

1. 三个级别的估算方法

NESMA 在过程识别、复杂度确定等方面与 IFPUG 方法相似。在实际应用中，NESMA 方法更加常见于软件生命早期阶段需求不甚明确的规模估算，因为在 NESMA 方法中基于原有规则基础提出了快速估算的方法：指示功能点计数和估算功能点计数；结合详细功能点技术方法，NESMA 在估算方法上有三个级别的选择。

1）指示功能点计数

指示功能点计数方法是指在软件进行度量时，只对软件需求中的数据功能（ILF、EIF）感兴趣，然后将识别出的数据功能个数代入经验公式计算出未调整功能点数量，最后求得被度量软件的功能规模大小。其公式如下：

$$UFP = 35 \times ILF + 15 \times EIF$$

建立该公式的前提是对 ILF 和 EIF 提出假设：一个 ILF 至少对应 3 个 EI、2 个 EO、

1 个 EQ，一个 EIF 至少对应 1 个 EO、1 个 EQ。

2）估算功能点计数

估算功能点计数方法适用于已能够识别出软件每一个功能部件的功能需求。其度量原则是使用一组标准值计量软件的每一个功能部件的复杂度，即数据功能部件采用“低”级复杂度计量，事务功能部件采用“中”级复杂度计量，其具体实现可分为三个步骤：

（1）确定每一个功能的功能类型（ILF，EIF，EI，EO，EQ）。

（2）为所有数据功能选定“低”级复杂度，为事务性功能选择“中”级复杂度。

（3）计算整体未调整功能点 UFP=7×ILF+5×EIF+4×EI+5×EO+4×EQ。

3）详细功能点计数

详细功能点计数通过对每一个功能项的复杂度的识别，将功能项确定为“高”“中”“低”三个级别的复杂度。对于识别数据功能的复杂度，需要确定逻辑文件的 RET 数量，以及 DET 数量；而对于识别事务功能的复杂度，需要确定该事务功能引用的逻辑文件个数 FTR，以及该事务功能中穿越系统边界的 DET 的数量。根据以上参数的数量，查找复杂度矩阵，即可找到各功能项目的复杂度。

确定各功能项目的复杂度确定值，查找对应复杂度的功能点数，以确定对应功能项目的功能点数。

2. 丰富的案例

NESMA 从建立之初就是为了让更多的从业人员能够使用此功能点方法，一方面从标准出发去技术化，让一般的业务人员也能参与到功能点计算中来；另一方面，增加了大量的实践的估算案例，将实施功能点计算的主要要点和常见的疑问，用案例的方式向读者解释，从而使该标准更具有可参考性。

在标准《DEFINITIONS AND COUNTING GUIDELINES FOR THE APPLICATION OF FUNCTION POINT ANALYSIS NESMA functional size measurement method conform ISO/IEC 24570 Version 2.1 (ISO/IEC 24570)》中，第十一章通过 24 个案例，说明了如何实施 NESMA 计数的细则。

2.4　嵌入式软件：COSMIC-FFP 方法和模型

2.4.1　COSMIC-FFP 方法的起源与发展

FPA 方法在大型实时系统软件开发中，显得有些力不从心，对其开发项目的估计并不能总是保持一定的准确度，全功能点（Full Function Point，FFP）方法弥补了这一缺点，可以在一个功能进程中更好地捕获功能点。FFP 由魁北克大学软件项目管理研究实验室的 St-Pierre 等人于 1997 年提出，是对第 1 代功能点分析方法的一个扩展，它由来自 14

个国家的功能点度量专家组成的通用软件度量国际协会（Common Software Measurement International Consortium）来维护，并在 1999 年正式发布了全功能点分析方法的第一个版本。2003 年，国际标准化组织正式接纳 COSMIC-FFP 为国际标准，编号为 ISO/IEC 19761:2003。目前最新版本是 2015 年发布的 COSMIC 度量手册 4.0.1 版本。2006 年，COSMIC 为从业者介绍了方法初级入门测试，并鼓励使用 COSMIC 方法的用户向 ISBSG 提交自己的项目数据，以增强现有的使用 COSMIC 方法进行度量的基本数据。COSMIC 方法主要用来度量实时系统、嵌入式系统和商业应用软件的功能规模，可用于软件开发生命周期的各个阶段，从用户功能的视角入手，不需要调整因子，简单易行，因此正逐步被公众所接受。

在 COSMIC 方法中，将系统的功能处理分解为“数据计算”和“数据移动”两种类型，该方法只统计了“数据移动”的个数，没有对“数据计算”进行度量。因此，COSMIC 方法适用于以下领域的软件功能度量。

（1）业务应用软件，如银行、保险、统计、人事、采购、配送及制造等。不适用于复杂算法的系统与处理连续变量的系统，如专家系统、模拟系统、自学习系统、天气预报系统、声音和图像处理系统等。这类软件的特点常常被归纳为“数据密集”。

（2）实时软件。其任务是监视或控制现实事件的发生。例如，电话交换和报言交换软件，嵌入在用于控制机器的软件，用于过程控制和自动数据获取的软件，以及计算机操作系统内部的软件。

（3）支撑上述软件的平台软件，如可复用的构件及设备驱动程序等。

（4）一些科学/工程软件。

COSMIC 方法不适合复杂算法的系统与处理连续变量的系统，如专家系统、模拟系统、自学习系统、天气预报系统、声音和图像处理系统等，但是该方法操作简单，易于理解，对数据密集型软件具有良好的适用性，因此有着广泛的应用。

2.4.2 COSMIC-FFP 方法的基本原理

COSMIC 度量方法对待度量软件的功能用户需求使用一组模型、规则和方法，最后得到一个具体的数字化值，表示待度量软件的功能规模大小。COSMIC 方法假设功能规模是通过“数据移动”的个数来表示整个系统的功能规模大小，它的度量对象为待度量软件的功能用户需求（Function User Requirements，FUR）。一个数据移动是一个数据组的传输，一个数据组是一个有区别的、非空的、没有顺序且没有冗余的数据属性的集合。一个数据移动记为一个 COSMIC 功能点（Cosmic Function Point，CFP），CFP 是 COSMIC 度量方法的标准度量单位，系统中所有“数据移动”的个数就是整个软件系统的规模大小。有四种类型的数据移动：输入（Entry，E）、输出（Exit，X）、读（Read，R）和写（Write，W）。输入是从用户穿越被度量系统的边界传输数据到系统内部，这里提到的用户既包括系统的使用人员，也包括其他软件或者硬件系统；输出是一个数据组从一个功能处理通过边界移到需要它的用户；写是以永久性的存储设备存储数据；读是从永久性的存储设备读取数据。通过四种类型的数据移动，把原本抽象的软件功能具体化为一种跨越待度量软件和功能用户之间边界的进出行为，将原本抽象的软件功能实现，具体化为清晰、直观的数据交换，具体原理如图 2-3 所示。

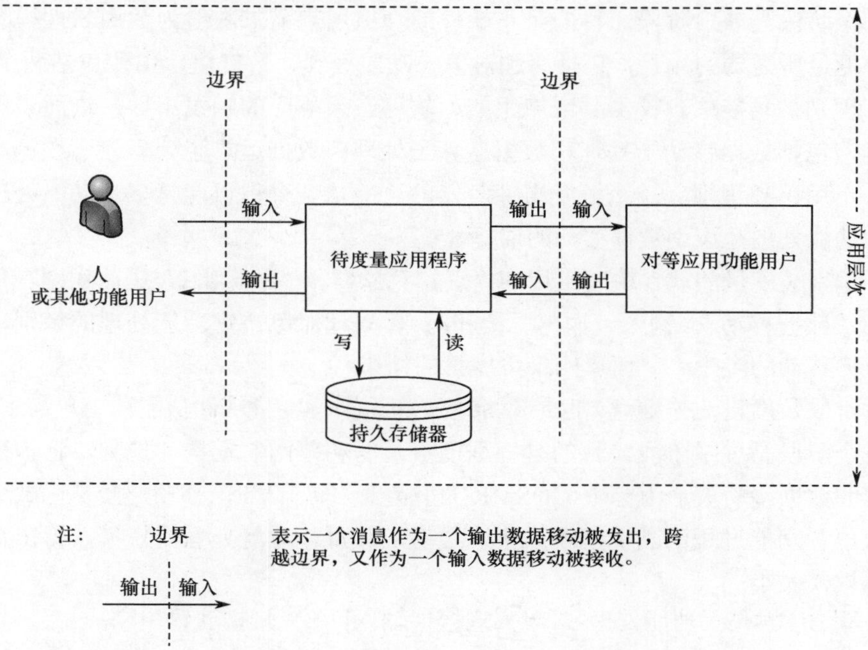

图 2-3　数据移动原理示意

2.4.3　COSMIC-FFP 方法的过程

COSMIC 分析过程分为三个阶段，整个过程如图 2-4 所示。

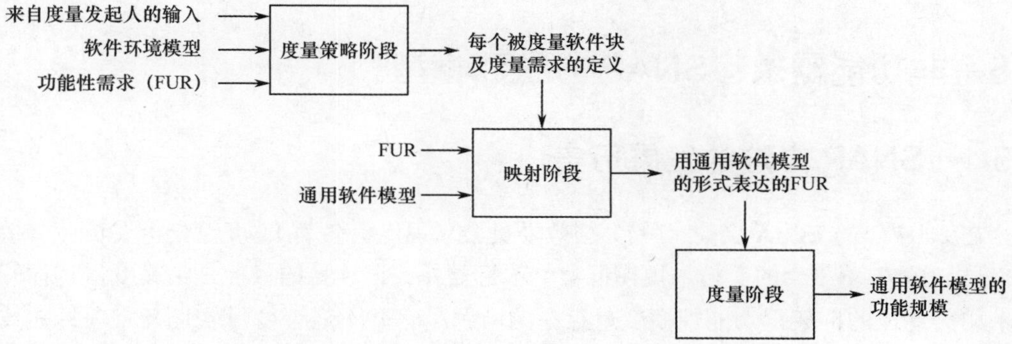

图 2-4　COSMIC 分析过程

第一个阶段是度量策略阶段，也称度量准备阶段，主要是根据 COSMIC 软件上下文模型对待度量软件进行定义，明确关键参数，如度量的目的，也就是要度量什么，由此确定待度量软件的整体范围，清楚划分边界、软件层、识别功能用户和颗粒度级别，这是一个迭代的过程。不同功能用户的视角和粒度级别决定了软件规模，因此在这个阶段要把所有的关键参数记录下来，使所有使用者能有一致的解读。

第二个阶段是映射阶段，目的是将软件的功能用户需求映射为通用软件模型，并识别出所有度量所需要的元素，包括兴趣对象、功能处理、数据组，主要包括两个步骤：

（1）识别被功能用户检测到或产生的、软件必须响应的触发事件，进而识别对应的功能处理，包括数据移动子处理和数据运算子处理，数据运算子处理包含在相关的数据移动中，不用单独识别。一个触发事件触发的可能是一个也可能是多个功能处理，识别出完整的功能处理是识别数据移动的前提。

（2）识别被度量的软件块所引用的“兴趣对象”和“数据组”，进而识别在每个功能处理中的“数据移动”（输入、输出、读和写）。兴趣对象决定功能处理的识别，数据组决定了数据移动的多少，从而影响最终度量的结果。

映射阶段是度量的关键点，也是不断理解和识别待度量软件功能性用户需求的过程。

第三个阶段是度量阶段，目的是根据度量目的和范围制定累计规则，将识别出每个功能处理的数据移动被记为一个 COSMIC 功能点，即 1CFP，并使用度量函数通过累加的方式得出各功能过程的功能规模大小，最后汇总每一功能处理的规模，得出待度量软件的总体规模大小：

$$\text{规模（功能处理 i）} = \sum \text{规模（输入i）} + \sum \text{规模（输出i）} + \sum \text{规模（读i）} + \sum \text{规模（写i）}$$

对需求变更的功能规模度量是通过统计汇总满足变更需求所必需的增加、修改或删除的数据移动个数得到的：

$$\text{规模（变更（功能处理 i））} = \sum \text{规模（增加的数据移动i）} + \sum \text{规模（修改的数据移动i）} + \sum \text{规模（删除的数据移动i）}$$

2.5　非功能需求：SNAP 方法和模型

2.5.1　SNAP 方法的发展历史

在 2007 年的 ISMA 会议上，IT 绩效委员会（现已更名为 IT 度量分析委员会）接受了来自 IFPUG 董事会的“技术规模框架”项目委托。该项目的目标是定义度量软件开发技术相关规模的框架。功能规模度量存在的问题是它并不适合度量软件开发项目中技术需求的规模。该项目的重点是开发独立于 IFPUG 功能点方法的技术规模框架。非功能规模度量和功能规模度量相互独立有助于确保功能点度量的历史数据可以继续使用。定义的框架应获得 IFPUG 董事会和 IFPUG 成员的承认和支持，该项目将定义度量软件开发非功能规模的指南和规则。

软件非功能评估过程项目团队于 2009 年 10 月发布了第一个草稿版本，以便评审团队及 IFPUG 董事会、IFPUG 新环境委员会和 IFPUG 计数实践委员会评审。该版本命名为国际功能点用户组 SNAP 评估实践手册。

SNAP 项目团队根据评审反馈对 0.1 版本进行修订，于 2010 年 11 月发布了第一个 Beta 版本，以便软件企业试用评审。这个版本为 SNAP APM 第 1.Beta 版。根据对 Beta 版的评审反馈，团队对 ATM 做了少量修改。

2.5.2　SNAP 方法的目标及优点

SNAP 通过量化非功能需求的规模来度量软件。SNAP 的目标是度量用户要求和接收软件的非功能规模，从而说明应用的完整经济价值，包括功能和非功能两个方面（非功能基线和功能基线），通过SNAP方法能够基于非功能需求度量软件开发和维护项目，度量不可用功能点方法进行评估的技术项目的规模。

除了满足以上目标，评估非功能需求的过程应该：

- 足够简单，从而使度量过程的费用最低；
- 在不同项目和组织中度量过程一致。

SNAP 可以确定规模（通过评估四个分类及其子类），因此能根据得到的用户需求，更好地估算有或没有功能点的项目。

非功能评估对 IT 组织的作用表现在多个方面。它有助于估算和分析项目或应用的质量和生产率。非功能评估和功能点分析结合使用有助于识别影响质量和生产率的因素，包括积极因素和消极因素。

软件人员应用非功能评估信息，可以：

- 更好地对项目进行计划和估算；
- 识别过程改进域；
- 有助于确定未来非功能战略；
- 量化目前非功能战略的影响；
- 当与不同干系人沟通非功能问题时，提供数据支持。

组织可以使用 SNAP 作为度量软件产品非功能规模的一种方法，用于支持质量和生产率分析，也可以用作估算软件开发和维护所需成本和资源的方法。除 FPA 以外，SNAP 方法是度量软件开发和维护成本降低的一种方法，可以用来评估外购的第三方组件的非功能规模并帮助用户确定外购的第三方组件与非功能需求的契合度。

2.5.3 SNAP 方法介绍

非功能评估用子类所组织的一系列问题来度量软件产品开发和交付的非功能需求的规模。SNAP 可用于开发项目、升级项目、维护活动和应用的度量，通过分类关注那些影响产品规模的非功能需求，利用一系列问题来度量非功能需求，SNAP 估算的单位为 SP。

SNAP 评估过程主要分为六个步骤，如图 2-5 所示，分别为：

（1）确定评估目的、范围、边界和分区；

（2）分析非功能需求并关联到类和子类；

（3）识别 SCU；

（4）确定每个 SCU 的复杂度；

（5）计算 SCU 的非功能规模；

（6）计算非功能规模。

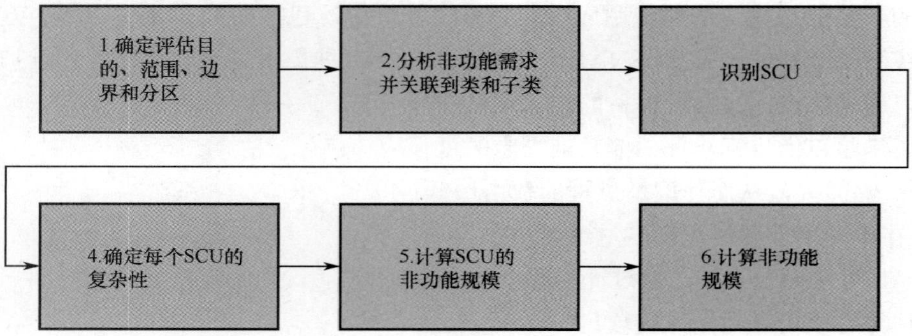

图 2-5　SNAP 评估过程

SNAP 方法主要识别四个大类，分别为：数据操作、界面设计、技术环境和技术架构。

数据操作类是指数据如何在 SCU 内部处理相关数据操作，用来满足应用内部的非功能需求，其中包含数据输入校验、逻辑和数学运算、数据格式化、内部数据移动和通过数据配置交付功能 5 个子类。

界面设计类与最终用户的经验相关。该类别评估用户与应用交互的 UI 设计过程和方法，其中包含用户界面、帮助方法、多输入方式和多输出方式 4 个子类。

技术环境类与应用驻留的环境相关。它评估内部数据和配置的修改，这些修改从 FP 的角度并没有提供额外的功能，其中包含多平台、数据库技术和批处理过程 3 个子类。

技术架构类与应用的设计和编码技术相关。它评估模块化或者基于组件开发的复杂度，其中包含基于组件的软件开发和多输入/输出接口 2 个子类。

非功能评估可在开发生命周期的任何时间点进行，用来帮助项目估算、监督项目范围变更及评价交付的非功能需求。

在开始非功能评估之前，应确定是要近似估算还是要度量非功能规模，并记录所有假设。

为了确定近似的非功能规模，估算允许对未知非功能的类或它们的复杂度做假设。度量需要识别所有的非功能子类及其复杂度来完成非功能规模分析。

在早期阶段，非功能需求可能没有完全识别出来。尽管这对评估不利，但此阶段的评估对生成早期估算很有用。在不同生命周期阶段，可以用非功能评估方法近似估算或度量非功能规模，在提案和需求阶段，非功能 SP 只能被近似估算，而从设计阶段开始，非功能 SP 可以被度量。

了解早期的非功能评估是对交付的非功能需求的估算，这一点非常重要。另外，随着评估范围的确定及需求的深入分析，往往能识别出在初始需求中无法识别的非功能特征。这种现象有时被称为“范围蔓延”。在项目完成后需要更新应用的规模。如果在开发过程中非功能规模发生了变化，那么在开发完成后应更新非功能规模，以反映交付给用户的所有的非功能特征。

2.6　各规模计数方法的比较及应用范围

我们可以将用户需求分为功能性需求和非功能性需求。以上标准中 SNAP 是针对用户提出的非功能性需求进行规模度量的规范方法，其他几种均是针对用户的功能性需求进行规模度量的功能点估算方法。

2.6.1　功能需求规模计数

除了以上主要讨论的 IFPUG、COSMIC、NESMA 方法外，就功能性需求的估算方法，常见的规模计数方法还有“代码行”“用例点”“故事点”方法，以下简单说明这几种方法。

1. 代码行方法

代码行（Line of Code，LOC）方法是指所有的可执行的源代码行数，包括可交付的工作控制语句、数据定义、数据类型生命、等价声明、输入/输出格式声明等。由于代码行是程序员的直接劳动输出，往往用来计数程序员的劳动输出的大小。一个组织通常可以根据历史项目的代码行数和工作量的付出来核算开发效率。

代码行方法的优点及适用范围：

（1）代码行方法是所有软件规模估算方法中学习成本最低的，基本无须学习。

（2）由于所有的软件都有代码，所以可以在所有类型的软件中使用。

（3）工具集成化程度高。在相应的开发工具，如 Eclipse 等开发工具的集成环境中，有相关代码行统计的相关功能。技术环境下可以用来衡量开发人员的开发效率。

代码行方法的局限性：

第一，代码行本身计数的规则未能清晰描述。例如，代码中的空行是否计数？注释是否计数？无用的代码如何计数？无效的换行如何清除？引入开源的代码如何计数？许许多多的细节均给代码行的计数带来了不确定性。

第二，开发语言的差异大。不同语言实现相同的业务功能要求的代码行数是不一样的，而且差异巨大。Albrecht 和 Gaffney 在研究代码行与功能点换算时，得到的各种语言代码行与功能点的粗略换算关系如表 2-5 所示。

表 2-5　每个功能点换算的代码行数（LOC/FP）　　单位：行

程序设计语言	LOC（平均值）
汇编语言	320
C	128
COBOL	105
FORTRAN	105
Pascal	90
ADA	70
面向对象语言	30
第四代语言（4GLs）	20
代码生成器	15

第三，太过技术化，用户不理解。代码行的数量对于不懂技术的用户来说是毫无意义的。用户不清楚一万行代码对于软件而言，到底解决了多少业务的需求。

第四，无法早期计数。代码行必须是程序提交后才能获得准确的度量数据，不便于项目早期对软件规模的估算。

2．用例点方法

用例点方法（Use Case Point Method）是 Gustav Karner 于 1993 年提出的在面向对象开发方法中基于用例估算项目的规模及工作量的一种方法。这种方法对 FPA 方法进行了修改，其基本思想是利用已经识别出的用例和执行者，根据他们的复杂度分类，计算用例点，然后利用用例点计算得到软件规模。

用例点方法主要的优点是业务价值关联性强，用户能够理解。较适合面向对象的软件开发方式。用例与面向对象软件设计关联性强，通过建模语言 UML 的描述，能够较好地与面向对象的设计进行关联。

总体上说，用例点方法是一种易于学习、易于使用的规模估算方法。用例点方法在很大程度上解决了代码行方法中语言的差异性大，以及太过技术化的问题。但是在实际应用中也有较大的问题。

用例点方法的局限性如下：

第一，由于用例表述的目标不同，面对的读者不同，造成用例分解的层次是不同的。分解到何种层次才适合软件估算，这个“度”很难把握，也因此引入了很大的不确定性。

第二，用例的编写形式可以多种多样，几乎无法进行规范化分类及确定其复杂度较为困难。

第三，用例和用例之间的可比性差。由于人与人之间的设计思路不同，容易造成不同人之间对用例的设计也千差万别。因此，造成同样用例点数的软件之间，工作量的大小差距会较大，重复性、可比性较差。

3．故事点方法

故事点估算广泛应用于敏捷软件开发中，是用户故事、功能需求的规模度量单位。使用故事点估算用户故事时，故事点反映了包含开发该功能所需的工作量、复杂度及潜在风险的总体规模。在制订敏捷的实施计划时，用故事点进行估算，团队成员将就故事列表中的每一个用户故事分配一个规模估算值，估算的过程可以使用估算扑克的方法。通常故事点的尺度可能是 2 的幂（1，2，4，8，16）或是斐波那契数列（1，2，3，5，8，13）。在估算故事点时，允许用一些超大的故事点数来估算未澄清或不清晰的用户故事。

估算故事点时，可以首先从用户故事列表中选择一个用户故事作为基准。例如，这个用户故事可以是认为最小的用户故事，并为其分配故事点 1。当然，也可以选择一个中等规模的用户故事作为故事基准。确定了基准的用户故事之后，所有新的用户故事点的估算均应估算相对规模，用相对的比值来分配故事点值。

故事点方法同样有很强的业务价值关联性，通常故事点由产品拥有者最先提出，并且按照固定的用户故事方式提出，能够很好地体现对用户的价值。故事点的大小由敏捷团队自己进行较为主观的评估，因此故事点数是结合团队水平给出规模的主观评价，这个故事点数更适合该团队进行迭代计划的安排及敏捷开发团队进行内部管理。

故事点方法同样存在以下不足：

第一，可重复性差。不同的敏捷团队，或者不同的项目之间，如果选择的基准故事不一致，会造成同样需求的软件提交不同的估算结果。

第二，无明确的规则。对于用户故事和用户故事点的规模估算方法，还没有形成全行业均认可的国际 ISO 标准。

第三，用户故事可能很技术化。标准的用户故事，一般建议遵循“作为用户某某，我希望有何种活动，以达成哪种商业价值”的格式进行描述。故事点主要抓的是针对用户的各种“商业价值”的提供，而并没有要求不允许进行计数的描述。实际情况下，往往会出现技术化的描述。

因此，结合前面已经阐述的软件规模计数方法，可以从可重复性、技术无关性、早期估算、简易性、项目估算、用户价值、ISO 标准、可比性属性进行比较，如表 2-6 所示。

表 2-6 软件规模计数方法对比

	代码行	用例数	故事点	COSMIC	IFPUG	NESMA
可重复性	是	是	否	是	是	是
技术无关性	否	是	否	是	是	是
早期估算	否	是	是	否	否	是
简易性	是	是	是	否	否	是
项目估算	否	是	是	是	是	是
用户价值	否	是	是	是	是	是
ISO 标准	否	否	否	是	是	是
可比性	否	否	否	是	是	是

中华人民共和国电子行业标准《软件研发成本度量规范》中要求："规模估算所采用的方法，应根据项目特点和估算需求，选择国际标准组织已发布的五种规模度量标准的一种。"以下是五种行规中认定的标准，按标准号排序。

（1）ISO/IEC 19761 (COSMIC-FFP)；

（2）ISO/IEC 20926 (IFPUG)；

（3）ISO/IEC 20968 (Mk II)；

（4）ISO/IEC 24570 (NESMA)；

（5）ISO/IEC 29881 (FiSMA)。

基于功能点的估算方法，适合于：

- 以数据和交互处理为中心的软件；
- 以功能多少为主要造价制约因素的软件。

例如，电子政务、银行、电信的用户和业务管理系统、办公自动化、ERP、信息管理系统均较适合使用功能点估算方法，尤其适合使用 NESMA、IFPUG 方法进行估算。

功能点系列的方法中，由于 COSMIC 关注数据移动，包括数据输入、输出、数据的读和写，因此，COSMIC 在实时系统的计数更加能体现实时系统的软件开发的工作量。

功能点方法不适合以下类型软件进行估算：

- 包含大量复杂算法的软件；
- 创意型软件；
- 以非功能需求为主的软件。

例如，视频和图像处理软件、杀毒软件、网络游戏、性能优化任务等不适合使用功能点估算方法。

2.6.2 非功能需求规模计数

对于信息系统的非功能需求的定义，还存在许多不确定的因素，不能简单明了地将其量化。但是有一个普遍的观点是被大家认可的，就是作为一个软件产品，除了要满足用户最基本使用的功能需求外，还需要满足用户提出的非功能性的需求。非功能性的需求主要体现在对软件的质量要求和对软件的技术要求两个方面。

对于信息系统的质量进行评估，已经提出了一些模型。例如，McCall 的软件质量模型、Boehm 模型、Dromey 模型等，较常用的有 FURPS+模型和 ISO9126 质量模型。最新的 ISO/IEC 25010:2011 标准已经替代了 ISO9126-1 标准。

FURPS+模型最早由 IBM 公司提出，单词中 F 是英文 Functionality 的缩写，用来表示产品的主要功能特征；U 是英文 Usability 的缩写，指产品的易用性；R 是英文 Reliability 的缩写，指产品的可靠性，包括产品的安全性、准确性及可恢复性能；P 是英文 Performance 的缩写，主要表示产品的性能，包括系统的吞吐、响应时间及启动时间等。S 是英文 Supportability 的缩写，表示系统的可支持性、可测试、适应性、维护性、兼容性等。其中“+”表示设计约束、实现需求、接口需求和物理需求。通过以上方面的诸多性能，来阐述非功能性需求涉及的内容。

ISO/IEC 25010 通过以下分类来说明一个软件的非功能需求，表现为多种类和子类的形式。以下是标准的类和子类。

1．可移植性

- 可替代性；
- 可安装性；
- 适应性。

2．安全性

- 可计量性；
- 真实性。

3．可靠性

- 容错性；
- 可恢复性。

4．可用性

- 可访问性；
- 用户错误保护；
- 可操作性；
- 用户界面友好；
- 可学习性；

- 可辨认性。

5．性能效率

- 容量；
- 资源利用；
- 时间行为。

6．功能适用性

- 功能完整性；
- 功能适用性；
- 功能正确性。

不管是 IBM 的 FRUPS+，还是 ISO/IEC 25010，或是其他的模型，研究的重点都是如何将非功能需求描述出来。这些方法均没有很好地提供思路进行非功能需求的规模度量。

从 FPA 功能点方法提出到现在，针对非功能需求对工作量的影响有两种思路。

思路一：功能点调整方法。早期的功能点方法提出了 14 个通用系统调整因子。早期的 NESMA 和 IFPUG 两个标准，均通过两个步骤完成这个思路。

第一步：一个一般系统特征的影响程度可以用范围在 0 到 5 之间的一个数值来表示。参见附录中具体因子说明确定影响程度的描述。

第二步：计算估值调整因子，使用如下公式：

$$估值调整因子=0.65+0.01\times总影响程度$$

总影响程度是指分配给一般系统特征的影响程序的总和，其取值范围为 0～70。因此，估值调整因子可以将原始功能点计数增加或者减少最多 35%。这些对功能性功能点规模的调整用来反映非功能的各项需求对工作量的影响。

该方法的过程在一定程度上解决了非功能需求的规模问题，但是实际上这些调整因子的判断比较粗糙和主观，在调整阶段引入了较大的偏差，反而影响了估算的准确性。因此，IFPUG 组织推出了非功能性估算的方法 SNAP。

思路二：SNAP 方法。SNAP 框架提供了度量非功能需求规模的基础。SNAP 并非简单地从非功能需求入手，而是进一步从非功能需求的解决方案入手来估算非功能需求的规模。这种方法使得估算的非功能性规模与实现它们的工作量具有更好的相关性。

此思路的解决方法较思路一客观性更强，更能体现工作的投入。但也有它的局限性：①技术性强。SNAP 的四大分类中有两大分类是与技术相关的，这要求估算人员对非功能需求的解决技术有进一步的理解，有些估算可能需要推迟到设计阶段。②计数效率较低。实践过程发现如严格按照 SNAP 方法的四大分类、十二个小类进行计数，比详细估算功能点的效率还低。

第 3 章 NESMA 应用

本章引用了 NESMA 标准的 2.1 版本。

3.1 FPA 分析基本步骤

FPA 是 Function Point Analysis 的缩写，即功能点分析方法，最早由 IBM 的工程师 A.J. Albrecht 开发出来。FPA 当前在国际的多个软件功能点研究组织中进行经验共享，这些组织包括国际功能点用户组（IFPUG）、澳大利亚软件测量协会（ASMA）、英国软件测量协会（UKSMA）、NESMA 和其他国际化的用户组。

NESMA 标准中的 FPA 方法主要包括六大步骤，如图 3-1 所示。

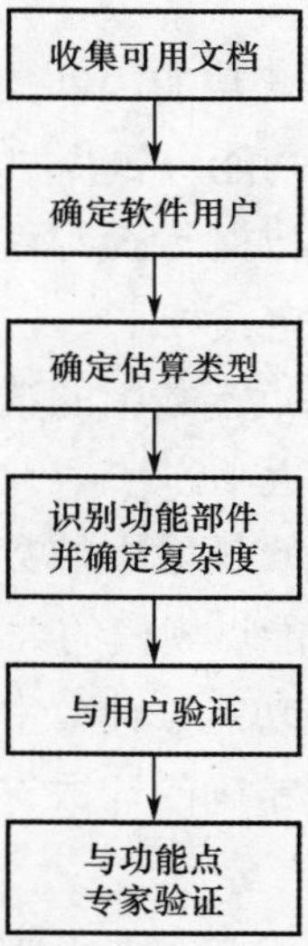

图 3-1 FPA 方法步骤

3.1.1 第一步：收集可用的需求文档

收集对于功能点计数相关的文档，作为进一步估算功能点的依据。收集到的需求相关文档有的写得粗略，有的写得详细，可以根据需求的详细情况，以及对于估算的效率和精确度的要求，选择不同的计数方法。在 NESMA 中，FPA 方法分为指示、估算和详细三类功能点计数方法。三类不同的计数方法，对需求文档有着不同的要求。

指示功能点计数方法对需求文档的要求如下：

（1）在需求中需要能够识别出概念或规范化的数据模型。

（2）能够了解到逻辑文件是如何区分和维护的，是在计数边界内维护，还是边界外的应用功能维护。

估算功能点计数方法对需求文档的要求如下：

（1）在需求中能识别逻辑文件的结构及关系的数据模型。

（2）能够了解到逻辑文件是如何区分和维护的，是在计数边界内维护，还是边界外的应用功能维护。

（3）需求应该能够说明计算机系统功能，以及输入、输出信息流的模型。

（4）需求应该能够说明应用程序功能和周围环境之间的信息流。

详细功能点计数方法对需求文档的要求如下：

（1）在需求中能够识别所有的逻辑文件结构和关系的数据模型。

（2）能够识别逻辑文件的记录类型和数据元素类型。

（3）能够了解到逻辑文件是如何区分和维护的，是在计数边界内维护，还是边界外的应用功能维护。

（4）需求应该能够说明计算机系统功能，以及输入、输出信息流的模型，并能够识别功能会涉及的逻辑文件，以及支持功能，如帮助。

（5）需求应该说明输入、输出的数据元素类型。

指示、估算、详细功能点计数的定义如下。

（1）指示功能点计数：关注功能点计数中的数据功能，通过数据功能的相关内容，使用公式推算详细功能点计数规模的大小。

（2）估算功能点计数：关注功能点计数中的数据功能与交易功能，通过对数据功能和交易功能的计数，使用公式计算功能点规模的大小。

（3）详细功能点计数：除了关注功能点计数中的数据功能和交易功能外，还对每一个功能项目的复杂度进行判断，是最精确的计数方法，通常可以作为软件项目的实际规模的度量依据。

三个不同的计数类型，在计数过程中需要考虑的元素、对需求的要求、精确度和估算效率各有不同（见表 3-1），用户在使用时需要根据自身的实际情况合理选用。

收集完成可用于功能点估算的需求文档后，需要确定估算对象的边界和范围。

应用程序的边界是应用程序和其周边环境（其他应用程序和用户）之间的界限，这个界限标识出了应用程序功能计数的范围。

表 3-1　不同的计数类型对比

类型	计数考虑的元素	对需求的要求	精确度（偏差率）	估算效率（日估算效率）
指示	逻辑文件	低	低（50%）	高（1000）
估算	逻辑文件及操作	中	中（15%）	中（500）
详细	逻辑文件、操作及复杂度	高	高	低（200）

注：该表中的精确度偏差率数据来源于 NESMA 标准的教学资料；
估算效率的日估算效率数据来源于本书编写团队的实践数据。

计数的范围是指被包括在功能点统计范围内的功能需求的集合。一旦确定了范围，就可以定义边界，边界就是应用程序和其用户的概念接口。

以图 3-2 为例，如果以中间的“外贸订单系统”这个框选中需求部分为边界的话，系统范围内的事务型功能项包括“录入订单”“修改订单”“删除订单”“查询订单”“统计订单”，数据类型功能项包括“客户资料”。

同样以图 3-2 为例，如果以右边的“汇率系统”这个框选中的需求部分为边界的话，系统范围内的需求则只包括“汇率查询转换”。

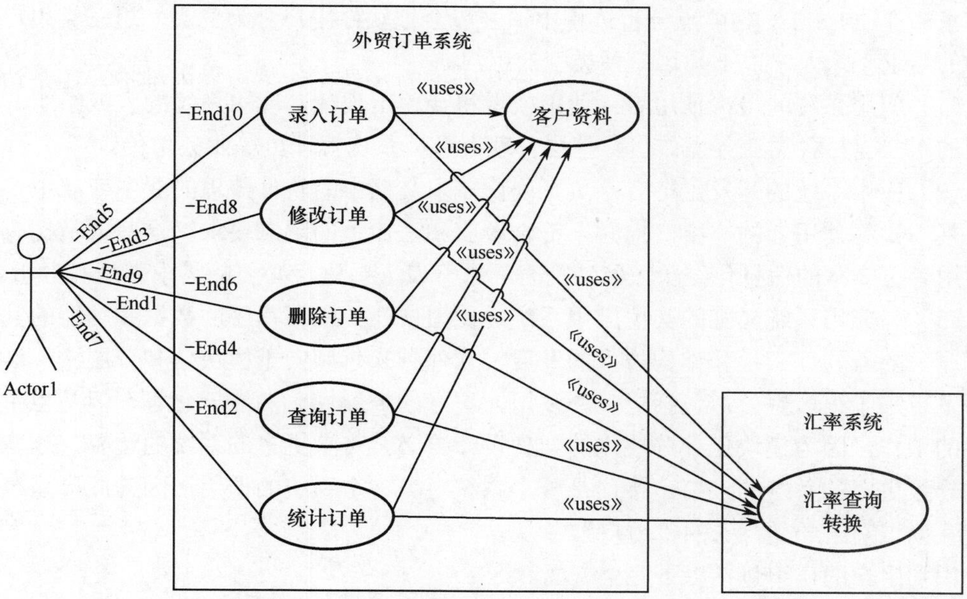

图 3-2　外贸订单系统示例

计数范围和被统计的应用程序边界在功能点分析中扮演着重要的角色。因此，被统计应用程序的边界必须首先被确定下来，才能进行功能点计数。

在确定下述内容时必须用到边界：

某些应用程序，只有在边界内维护的数据，才能被识别为内部逻辑文件。

以图 3-2 为例，计数范围如果是“外贸订单系统”，系统中引用到的逻辑文件“客户资料”与“汇率信息”在数据类型功能识别时则会不同。由于逻辑文件“客户资料”在边界内，属于计数范围，在计数范围内进行维护，被识别为内部逻辑文件 ILF。而“汇率信息”不属于计数范围内部，由其他应用系统维护，被识别为外部接口文件 EIF。

哪些数据跨越了边界，在识别计数事务类型功能及判定其复杂度时，需要了解数据流的情况，尤其需要了解数据是否穿越系统的边界。

3.1.2　第二步：确定软件用户

确定被计数的应用程序从其他哪些应用程序中接受和/或使用数据。

在 FPA 的估算模型中，估算边界区分了计数的“内部”和“外部”，用户能够与应用程序进行交互的概念。“用户”不局限在人的分类，也包括与该系统交互的边界外的应用程序。用户与应用程序发生着交互，这些交互体现在有数据的传递。

可见功能点的计数过程很大程度上是一个需求开发的过程，良好的需求识别能够更准确地估算项目规模，往往规模估算不准确发生的原因是存在识别不全的或是模棱两可的需求。在 NESMA 功能点分析过程中，一般会把软件用户分为三类，这三类用户具有相同的需求干系人。以下是这三种类型的用户。

（1）应用系统的最终使用者：使用或者将会使用被计数应用系统的人或组织。这一类型的用户包括各类业务操作员、基层管理人员、系统管理员等业务角色。

（2）应用系统的开发主持者：负责确认需求文档中的软件需求的业主或雇主。这些需求基于最终使用者的需要，也必须符合政府和法律上的限制要求。这些人员拥有比最终使用者更丰富的信息化经验，能够配合需求开发人员进行必要的需求整理和分析。

（3）与应用系统交互的其他应用系统：使用被计数应用程序的数据和功能的其他应用程序。随着软件工程和架构技术的发展，软件越来越倾向于模块化和分层次。这给软件开发带来了很多好处，包括更多的复用、更好的扩展性、功能云化等，但是也带来了更多的工作，因为模块化、分层化的架构设计势必会带来更多的系统的边界，这些边界势必导致更多的系统的接口。接口是一个系统对另一个系统的调用，因此此类系统之间的交互也识别出一类特殊的“用户”。

识别用户的作用包括以下几个方面。

（1）识别需求的作用：识别出应用系统解决哪些用户的需求，会对边界有一个更清楚的认识。以上三类用户提出的对应用系统的愿望经过合理地分析整理，则可形成系统的需求范围。因为需求的提出是从用户的角度出发进行的，因此功能点计数时很有必要和用户合作来进行计数。

（2）需求验证的作用：识别的三种类型的用户，同样也是对于需求进行验证的最佳人选。功能点计数完成后，FPA 方法要求用户对计数结果进行验证。

3.1.3　第三步：确定估算类型

确立究竟是进行应用功能点计数、还是进行项目功能点计数。关于应用功能点计数和项目功能点计数的异同在本章稍后会说明。

在项目管理领域，项目和运作是两个不同的概念。两者的区别在于运作是持续不断地重复进行的，而项目是临时性的、独特的。项目是为提供某项独特产品、服务或成果所做的临时性努力。

计数类型说明如图 3-3 所示。

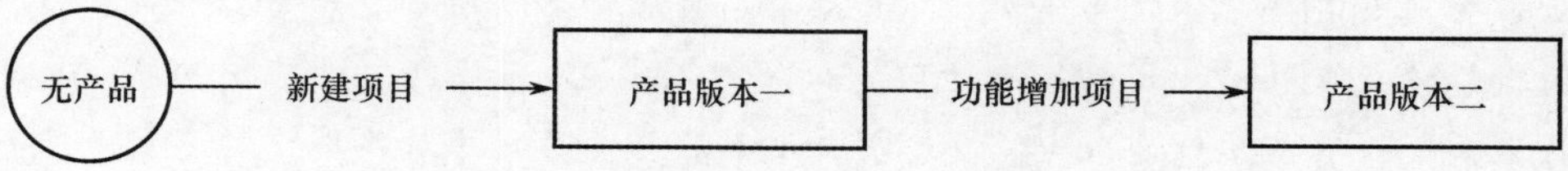

图 3-3　计数类型说明

- 计数从“无产品”到“产品版本一”的项目过程，称为“功能开发项目”的功能点计数。
- 计数新建的“产品版本一”这个产品自身功能规模的大小，称为“新应用程序”的功能点计数。
- 技术从“产品版本一”到“产品版本二”的产品改造的项目过程，称为“功能完善项目”的功能点计数。
- 计数改造后的“产品版本二”这个产品的功能规模的大小，称为“被修改的应用程序”的功能点计数。

应用功能点计数是指在软件产品的生命周期中，应用进入运作状态时，整体软件拥有的功能规模。其体现的是整体软件的功能性的规模大小。

项目功能点计数是指在软件的开发或改造项目的过程中，为了提供某项独特的应用软件功能，所需要完成软件开发的规模。应用的从无到有、升级改造、增加功能、删除功能会导致规模变化，而这些变化在项目开发过程中，均需要投入一定工作量来完成。

应用程序功能点数用来测量应用程序提供给用户的全部功能的功能点总数。应用程序功能点数也可以被用来测量必须进行维护的应用程序的规模。

项目功能点数用来测量新应用程序的全部功能或对已有应用程序所做改变的全部功能的功能点总数。项目是对应用程序的创建或改变，包括建立、增加、改变和删除应用系统的功能。项目功能点数应该包括项目过程中需求变更带来的工作损失。

两种方法由于其关注的内容和计算方法的不同，因此在不同的应用场景下发挥其不同的作用。项目功能点数由于其计数能够客观地与工作量对应，因此更加常用，通常应用于项目管理中的工作量估算、软件开发的成本估算等。而应用程序功能点数由于其关注交付的功能，更多地被甲方所使用，通常应用于预算、招/投标、结算等场景。

通常情况下，在使用功能点度量的软件企业中，大多数场景均使用的是“项目功能点数”，因为这个计数能够较客观地与工作量对应。但是也不能忽略“应用程序功能点数”的重要性，以下案例就体现了计数应用程序功能点数的重要性。

案例

某企业软件开发部门使用功能点方法，分析其开发效率。通过项目功能点数除以工作人天数来计算项目开发效率，该软件开发部门连续 3 年内项目开发效率持续提升，但是最终用户及领导却感觉不到其效率的提高。

该企业领导要求软件开发部门、产品部、市场部等多部门联合分析原因，最终通过对抽检主要产品的应用功能点计数进行分析得出，近三年新增的应用功能点数除以工作人天数计算应用开发效率，没有提升反而下降，因此给最终用户的感觉是效率降低了，进一步分析其根本原因是需求变更的随意性造成的。

从该案例可以看出，“应用程序功能点”在分析最终交付应用程序的功能规模时非常适合，因为最终用户更关注拿到手的软件到底有多少功能。通过“应用程序功能点”的计数能够更清楚当前企业需要运维的软件大小。

1. 应用功能点计数

下面是确定新的应用程序功能计数时需要采取的一些步骤。

第 1 步：在应用程序被改变之前，先确定其功能点数量（UFPB）。当应用程序初次建立时，则此数取 0。

第 2 步：确定从现有应用程序中删除了哪些事务处理和逻辑文件，统计一下它们究竟代表了多少功能点数（DEL）。

第 3 步：确定哪些事务处理和逻辑文件被修改了，然后确定一下在被修改之前代表的功能点数（CHGB）和被修改之后代表的功能点数（CHGA）。

第 4 步：识别出哪些事务处理和逻辑文件被增加到应用程序中，并且确定它们代表的功能点数（ADD）。

第 5 步：使用下面的公式来确定修改后的应用程序功能点数（AFP）：

$$AFP=[UFPB+ADD-DEL+(CHGA-CHGB)]$$

2. 项目功能点计数

功能完善的项目会考虑对一个或者多个应用程序进行完善，可以对应用程序在功能上进行新增、修改和删除。

可以通过以下步骤来确定项目功能点计数。

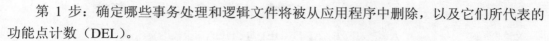

第 1 步：确定哪些事务处理和逻辑文件将被从应用程序中删除，以及它们所代表的功能点计数（DEL）。

第 2 步：确定哪些事务处理和逻辑文件发生了改变，然后在它们发生改变后确定其代表的功能点计数（CHGA）。

第 3 步：识别出哪些事务处理和逻辑文件将被加入应用程序，并且确定它们所代表的功能点计数（ADD）。

第 4 步：按照以下公式来计算功能完善项目的功能点计数（EFP）：

$$EFP=DEL+CHGA+ADD$$

第 5 步：如果因为应用程序发生改变而需要转换程序的话，确定转换程序的功能点计数，并将之累加到第 4 步中得到的数值。

在进行项目功能点估算时需要注意以下情况。

1）逻辑结构不改变的文件

被新增、修改和删除功能所使用的那些既有的内部逻辑文件和外部接口文件，在功能完善项目中不会发生改变。因此，它们不会被计入项目功能点计数中。

2）转换程序

在项目中的升级改造往往需要编制一些一次性的“转换程序”，如数据迁移导入的工具、老版本的升级备份程序等。所有的转换程序的功能点只在项目功能点计数中有用，转换程序不会产生额外的功能，只是被使用一次的工具。在应用功能点计数时不考虑“转换程序”这一部分。

3）其他应用程序的改造功能点

其他应用程序的改造功能点是指为配合应用系统的升级改造，周围应用程序需要进行的改造，这些功能点计数属于项目功能点计数的一部分。

3．案例

某公司的 OA 系统，2013 年开发第一版本，交付时应用系统功能点为 5600FP。2014 年年底升级第二版本的项目中，做了以下修改：

（1）新增了移动办公模块，增加了功能点 1450FP。

（2）删除了无用的多部门会审功能，其功能点数为 85FP。

（3）将原有论坛模块进行了重新开发，模块原规模 458FP，新开发后模块规模为 560FP。

问题 1：请计算该单位第二版 OA 系统的规模，使用功能点单位？

问题 2：如果你是承接该项目升级任务的项目经理，请计算该项目的规模是多少功能点？

问题 1 关注的是最终交付的第二版 OA，应使用的是应用功能点计数，将数据代入

公式

$$AFP=UFPB+ADD-DEL+(CHGA-CHGB)$$
$$=5600+1450-85+(560-458)=7067(FP)$$

因此，第二版 OA 的应用系统规模为 7067FP。

问题 2 关注的是项目规模，应使用项目功能点计数，将数据代入公式

$$EFP = DEL + CHGA + ADD$$
$$= 85 + 560 + 1450 = 2095\ (FP)$$

因此，该项目的项目规模是 2095FP 功能点。

3.1.4　第四步：识别功能部件并确定复杂度

根据选择的计数类型，从收集的需求相关文档中，识别数据类型的功能和事务类型功能，必要时确定复杂度，并使用功能点表格来记录和分配功能点数量。

进行计数的结构和功能计数都需要被记录。尤其要记录任何出发点和已经做出的假定。在 NESMA 标准中，数据类型功能指的是系统中涉及的逻辑文件，包括内部逻辑文件和外部接口文件。事务类型功能指的是系统中各种功能操作，包括外部输入、外部输出、外部查询。事务类型功能通过记录元素类型 RET 和数据元素类型 DET 的数量来判断复杂度，事务类型功能通过数据元素类型 DET 和引用文件类型 FTR 的数量来判定复杂度。

功能点计数对应用程序的所有或者部分功能进行规模测量。这一计数是不断完善的，计数过程不关心应用程序是如何开发的，而关心应用程序究竟要开发什么功能。只有那些用户需要且认可的，并被认为是重要的组件，才会被开发出来。这些组件被称为功能或基础功能组件。每项功能都属于特定的功能类型。

从 FPA 的视角看到的应用程序里存在五种类型的组件。这些组件决定了应用程序提供给用户的功能集合。

功能类型被划分成两个组："数据功能"和"事务功能"。

数据功能是从用户的视角看到的逻辑数据的分组。功能点计数过程中区分如下的数据功能类型。

- 内部逻辑文件：在本系统维护的业务数据。
- 外部接口文件：本系统引用，其他系统维护的业务数据。

事务功能是被用户看成属于一个工作单元的一连串动作。功能点计数过程中区分如下事务功能类型。

- 外部输入：对数据进行维护或改变系统状态/行为的事务。
- 外部输出：对数据加工后呈现或输出的事务。
- 外部查询：对已有数据直接呈现或输出的事务。

功能复杂度定义为：基于功能的权重为其分配的一定数量的功能点数。

可以使用合适的复杂度矩阵来确定功能的复杂程度。为每种功能类型定义一张独立的表格。复杂度依赖于数据元素类型的数量，以及给定功能关联的逻辑文件数量。存在以下三个级别的复杂度。

- 低：功能涉及很少的数据元素类型和逻辑文件。
- 中：功能在复杂度上不低也不高。
- 高：功能涉及很多数据元素类型和逻辑文件。

各复杂度的功能类型及其功能点数的分配如表 2-4 所示。

3.1.5　第五步：与用户验证

和用户一起，对于那些涉及需要对需求规格进行特别解释的方面进行验证，必要时根据验证结果进行修正。

在实际计数时，往往会发现需求文档并没有达到预期的要求，或有一些地方模棱两可。这时一方面可以邀请需求提供者一起参与到 FPA 的过程中来进行需求的解释说明；另一方面可以记录 FPA 过程中，对需求理解方面的假设，并与用户一起进行验证。

3.1.6　第六步：与功能点专家验证

和 FPA 专家一起，对于那些涉及需要对功能点计数准则进行特别解释的方面进行验证，并根据验证结果对需要的地方进行修正。这一步骤为建议步骤而非强制步骤。

NESMA 作为功能点分析方法之一，在进行功能点的分析时，有一些计数的规则需要遵循。初学者可能会对规则有理解上的偏差，因此需要通过对功能点计数结果进行验证，必要时进行功能点外审的工作。

3.2　指示功能点计数

指示功能点计数是 NESMA 方法三个计数类型中最快捷的一种计数方法。该方法只需关注功能点计数中的“数据功能”，通过数据功能的数量，使用公式推算详细功能点计数规模的大小。

“数据功能”主要是计数范围内所使用的逻辑文件，即从用户角度看到的一个永久性数据的逻辑组合。FPA 给每个数据功能分配一个类型，可以区分出以下类型：内部逻辑文件和外部接口文件。不管是内部逻辑文件，还是外部接口文件，都应该是与业务逻辑相关的数据。

通常按照理解在应用系统的模型中有三种类型的文件。

（1）业务数据。存储针对业务用户的可识别、可维护、频繁动态的业务数据。数据的量一般可以是 0 到无限条。

举例：互联网购物平台中的商品信息、用户的货物订单信息。

（2）引用规则数据。存储针对业务的一些规则，业务用户可识别，但是通常不能直接维护，一般需要管理人员来维护。当前者业务数据维护使用时，往往需要引用到这些规则性的数据。从数量上来说，只有少量的记录。

举例：互联网购物平台中的促销规则、互联网网盘各类角色的使用规则。

（3）编码数据。系统中可能会有些常用的基本静态的常量、说明文字、公式等信息需要存储。为了简易化和标准化数据的存储，往往会对这类数据进行编码存储。

前两个类型的数据文件“业务数据”和“引用规则数据”都是与业务逻辑相关的，这些数据的创建、维护、使用各有各的方式，所以作为软件开发人员需要根据需求对应开发。必须逐一计数其对应的功能点规模量。

而对于第三个类型的数据文件“编码数据”，这些数据属于业务逻辑无关的，可以不维护或是简单维护。软件开发时实现对这些数据的维护和使用可能是“硬编码”，也可能是共享一套或几套简单通用的数据字典维护程序。在计算“编码数据”相关功能点时，无须逐一计数其功能点规模（详细参见 FPA 数据表）。FPA 数据表用一种特定的方式进行估值。

计数范围内的“编码数据”统一计数为一个 FPA 内部逻辑文件。

计数范围外的“编码数据”统一计数为一个 FPA 外部接口文件。

注意，此处的规则与 IFPUG 规则是不同的，IFPUG 标准中，编码文件的功能点数是忽略不计的。

识别出所有的“数据文件”，判断该数据文件是否在“计数范围”内维护，如果在范围内维护，识别为“内部逻辑文件”，否则识别为“外部接口文件”。

已知内部逻辑文件和外部接口文件的数量后，通过 NESMA 建议的公式法估算功能点规模。

3.2.1 内部逻辑文件

一个内部逻辑文件（Internal Logical File，ILF）是符合下列准则的从用户的视角出发所看到的一组永久性数据的逻辑组合。

（1）被进行计数的应用程序使用。

（2）被进行计数的应用程序维护。

1．定义要点

从用户视角出发所看到的数据逻辑组合是一组数据：作为有经验的用户，会认为这些数据是重要而且有用的单元或者对象。与此数据逻辑组合等价的是数据模型中的对象类型。

永久性意味着文件在应用程序使用后依然存在，以便可以被再次使用，不像其他数据那样被“消费掉”，只被使用一次。

“被使用”意味着数据在应用程序的处理过程中确实被用到了。

“被维护”说明很可能会对数据进行新增、修改和删除操作。

2. 计数规则

（1）必须在“概念数据模型”下进行内部逻辑文件的确定。如果是已经进行了规范化设计的数据实体设计，请参考“解规范化”章节方法将实体还原为概念数据模型。

“概念数据模型”简称概念模型，是面向数据库用户的现实世界的模型，主要用来描述世界的概念化结构，它使数据库的设计人员在设计的初始阶段，摆脱计算机系统及 DBMS 的具体技术问题，集中精力分析数据及数据之间的联系等，与具体的数据库管理系统无关。

在“概念数据模型”中包含了数据实体之间的关系，但是不需要描述具体的属性，更不需要定义实体的主键。因此，“概念数据模型”必须在计数范围内进行数据的使用和维护，数据的维护包括新增、修改或删除数据。

（2）存在三种可能的原因导致一个定义好的逻辑文件没有得到应用程序的维护：

① 不是本应用程序的内部逻辑文件，而是其他应用程序的内部逻辑文件，本应用程序引用，应该识别为外部接口文件。

② 是内部逻辑文件，维护的功能还未被定义，可能是被遗漏，应该补充需求。

③ 该文件并非是业务所需要的文件，技术原因造成的文件不应该视为内部逻辑文件。

（3）技术原因引入的文件，不应该计为内部逻辑文件。例如，工作文件、临时文件、中间文件、排序文件、后台打印文件，等等。

（4）重启机制所需要的文件，不能计为业务文件，因此不能被视为内部逻辑文件。

（5）一个被识别出的内部逻辑文件可能存在多种不同的用户视图、访问路径和/或文件索引，这并不意味着要将这个文件统计成好几个内部逻辑文件。

（6）只有当历史文件中的数据元素类型集合与其他文件存在独特的关系时，历史文件才会被统计成一个内部逻辑文件。

（7）保持对历史文件的警觉。用户常常需要它们，但是并不是总能及时对它们进行定义。

（8）应用程序中包含的常量、文本和解码等实体类型被放在作为应用程序的一个内部逻辑文件（FPA 数据表 ILF）进行计数，当然要求这些实体类型能够被应用程序维护。此外，对于 FPA 数据表 ILF 来说，一个外部输入、一个外部输出和一个外部查询被缺省统计在内。如果上述列出的任何一种实体类型不能被应用程序维护，那么就不该被统计为 FPA 数据表 ILF 的一部分。

（9）注意包含只对衍生数据进行维护的文件。这些文件只有在被用户显式定义成一个数据组时，才会被进行计数。

（10）有时候即使一个文件没有出现在概念数据模型里，但是从用户定义的信息需求中可以很清楚地看出这个文件的必要性。在这种情况下，如果这个文件是功能性需求的结果，并且可以被应用程序维护的话，那么就将其统计为一个内部逻辑文件。如果需要一个文件是出于技术上的原因，那么这个文件不该被进行计数。

（11）在为一个功能完善项目进行项目功能点计数时，那些既有的、没有任何改变的应用程序的内部逻辑文件不会被统计为内部逻辑文件和外部接口文件。

3.2.2　外部接口文件

一个外部接口文件是符合下列准则的从用户的视角出发所看到的一组永久性数据的逻辑组合。

（1）被进行计数的应用程序使用。

（2）不是由进行计数的应用程序来维护。

（3）由另一个应用程序进行维护。

（4）对于进行计数的应用程序来说是直接可用的。

1. 定义要点

- 从用户视角出发所看到的数据逻辑组合是一组数据，作为有经验的用户，会认为这些数据是重要而且有用的单元或者对象。
- 另一个和这样的数据逻辑组合等价的是数据模型中的对象类型。
- 永久性意味着文件在应用程序使用后依然存在，以便可以被再次使用，不像其他数据那样被“消费掉”，只被使用一次。
- “被使用”意味着数据在应用程序的处理过程中确实被用到了。
- “不是由进行计数的应用程序来维护”意味着在进行计数的应用程序里不可能对数据进行新增、修改和删除操作。
- “对于进行计数的应用程序来说是直接可用的”意味着即使由另一个应用程序来维护逻辑文件，相关的应用程序总是获取当前数据进行处理。

2. 计数规则

（1）必须在概念数据模型下进行内部逻辑文件的确定。如果是已经进行了规范化设计的数据实体设计，请参考“解规范化”章节方法将实体还原为概念数据模型。

（2）只有当一个文件由其他应用程序维护，而不是由被计数的应用程序维护时，才可以被作为外部接口文件进行计数。但是，这个文件的当前数据总是可以被进行计数的应用程序使用。

（3）如果发生在应用程序之间的数据交换是经由一个事务处理文件的，那么这个事务处理文件不应该被作为一个外部接口文件进行计数，而应该被作为一个外部输入和/或一个外部输出。请注意，一个外部接口文件应该包含可以被应用程序使用不止一次的功能永久性的数据，不像一个事务处理文件的数据是被应用程序消费掉（只使用一次）的。

（4）对于每个外部接口文件，至少存在一个外部输出和/或一个外部查询。但是，外部接口文件偶尔也会被用来对外部输入的数据元素类型进行编辑、审核或者校验。

（5）一个外部接口文件一定是另一个应用程序的内部逻辑文件。

（6）一个被识别出的外部接口文件可能存在多种不同的用户视图、访问路径和/或文件索引，这并不意味着要将这个文件统计成好几个外部接口文件。

（7）被应用程序引用，但是由另一个应用程序维护的包含常量、文本和解码等实体类型，被放在一起作为一个外部接口文件（FPA 数据表 EIF）。

有时候即使一个文件没有出现在概念数据模型里，但是从用户定义的信息需求中可以很清楚地看出这个文件的必要性。如果这样的文件由另一个应用程序维护，并且进行计数的应用程序总是使用这个文件的当前数据，那么这个文件应该被作为一个外部接口文件进行计数。

（8）只有当一个逻辑文件不是应用程序的内部逻辑文件时，它才会被作为一个外部接口文件进行计数。

（9）当确定应用程序功能点计数时，对于一个被应用程序的几个子系统公用的逻辑文件只统计一次，要么作为外部接口文件，要么作为内部逻辑文件。只有当应用程序的边界被跨越时，一个逻辑文件才可以被作为一个外部接口文件进行计数。

（10）当确定项目功能点计数时，对于一个被应用程序的几个子系统公用的逻辑文件，要么将其作为一个外部接口文件进行计数，要么将其作为每个子系统的一个内部逻辑文件进行计数。

（11）在为一个功能完善项目进行项目功能点计数时，那些既有的、没有任何改变的应用程序的外部接口文件不会被统计为外部接口文件。

3.2.3　FPA 数据表

在应用程序里，那些有着常量、文本、解码等信息的实体类型，被称为 FPA 数据表。那些用户能够在被计数的应用程序提供的帮助下进行维护的 FPA 数据表被统计成一个内部逻辑文件：FPA 数据表 ILF。那些由另外其他应用程序维护的 FPA 数据表形成了一个外部接口文件：FPA 数据表 EIF。如果某个实体类型不能被进行维护，那么它也许是一个系统数据表。FPA 在计数时不包括这种实体类型。

下面是一些判断标准，在 FPA 中为了确定一个实体类型是否应该被作为 FPA 数据表进行计数时，必须使用这些标准。实体类型一旦满足了一条标准，就是 FPA 数据表。

在以下情况下，实体类型就是 FPA 数据表：

（1）实体类型必须包含一个，且只能包含一个数据项（不能多，也不能少），不管数据元素类型的数量是多少。

举例说明：一个实体类型，它包含的数据项表示特定组织机构信息，如名称地址。

（2）实体类型中包含的数据都是常量（原则上）。

举例说明：一个实体类型“化学元素”包括的数据有：助记符号、原子数、描述（所有数据元素类型都是常量）。

（3）实体类型由一个键值（可能是复合键）+一个或者多个解释描述，而且这些解释都必须是类似的。

举例说明 1：买家数据包括买家编号、买家姓名缩写、买家姓名全拼（买家姓名的缩写和全拼是类似的）。

举例说明 2：产品数据包括产品代码、荷兰语描述、英语描述（对于产品来说，不同语言的描述信息是类似数据）。

（4）实体类型包括边界值、算法，以及最大、最小值，而且键值是单独的一个。

举例说明：电话号码范围包括范围编号、起始电话号码数字、终止电话号码数字。

下面这样的数据类型不是 FPA 数据表：

（1）实体类型中包括总量、比率和所占百分比等数据，并且这些数据都不是常量。

（2）数据类型中包括几种不同类型的数据（除去上面列出的那些之外）。

举例说明：买家数据包括买家编号、买家姓名、地区名称（地区名称是另一种数据元素类型）。

特别需要注意的是，必须始终关注一个实体类型是独立成为一个逻辑文件，还是和其他实体类型一起组成一个逻辑文件。

上面对于实体类型是一个 FPA 数据表，还是一个逻辑文件的一部分的判断标准，并没有覆盖到所有的情况。一旦存疑，请结合上下文语境中对实体类型进行评估。

可以进行以下操作来确定 FPA 数据表 ILF 和 FPA 数据表 EIF 的复杂度：

- 统计不同的 FPA 数据表的总数，作为记录类型的数量。
- 统计所有 FPA 数据表的不同种类的数据元素的总数，作为数据元素类型的数量。

此外，对于 FPA 数据表 ILF 来说，总是要再算上一个外部输入、一个外部输出和一个外部查询。对于 FPA 数据表 EIF 不需要再算上任何外部输入、输出和查询。

可以进行以下操作来确定为 FPA 数据表 ILF 和标准外部输入、外部输出和外部查询的复杂度：

- 统计属于 FPA 数据表 ILF 的不同实体类型的总数，作为被参考的逻辑文件数。

- 统计属于 FPA 数据表 ILF 的实体类型中的所有数据元素的总数，作为数据元素类型数。

3.2.4　解规范化

一个逻辑文件，即一个内部逻辑文件或者一个外部接口文件，均是在概念模型下定义的。而软件开发在关系型的数据库的设计过程中，为了减少数据的冗余，要求数据库设计表符合范式的规范化要求。因此，一个概念模型下的逻辑文件通常由一个或者多个来自符合第三范式要求的规范化数据模型的表组成。

很多刚接触功能点分析方法的人员往往认为数据库的表或视图等对象就是可以被识别的逻辑文件，但是这是错误的。因为数据库的设计技术可能造成数据库的对象与逻辑关系并不成正比，不能最有效地反映软件的规模。

为了让大家常规了解的规范化的数据库的设计概念，变成符合概念模型的设计，从而识别出逻辑文件，使用“解规范化”的方法进行处理。将规范化的数据模型“解规范化”为概念模型，从而识别出逻辑文件。

从符合第三范式的数据模型中进行“解规范化”得到逻辑文件的方法在使用时大致如下。

第 1 步：确定数据模型中的哪些实体类型是 FPA 数据表，并且是属于 FPA 数据表 ILF，还是 FPA 数据表 EIF。FPA 数据表用一种特定的方式进行估值。

第 2 步：确定哪些实体类型是没有其他属性的“键到键的实体”。这些实体类型代表着规范化数据模型里的 *n*:*m* 关系，是纯粹的关系表，无须被估值。对于由这样的键到键实体链接起来的两个逻辑文件，我们将参照属性（外键）统计为一个 DET 数据元素类型，DET 的数量不同影响数据功能的复杂度。

图 3-4 所示是一个解规范化的示例。

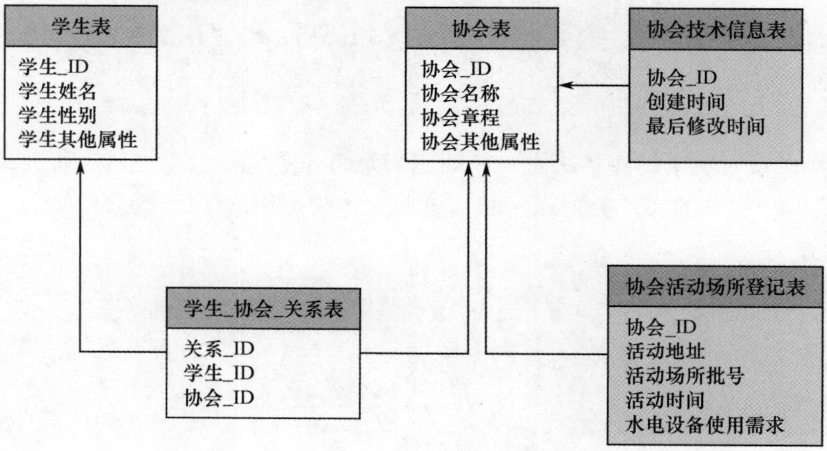

图 3-4　解规范化示例

图 3-4 中对象“学生”与各种“协会”是多对多的关系，即一个学生可以参加多个协会，也可以不参加；一个协会也可以有若干个“学生”参与。在数据库设计时，我们会建立一个多对多的关系表“学生_协会_关系表”，在此关系表中只有自身的唯一键值，以及两个外键值，分别是代表学生的“学生_ID”和代表协会的“协会_ID”。

示例分析

根据此步骤可以直接判断“学生_协会_关系表”不会是逻辑文件，因为它是一个只有“键值”没有其他属性的表，在识别逻辑文件时可以不予考虑。

第 3 步：确定哪些实体类型是有其他属性的“键到键的实体”。注意这里会出现两种情况：

（1）额外的属性是属于技术上的（并非是用户要求的，如时期/时间戳），因此也不被统计为数据元素类型。如果这些额外的属性是唯一的数据元素类型，那么应该依据上面第 2 步中的说明进行处理。

示例分析

关系表“协会技术信息表”中除了自身 ID 外，还存在两个额外字段“创建时间”和“最后修改时间”，且这两个属性是技术人员方便技术开发所记录的属性。所以这个表是“协会表”的附属表，不用识别为独立的逻辑文件。

（2）额外的属性是属于功能性的（用户要求的），在这种情况下，这些额外属性应该按照第 4 步中的说明进行处理。

示例分析

图 3-4 中“协会活动场所登记表”符合此情况，额外的属性属于和业务功能有关系的“活动地址”等信息。因此这个表是否是独立的逻辑文件需要在第四步中进一步判断。

第 4 步：检查剩下的实体类型，判断它们是否自身就是一个逻辑文件，或者是否和其他一个或多个相关的实体类型在一起，这些实体类型组成了一个逻辑文件。

示例分析

以上步骤已经排除了“学生_协会_关系表”和“协会技术信息表”一定不是逻辑文件，剩余的“学生表”“协会表”“协会活动场所登记表”这三个实体才可能是备选的逻辑文件。

以上“协会表”与“协会活动场所表”因为是一对一的关系，可以合并为一个逻辑文件“协会”。但是有一些表是否可以组成一个逻辑文件，需要通过以下方法进一步判断。

判断备选相关的实体是否组成一个逻辑文件，确定需要考虑的因素如下。

1. 两个实体类型关系的属性：基数和可选性

基数（Cardinality）：是写在关系线两端，表明实体从一边通过关系可以得到另一边实体的数量。根据数量的不同可以有关系 1∶N、N∶1、N∶M，也就是有一对多、多对一、多对多的关系。

可选性（Optionality）：是标识关系基数是否可选的括号。例如，当有一端为可选时，则用括号表示其可选性，如（1）∶N。

两个实体的关系，如“项目”和“雇员”的关系，可以通过“有”这类的关系连接起来。数据实体 A 和 B 之间的关系可以通过确定以下内容来确定。

- A 可以有（0、1 或更多）个 B。
- B 可以有（0、1 或更多）个 A。

列举 A 和 B 之间的关系表示，可能有以下这些类型，如表 3-2 所示。

表 3-2　数据实体关系属性

A-B 的关系的属性	含义说明
1∶1	1∶1 的强制型关系。 例如，一个人必须有且仅有一个 DNA 序列，一个 DNA 序列也必须对应且仅对应一个人
1∶（1）	1∶1 的可选性关系，只有 B 方有选择性。 例如，一个程序员是一个人，但是不是每个人都是程序员
（1）∶1	同上是 1∶1 的可选性关系，可选的实体不同
（1）∶（1）	1∶1 的可选性关系，表示 A 和 B 都是可选的。 例如，成年男女的一夫一妻关系，并非所有的成年男子或女子都有配偶，但是如果有也只能有一个
1∶N	1∶N 的强制性关系。 例如，一个城市有一个到多个区的关系，一个城市至少有一个可以有多个区
1∶（N）	1∶N 的可选性关系。 例如，个人与网购平台下的购物订单的关系，可以没有购物，也可以有多个购物订单
（1）∶N	1∶N 的可选性关系。 例如，一个单位和人的关系，一个单位可以有多个员工，但是并不是所有人都必须有单位
（1）∶（N）	1∶N 的双向可选关系
N∶M	多对多的强制性关系。 例如，学生与课程的关系，学生必须选择一个到多个课程，一个课程也必须有一个到多个学生选择
N∶（M）	多对多的可选性关系，B 是可选数据
（N）∶M	同上是多对多的可选性关系，A 是可选数据
（N）∶（M）	多对多的双向可选关系

2．数据实体的逻辑独立或逻辑依赖

实体逻辑独立性是指实体类型在没有其他实体类型出现的情况下，可以在多大的程度上表达其意义。

如果在两个实体类型（A 和 B）之间的关系是可选的，那就意味着一个 A 可以在没有连接到 B 的情况下存在，正如项目和雇员之间的 1：（*N*）的关系。在这种情况下，需要考虑实体类型 B 的独立性。当我们想要删除仍然连接到 B 的关系的不可选的那一端（A）时，在关系的可选的那一端（B）会发生什么？

两种本质上不同的情况区分如下。

情况 1：允许删除 A，同时删除所有连接到的 B（可能会在给出一个需要确认的提示消息后，这个消息说明了在删除 A 时，所有的 B 都会被自动删除）。在这种情况下，很显然 B 在业务上不是很重要，除非被连接到 A。在这种情况下，我们认为 B 的实体依赖于 A，在逻辑上 B 并不独立。

情况 2：只要有 B 连接着，就不允许删除 A。在这种情况下，在删除 A 之前，必须首先有目的地删除连接到的 B，或者将所有连接到的 B 转到连接到另一个 A。在这种情况下，B 独立于 A，具有逻辑独立性。

数据实体逻辑文件计数说明如表 3-3 所示。

表 3-3　数据实体逻辑文件计数说明

A-B 的关系属性	如何对 A 和 B 进行计数	条　件
1：1	1 个 LF，1 个 RET，DET 总和	
1：（1）	1 个 LF，2 个 RET，DET 总和	如果 B 实体依赖于 A
	2 个 LF	如果 B 实体独立于 A
（1）：（1）	2 个 LF	
1：*N*	1 个 LF，2 个 RET，DET 总和	
1：（*N*）	1 个 LF，2 个 RET，DET 总和	如果 B 实体依赖于 A
	2 个 LF	如果 B 实体独立于 A
（1）：*N*	1 个 LF，2 个 RET，DET 总和	如果 A 实体依赖于 B
	2 个 LF	如果 A 实体独立于 B
（1）：（*N*）	2 个 LF	

（1）LF 指的是 Logical File（逻辑文件），包括 ILF 和 EIF，均与业务逻辑相关。

（2）RET 指的是 Record Element Type（记录元素类型），在详细功能点计数章节中详细说明，请参考 3.5 节。

（3）DET 指的是 Data Element Type（数据元素类型），在详细功能点计数章节中详细说明，请参考 3.5 节。

（4）多对多的关系在规范化的数据库设计中，均使用关系表记录关系信息，也就是

第2步中说明的“键到键的实体”，而此关系表自身相对于两个父表来说，其关系符合一对多的关系，依据一对多的关系进行判断。

通过对 NESMA 标准方法的分析，可以得出一个进一步简化的判定标准，这个标准也可以降低辨别此数据实体关系的难度，就是“逻辑独立或逻辑依赖”：

- 凡是两个实体各自具有逻辑独立性，则识别为两个逻辑文件。
- 凡是一个实体逻辑依赖于另一个实体，则识别为一个逻辑文件，两个记录元素类型 RET。

数据实体用逻辑独立性判断计数说明如表 3-4 所示。

表 3-4　数据实体用逻辑独立性判断计数说明

A-B 的关系属性	逻辑独立性分析	如何对 A 和 B 进行计数
1∶1	B 实体依赖于 A	1 个 LF，1 个 RET，DET 总和
1∶（1）	如果 B 实体且依赖于 A	1 个 LF，2 个 RET，DET 总和
	如果 B 实体且独立于 A	2 个 LF
（1）∶（1）	A、B 均能独立存在，各自均具有逻辑独立性	2 个 LF
1∶*N*	B 依赖于 A 存在，因此无逻辑独立性	1 个 LF，2 个 RET，DET 总和
1∶（*N*）	如果 B 是实体且依赖于 A	1 个 LF，2 个 RET，DET 总和
	如果 B 是实体且独立于 A	2 个 LF
（1）∶*N*	如果 A 是实体且依赖于 B	1 个 LF，2 个 RET，DET 总和
	如果 A 是实体且独立于 B	2 个 LF
（1）∶（*N*）	A、B 均能独立存在，各自均具有逻辑独立性	2 个 LF

3.2.5　指示功能点计数方法

指示功能点计数方法基于概念数据模型或者规范化数据模型，指明了应用程序或者项目的规模。在使用时需特别注意，使用该方法可能存在±50%的偏差。

如果使用概念数据模型，功能点数量为：

$$\mathrm{UFP} = \mathrm{ILF} \times 35 + \mathrm{EIF} \times 15$$

式中，ILF 为概念数据模型中的内部逻辑文件类型中的实体类型的数量；EIF 为概念数据模型中的外部接口文件类型中的实体类型的数量。

FPA 数据表按照要求最多识别为一个内部逻辑文件和一个外部接口文件。

乘法因子 35 和 15 是基于这样的假设：每个内部逻辑文件通常至少包括三个外部输入（新增、修改和删除），一个外部输出和一个外部查询；每个外部接口文件通常至少包括一个外部输出和一个外部查询。

例如，已知一个应用系统自身维护的内部逻辑文件有“产品类型”“产品”“订单”，该应用系统范围的其中一个功能“查询订单物流”需要访问外部应用系统的文件“物流动态”。使用指示功能点计数方法，结果如下：

内部逻辑文件为“产品类型”“产品”“订单”，数量为 3；外部接口文件为“物流动态”，数量为 1；所以该应用系统的功能点数为：

$$3 \times 35 + 1 \times 15 = 120\ (\text{FP})$$

3.3 估算功能点计数

估算功能点计数是 NESMA 方法三个计数类型中最常用的一种计数方法。该方法除了需要识别功能点计数中的“数据功能”，还需要识别“交易功能”。估算功能点计数指在确定每个功能部件的复杂度时，使用缺省值。所有的数据功能均采用低级复杂度，所有的“事务功能”均采用中级复杂度。此方法在效率和准确度方面取得了较好的平衡，因此在实际应用时最常见。

实现步骤为：

（1）确定每个功能项目的类型（ILF、EIF、EI、EO、EQ）。

（2）为 ILF、EIF 选择低级的复杂度，为 EI、EO、EQ 选择中级复杂度。

（3）汇总计算功能点。

本方法与详细功能点计数方法的唯一区别在于不需要为每一个功能判断其复杂度，这节省了大量时间，提高了效率。

3.2 节已经说明了如何识别 ILF 和 EIF，本节着重说明识别应用系统中存在的“基本过程”，并判断其类别。

3.3.1 基本过程

基本过程是用户能够感知到有意义的最小的业务操作。

一个功能要成为一个基本进程，需要满足以下两个条件：

- 功能对于用户有着独立存在的意义，并且完全执行一个完整的信息处理过程。
- 当功能执行完成后，应用程序处在一个稳定状态中。

基本过程示例如表 3-5 所示。

表 3-5 基本过程示例

过程示例描述	基本过程	识别说明
前台展示页面	否	非最小业务单元，可能包括很多功能
用户管理模块	否	非最小的业务单元
对订单建立统计报表	否	非最小业务单元，应说明哪些统计
文件上传时的一个提示选择文件页面	否	并非一个稳定状态，关闭后信息会丢失
订单创建时为避免数据库 ID 的重复，统一使用 Sequence 生成调用	否	并非业务需求，对用户无业务意义

（续表）

过程示例描述	基本过程	识别说明
创建订单时，录入货物信息的录入部分（仅仅包括录入，无提交的处理）	否	仅仅是录入部分，业务不完整，需要包括提交的处理才是完整的
设定物流信息的发货日期，弹出选择日期	否	非独立的含义的过程
栏目管理时按照分页列表显示所有栏目	是	提供了独立业务意义的用户功能
为用户提供菜单的配置过程，包括其保存功能	是	对菜单的设置是对于用户有意义的功能
对某一个设备的亮度进行设定，并产生效果	是	不能再继续细分，且具有独立业务意义
注册用户经过三个步骤，提交完成注册	是	若干步骤是不可拆分的基本过程，三个步骤不能拆成三个基本过程
录入搜索条件，点击搜索，并显示搜索结果	是	是一个基本过程，不可拆分为多个

3.3.2　外部输入

外部输入是一种被用户认识到的独特的基本过程；通过这个基本过程的功能，数据和控制信息从应用程序外部进入应用程序。

- 它是一个基本过程。
- 用户定义它。
- 它有应用程序里的一组数据元素类型和逻辑处理过程的独特组合。
- 数据跨越了被计数应用程序的边界。
- 它通常导致一个或多个内部逻辑文件的数据添加、删除或修改。

外部输入的计数规则如下。

（1）每个外部输入都具有如下性质：

- 是一个基本过程；
- 被用户定义；
- 在被测量应用程序中是独特的；
- 跨越了应用程序的外部边界；
- 结果导致对应用程序的内部逻辑文件进行新增、修改或者删除数据的操作。

（2）当一个外部输入维护好几个内部逻辑文件（新增、修改或删除数据）时，如果用户将之视为一个整体，并且不提供单独对内部逻辑文件进行维护的机会时，可以将其统计为一个单独的外部输入。

（3）如果内部逻辑文件可以被单独维护，那么每个内部逻辑文件至少需要统计一个外部输入。

（4）对用户直接进行的数据输入和源自其他应用程序的数据输入（例如，以输入文件或者消息的形式）都需要被统计。一个外部输入可以被用户激活，也可以被其他应用程序激活，还可以被自动激活。例如，自动开始的批处理功能。

（5）含有功能永久性数据的外部逻辑文件不宜被统计成外部输入，而是应该被统计成外部接口文件。

（6）虽然通常会有好几个外部输入，但是内部逻辑文件至少存在一个外部输入。如果缺失了外部输入，就需要咨询用户了。

（7）如果在一个输入画面上可以执行各种不同的功能（新增、修改或者删除），那么将之统计为不同的单个的外部输入。

（8）一个需要在执行命令之前先得到确认的外部输入（例如，为了修改数据）被统计为一个外部输入，因为只涉及一个单独的基础过程。

（9）当数据需要在两个步骤中被新增、修改或者删除时，就要统计成两个功能。例如，为了允许另一个雇员来授权输入，初始输入被统计成一个外部输入，授权功能同样也被统计成一个外部输入。每个步骤都是一个基本过程。如果对显示进行了定义，那么还可能出现一个外部查询。

（10）对于已经统计过的重复的外部输入（例如，当数据元素类型和逻辑处理相同时），不会再次统计。

（11）一个外部输入，如果是因为技术上的原因（例如，因为所采用的技术）被引入的，而不是用户要求的，那么就不会被统计为一个外部输入。

（12）只有那些用户要求的功能才能被统计为外部输入。

（13）菜单结构不应该作为外部输入进行计数，除非用户能够定义菜单，则需要统计对应的逻辑文件和外部输入。

（14）如果被改变或被删除的数据涉及一个内部逻辑文件的修改和删除功能的一部分的话，那么这个数据展示则被认为组成了外部输入，但是不能被作为单独的外部查询进行统计。

> 通常这种情况也被称为定位的查询，如某系统需要对某个单据进行修改或删除时，系统会提示录入“订单号码”，点击“获取订单”后系统将加载对应的订单信息供用户查看，用户可以进行进一步的“修改”或“删除”操作。
>
> 此处系统加载指定订单数据的数据展示应该属于“修改”或“删除”基本过程中的一个步骤，不单独作为外部查询进行统计。

（15）同样的准则适用于当数据自动成为可见时。例如，当输入文件里的数据被依次展示时，这不是一个外部查询，而是外部输入的一部分。

（16）如果外部查询被单独进行定义，那么“功能性”就算是被提供给用户了，在这种情况下，可以计为一个外部查询。如果被检索到的数据可以使用一个修改功能进行修改，那么需要统计成一个外部查询和一个外部输入。

（17）如果一个外部输入由几个输入画面组成，因为并非所有的数据都可以在一个画面里被输入，则将之统计为一个外部输入。如果每个输入画面可以被单独使用，而不必依照一个预先安排好的序列，那么将每个输入画面统计为一个外部输入。当然，每个输入画面可以处于一个基础过程，或者自身就是一个基础过程。

（18）在输入和处理之间的延时不能作为识别额外的外部输入的理由。

（19）输入数据来控制外部输入、输出或者查询（例如，选择数据）不会被计为单独的功能，而是被作为涉及功能的一部分进行计数。

（20）如果已经根据数据结果定义好不同类型的逻辑处理过程，那么对于由其他应用程序提供的事务处理文件（含有临时数据的文件）的处理会导致被统计成好几个外部输入。在其他情况下，当事务处理文件中已经定义出几个记录类型，或者在一个记录类型中已经定义了不同的处理代码时，也可能会导致被统计成好几个外部输入。

（21）当经由不同的介质为相同的逻辑处理过程输入数据时，只统计成一个外部输入。

（22）从外部看起来好似完全相同，但是维护不同的内部逻辑文件的外部输入，必须被统计为单独的外部输入，因为这些外部输入需要进行不同的逻辑处理。

（23）如果含有校验数据的第一条记录和/或最后一条记录出现在一个事务处理文件中（例如，记录总量或者总数），那么对于这些记录的处理不会被统计为单个的外部输入。无论如何，校验数据会被统计为数据元素类型（如果是用户要求的）。

（24）定位的查询列表视为一个额外的输出功能。有时候会提供给用户一个机会来通过非唯一选择标准来选择需要被修改或者删除的数据。这意味着满足所输入的选择标准的实体类型的数据项的特征数据会被显示出来。然后就可以选择实体类型中想要的数据项。显示这样数据的步骤被视为额外的功能，将之计为一个外部输出。

3.3.3　外部输出

外部输出是一种被用户认识到的独特的基本过程；通过这个基本过程的功能，用户能认识到跨越了应用程序边界的一种独特的输出功能。它要么显示的数据规模上大小不确定，要么需要进一步进行数据处理。

- 它是一个基本过程；
- 用户定义了它；
- 它是应用程序里的一组数据元素类型和逻辑处理过程的独特组合；
- 信息分布跨越了计数应用程序的边界；
- 它可以包括一些选择或控制信息的输入，也可以不包括；
- 输出记录的数量规模是不确定的；

- 输出的数据可能包含数据运算。

外部输出的计数规则如下：

（1）统计每个数据输出，当它

- 是一个基础过程；
- 在被测量应用程序中是独特的；
- 跨越了应用程序的外部边界；
- 在规模上大小不等，或者需要进一步进行数据处理。

（2）统计以报表和消息的形式直接提供给用户的输出产品，以及作为输出文件和消息提供给其他应用程序的输出产品。

（3）使用下面的标准来区分外部输出和外部查询：

- 外部输出的输出规模是大小不等的；
- 外部输出并不总是需要选择数据的输入；
- 外部输出可能包含进一步的数据处理而得到的数据。

（4）外部查询的输出部分不该被统计为单独的外部输出。

（5）输入信息来控制外部输出被看成外部输出的一部分，不应该被额外地统计为外部输入。

（6）每个内部逻辑文件至少有一个外部输出。当缺失外部输出时，请咨询用户，并进行确认。

（7）一个输出产品可能包括好几个外部输出。当存在下面这些情况时，单个的输出产品包含好几个外部输出：

- 输出产品包含不同的逻辑布局，并且这些逻辑布局能够被单个获取；
- 输出产品包含不同的逻辑布局，输出产品的最终产生是那些个体逻辑处理的结果，但是出于用户友好性考虑，将这些信息整合在一起。

有时候，用户能够有机会来控制和选择哪部分可以被打印出来，在需要对于不一样的对象的不同部分进行报告，或者把它们作为其他逻辑文件的结果时，为了增强用户友好性，允许使用一个命令就可以获得输出产品，此时，为一个单独逻辑处理过程。

（8）一个有着相同的逻辑布局，但是可以以多种方式排序的报表被统计为一个外部输出，除非每个排序需要不同的或者额外的逻辑处理。

（9）输出可以直接面向用户、其他应用程序或者外部存储介质。如果逻辑输出和逻辑处理是一样的，那么将其统计为一个外部输出。

（10）为了其他程序应用，将一个事务处理文件统计成多个外部输出是非常必要的。例如，当文件中出现好几个记录类型时，或者当几个不同的逻辑处理的输出被在物理上编译到一个外部输出文件里时。

（11）只对那些用户想要的外部输出进行计数。不是因为用户请求，而是因为技术原因引入的输出产品不应该被进行计数。例如，后台打印文件。

（12）由被计数的应用程序维护，被其他应用程序使用的一个包含功能永久性数据的文件被作为一个内部逻辑文件进行计数，而不是一个外部输出。其他使用这个文件的应用程序将之作为一个外部接口文件进行计数，而不是一个外部输入。

（13）如果用户请求得到一个可能出现的错误消息的概览，这不会被看成一个单独的外部输入，因为包含错误消息的文件是一个 FPA 数据表。

（14）说明功能执行情况的消息（例如，错误消息）被链接到一个外部输入、输出或者查询。它们不被作为单独的外部输出进行计数，但是被合计为一个功能相关的数据元素类型。

（15）一个包含错误消息，或者涉及不同功能执行情况和相同的功能被重复使用的消息的输出产品被统计为一个或者多个外部输出。

（16）一个作为内部逻辑文件维护的逻辑结果的输出产品（例如，一个事务处理报告或者一个处理报告）被统计为一个或者多个外部输出。

（17）对基于以下几个选择标准的输出进行计数：当用户有更多选项时（例如，一个“与/或的情况”），对互斥的选择进行计数。每个互斥的选择或者选择的组合都被单独进行计数。

（18）如果在事务处理文件中出现了包含验证数据（例如，总量或者记录总数）的一个首记录和/或一个尾记录，对于这些记录的处理不被作为一个单个的外部输出进行计数。首记录可以被类比成报表的消息头，最后一条记录可以被类比成报表中的总结汇总。来自首记录和尾记录的数据元素类型被纳入计数（如果这些数据元素类型是用户所需要的）。

（19）如果用户可以有选择性地启动几个功能（或者单个运行，或者组合运行），在这种情况下功能的组合并非简单的各部分的总和，而是综合效果。对于这种情况，按照下面的方式处理：

- 每个可以独立运行，包含不同的处理过程的功能被统计成一个单独的外部输出。
- 原则上，对于所有的组合只有一个额外的外部输出被计数，除非对于特定的组合有着不一样的逻辑处理过程。在这种情况下，每个需要不同的逻辑处理过程的组合被统计成一个额外的外部输出。

（20）展示一个用户可以从中进行选择的列表（例如，一个选择画面、选取功能、选取列表或者弹出窗口功能），如果被用户需要的话，就必须被统计为一个外部输出，而且要求数据源自一个逻辑文件，而不是一个 FPA 数据表。因为列表的长度事先未知，因此展示一个列表不是一个外部查询。任何选择机会不会被作为一个单独的功能进行计数。

（21）不要为能够浏览和翻阅所产生的结果而统计任何额外的功能，或者数据元素类型。

（22）如果一个功能产生的输出产品内容相同，但是被用不同的语言进行了说明，那么将其统计成一个外部输出，因为外部输出产品虽然在语言上不同，但是由相同的数据元素类型组成的，并且逻辑处理过程对于所有输出产品都是相同的。多语言机制经由通用系统特征第 7 条“最终用户的有效性”来进行估值。

（23）即使有可能存在好几个输出产品，也只会存在一个外部输出。

- 输出产品有着相同的逻辑布局；
- 输出产品是通过相同的逻辑处理过程得到的。

3.3.4 外部查询

一个外部查询是被用户认识到的一个独特的输入/输出的组合，应用程序在这个组合里发布了作为输入的结果，不需要进一步进行处理的、确定规模的输出。

- 它是一个基本过程；
- 用户定义了它；
- 它是应用程序里的一组数据元素类型和逻辑处理过程的独特组合；
- 信息分布跨越了被计数应用程序的边界；
- 它可能包含一些选择标准；
- 输出规范应该是确定的；
- 输出不应该包含数据运算的结果；
- 不应该发生对于内部逻辑文件的修改。

外部查询的计数规则如下：

（1）当输入的数据导致输出的直接产生，并且这样的输入-输出组合符合下面条件时，就可以将输入和输出数据的组合统计为一个外部查询：

- 这个输入-输出组合是一个基础过程；
- 在被计数的应用程序里，这个输入-输出组合是独特的；
- 这个输入-输出组合跨越了系统边界。

（2）外部查询可能涉及从用户处直接发起的，或者从其他应用程序发起的查询。

（3）外部查询和外部输入之间的区别可以进一步解释如下：一个外部查询的输入部分只会配合一个查询动作，而不会对内部逻辑文件进行任何修改。

（4）不要将查询设施和外部查询相混淆。一个外部查询是一个为了得到特定的数据所进行的直接的查询动作，通常使用一个单独的键值来进行查询。查询设施则是由多个外部输入、输出和查询组织在一起的，其目的是用很多键值和操作来制定几个查询。FPA 将这样的一个组织起来的结构看成一个应用程序，这个应用程序必须被作为一个单独的应用程序进行开发和计数。因此，为了测量一个查询设施，就需要对外部输入、输出和查询进行计数。

（5）一个外部查询之所以被统计为一个外部查询，必须是用户要求的独立的功能。因此，当功能是数据录入的一部分时，不应作为外部查询来统计。例如，在修改和删除前的“定位查询”不应识别为外部查询。

（6）外部查询的输入部分不宜被统计为外部输入。

（7）外部查询的输出部分不宜被统计为外部输出。

（8）一个外部查询必须包含为了控制数据处理而进行的数据输入。例如，选择标准的输入。根据定义，唯一识别的数据必须总是组成输入数据的一部分。

（9）使用下面的特征来区分外部查询和外部输出：

- 外部查询的规模是完全确定的；
- 外部查询的输入应该由一个独特标识的查询参数组成；
- 外部查询的输出不得包含任何需要进一步数据处理的结果；
- 在执行外部查询时，不得发生对内部逻辑文件的改变。

（10）不要为能够浏览或者翻看产生的输出统计任何额外的功能或者数据元素类型。

3.3.5 估算功能点计数方法

估算功能点计数确定了每种功能类型（事务功能类型和数据功能类型）的功能数量，并且使用标准值来表示复杂度：事务功能类型的复杂度是“中”，对应 EI、EO、EQ 的功能点数分别是 4、5、4，数据功能类型的复杂度是“低”，对应 ILF、EIF 的功能点数分别是 7、5。

功能点数量为：

$$UFP=7\times ILF+5\times EIF+4\times EI+5\times EO+4\times EQ$$

何时进行估算功能点计数很大程度上依赖于何时能得到需要的需求相关文档。这同样也依赖于使用何种系统开发方法。如果应用程序的系统生命周期中包含分析阶段，那么就可以在分析阶段结束时进行估算功能点计数。

3.4 详细功能点计数

详细功能点计数类型是 NESMA 标准中最细致、最精确的计数方法，但也是最耗时的计数方法。

3.4.1 确定相关参数

1. 记录元素类型

记录元素类型（Record Type，RET）指一个 ILF 或 EIF 中用户可以识别的数据的子集。

可以将 RET 理解为逻辑文件中包含的子表；在 ILF/EIF 中每一个可选或必选的子集合都计算为一个 RET，子集包括关系表、子类别、子表。如果 ILF/EIF 没有子集合，则认为是一个 RET。

一个逻辑文件的复杂度的记录类型的数量等于内部逻辑文件或外部接口文件包含的实体类型的数量。

例如，在外贸订单系统中添加一个订单时会保存“订单信息、客户的ID、部门的ID”。那么订单系统ILF中的RET为：①订单信息（必选）；②客户信息（必选）；③部门信息（可选）。因此，ILF订单中RET的个数为3个。

2. 数据元素类型

数据元素类型（Data Element Type，DET）指用户能够识别的不重复的元素。以下为在数据功能中DET的计数规则：

- 只有那些在应用程序中被使用和维护的属性才会被统计为数据元素类型。这就意味着并非所有的属性都被统计在内。
- FPA数据表逻辑文件ILF或EIF中涉及的FPA数据表的所有数据元素类型被一起进行计数，只要这些数据元素类型被应用程序使用和维护。
- 如果一个逻辑文件，作为还原规范化的结果，已经被转换成几个实体类型，则逻辑文件的数据元素类型数量对应于规范化实体类型的数据元素类型（属性）的总和。为了避免重复统计，被编译进一个逻辑文件中的实体类型里的参考属性不会被统计。

例如，计数图3-5中数据功能的DET，结果如表3-6所示。

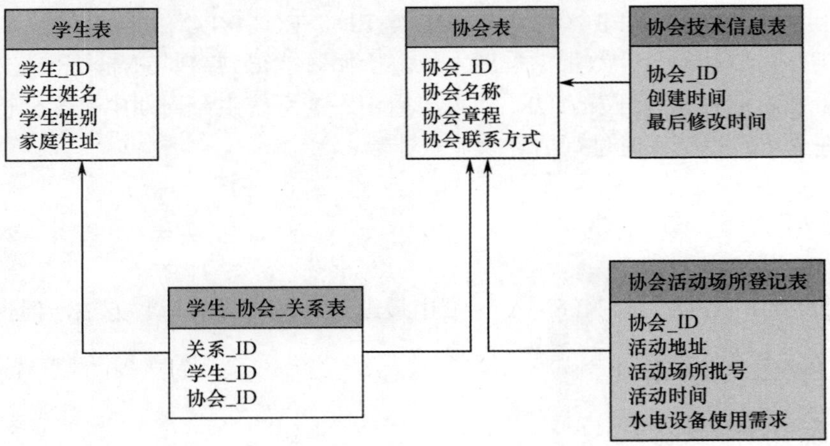

图3-5 数据功能DET计数

表3-6 图例中数据功能的DET识别结果

数据文件	DET数	识别说明
学生	4	四个DET分别为学生姓名、学生性别、家庭住址、外部关系对应的协会_ID
协会	8	DET分别是协会名称、协会章程、协会联系方式、外部关系对应的学生ID、活动地址、活动场所批号、活动时间、水电设备使用需求

3. 数据元素功能

以下为在事务功能中 DET 的计数规则：

- 统计跨越应用程序边界的所有数据及控制信息。统计时应该统计包括事务功能的输入和输出部分。输出产品中出现的所有数据元素类型都被进行计数。
- 将启动该事务功能的方式（例如，菜单选择和功能键）统计为且只统计为一个数据元素类型，不必去管功能键的总数或需要菜单的层次。
- 如果在一个输入画面里可以执行好几个功能（例如，新增、修改和删除），那么要单独为每个功能统计对应相关的数据元素类型数。例如，删除只需要使用的记录的关键值；而新增时需要的字段则包括更多 DET。
- 如果好几个画面被用于一个外部输入（例如，先是一个数据选择画面，然后是一个修改画面），在统计数据元素类型时必须将这些画面联合起来作为一个整体来看待，因为这个功能是一个单独的基础过程。但是，如果数据选择不是唯一可以被标识的，并且用户必须从被选中的实体类型的数据项中选择想要的，那么必须将其统计为一个单独的外部输出。
- 如果功能存在出错消息和提示消息，不管是弹出的或是单独画面显示的，都按照以下规则执行：如果错误或消息是计算机操作系统，则无须进行计数为 DET；如果信息是对用户有意义的功能消息，则当成一个 DET 进行计数。
- 如果为了响应一个输入需要显示额外的数据，那么被显示的数据元素类型必须被统计为外部输入的一部分（这种额外数据的一个例子，就是一个“更新客户数据”的功能，在这个功能里要输入一个客户编号，且为了校验，应用程序会显示客户的姓名和地址，然后用户就可以输入其他信息了）。
- 如用户要求在录入数据的第一条或最后记录中包含校验数据，如总记录数或汇总金额，那么这些校验数据也应该统计为 DET。
- 外部输出中，为得到结果必需的所有输入控制信息（例如，选择标准、设备、介质、打印机、排序序列、时间期限）均被作为外部输出的数据元素类型进行计数。以上输入的控制信息 DET，如在输出时再次出现，则被统计两次 DET。切记对于涉及外部查询的控制信息的计数是不一样的。
- 输出数据的所有处理数据（例如，平均值、计数结果、小计、总计）均被作为数据元素类型进行计数。
- 功能执行过程中，在计数应用程序内部参考逻辑文件；如果引用的内容不跨越应用边界，则该逻辑文件的数据元素类型不被统计。只有那些跨越应用程序边界的数据元素类型，才会被用来确定复杂度。

- 诸如系统日期和页码这样的标准数据不被统计为 DET。诸如消息头、列描述、文字和常量这样的固定数据也不被统计为 DET。
- 用来浏览输出的内容的功能键不被作为数据元素类型进行计数。
- 如果在事务处理文件中出现包含校验数据的一个首记录和/或一个尾记录（例如，总量或者记录总数），那么这些数据被作为数据元素类型进行计数（如果用户需要这些数据）。

4．引用文件类型

引用文件类型（File Type Referenced，FTR）是一个事务功能维护或是读取的逻辑文件。用来确定一个事务功能的复杂度的引用文件类型的数量的方法如下：

- 事务功能所参考的逻辑文件数量就是合法性校验、验证和功能执行中涉及的逻辑文件的数量。逻辑文件可能是内部逻辑文件 ILF，也可能是外部接口文件。
- 在确定事务功能复杂度时，FPA 数据表 ILF 和 EIF 不会被计入参考逻辑文件之内。
- 一个基本过程用来处理数据交换，通过一个交易文件来维护内部逻辑文件。应用程序可能有一个或多个外部输入，但是 FTR 计数时只考虑内部逻辑文件，不用将交易文件计数在 FTR 数量中。
- 一个交易文件或一个临时文件，不能被当成逻辑文件“引用”。
- 因为技术原因引入的文件，诸如临时文件、排序文件和打印文件不会被统计。需要确定这些类型的文件是否是一个内部逻辑文件或者外部接口文件的替代品，如果是，则须统计这些潜在的逻辑文件的复杂度。
- 如果一个外部输出被牢牢绑定到一个外部输入，那么就需要将整个数据处理所参考的逻辑文件数作为一个整体进行计数，而不只是对外部输出自身参考的文件进行计数。

3.4.2 逻辑文件的复杂度

本节说明的是“内部逻辑文件”及“外部接口文件”的复杂度是如何确定的。

依据 3.4.1 节中说明的确定相关参数的办法，计算得到逻辑文件的 RET 及 DET，通过查询表 3-7 获取逻辑文件的复杂度。L 代表低复杂度、A 代表中复杂度、H 代表高复杂度。

表 3-7 逻辑文件的复杂度判定矩阵

RET \ DET	1～19	20～50	51+	复杂度
1	L	L	A	L=低
2～5	L	A	H	A=中
6+	A	H	H	H=高

注：DET=数据元素类型，RET=记录类型。

3.4.3　外部输入的复杂度

本节说明的是“外部输入”的复杂度是如何确定的。

依据 3.4.1 节中说明的确定相关参数的办法，计算得到外部输入的 FTR 及 DET 之后，通过查询表 3-8 获取外部输入的复杂度。L 代表低复杂度、A 代表中复杂度、H 代表高复杂度。

表 3-8　外部输入的复杂度判定矩阵

FTR \ DET	1～4	5～15	16+	复杂度
0～1	L	L	A	L=低
2	L	A	H	A=中
3+	A	H	H	H=高

注：DET=数据元素类型，FTR=引用文件类型。

3.4.4　外部输出的复杂度

本节说明的是“外部输出”的复杂度是如何确定的。

依据 3.4.1 节中说明的确定相关参数的办法，计算得到外部输出的 FTR 及 DET 之后，通过查询表 3-9 获取外部输出的复杂度。L 代表低复杂度、A 代表中复杂度、H 代表高复杂度。

表 3-9　外部输出的复杂度判定矩阵

FTR \ DET	1～5	6～19	20+	复杂度
0～1	L	L	A	L=低
2～3	L	A	H	A=中
4+	A	H	H	H=高

注：DET=数据元素类型，FTR=引用文件类型。

3.4.5　外部查询的复杂度

使用下面的方法来确定外部查询的复杂度级别：

使用确定外部输入复杂度的准则和输入部分的复杂度表格来对外部查询的输入部分进行归类。只需要考虑和输入部分相关的数据元素类型和文件类型引用（逻辑文件）。

使用确定外部输出复杂度的准则和输出部分的复杂度表格来对外部查询的输出部分进行归类。只需要考虑和输出部分相关的数据元素类型和文件类型引用（逻辑文件）。

除了使用上述两个分类的复杂度之外，外部查询的复杂度只需要考虑与数据输出部分相关的数据元素类型和应用文件类型（逻辑文件）。

3.4.6 功能复杂度对照表

确定每一个功能的类型及复杂度后，使用功能点复杂度对照表（见表 3-10），即可确认对应功能的功能点数。

表 3-10 功能点复杂度对照表

功能点类型	低复杂度	中复杂度	高复杂度
内部逻辑文件 ILF	7FP	10FP	15FP
外部接口文件 EIF	5FP	7FP	10FP
外部输入 EI	3FP	4FP	6FP
外部输出 EO	4FP	5FP	7FP
外部查询 EQ	3FP	4FP	6FP

3.4.7 详细功能点计数方法

详细功能点计数是最精确的计数，在进行计数时，所有 FPA 需要的规约都必须很详细。这就意味着，事务功能类型必须详细到所参照的逻辑文件和数据元素类型，而逻辑文件必须详细到记录类型和数据元素类型。有了这些信息，就可以为每个被识别出的功能确立其复杂度。

何时进行详细功能点计数依赖于对应用程序生命周期进行阶段划分的方法。如果所使用的系统生命周期中包括功能设计阶段，那么在功能设计阶段中或者阶段结束时，只要规约足够详细，就可以进行详细功能点计数。

$$\text{项目或应用 UFP} = \sum(\text{各功能项UFP})$$

3.5 通用计数规则

1. 从逻辑视角进行统计

在使用 NESMA 功能点方法估算软件的功能需求规模时，无须考虑具体的实现技术。例如，以下技术的因素不影响功能点计数。

- 是否使用开源软件实现软件需求；
- 使用何种语言、数据库、架构来实现软件需求。

2. 遵守规范的规则

在确定功能类型和复杂度时不要主观，应该客观地根据规则判断。

在识别功能类型时，不能仅以主观的输入/输出来确定功能类型，而应该根据各功能类型定义规则识别。

在识别复杂度时，针对数据功能类型，应该先计算文件的 RET 和 DET，然后通过对应功能类型的复杂度矩阵确定对应功能项的复杂度。

3．超出用户需求的需求不计数

作为成熟的软件公司，往往使用企业技术管理中形成的产品模块来进行用户需求的实现。在这个过程中，往往会提交一些用户在需求中并未要求的功能，这部分功能不应该计数。如图 3-6 只应该计数左边部分用户需要的功能。

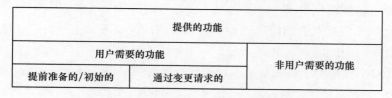

<table>
<tr><td colspan="3">提供的功能</td></tr>
<tr><td colspan="2">用户需要的功能</td><td rowspan="2">非用户需要的功能</td></tr>
<tr><td>提前准备的/初始的</td><td>通过变更请求的</td></tr>
</table>

图 3-6 软件功能与用户需要的功能分析图

4．不重复计数

不管应用中使用多少次，一个功能在一个应用系统中只能被统计一次。在实际中应该关注以下可能重复计数的情况。

- 同一个功能在多个模块中提供了导航入口，不用在每次导航入口进入时重复计数。
- 在一个计数范围内，由多个人分工计数时，很可能会重复计数。在将几个人的估算结果合并时应排除掉重复部分。
- 在项目中的下拉选择、弹出选择均可以计数。但是此类下拉选择、弹出选择只能计数一次。

5．生产可复用代码不影响功能点规模

软件企业为提高开发效率，在软件实现时均希望编写出更多的可复用的代码。这个生产可复用代码的要求通常由乙方向项目组提出，此要求通常会对原开发任务提出更高的需求，因此其开发效率一般会受到影响而下降。但是，甲方并不应该就这个生产可复用代码需求承担风险和成本，不应该计数因生产可复用代码对项目产生的影响。

例如，项目 REUSE 的开发中，在规模 1240FP 的项目需求中提炼出企业自身的产品，决定将原有客户需求规模为 168FP 的统计模块，开发成可复用的模块；在计数项目的规模时，不应该计算可复用代码实现的功能，项目规模仍然是 1240FP。

6．复用已有代码不影响功能点规模

与上一规则有着类似的道理，软件公司复用自身企业中或开源项目中的项目已有代码来实现用户需求，对软件的功能规模是不影响的，但是会影响效率。

例如，在项目 REUSE 的开发过程中，在规模 1240FP 的项目需求中提炼出企业自身的产品时，决定就 A 模块复用企业技术复用库中的代码。A 模块用户需求规模为 240FP；在计数项目的规模时，不应该计算可复用代码实现的功能，项目规模仍然是 1240FP。

7．页面是物理结构，而非逻辑结构

在识别功能点时需要从逻辑视角进行识别。我们可以通过软件中常见的物理记录来帮助识别逻辑结构。但是需要注意逻辑结构和物理结构并非一一对应的关系，一个逻辑结构可能由多个物理结构组成，一个物理结构也可能由多个逻辑结构组成。

因此，我们不能把页面的内容等同于逻辑结构，需要进一步分析，往往页面的内容与功能项不是一一对应的。

例如，图 3-7 就说明了页面与基本过程非一一对应关系。

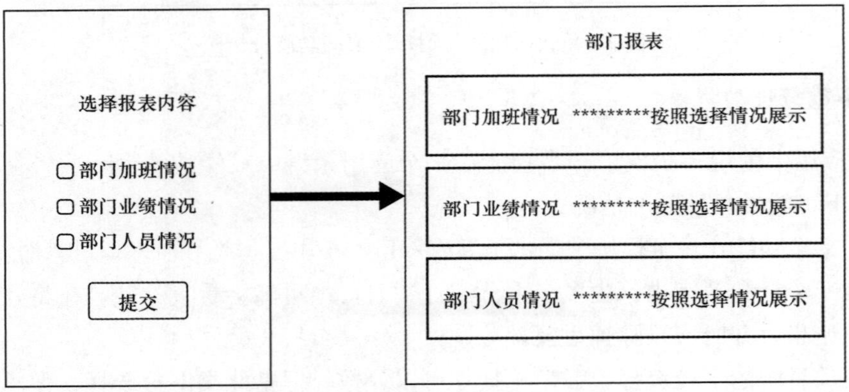

图 3-7　选择并生成报表

图 3-7 中虽然只有两个页面，但是由于部门的“加班”“业绩”“人员”报表的内容是可以各自独立呈现给最终用户的，因此需要各自计算为一个 EO。另外，考虑到“部门报表”页面的组合情况，可以增加一个全部选中的情况，识别为一个 EO，因此总数为四个 EO，和页面展现的内容并非一一对应的关系。

8．输入输出是物理结构，而非逻辑结构

在页面中的输入、输出是物理结构，受页面设计等因素的影响，与体现业务的逻辑结构也同样不能一一对应，但在一定程度上输入/输出可以帮助识别逻辑结构。

例如，在某一个大学社团的网站进行注册，需要分成两个步骤，在两个输入界面进行输入，才能完成注册，如图 3-8 所示。

从输入的角度来看，注册行为需要完成两个输入——注册步骤一和注册步骤二，从物理结构上来看是两个，甚至从技术实现上确实也是两个数据库的表。但是分析录入步骤中输入数据的逻辑关系，发现注册步骤二中输入的“兴趣爱好”逻辑上并不是独立的，是完全依赖于用户这个逻辑文件的。因此，最终计数此功能的数据功能时，只能够识别一个“注册用户”的内部逻辑文件。

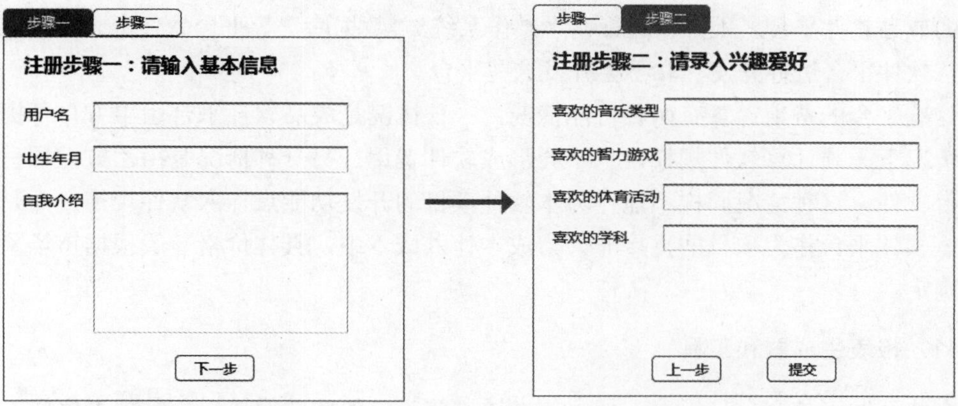

图 3-8　多步骤、多页面基本过程

9. 安全和授权

除个别系统如门户网站外，几乎所有软件应用系统均需要判断用户当前是否处于登录状态，如果未登录或未获授权，系统就不准许用户进入目标页面，安全授权页面如图 3-9 所示。

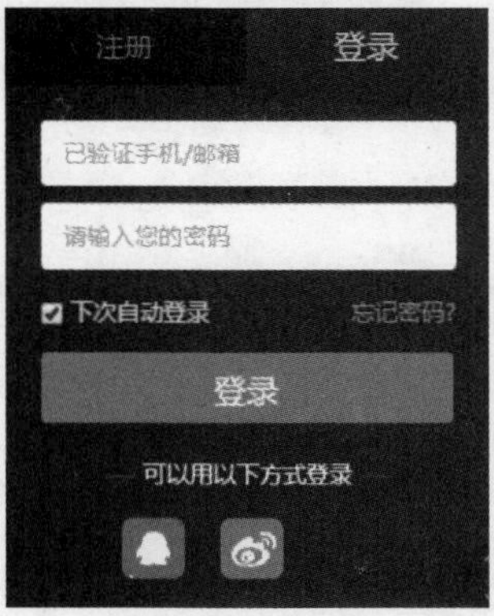

图 3-9　安全授权页面

另外，由于整体软件架构设计的需要，往往将用户登录与授权做成统一功能，建立独立的软件应用来完成“统一登录授权”服务。所以，如果当前估算范围内，安全与授权需求是通过“统一登录授权”的服务来完成的，则这些“统一登录授权”功能不计入功能点数。

如果安全和授权是估算范围内应用程序开发，或是在当前范围内提供“统一登录授权”的功能，则这些功能需要计入功能点数。

10. 操作系统和辅助平台不计入功能点数

软件应用运行的环境包括硬件的环境、软件环境、网络环境等，软件需要运行在一系列的成品软件平台之上，如运行在“操作系统”“数据库”等平台软件上。软件应用基于这些软件平台进行开发，并不会开发这些平台。

这些平台的费用计算有两种可能情况：一种情况是成品软件平台由甲方自行提供，这种情况下无须计算软件规模，也不会形成软件费用。另一种情况是由乙方在项目中采购平台软件。这种情况同样不能作为本软件项目的开发功能点计入软件规模，而是需要将这些软件平台作为项目的直接非人力成本计入成本中，具体价格一般根据市场采购价格来确定。

11. 报表生成器和工具

有些开发工具会自带报表工具，或者通过第三方的软件模块引入的报表生成工具。例如，“Crystal Report”“Brio”“JasperReports”“Pentaho”“OpenReports”等工具均提供报表生成的功能，如报表的定义、文件导出等。这些功能并非在项目中开发出来，不应该作为乙方提交的功能来进行功能点计数。

“Crystal Report”的配置界面如图 3-10 所示，这个界面中的功能，包括连接数据库、编制报表布局等，均为工具自身功能，因此均不进行功能点计数。

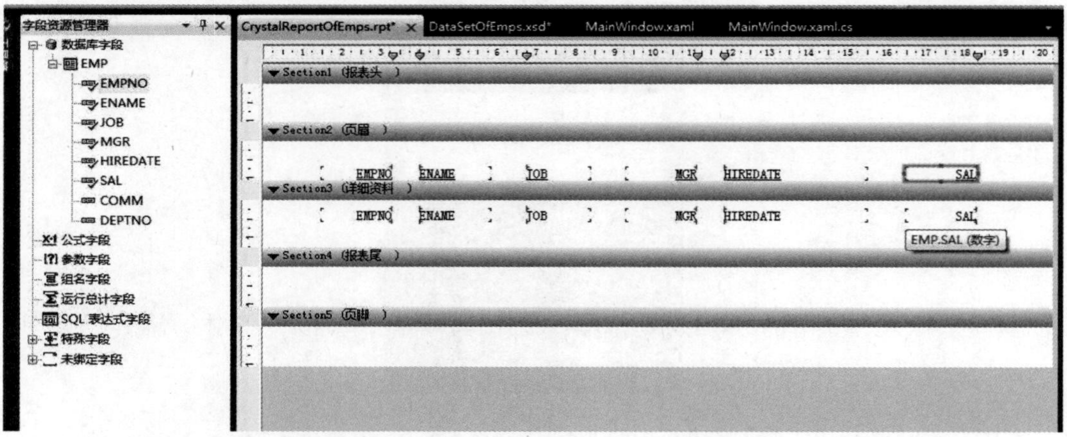

图 3-10 “Crystal Report”的配置界面

但是乙方通过开发或配置等工作，使用以上工具，按照用户的需求，提供的报表、统计等功能属于使用开发工具满足客户的需求，这些报表、统计每一个都应该被计数为 EO。

12. 图形、报表、图表均是 EO

在软件开发过程中，各种开发语言或框架，均提供在开发中对图形、报表、图表的控件化的模块。开发人员通常只需要按照图形控件中所需要的参数，获取和计算数据，并按照控件的要求提供给控件。控件将按照数据的内容，自行展示图形。

因此，当遇到图形、报表、图标时，我们统一识别为 EO。而对于如何识别该 EO 的复杂度，功能点方法并不是围绕如何画出图形来进行计数的，而是关注图中所使用的信息。因此，必须使用画图所用到的文件引用类型 FTR 和数据元素类型 DET 来确定画图功能的复杂度。

如图 3-11 所示为某平台中国的所有订单信息，并展示成图表。

地区	销量总和
华北	3428.93
华东	10355.20
华中	5718.13
华南	3955.01
西北	1829.63
东北	2155.50
西南	2059.02

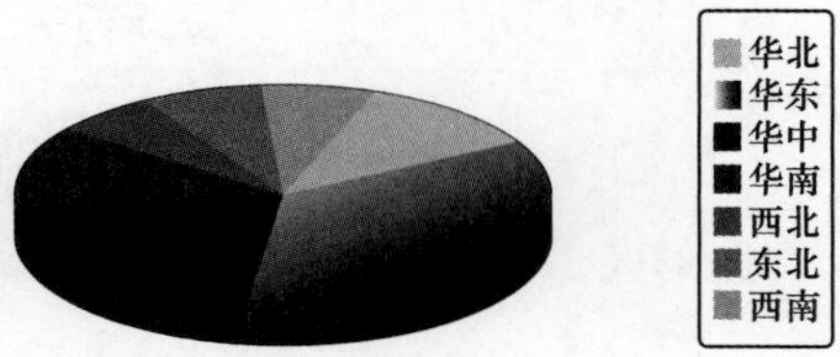

图 3-11　带饼状图和表格的统计报表

在以上图表中，访问的数据为“订单数据表”，操作上需要先将区域的总数统计求和算出来。确定复杂度参数如下：

- FTR：访问内部逻辑文件“订单数据表”，数量为 1。
- DET：包括“地区”、地区的“销量总和”、进入此报表的方式，数量为 3。

13．每一种帮助均识别为 EQ

在软件中有各种形式的帮助信息。例如，应用级别的帮助文档、屏幕中的帮助信息、字段编辑旁的帮助提示信息。一般来说，帮助信息通过提供编号提取信息，这样有利于随时对帮助的具体信息进行后台或程序的修改。

不同类型的帮助方法，均需要开发对应代码，因此对于每一种帮助方法均视为 EQ 外部查询，复杂度固定识别为“低”。

在图 3-12 中，右边的帮助按钮用于提供办公自动化系统的一个总体的帮助，应该识别为一个“低”复杂度的 EQ。

图 3-12　帮助查询类型一

再如，在图 3-13 中，在“计划名称”“选择软件”“静默安装命令行参数”右边有一个小问号，点击可以提供另一种针对填写字段属性的功能形式的帮助。

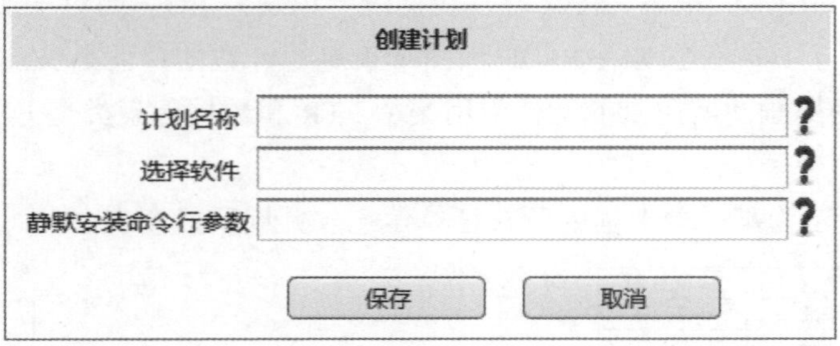

图 3-13　帮助查询类型二

以上两种帮助形式，应该计为不同类型的 EQ。

14. 错误和提示信息非基本过程

计算机系统的消息无须进行计数。如果信息是对用户有意义的功能消息，当成一个 DET 进行计算。

图 3-14 所示为操作系统自带的提示信息，这个信息并非本次软件开发内容，所以无须考虑进行计数。

软件系统编程提供的提示信息如图 3-15 所示，软件应用系统判断当前登录用户是否有目标操作的权限时，发现该用户越权操作，提示以下信息，也无须进行计算。

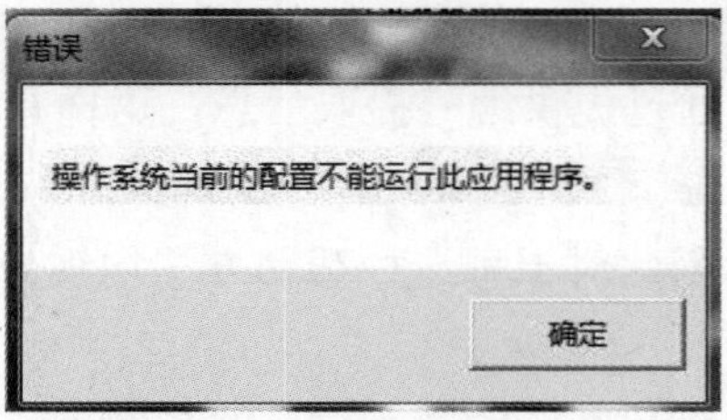

图 3-14　操作系统自带的提示信息

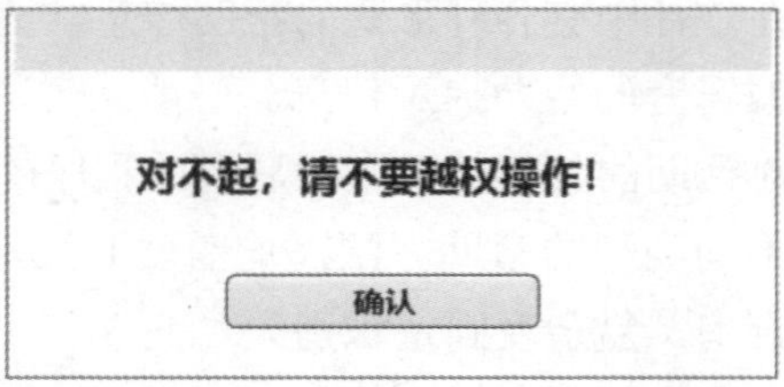

图 3-15　软件系统编程提供的提示信息

15. 菜单不计为功能计数

通常菜单不计为单独的功能项进行计数。但是如果用户能够定义菜单，则需要统计对应的逻辑文件和外部输入。

如图 3-16 所示，菜单展示是两层的：第一层是上面横着展示的，第二层是下面左边展示的。这些菜单均是进入系统某个功能的路径导航，用户无法对菜单进行定制时，不作为单独的数据功能和事务功能来计数。在计数通过菜单进入的基本过程的复杂度时，计为一个 DET。

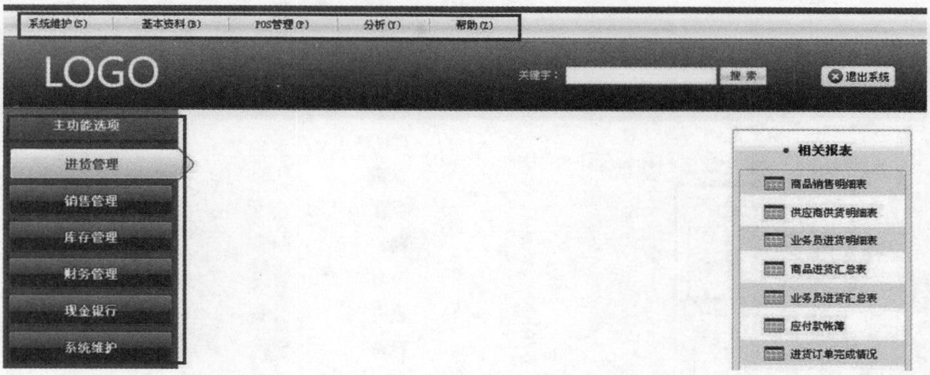

图 3-16 统一不可定制的菜单

如图 3-17 所示，系统提供一个“定制需要显示的应用”的功能，用来记录当前用户希望在菜单中显示的应用内容。这种功能在强调个性化服务的互联网时代，是一个常见的用户需求。在此种情况下，需要为“用户菜单定制记录”识别一个内部逻辑文件 ILF；另外，需要为图 3-17 显示的定制功能计数一个 EI。

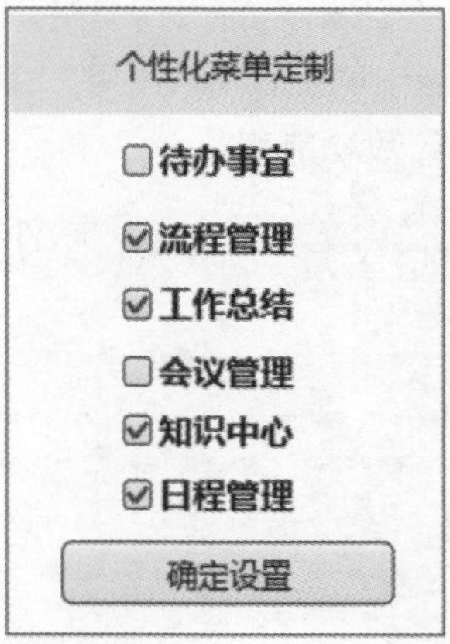

图 3-17 菜单的定制功能

16. 列表选择功能

系统中给用户提供的列表选择功能，如果其数据源自内部逻辑文件，则计为一个 EO 且只记录一次，不重复记录；如果数据源自 FPA 数据表，则不影响计数。

如图 3-18 中“寝室”作为系统的内部资源 ILF 被识别，在“入住”中选择寝室的这个下拉选择框可以识别为一个 EO。这类 EO 列表的选择逻辑相同只能识别一次。在另一个功能“订房”中再次出现“寝室”这个下拉选择时，不能再次计算 EO。

又如，在某一个物流功能中，需要选择使用的省份。省份信息作为 FPA 数据表已经被识别出来，这种情况下不能作为 EO 来识别（见图 3-19）。

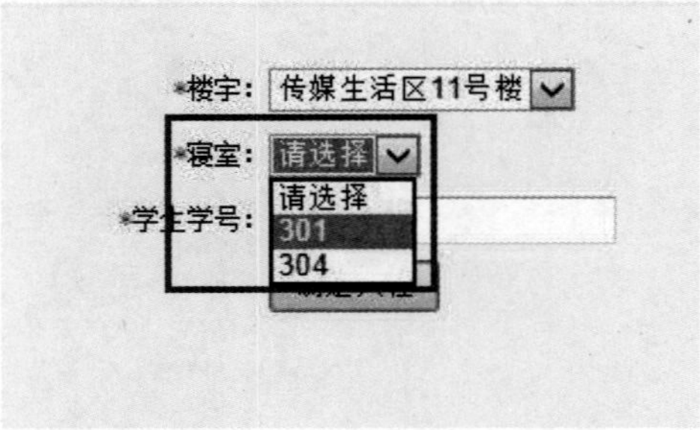

图 3-18　从业务逻辑文件中获取选择数据

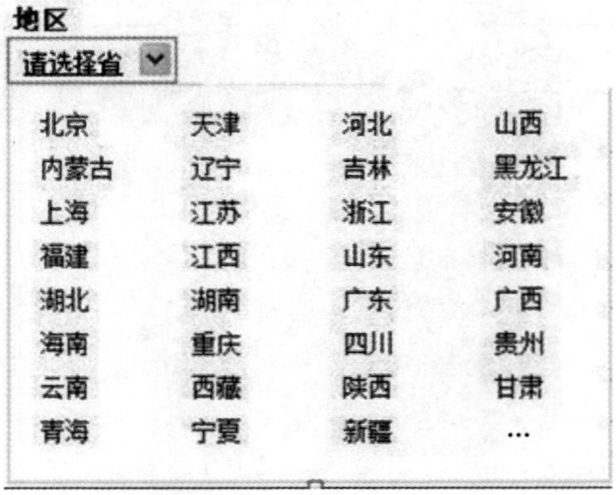

图 3-19　从字典表中获取选择数据

17．浏览和翻页功能

在显示数据内容时，由于页面大小的限制往往页面显示不下，需要下拉浏览和翻页。这些动作和功能不算额外的业务功能，不计入功能点。

如图 3-20 所示，输出企业某员工相关的工作总结，本身“企业员工工作总结列表功能”识别为一个 EO。但是此功能中的上部分框中的“翻页”，以及页面右边的“下拉”拖拽浏览，不能作为额外的功能计数功能点。

图 3-20　分页和拖拽浏览功能

18．清理功能

应用系统会自动定时地清理老数据或进行归档。如果这些功能是为了满足用户提出的需求，那么可以将每个清理功能计为一个外部输入，但应该采用通用的准则来识别和评估外部输入，而不应该根据清理的多少来进行计数。

19. 功能的完整性检查

在识别功能点时，可以做一些功能的完整性检查，通过这些方法可以帮助需求开发人员进行需求的检查。

对于每个内部逻辑文件，我们期望有以下相关的交易功能：

- 至少包括一个外部输入；
- 至少包括一个外部输出；
- 如果可能的话，还期望包括一个外部查询。

对于每个外部接口文件，我们期望有以下相关的交易功能：

- 至少包括一个外部输出或者一个外部查询。

以下情况不满足于完整性检查需求：

- 在增强型项目中，因为项目只是做一些部分功能改进更新；
- 引用一个外部接口文件，可能仅被读取做合法性校验用途，以至于不需要任何外部输出，或者外部查询。

如果缺失了这些功能，那么就要询问用户是否遗忘了什么，以及文件是否真的和应用程序是相关的。

3.6 规模调整

以上三种方法计数的功能点规模被称为未调整的功能点数，以规模为基础估算工时，需考虑相关的一些调整因素。可以考虑的调整因子应根据具体情况具体考虑，常见的调整因子如下。

3.6.1 通用系统的调整因子

在 FPA 中，应用程序的特点可以用 14 个一般系统特征来描述。这些特征来自功能需求，并且可以用来确定整个应用程序的处理复杂度。为了表达影响程度可以为每个特征设定一个权重，并通过累加形成每个特征的影响程度，以此来表示处理复杂度。通过估值调整因子，原始功能点计数被转换成校准功能点计数。

通过两个步骤来确定估值调整因子：

（1）通过对 14 个一般系统特征的影响程度进行逐个评估，累加得到总的影响程度，影响程度可以用范围在 0～5 之间的一个数值来表示。根据具体因子确定影响程度，总影响程度是指分配给一般系统特征的影响程度的总和，其取值范围为 0～70。

（2）通过计算估值调整因子，使用如下公式：

$$估值调整因子=0.65+0.01\times总影响程度$$

因此，估值调整因子可以将原始功能点计数增加或者减少最多 35%。

3.6.2 需求变更的调整因子

项目执行过程中，需求的变更在所难免。尤其是有些早期阶段的需求文档，如预算时的软件需求、招标的需求、投标的方案等，都可能与最终交付的软件的功能有较大的差距。这是符合项目的“渐进明细”的特点的，是项目的特性。

因此，为了更加准确地预测项目的实际规模，可以根据功能点估算时所处的项目阶段，对未调整的功能点数乘以一定的系数进行调整，使得估算的规模更接近于实际值。中国《软件研发成本度量规范》的预算应用指南中提出了以下方法：考虑到预算时需求较模糊，未来将有很多隐含需求及需求变更。因此，需对估算规模进行调整，公式如下：

$$S=\text{UFP}\times\text{CF}$$

式中，S 为调整后的软件规模，单位为功能点；UFP 为调整前的功能点数；CF 为规模变更调整因子，依据行业数据，预算阶段通常取值为 2。如果预算阶段需求较为清晰，可对该因子取值进行适当调整。

同时，在该预算指南中，依据行业数据，给定的招标阶段的 CF 取值为 1.5，投标阶段的 CF 取值为 1.26。

3.7 NESMA 与 IFPUG 的区别

NESMA 和 IFPUG 同为功能点分析方法，当前的规则基本是没有区别的。但是在 1990 年前，两个标准的区别还是很大的。从 1990 年开始，两个组织开始密切合作，形成了通用的规范标准。到 2004 年，IFPUG 发布了 4.2 版本，2005 年年初，NESMA 发布了 2.1 版本。两个标准之后均没有再做调整。

虽说两个标准几乎没有区别，但是有些细节还是不同的，这些差异引起的影响较小。主要的差别包括以下内容：

（1）EQ 和 EO；

（2）EQ 的复杂度；

（3）隐藏的查询；

（4）编码数据（编码表）；

（5）物理媒介；

（6）多选（and/or 情况）条件的查询。

差异及其影响的详细说明如下。

1. EQ 和 EO

IFPUG：EQ 定义为从逻辑文件（包括内部逻辑文件和外部接口文件）中获取数据并展示，在这个过程中没有多余的处理（包括计算、更新逻辑文件等）。任何其他不符合要求的输出都考虑为 EO。

NESMA：与 IFPUG 同样的规则需要执行；但还有一个进一步要求——必须有一个唯一的键值被输入并且必须是固定规模的输出。因此，在一些情况下，如“显示所有客户”，IFPUG 判断为 EQ 的内容，NESMA 却判断为 EO。

影响：EQ 和 EO 将有影响。

2．隐藏的查询

在修改和删除数据时，往往需要先将数据查询出来展示给用户浏览，这就是我们说的“隐藏的查询”。

IFPUG：在标准指南中并没有说明此类情况。一些 IFPUG 的分析人员将隐藏的查询识别为一个单独的 EQ 功能，也有些人没有将其计数。通常情况下，用户会定义一个“显示的查询”，这个显示的查询是会被计数的；在这种情况下，“隐藏的查询”因为不能重复计数两次而不被计数。

NESMA：功能的主要目的是基本判断的准则。因此，NESMA 不认为隐藏的查询是一个单独独立的交易过程，而仅仅是修改或删除功能的一部分。只有客户的业务目的是查询数据时，才计算 EQ 的功能点。

影响：在应用系统中，“隐藏的查询”会产生偏差但概率很小。

3．编码数据（编码表）

IFPUG：编码表是技术实现的需要，并不是用户需求的一部分。所以 IFPUG 根据标准，编码表和事务功能中对编码表的引用均不计数。

NESMA：将所有的编码表合起来统一分类成一个 ILF 和一个 EIF。其中，编码表的数量被统计为 RET 的数量。对于这个 FPA 的 ILF，计数一个 EI、EO、EQ；对于 FPA 的 EIF，没有事务功能需要计数。

影响：对于一个系统来说，最大偏差可能就是由 FPA 表 ILF、FPA 表 EIF，以及 FPA 表 ILF 的 EI、EO、EQ 的功能点引起的偏差。

4．物理媒介

IFPUG：未提供关于物理媒介的计数指南。因此，当这种情况出现时，如何计数取决于具体的功能点分析人员的主观判断。

NESMA：物理媒介被认为是隐藏的功能，是隐藏的状态。因此，同样的基础过程，使用不同的物理媒介，只会被计数一次。如果使用的 DET 和逻辑处理是一致的，EI、EO、EQ 使用不同的媒介，均被认为是一个基础过程。报表可能显示在屏幕或打印机，但只要其 DET 和逻辑处理相同，则是同样的基础过程。

影响：不同物理媒介输出可能会产生影响。

5. 多选条件的查询

多选条件的查询指的是查询可以进行输入条件的组合。

例如：

搜索条件

姓名：录入搜索条件

籍贯：录入搜索条件

部门：录入搜索条件

搜索

以上例子中可以选择性地录入一个查询条件，如“姓名”“籍贯”“部门”。也可以选择性地录入两个条件，如“姓名和籍贯”“姓名和部门”“籍贯和部门”。也可以三个条件都选择录入。

IFPUG：无明确的规则说明，因此很多 FPA 的分析人员把每一个可能的搜索条件组合视为一个单独的功能。

NESMA：只有互相排他性的选择才会被计算为一个查询。例如，上例中录入了姓名或籍贯后，则不允许再录入部门；反之，录入了部门则不能录入姓名和籍贯。说明组合中有两个互相排他性的录入情况。这时可以判断为两个查询，否则所有的搜索组合都只能判断为一个查询。

影响：出现这种查询情况时，由于组合数量多，所以可能引起较大的偏差。

3.8 实践经验

3.8.1 需求的完整性补充

在识别功能点时，可以做一些功能的完整性检查，通过这些方法可以帮助需求开发人员进行需求的检查。

对于每个内部逻辑文件 ILF，我们期望有以下相关的交易功能：

- 至少包括一个外部输入，通常期望存在“新增”“修改”“删除”三种类型的外部输入。
- 至少包括一个外部输出，通常期望至少有“列表输出”“统计报表输出”两种类型的输出。对于类似于“产品类型”这样的逻辑文件，期望存在“选择列表”的外部输出。
- 如果可能的话，还期望包括一个外部查询。通常情况下，只要数据文件的属性不是很少，应用系统均会提供一个查看详情的功能，这个功能一般是外部查询 EQ。

对于每个外部接口文件 EIF，我们期望有以下相关的交易功能：

- 至少包括一个外部输出或者一个外部查询。

对于每一个类型的用户，我们期望有以下相关功能识别：

- 每一类用户，我们期望至少有功能的分配。
- 对于应用系统这类用户，外部数据若通过直接引用的方式使用，应该识别读取的逻辑文件为外部接口文件 EIF，不用识别 EI。
- 对于应用系统这类用户，外部数据若通过接口读取数据来修改自身内部逻辑文件，应该识别外部输入 EI，不能识别为 EIF。

有以下情况不满足于完整性检查：

- 在增强型项目中，因为项目只是做一些部分功能改进更新。
- 引用一个外部接口文件可能仅被读取用来做合法性校验，以至于不需要任何外部输出，或者外部查询。

如果缺失了这些功能，那么就要询问用户是否遗忘了什么，以及是否文件真的和应用程序是相关的。

3.8.2 功能点规模的公平性

在一个应用程序的模块与模块之间，使用功能点计数方法可能会有一些实践人员觉得并不客观，会有诸如“我负责的 A 模块是非常复杂的，从功能上来看用户感觉只是一个 EI/EO/EQ 的操作，但是计算特别复杂的……”

不排除具有相同功能点的一个基本过程，其复杂度不一样，有的稍微复杂些，有的稍微简单些；但是这是针对单个基本过程来讲的，我们会发现同样也有些模块的基本过程非常简单。另外，也不排除有一些基本过程和或模块中涉及的非功能性的需求比较多，造成程序开发更加复杂。

所以，从总体上说讨论功能点规模的公平性时，需要注意以下要点：

（1）不在个别的基本过程之间或模块之间比较功能点规模的公平性；一般在项目或应用这个级别之间，才能用功能点规模比较大小。

（2）不要在非功能需求差异较大时，比较功能点规模的公平性。

3.8.3 常见问题

在估算过程中，经常遇到的问题总结如下，供大家参考：

- 凡是技术实现引进的文件均不应该被计数为数据文件，在实际估算中往往会将技术文件也作为逻辑文件来计数。例如，数据库的字典表，生成的临时文件等。
- 在识别逻辑文件时未充分考虑依赖关系（例如，将关系表识别为独立的逻辑文件，或将某业务对象的某个属性识别为独立的逻辑文件）。数据功能的逻辑文件是在概念模型中进行识别的，而不是在规范化设计的数据库下进行识别的。因此，逻辑不独立的子表和关系表是不能成为逻辑文件的。

- 将技术过程识别为基本过程（如调度程序、某个页面或模块），NESMA 需要从业务的视角来判断基本过程。
- 将处理步骤识别为独立的基本过程。
- EI、EO、EQ 混淆，未根据基本过程主要目的进行判断；在三种基本过程中，都可能存在页面的输入和输出部分，需要根据基本过程的主要目的和相关规则来识别。
- 在为一个功能改进类型的项目进行功能点计数时，那些既有的、没有任何改变的应用程序的内部逻辑文件不会被统计为内部逻辑文件和外部接口文件。

3.9 案例分析

本节分别从三种类型计数方法的使用案例来说明 NESMA 应该如何计数功能点。为简化案例，仅描述 FPA 步骤中的“识别功能部件并确定复杂度”这一步骤，其他步骤不予赘述。

3.9.1 指示功能点计数

1. 案例需求

1）模块一：领导日程安排

- 公司领导的日程的建立、修改、删除、查询、提醒功能。
- 当前时间之前的日程可以选择进行“备案”，备案后不允许修改、删除。
- 经过授权的用户可以通过该子系统查看领导的日程安排。

2）模块二：领导专栏

- 系统管理员可以创建、删除、修改“领导专栏”的栏目及子栏目。删除时需要检查专题新闻是否已经全部删除，如果栏目下仍然有专题新闻则不予删除。
- 可以将领导关注的信息以专题新闻的方式发布到指定的子栏目，提供给领导阅览。
- 专题新闻可以有建立、删除、修改、查看的功能。
- 领导专栏信息查看的权限按照领导具体分管的处室和业务进行设置。

2. 估算结果

在进行指示功能点计数时，主要关注需求描述中的名词部分。因为通常情况下只有名词部分才可能成为逻辑文件。指示功能点计数方法如表 3-11 所示。

表 3-11　指示功能点计数方法

编号	名　　称	文 件 类 型	备 注 说 明
1	领导日程	ILF	明确在计数范围内进行修改、增加等操作，因此识别为 ILF
2	公司领导	EIF	需要使用领导数据，但是没有在计数范围内维护，因此判断其为 EIF；此处假设领导和用户是逻辑独立的
3	提醒	ILF	此处没有说明提醒的进一步信息，需要进一步澄清需求；假设提醒有逻辑独立的数据存储，且可以通过日程的到期形成提醒数据
4	日程的备案	非独立 LF	“备案”属于日程的历史数据，不单独计数
5	用户	EIF	本系统将获取用户信息进行验证，但是并不在计数范围内维护
6	系统管理员	非独立 LF	通常是用户的一种，因此不识别为逻辑文件
7	专栏与子栏目	ILF	在计数范围维护的逻辑文件
8	专题新闻	ILF	在计数范围维护的逻辑文件
9	部门	EIF	需要引用部门信息，但是不在计数范围内进行维护
10	权限	非独立 LF	专栏的权限信息，应该是用户 EIF 的附属信息，不独立成为逻辑文件
合计		4 个 ILF 和 3 个 EIF	

使用指示功能点计数公式进行计算：

$$\text{UFP} = \text{ILF} \times 35 + \text{EIF} \times 15 = 4 \times 35 + 3 \times 15 = 185$$

因此，本段需求的未调整功能点数为 185FP。

3.9.2　估算功能点计数

为减少重复，复用 3.9.1 节的案例内容来进行估算功能点计数。除了识别文件之外，还需要进一步识别事务功能。

1. 案例需求

模块一：领导日程安排

- 公司领导的日程的建立、修改、删除、查询、提醒功能。
- 当前时间之前的日程可以选择进行“备案”，备案后不允许修改、删除。
- 经过授权的用户可以通过该子系统查看领导的日程安排。

模块二：领导专栏

- 系统管理员可以创建、删除、修改“领导专栏”的栏目及子栏目。删除时需要检查专题新闻是否已经全部删除，如果栏目下仍然有专题新闻则不予删除。
- 可以将领导关注的信息以专题新闻的方式发布到指定的子栏目，提供给领导阅览。
- 专题新闻可以有建立、删除、修改、查看的功能。

● 领导专栏信息查看的权限按照领导具体分管的处室和业务进行设置。

2．估算结果

在分析事务功能时主要关注需求描述中的动词部分，通常动词部分才可以成为候选的事务功能。估算功能点计数方法如表 3-12 所示。

表 3-12 估算功能点计数方法

编号	名 称	文件类型	备注说明
1	领导日程	ILF	明确在计数范围内进行修改、增加等操作，因此识别为 ILF
2	日程建立	EI	对日程数据文件进行修改维护
3	日程修改	EI	对日程数据文件进行修改维护
4	日程删除	EI	对日程数据文件进行修改维护
5	日程查询	EO	查询时显示规模不是固定的，所以被计为 EO
6	公司领导	EIF	需要使用领导数据，但是没有在计数范围内维护，因此判断其为 EIF；此处假设领导和用户是逻辑独立的
7	提醒	ILF	此处没有说明提醒的进一步信息，需要进一步澄清需求；假设提醒有逻辑独立的数据存储，且可以通过日程的到期形成提醒数据
8	加入提醒	EI	对提醒文件进行修改维护
9	提醒列表	EO	显示条数规模不确定
10	提醒查看	EQ	显示出某一条提醒信息
11	日程的备案	非独立 LF	“备案”属于日程的历史数据，不单独计数
12	日程加入备案	EI	修改日程数据文件
13	备案日程查看	EQ	显示日程的查看逻辑不同，不允许对备案的内容进行修改
14	用户	EIF	本系统将获取用户信息进行验证，但是并不在计数范围内维护
15	查看领导日程	EO	返回日程数量规模不确定
16	查看单条日程	EQ	查看某条日程，不维护，且无计算过程
17	系统管理员	非独立 LF	通常是用户的一种，因此不识别为逻辑文件
18	专栏与子栏目	ILF	在计数范围维护的逻辑文件
19	栏目创建	EI	对栏目数据文件进行维护
20	栏目删除	EI	对栏目数据文件进行维护
21	栏目修改	EI	对栏目数据文件进行维护
22	栏目列表	EO	返回数量规模不确定
23	专题新闻	ILF	在计数范围维护的逻辑文件
24	新闻建立	EI	对新闻数据文件进行维护
25	新闻删除	EI	对新闻数据文件进行维护
26	新闻修改	EI	对新闻数据文件进行维护

（续表）

编号	名　称	文 件 类 型	备 注 说 明
27	新闻查看	EQ	对新闻数据文件进行查看
28	新闻列表选择	EO	来源于逻辑文件的选择下拉框
29	部门	EIF	需要引用部门信息，但是不在计数范围内进行维护
30	权限	非独立 LF	专栏的权限信息，应该是用户 EIF 的附属信息，不单独计为逻辑文件
合计		4 个 ILF、3 个 EIF 11 个 EI、5 个 EO、4 个 EQ	

使用估算功能点计数公式进行计算：

$$UFP = 7 \times ILF+5 \times EIF+4 \times EI+5 \times EO+4 \times EQ$$
$$= 7 \times 4 + 5 \times 3 +4 \times 11 + 5 \times 5 +4 \times 4 = 128$$

因此，本例需求的未调整功能点数为 128FP，与使用指示功能点计数相比，偏差接近 50%。这是因为本案例需求非常简单，未能完全满足使用指示法进行功能点估算的部分假设。

3.9.3　详细功能点计数

详细功能点计数方法需要识别每一个功能项的复杂度，数据类功能项复杂度的判定需要计数 DET、RET 的数量，事务类功能项复杂度的判定需要计数 DET、FTR 的数量，这对软件的需求描述提出了很高的要求。

对数据类功能项 ILF、EIF 的复杂度识别需要计数每一个逻辑文件的 RET 和 DET 数量，举例如下（见表 3-13）。

表 3-13　详细功能点计数方法数据类功能项

编　号	名　称	类　型	需求信息整理	DET	RET	复杂度	功能点
1	领导日程	ILF	记录领导名、时间、日程类型、日程抬头、日程内容； 相关提醒信息：提醒日期、提醒信息内容	7	2	低	7
2	公司领导	EIF	记录领导名、领导所属部门、领导职责说明、领导工作年限； 记录领导分管部门的信息； 记录领导分管业务线的信息	6	3	低	5

对事务类功能项 EI、EO、EQ 的复杂度识别需要计数每一个基本过程的 FTR 和 DET 数量，举例如下（见表 3-14）。

表 3-14　详细功能点计数方法事务类功能项

编　号	名　称	类　型	需求信息整理	DET	FTR	复杂度	功能点
1	栏目创建	EI	栏目创建时录入栏目名称、英文代号、静态化目录、是否有父栏目、父栏目信息、创建人、是否发布； 反馈的信息包括栏目名； 其中如果录入错误数据类型，将提示出错； 可以通过菜单进入此功能； 创建时需要修改栏目文件，引用用户文件	10	2	中	4
2	栏目列表	EO	列表时显示栏目名称、英文代号、静态化目录、父目录名称、是否发布； 可以通过菜单进入栏目列表； 栏目列表时无须判断用户权限	6	1	低	4
3	新闻查看	EQ	新闻查看显示新闻标题、副标题、日期、作者、新闻所属栏目、新闻图片、新闻附件； 需要使用的文件包括新闻文件、栏目文件	7	2	中	4

第 4 章 SNAP 应用

4.1 SNAP 方法的背景及基本概念

4.1.1 SNAP 方法的背景

软件系统通常由很多功能组成，但是不同的软件系统，对于功能的要求却有很大的不同。在过去的几十年当中，软件信息化的一个主要工作内容，是把人类的很多手工操作用计算机来实现，主要是实现计算机的无纸化办公和一些比较简单的计算机辅助工作。计算机在人类社会中起到了辅助支撑作用。随着近几年技术的发展，大数据、人工智能等领域取得了突飞猛进的发展，计算机系统的功能也从原来的信息录入和简单的信息处理，逐渐演化出更为复杂的功能。因此，对于计算机系统的要求，如更复杂的算法、更快的速度、更人性化的交互界面等在系统需求中的比重日益增加。传统的功能点的估算方法，从实现功能的角度来评估软件的规模，但是对实施的难度与深度考虑不足。要想对软件系统实现较为全面的规模估算，就需要更多地考虑非功能性因素对系统的影响。国际功能点用户组提出了非功能规模度量框架，希望通过建立非功能规模和满足非功能需求能力的模型，使其与工作量之间建立起估算关系，以更好地帮助软件组织度量软件规模。

国际功能点用户组认为，软件的功能、规模和费用规模，反映了软件产品开发的全貌。非功能评估和功能点分析结合使用，有助于识别影响质量和生产率的因素，包括积极因素和消极因素。

在国际功能点用户组的概念框架中，SNAP 框架和 FPA 可以看成一个立方体的三个维度。

功能点估算描述了软件开发项目的功能维度，除此之外，软件开发项目还有另外两个维度：一个是质量维度，它描述了客户对于质量方向的要求；另一个是技术维度，它描述了软件系统的技术应用深度，以及其可扩展性，是对用户能够长期提供高质量的性能和功能的保障（见图 4-1）。

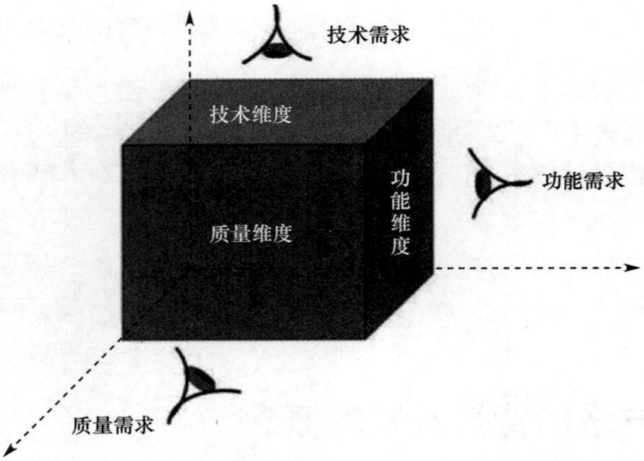

图 4-1　SNAP 框架和 FPA 的三个维度

功能维度可以用传统软件工程当中的需求建模的方式进行描述，可以用 IFPUG 的功能点方法对规模进行度量。软件开发项目的非功能需求包括技术和质量要求，需要通过 SNAP 方法进行规模度量。

国际化标准组织对于技术需求的定义是：与技术和环境相关的需求，包括软件开发、维护支持及执行方面的需求。IEEE 对于技术需求的定义是：设计实现接口性能和物理需求的结合。

一个系统的质量需求，是那些没有在功能或技术需求当中定义的事情，是和系统或组件质量相关的需求。

非功能评估对于 IT 组织的作用表现在很多方面，有助于估算和分析项目或应用的质量和生产率。非功能评估和功能点分析结合使用有助于识别影响质量和生产率的因素，包括积极因素和消极因素。软件人员应用非功能评估信息，可以更好地对项目进行计划和估算，识别过程改进率，有助于确定未来技术的发展方向，对当前的技术影响进行量化评价。当与不同干系人沟通非功能问题时，提供技术支持和数据支持。

需要注意的是，SNAP 方法的单位 SP 和功能点单位 FP 并不能直接相加。例如，某应用的功能规模是 700FP，非功能规模是 200SP，那么整个应用的规模可以表示为“700FP，200SP”。但这两个数字不能相加。用 SNAP 度量非功能需求时，不会改变 IFPUG 功能规模度量方法。一个项目可能有零个 FP 和多个 SP，或有零个 SP 和多个 FP，也可能是任意 SP 和 FP 的数值组合。确定 FP 和 SP 是否可以以某种方式组合起来作为一种度量单位需要进一步研究。

4.1.2　SNAP 方法的基本概念

在进行 SNAP 方法学习之前，我们先对以下用到的基本概念进行说明：

SNAP（Software Non-functional Assessment Process User）是软件非功能评估过程，用来评估软件非功能需求的规模。

SCU（SNAP Counting Units）是 SNAP 计数单元，是可以评估复杂度和规模的一个组件或活动。

SP（SNAP Point）代表 SNAP 点，是采用 SNAP 方法度量的非功能需求规模单位。

非功能用户需求在这里指的是描述软件如何实现功能，而不是具备什么功能的文字描述。例如，软件性能需求、软件外部接口需求、软件设计约束及软件质量属性。

软件项目是指一个合作项目，为了达到特定目标而通过软件开发计划并执行的项目。项目工作量是提供以下内容所需的投入：

- 构建产品使其满足功能需求；
- 构建产品使其满足非功能需求；
- 项目相关的任务，以确保项目管理有序、项目满足质量、工期和预算约束并保证项目风险可控。

边界是软件和其用户之间概念上的分界，也称为“应用边界”，定义了哪些功能和非功能需求属于应用的外部，表明了被度量软件和用户之间的界限。

分区是在应用边界内部的一组软件功能，它们具备相同的评估标准。分区也需要投入开发工作量，但在 FPA 中评估功能规模时并没有考虑分区。分区的位置可能是主观的，划分一个区结束、另一个区开始往往很困难。尽量从用户非功能需求角度来确定分区，如可维护性、可移植性或易安装性，而不是从技术或物理实现角度考虑。仔细确定分区很重要，因为穿过分区的数据会影响 SNAP 规模。

类是用来满足非功能需求的一组组件、过程或活动。类对非功能需求进行了分类。类可以划分为子类，每个子类都有其共同特征，这就简化了非功能评估。每个 SNAP 类把基于同一操作水平或由非功能评估过程执行的相似活动类型的子类组织在一起。

子类是为满足非功能需求而在项目中执行的一个组件、过程或活动。为了满足非功能需求，一个非功能评估过程可能需要执行多个子类。子类说明了非功能需求，包括技术和质量需求。

每个子类本质不同，因此，确定子类复杂度的参数也可能不同。用来评估复杂度的参数包括数据元素类型（DET）数和嵌套级数。

代码数据（Code Data）有时也称为列表数据或转化数据，是由开发人员识别出来，用来满足一项或多项非功能用户需求的数据。

引用文件类型是读取或维护数据的事务功能。引用文件类型包括事务功能读取或维护的内部逻辑文件和事务功能读取的外部接口文件。代码数据组也可以当成 1 个 FTR。

嵌套级数是指数据校验最长链上的条件校验（IF-Else 语句/While 循环/For 循环或其他校验）数。

4.2 基本原理

通过功能来估算度量软件系统的规模，不能全面地反映系统的规模，因此也缺少较为客观的衡量软件系统价值和成本的单位。通过非功能性度量软件系统的规模，从另外的角度反映系统的价值和系统的成本，是一个非常抽象的问题。要想解决抽象的问题，非功能软件需求的规模度量需遵循以下原则：

（1）如果一件事物无法被描述就无法被度量，如果无法被度量就无法被管理，度量是进行科学管理的基础。

（2）管理的两个基本工具是分解和整合，当需要解决的问题域过于复杂时，需要通过各种方法对问题进行分解，然后通过统一的管理理念再将问题的各个部分整合在一起。

（3）估算和度量是为了使项目的干系人在项目管理当中建立起共同的管理上下文，使各个角色能够在同样的管理理念框架下开展工作。

（4）估算和度量并不要求准确，能够满足管理的需要就可以了。

非功能的软件规模估算是一个复杂的问题，通常采取以下方法：

（1）如果想估算和度量规模，首先要找到估算和度量的对象，在 SNAP 方法中，这个对象被定义为 SCU。SCU 是评估复杂度和规模的一个组件或活动，SCU 又可以是根据子类的本质识别出来的一个组件过程或活动，SCU 还可包含功能和非功能的特征，因此对于其功能规模，可用功能点分析度量其基本过程的规模，对于非功能规模则用 SNAP 度量。

（2）由于不同的 SCU 表述的软件非功能特征并不相同，所代表的价值属性也不同，因此可以对 SCU 代表的规模属性进行分类表述。在 SNAP 方法中，将软件非功能需求表述为四大类共计 15 个子类。

（3）由于非功能性需求规模较为抽象，因此需要定义一个统一的度量单位作为衡量所有 SCU 的基本计数单位 SP（SNAP Point）。SP 本身没有实际意义，它只是用来反映不同的 SCU 在规模上的估算和度量值，与敏捷项目管理当中的故事点（Story Point）的概念非常相似。通过对 SP 的计数，将所有的 SCU 的非功能性需求表述为非功能性规模，进而表述系统的价值，并为估算和度量软件的成本提供管理依据。

（4）通过对于常见的 SCU 的分类和定义，SNAP 方法试图找出衡量常见的软件系统的统一方法，但是由于非功能性规模这个概念的抽象性和方法本身的主观性，在不同组织、不同软件系统中一定会存在偏差。SNAP 提供了对于常见 SCU 的识别和计量的方法，以降低估算和度量的偏差，从而提高数据在系统、组织和行业中的通用性。

（5）在对于不同子类 SCU 的非功能性规模估算与度量实践中，针对每种 SCU 都试图简化到 2～3 个规模影响因素，然后再通过定义一个子类 SCU 的定性影响因素和定量影响因素来计算 SP 的数量。定性影响因素主要用来定义 SCU 的计数级别，是对同一类型的 SCU 的再次分类；定量影响因素主要用来表述影响 SCU 规模的线性关系因素。

SNAP 计数模型如表 4-1 所示。

表 4-1 SNAP 计数模型

类	子类	计数对象	复杂度参数		
			定性		定量
数据操作	数据输入校验	SCU	嵌套级		DET
	逻辑和数学运算	SCU	逻辑文件 FTR 数 基本过程的处理逻辑类型（逻辑运算/数学运算）		DET
	数据格式化	SCU	格式化复杂度		DET
	内部数据移动	SCU	基本过程在两个分区读取或更新的 FTR 数		DET
	通过数据配置交付功能	SCU	配置的记录数		属性数
界面设计	用户界面	SCU	SCU 中每个 UI 元素配置的属性数之和		受影响的 UI 元素数
	帮助方法	SCU	帮助类型		影响的帮助项数目
	多输入方式	SCU	SCU 中基本过程的 DET 数		其他输入方式数
	多输出方式	SCU		其他输出方式数	DET
技术环境	多平台	SCU	平台分类（如软件、硬件平台）		平台数量
	数据库技术	SCU	逻辑文件复杂度		数据库相关的变更数
	批处理过程	SCU		批处理所读取或更新的 FTR 数	DET
技术架构	基于组件的软件开发	SCU	第三方组件或内部复用	用常数因子和组件数计算	
	多输入/输出接口	SCU		其他输入和输出接口数	DET
	关键业务/实时系统	SCU			

4.3 SNAP 方法的计数规则

SNAP 评估过程主要分为以下六个步骤，在具体实践时，步骤（2）～（5）关联较为紧密，在下文中会针对每个子类对这 4 个步骤进行整合讲解。

（1）确定评估目的、范围、边界和分区。

（2）分析非功能需求并关联到类和子类。

（3）识别 SCU。

（4）确定每个 SCU 的复杂度。

（5）计算 SCU 的非功能规模。

（6）计算非功能规模。

4.3.1 确定评估目的、范围、边界和分区

识别评估目的、范围、边界和分区的步骤如下：

（1）识别评估目的。

（2）识别评估类型。

（3）识别评估范围。

（4）识别应用的边界。

（5）如果需要，识别分区。

（6）记录评估目的、类型、范围、边界、分区及假设。

首先，非功能规模评估用来度量软件产品开发和交付的非功能需求的规模。为了给评估目的提供答案，需要分别识别出评估范围、边界和分区。评估目的可以是以下类似描述：提供开发项目的非功能规模，作为估算开发工作量的输入；提供升级项目的非功能规模；提供已安装应用的非功能规模，以便确定支持维护的成本等。

其次，可以对项目或应用进行功能规模和非功能规模的评估。评估类型基于评估目的确定，包括开发项目评估、升级项目评估和应用评估。

开发项目是开发并交付软件应用的第一个正式版本的项目。DSP 代表开发项目 SP。开发项目非功能规模是对软件第一个版本提供给用户的非功能需求的规模评估，该规模通过对开发项目 SNAP 评估得到。

升级项目是开发并交付纠正维护、预防维护、适应维护或优化维护的项目。ESP 指的是升级项目 SP。升级项目非功能规模是对升级项目中新增、修改或删除的非功能需求的规模评估，该规模通过对升级项目的 SNAP 评估得到。

应用是一个业务目标的自动程序和数据支持的结合，由一个或多个组件、模块或子系统组成。ASPA 指升级项目后应用的 SP。应用的非功能规模是对应用提供给用户的非功能需求的规模评估，该规模由对应用的 SNAP 评估得到。应用的非功能规模也称为基线或已安装的非功能规模，它是对应用提供给用户的非功能特征的度量。当开发项目 SNAP 评估完成时，应用的非功能规模被初始化。而当每次更改应用非功能规模的升级项目完成时，都需要更新应用的非功能规模。

评估范围定义了包含在非功能评估之内的非功能用户需求集。评估范围是由执行非功能评估的目的决定的，它定义了一组分区，识别了用来度量软件产品开发和交付的非功能规模的那些非功能评估类和子类，可包含多个应用。

例如，开发项目非功能评估包括软件产品开发和交付的所有非功能需求，已安装的应用基线的非功能评估包括应用支持的所有非功能需求。

FPA 和 SNAP 的逻辑应用边界应该一致。为了划分边界，必须定义用户角度。用户角度是对业务功能和非功能需求的描述。以用户的语言对用户需求进行正式描述，可以使用户对其观点的口头描述有不同的物理形式（例如，事务分类、建议书、需求文档、外部要求、详细规格、用户手册、质量或非功能需求等）。

如果有识别出的分区，那么分区可能增加非功能规模。此时内部数据移动可用于评估被评估应用的非功能规模。

4.3.2　关联类和子类并计算每个 SCU 的非功能规模

在表 4-1 中，我们可以看到 SNAP 的计数模型分为数据操作、界面设计、技术环境和技术架构四类，对每个类型 SCU 的定义和复杂度确定略有不同，通常通过以下步骤来明确完成计数：

（1）识别并定义数据操作相关的 SCU。

（2）确定 SCU 所属的子类。

（3）确定 SCU 的定性影响因素，确定复杂等级。

（4）确定 SCU 的定量影响因素，确定复杂系数。

（5）通过每个子类所对应的复杂度表格，计算 SCU 中包含的 SP 数量。

下面我们对每一类计数模型进行详细说明。

1．数据操作

对于数据的收集、处理、分析、运算和存储是软件系统最为主要的功能，在识别非功能需求时，SNAP 首先定义了软件系统对数据的操作场景，通过配置数据交付功能。

1）数据输入校验

外部数据会通过软件边界进入软件系统，以触发或者实现软件的主要功能。外部数据的来源很多，可能是人工通过键盘或其他设备输入的，也可能是从其他系统提供的。在传统软件场景中，大部分信息是由人手工创造和录入的，数据的产生速度较低，软件价值主要体现在操作录入功能上，因此可以通过 IFPUG 的功能点法衡量软件的规模。随着进入移动互联网时代和智能设备时代，从手机、智能设备及各种传感器输入到软件系统的数据场景逐渐增多，数据录入的速度、种类和方式都进入了一个爆发式增长的过程，对于数据输入的要求、效率和处理过程都有了明显提高，因此通过操作功能的功能点法不能满足估算和度量的需要，而 SANP 方法对此进行了方法补充。

外部数据和系统的交互方式也有两种。从软件系统的角度出发，一种是被动式的录入，另一种是主动式的读取。大数据系统和人工智能系统与传统软件系统有很大不同。

特别是人工智能系统，随着深度学习算法在人工智能领域逐步成为基础性的通用方法，未来人工智能将主要依靠数据训练，“聪明”的系统需要大量的数据进行“喂养”，因此未来软件系统数据获取的方法将会变得更加丰富。

外部数据在进入系统时，系统一方面要保证获取数据的质量，避免出现“脏数据”，以保证能够进行正确的操作；另一方面也需要对数据安全性要进行处理，防止出现注入攻击之类的安全漏洞。系统通过数据输入校验将自己内部的操作过程和算法“保护”起来，这种做法称为“保护性”设计。“保护性”设计无处不在，从系统的边界保护、内部分区之间的逻辑保护，甚至在每个类、方法实现中都需要考虑“保护性”的输入校验设计。“保护性”设计为系统提供了“健壮性”，但是校验代码同时也带来了成本开销和运算效率下降的问题，软件系统需要在“健壮性”和“效率”之间寻找设计平衡，大型软件系统也需要在工程角度对这种平衡进行管理。无论软件系统采取哪种性能策略，系统在外部数据交互的边界必须将系统用数据校验方法“保护”起来，以保证系统基础的稳定性和安全性。因此，软件系统至少存在一个“数据输入校验”的保护层。数据输入校验分析如表 4-2 所示。

表 4-2　数据输入校验分析

类	数 据 操 作
子类	数据输入校验（指允许输入预定义的数据或者阻止接受非法数据的相关操作）
SCU	基本过程
定性元素 1	嵌套级
定性元素 2	无
定量元素	DET
	数据校验用到的 DET 数。 例如，SCU 中有两个字段需要校验，一个字段用 3 个 DET 进行嵌套验证，另一个字段用 1 个 DET 且这个 DET 和前面的 3 个 DET 不同，那么 DET 总数为 4

符合数据校验的 SCU 通常是指允许输入预定义的数据或者阻止接受非法数据的相关操作的基本过程。

这一子类的定性影响因素是数据验证过程中所包含的嵌套级。嵌套级是指数据校验最长链上的条件校验（IF-Else 语句/While 循环/For 循环或其他校验）数。

通过嵌套级将 SCU 的复杂程度分为以下三个等级。

（1）低复杂度：嵌套级数≤2。

（2）中复杂度：嵌套级数 3～5。

（3）高复杂度：嵌套级数≥6。

估算和度量需求的目的是客观地定义软件的规模和价值，从而推算实现的成本，因此确定嵌套级数时应该从业务需求、高层次的解决方案来考虑，而不是由实际实现代码中判断语句决定。

嵌套性通常由不断递进的逻辑判断所决定，特别是当逻辑判断规则可以用决策树模型来表示时最为明显。嵌套性也常常表现在系统对于错误的分级处理和例外的分级处理上。分级的错误处理和例外处理是软件系统中的重要组成部分，如在通常情况下，一个数据库连接的错误提示应该提示给系统的管理人员或者维护人员，而不应该反馈给没有解决这一问题的能力的终端用户，过于专业的技术术语并不能帮助普通用户解决问题，反而会增加他们的疑惑和困扰。因此，在规划系统的非功能特征时，需要对此类问题提前进行设计。

这一子类的定量影响因素是数据校验中用到的 DET 数。DET 是指这一过程中涉及的所有的数据元素，包括所有类型。如果数据输入校验中用到了代码数据，那么对于代码数据值的变更也应该用于度量，通常包括增加、删除、修改操作。

例如，在一个 SCU 过程中有三个字段需要验证，第一个字段使用三个 DET 进行嵌套验证，第二个字段使用两个 DET 进行嵌套验证，其中一个与第一个字段的一个 DET 相同，第三个字段使用了一个 DET 进行验证，且与其他字段的验证都不相同，则定量影响因素 DET=3+2−1+1=5。

接下来计算 SP，通过嵌套级数识别复杂度，可查询表格如表 4-3 所示。

表 4-3 数据输入校验的 SP 计算

依 据	嵌套级复杂度		
	低	中	高
	1～2	3～5	6+
SP =	2×DET	3×DET	4×DET

2）逻辑和数学运算

外部数据进入软件系统后，软件系统会对数据进行一系列的操作，以满足软件需求。这些操作主要包括对数据进行逻辑决策、布尔运算、复杂的数学运算等，就是通常所说的算法实现。

在 SNAP 方法中，对于这些算法实现进行了进一步分类，分为逻辑运算和数学运算两类。逻辑运算是指使用存在于一个或多个逻辑文件（内部的或外部的）中的数据进行决策或条件判断，嵌套层数和涉及的逻辑文件中的数据个数决定了逻辑运算的复杂度，如复杂业务逻辑的实现，业务和系统例外的处理等情况；数学运算是指使用存在于一个或多个逻辑文件中的数据或控制信息，通过复杂数学运算进行数据转换，如利用 PERT 计算项目预期的完工日期，利用线性规划计算业务的最佳收益，用排队论确定最快排队方法，通过网络找到最短路径。

符合逻辑和数学运算的 SCU 是指处理逻辑决策、布尔运算、复杂数学运算等算法的过程。

这一子类的定性影响因素由两个部分构成：一个是在基本业务逻辑过程中访问到的引用文件类型（FTR）数，另一个是基本过程的处理逻辑类型（逻辑运算/数学运算），如表 4-4 所示。

表 4-4 逻辑和数学运算分析

类	数据操作
子类	逻辑和数学运算（指过程所应用的逻辑决策、布尔运算、复杂数学运算等）
SCU	基本过程
定性元素 1	业务逻辑处理中访问的逻辑文件 FTR 数
	0～3 FTR 为低复杂度； 4～9 FTR 为中复杂度； 10+ FTR 为高复杂度
定性元素 2	基本过程的处理逻辑类型（逻辑运算/数学运算）
	逻辑运算：使用存在于一个或多个逻辑文件（内部的或外部的）中的数据进行决策或条件判断； 数学运算：使用存在于一个或多个逻辑文件中的数据或控制信息，通过复杂数学运算进行数据转换
定量元素	DET

引用文件类型（FTR）是基本过程涉及的逻辑数据文件集合，通常包括读取和维护的内部逻辑文件、读取的外部接口文件和代码数据组（计为 1 个 FTR）。引用文件类型（FTR）将复杂程度分为三个等级：

- 0～3 FTR 为低复杂度。
- 4～9 FTR 为中复杂度。
- 10+ FTR 为高复杂度。

处理逻辑类型是指基本过程为逻辑运算或数学运算。考虑到这两种算法的复杂程度对软件系统的实现要求难度不同，SNAP 方法进行区别对待，定义成对规模的另外一个定性影响因素。

- 逻辑运算：使用存在于一个或多个逻辑文件（内部的或外部的）中的数据进行决策或条件判断。
- 数学运算：使用存在于一个或多个逻辑文件中的数据或控制信息，通过复杂数学运算进行数据转换。

SNAP 中所描述的复杂逻辑运算通常包含至少 4 层嵌套或包含 38 个以上的 DET，或者两者兼包含的逻辑运算，这些 DET 不一定穿过应用边界。在一个 SCU 过程中如果执行了多个逻辑运算，需要同时考虑嵌套的层级和使用的 DET。嵌套层级数以各个逻辑运算中嵌套层级最多的为考虑基准，DET 则以所有逻辑运算中涉及的所有不重复的 DET 之和为考虑基准。

如果嵌套层级和 DET 无法达到上述标准，则可以认为该过程为一般性功能需求或低复杂度非功能需求。

复杂数学运算通常包括一种或多种算法。SNAP 认为算法实现了一系列数学公式计算或逻辑运算操作，形成用户和其他系统能够识别的结果。简单的数学运算或者能够直接使用已有的类库完成的简单逻辑操作不应视为复杂逻辑运算，如在软件系统中四则运算、求和、求平均数等操作均不被认为是复杂数学运算。如果一个简单运算在基本过程中反复被用到，也不能改变其性质，不能视为复杂数学运算。复杂度应由算法的“深度”决定而由非计算量决定。

复杂数学运算中只考虑所涉及的 DET，这些 DET 不一定分布在同一个逻辑文件或者物理文件当中。只要是在 SCU 中涉及的 DET，无论它们的存储地点和方式如何，都应该视为这一算法所使用的逻辑数据组成员。对于涉及的 FTR 中的但是没有使用到的 DET，则不应考虑在内。

当无法确定 SCU 是逻辑运算还是数学运算时，可以将过程视为逻辑运算过程，进行相应的计算。

这一子类的定量影响因素是运算过程中涉及的 DET 数。不同类型的 SCU 中 DET 代表的 SP 数量也不同。

可以基于 FTR 数识别 FTR 密度，基于 FTR 密度、EP 类型和 DET 数来计算 SP，如表 4-5 所示。

表 4-5　逻辑和数学运算的 SP 计算

	复杂度等级		
	低	中	高
	0～3 FTR	4～9 FTR	10+FTR
逻辑运算	4×DET	6×DET	10×DET
数学运算	3×DET	4×DET	7×DET

3）数据格式化

数据经过软件系统的运算和处理，完成预计的业务活动，需要遵循设计的标准格式来存储、展现或者与其他系统进行交换，SNAP 将这一类过程需求归纳为“数据格式化”子类，其中也包括 SCU 在输入时将非标准的数据格式转化为系统可以接受的标准化的数据过程。

数据格式化包括很多类型，可以基本认为数据格式化过程是利用既定的算法实现数据的编码/解码过程。数据格式化分析如表 4-6 所示。

符合数据格式化的 SCU 是指和用户所见功能不直接相关的事务中处理数据结构、数据格式或者数据管理信息方面的需求。

这一子类定性影响因素由格式化的复杂程度来决定。格式化数据可能是为了满足系统运算的需求，也可能是为了满足客户的业务要求、业务布局的要求或者特定的信息输出的要求。例如，有特殊要求的打印处理、不同系统或分区之间的数据传输等。

表 4-6　数据格式化分析

类	数据操作
子类	数据格式化（指和用户所见功能不直接相关的事务中处理数据结构、数据格式或者数据管理信息方面的需求）
SCU	基本过程
定性元素 1	格式化复杂度
	低：最多使用两个操作符的数据类型转换或简单格式化，如字节填充或数据替代（摄氏度转为华氏度，或者单精度转换为双精度） 中：涉及加密和解密，且加密和解密由 API 接口提供 高：涉及本地加密和解密
定性元素 2	无
定量元素	DET
	格式化的数据元素类型（DET）数

根据使用算法的程度，数据格式化复杂度等级分为三级。

低复杂度：利用基础类库提供的方法或者 API 为低复杂度等级，通常是两个操作符的数据类型进行简单格式化或者数据转换。例如，摄氏度转华氏度、文本转数字、时间格式化等。

中复杂度：利用程序框架或第三方类库实现较为复杂的编码/解码过程，为中复杂度。例如，用代码数据实现应用的多语言支持、调用第三方 API 实现压缩/解压过程等。

高复杂度：利用本地开发的算法实现复杂的数据转换和编码/解码过程，为高复杂度。例如，格式化医学影像数据、根据特定交易规则来格式化交易数据格式。

常见的复杂数据格式化包括下列场景：

- 允许多种密钥长度的特殊设计。
- 海量数据的存储方法和可靠性校验。
- 大容量数据库重构。
- 特定领域的图形算法。
- 为了遵循特定行业的数据标准而采取的数据格式转换和验证。
- 加密/解密过程，压缩/解压缩过程。
- 数据交换格式的转化，如从 TXT 自定义格式转化为 XML 格式。
- 通过代码数据实现的多语言支持。

数据格式化要考虑的定量元素是格式化的数据元素类型（#DET）数。

依据格式化方式识别复杂度，可查询表 4-7。

表 4-7　数据格式化的 SP 计算

	格式化复杂度		
	低	中	高
SP =	2×DET	3×DET	5×DET

4）内部数据移动

SNAP 在定义 SCU 的过程中，为了解决非功能要求在软件系统结构上分布不同的状况，引入了分区的概念。在非功能需求中需要识别出跨越分区的 SCU，并识别出应用边界内从一个区向另一个区的包含特定数据处理的数据移动，这和 IFPUG 功能点方法略有不同，功能点方法中定义基本过程为对用户有意义的最小活动单元，事务功能是穿过应用边界的事务；而在 SNAP 方法中定义的 SCU 增加了对于跨越系统内部各个分区之间的 SCU 的识别，并且由于每个分区都可能有不同的性能要求，因此 SCU 穿过每个分区都要计算 SP。

应用边界内从一个区向另一个区进行特定数据处理过程中的数据移动，SCU 定义为跨越分区的基本过程。

内部数据移动子类是用来估算和度量系统应用边界内部发生的跨越不同分区时需要实现的非功能需求。当一个基本的 SCU 跨越多个分区时，发生在每个分区边界的操作，都要单独识别一个 SCU。

内部数据移动子类中的事务可以同时包括功能需求和非功能需求。在数据双向穿过分区时需要考虑数据传输的实现方式，如果是同步事务可计算为 1 个 SCU，如果是异步事务可计算为 2 个 SCU。

这一子类中定性影响因素是由跨越分区时在不同分区读取或更新的引用文件类型（FTR）数所决定的。引用文件类型（FTR）将复杂程度分为三个等级：

- 0～3 FTR 为低复杂度。
- 4～9 FTR 为中复杂度。
- 10+ FTR 为高复杂度。

内部数据移动考虑到的定量元素是穿过分区处理或维护的 DET 数（#DET），如表 4-8 所示。

表 4-8　内部数据移动分析

类	数 据 操 作
子类	内部数据移动（应用边界内从一个区向另一个区的包含特定数据处理的数据移动）
SCU	跨越分区的基本过程（由基本过程及穿过的分区识别出来）
定性元素 1	基本过程在两个分区读取或更新的 FTR 数
	0～3 FTR 为低复杂度； 4～9 FTR 为中复杂度； 10+ FTR 为高复杂度
定性元素 2	无
定量元素	DET
	穿过分区处理或维护的 DET 数（DET）

基于基本过程读取或更新的 FTR 数来识别复杂度等级，根据表 4-9 中的公式计算 SP。

表 4-9　内部数据移动的 SP 计算

	复杂度等级		
	低	中	高
	0～3 FTR	4～9 FTR	10+ FTR
SP =	4×DET	6×DET	10×DET

5）通过配置数据交付功能

随着软件系统的功能变得日趋复杂，有越来越多的配置项用来帮助定义、调整软件系统的性能。在非功能需求当中，对于支撑整个系统的配置数据，SNAP 方法定义了一个子类来表示这一场景的规模和价值。“通过配置数据交付功能”是指通过添加、修改或删除数据库中的引用数据或代码数据信息（无须改动软件代码或数据库结构）来交付功能，如表 4-10 所示。

表 4-10　通过配置数据交付功能分析

类	数 据 操 作
子类	通过数据配置交付功能（指通过添加、修改或删除数据库中的引用数据或代码数据信息（无须改动软件代码或数据库结构）来交付功能）
SCU	各逻辑文件的基本过程（SCU 不是创建或修改配置的过程，而是使用配置数据的过程）
定性元素 1	配置的记录数
	1～10 为低复杂度； 11～29 为中复杂度； 30 及以上为高复杂度
定性元素 2	无
定量元素	属性数
	基本过程中增加、修改或删除的属性数

SCU 为使用配置数据的基础过程。

从非功能的角度出发，配置项是对系统的行为方式、性能等特征产生影响的预定义字段集合。在 IFPUG 的功能点方法中对配置项的增、删、改、查等基本操作进行了定义。在 SNAP 的方法中不再考虑这些内容，而是着重考虑这些参数所影响的 SCU。因此，凡是依据配置项来确定执行特性的 SCU 都要在这个子类中予以考虑，并进行估算和度量。

配置项数据可能记录在配置文件当中，也可能记录在数据库当中。记录的逻辑位置并不影响 SCU 的识别和判断。

当系统修改了一个配置项时，这些修改的需求可能同时影响已有的基本过程，对于此类情况需要对影响到的 SCU 进行重新评估，以确定影响的规模。通常这种变更会识别出许多被影响的 SCU，这些 SCU 随着新参数所表现出来的特性需要在相关的质量保证和测试活动中予以验证。

这一子类中的定性影响因素是由逻辑文件中影响的记录数所定义的。逻辑文件是指用户可识别的逻辑相关的数据或控制信息组；而记录是指逻辑文件中的一行。记录数将复杂程度分为三个等级：

- 1～10 为低复杂度。
- 11～29 为中复杂度。
- 30 及以上为高复杂度。

通过数据配置交付功能涉及的定量元素数量，是基本过程中所使用的属性数量。

依据记录数识别复杂度，根据表 4-11 中的公式计算 SP。

表 4-11　通过数据配置交付功能的 SP 计算

	配置记录复杂度等级		
	低	中	高
	1～10 记录数	11～29 记录数	30 及以上记录数
SP =	6×属性数	8×属性数	12×属性数

2. 界面设计

1）用户界面

在界面设计过程中，用户界面的设计越来越被重视。在传统软件系统当中，用户界面更多地被认为是人机数据交互的界面，虽然也在强调可操作性和易用性，但是通常作为操作功能需求附加的补充说明。

随着软件行业的发展，人们越来越多地关注软件产品的界面设计所带来的对用户的吸引力。同时，良好的界面设计能够有效地降低用户的学习成本，并提高软件系统的使用效率。用户界面分析如表 4-12 所示。

表 4-12　用户界面分析

类	界 面 设 计
子类	用户界面（新增或配置的用户可识别的独立的图形和用户界面元素。界面元素的新增或配置不会影响系统功能，但会影响非功能特征（例如，可用性、易学性、吸引性、可访问性）
SCU	基本过程的界面集合（UI 元素集是 SCU 中所有的同类 UI 元素的集合）
定性元素 1	SCU 中每个 UI 元素配置的属性数之和
	新增或配置的属性数<10 为低复杂度； 新增或配置的属性数 10～15 为中复杂度； 新增或配置的属性数 16 及以上为高复杂度
定性元素 2	无
定量元素	UI 元素数
	受影响的 UI 元素数

用户界面子类中的 SCU 和其他子类中的定义有所不同，它是指在完成一个基本的过程中的所有界面的集合。

一个 SCU 可能包括一个或者多个交互界面，可以视为一个 SCU 来统一进行分析。

用户界面当中对于功能和数据的增加和修订通常在功能需求当中进行估算和度量，在非功能性需求中可以不重复考虑。但是对于界面设计、可用性、交互性的修改往往在功能需求中不能清晰地进行描述和度量。若此类工作在软件系统开发中的比重不断增加，则需要通过 SNAP 方法进行评估。常见的情况包括：用户界面的美化、交互顺序的调整、操作界面或者打印界面的布局变更等情况。

这一子类的定性影响因素是由 SCU 所涉及的界面集当中 UI 元素配置的属性数所决定的。

用户界面的 UI 元素多种多样，通常以控件的方式展现用户可识别的结构化元素。常见的 UI 元素包括：

（1）窗口、子窗口、信息窗口。

（2）菜单、导航条。

（3）图标。

（4）分页。

（5）状态条。

（6）数据控件：①文本框；②按钮；③单选框；④复选框；⑤组合框；⑥列表；⑦数据表格；⑧超链接；⑨光标……

随着软件界面设计师等角色的引入，各种不同界面和交互风格被开发出来。软件开发组织应尝试建立自己的界面规范和组件库，以保证在尝试不同风格创新的同时，保持产品的界面和操作风格的一致性。创新的界面能够吸引用户的注意，一致的操作风格可以降低用户的学习成本。

为了保证界面元素的一致性，往往通过配置和操作来定义和改变 UI 的表现风格。例如，通过色彩的不同表示按钮的不同状态，通过文字的“高亮”表现文字是否符合验证要求。这些配置称为 UI 元素的属性。

UI 元素的属性不同于控件的属性。一个简单的文本控件在开发环境当中可能有多达几十种属性，但是对于用户界面来讲，可能只有某一项或者某几项是在一个 SCU 当中被使用的。只有被使用的 UI 元素的属性才会影响非功能需求的复杂度。

可以通过计算一个 SCU 中每一个 UI 元素配置的属性之和，来确定这一子类 SCU 的复杂度。属性数将复杂程度分为三个等级：

- 新增或配置的属性数<10 为低复杂度。
- 新增或配置的属性数 10～15 为中复杂度。
- 新增或配置的属性数 16 及以上为高复杂度。

用户界面考虑到的定量元素是基本过程中受影响的 UI 元素数。

基于 UI 元素集的属性数识别复杂度，可查询表 4-13 计算 SP。

表 4-13　用户界面的 SP 计算

	UI 类型复杂度——新增或配置的属性数		
新增或配置的属性数	低	中	高
	<10	10～15	16＋
SP =	2×UI 元素数	3×UI 元素数	4×UI 元素数

2）帮助方法

帮助是软件提示信息中非常重要的一部分。尽管随着软件系统易用性的提高，有些软件系统当中的帮助部分在减少，但是在大多数的专业软件系统中，及时、有效的帮助信息是系统不可缺少的组成部分。帮助方法分析如表 4-14 所示。

表 4-14　帮助方法分析

类	界 面 设 计
子类	帮助方法（指提供给用户，用于解释软件功能使用方法的信息）
SCU	被评估应用
定性元素 1	帮助类型
	（1）用户手册（纸质/电子/应用级帮助） （2）在线文本 （3）即时帮助 （4）即时帮助+在线文本
定性元素 2	无
定量元素	帮助项数目
	影响的帮助项数目

系统帮助方法和识别出来的 SCU 关系不大，通常系统的帮助方法需要从整体上进行规划和设计，通常会描述为对一个系统的整体性要求。因此，这里的 SCU 是指被评估的应用。

影响帮助方法复杂度的因素一共有两个：一个是帮助信息提供的形式即帮助类型，另一个是帮助信息的条目。因此，帮助方法子类中将帮助类型作为定性影响因素，一共包括四种类型。

（1）用户手册：用户手册是指在系统级别上提供给用户的使用软件的整体说明。它既可以是包含许多帮助项的一个帮助文件、多媒体教程，也可以是被打印出来的操作手册。

（2）在线文本：在线文本是指能够通过在线的方式对软件的操作和使用提供指导和帮助的说明性文档。

（3）即时帮助：即时帮助信息是指当用户操作到某一具体行为时，系统对具体的特定信息、特定操作提供帮助性信息。这种特定信息往往为客户提供一条或者多条说明性意见或者操作指导，通常是在界面的特定位置，通过鼠标等工具点选帮助符号获得。

（4）即时帮助+在线文本：即时帮助和在线文本两种方式结合使用，为客户提供便捷的和可扩展的帮助信息。

帮助方法的定量影响因素是影响的帮助项数目。帮助项是最小的、唯一的、用户可识别的帮助主题，用来说明软件的某个特定功能。

帮助方法子类计算 SP 可查询表 4-15。

表 4-15　帮助方法的 SP 计算

	帮助类型			
	用户手册	在线文本	即时帮助	即时帮助+在线文本
SP =	1×帮助项	2×帮助项	2×帮助项	3×帮助项

3）多输入方式

越来越多的软件系统在和人进行信息和操作交互的同时，也需要和其他的系统和设备进行交互，在定义 SCU 时需要考虑多种输入的方式。多输入方式分析如表 4-16 所示。

表 4-16　多输入方式分析

类	界面设计
子类	多输入方式（应用在提供功能时采用多种输入方式）
SCU	基本过程
定性元素 1	SCU 中基本过程的 DET 数
	DET 1～4 为低复杂度； DET 5～15 为中复杂度； DET 16+为高复杂度
定性元素 2	无
定量元素	其他输入方式数
	对于新开发项目，应假定其中一种输入方式是基础方式，这里的输入方式数应只包含除基础方式之外的其他输入方式数

多输入方式子类的 SCU 为软件系统的基本过程。对于一个 SCU，常见的不同的输入方法可能包括界面录入、条码或二维码输入、图像识别、语音识别、智能设备的输入、传感器数据输入等方式。特别是随着人工智能的兴起，人们将逐渐减少或脱离传统的屏幕输入方式，而采取更加灵活的人机交互方式。

这一子类的定性影响因素与其他子类不同，考虑到 DET 在这一子类当中对规模的影响较小，因此使用 SCU 当中涉及的 DET 作为定性分类的基础。通过 DET 数量将复杂程度分为三个级别：

- DET 1～4 为低复杂度。

- DET 5～15 为中复杂度。
- DET 16+为高复杂度。

采取微服务方式的系统在逐渐增多，这种系统对于多种输入方式和输出方式的需求也会增多。当同一功能使用了多种输入方式时，需要用次子类进行评估；如果不同的输入方式所涉及的 DET、FTR 或者处理逻辑不同，则应该使用 IFPUG 的功能点方法进行估算和度量。

在与 IFPUG 的功能点法联合工作时，应考虑功能点法中对于这个基本过程识别为单实例还是多实例。如果同一过程采取不同的处理方式，在功能点方法中已经识别为多个实例，那么多输入方法在 SNAP 中就不予考虑。

其他输入方式数可作为这一子类的定量影响因素。需要注意的是，对于新开发项目，软件系统估算时默认至少有一种输入方式，因此：

其他输入方式数=SCU 输入方式总计−1

依据 DET 数识别复杂度，可查询表 4-17 计算 SP。

表 4-17 多输入方式的 SP 计算

	输入方式复杂度		
DET	低	中	高
	1～4 DET	5～15 DET	16+ DET
SP =	3×其他输入方式数	4×其他输入方式数	6×其他输入方式数

4）多输出方式

与多输入方式子类相似，软件系统应用在提供功能时需要估算和度量多种输出方式带了的规模影响。多输出方式分析如表 4-18 所示。

表 4-18 多输出方式分析

类	界 面 设 计
子类	多输出方式（指应用在提供功能时采用多种输出方式）
SCU	基本过程
定性元素 1	SCU 中基本过程的 DET 数
	DET 1～5 为低复杂度； DET 6～19 为中复杂度； DET 20+为高复杂度
定性元素 2	无
定量元素	其他输出方式数
	对于新开发项目，应假定其中一种输出方式是基础方式，这里的输出方式数应只包含除基础方式之外的其他输出方式数

多输出方式子类的 SCU 为软件系统的基本过程。对于一个 SCU，常见的不同的输出

方法可能包括界面展示、PDF 导出、打印传真输出、图像影像输出、语音输出等多种方式。

这一子类的定性影响因素与其他子类不同，考虑到 DET 在这一子类当中对规模的影响较小，因此使用 SCU 当中涉及的 DET 作为定性分类的基础。通过 DET 数量将复杂程度分为三个级别（注意与多输入方式的定义范围有所不同）：

- DET 1～5 为低复杂度。
- DET 6～19 为中复杂度。
- DET 20+为高复杂度。

当同一功能使用了多种输出方式时，需要用此子类进行评估；如果不同的输出方式所涉及的 DET、FTR 或者处理逻辑不同，则应该使用 IFPUG 的功能点方法进行估算和度量。

在与 IFPUG 的功能点法联合工作时，应考虑功能点法中对于这个基本过程识别为单实例还是多实例。如果同一过程采取不同的处理方式，在功能点方法中已经识别为多个实例，那么多输出方法在 SNAP 中就不予考虑。

其他输出方式数可作为这一子类的定量影响因素。需要注意的是，对于新开发项目，软件系统估算时默认至少有一种输出方式，因此：

其他输出方式数=SCU 输出方式总计−1

依据 DET 数计算 SP，可查询表 4-19。

表 4-19　多输出方式的 SP 计算

	输出方式复杂度		
DET	低	中	高
	1～5 DET	6～19 DET	20+ DET
SP =	3×其他输出方式数	4×其他输出方式数	6×其他输出方式数

3．技术环境

1）多平台

软件系统可能会被要求支持多种平台。多种平台是指系统能够运行在不同的计算机架构或者操作系统上。由于不同的计算机架构平台或操作系统所能够提供的 API 和环境会有所不同，因此即便是使用同样的编程语言，也需要处理这些增加的工作内容。多平台分析如表 4-20 所示。

表 4-20　多平台分析

类	技 术 环 境
子类	多平台（支持软件在多个平台中运行。软件要支持多平台，必须能在多个计算机架构或操作系统上运行。不同的操作系统有不同的应用程序接口或 API（如对于应用软件，Linux 操作系统和 Windows 操作系统使用不同的 API），这需要付出额外的工作量）

（续表）

类	技 术 环 境
SCU	基本过程
定性元素 1	平台分类
	类 1：软件平台：相同软件语言族 类 2：软件平台：不同语言族 类 3：软件平台：不同浏览器 类 4：硬件平台：实时嵌入系统 类 5：硬件平台：非实时嵌入系统 类 6：硬件软件结合：非实时嵌入系统
定性元素 2	平台数量
	2 个平台 3 个平台 ≥4 个平台
定量元素	SCU SP
	对影响到的 SCU 的 SP 进行汇总求和

多平台子类的 SCU 为涉及的多平台开发的所有基本过程。

该子类的情况适合于同样功能在不同的环境和平台上交付的场景。例如，同样的 SCU 需要在 Windows 系统中使用 VC++来实现，但同时又需要在 iPad 环境下使用 Object-C 来实现，这种情况适合使用此类方法评估；如果在两种环境下实现的是不同的 SCU 功能或者是实现交付功能的不同部分，如使用 php 开发的网站前端，使用 C++功能实现的后端数据处理，这种情况则不适合使用此类方法进行评估。

这一子类中影响非功能性规模的定性影响因素有两个：一个是平台分类，另一个是平台数量。

平台分类是对软件系统运行环境的分类，常见的环境因素包括计算机架构、操作系统、编程语言和框架、用户界面类型等，这些要素定义了软件运行的基本环境。为了能够简化评估要素，将常见的运行平台划分为以下六种常见情况，如表 4-21 所示。

表 4-21　运行平台划分常见情况

一级分类	二级分类	三级分类	表　述
软件平台	软件语言族	相同	类 1：软件平台：相同软件语言族
		不同	类 2：软件平台：不同语言族
	浏览器	不同	类 3：软件平台：不同浏览器
硬件平台	嵌入系统	实时	类 4：硬件平台：实时嵌入系统
		非实时	类 5：硬件平台：非实时嵌入系统
硬件软件结合	嵌入系统	非实时	类 6：硬件软件结合：非实时嵌入系统

其中软件平台主要使用了软件语言族和基本运行环境（是否为浏览器）作为分类基础。通常软件语言族可以按照下列方式进行区分。

- 面向对象语言：Java、C#、C++、VB.net、Javascript、Python 等。
- 过程性语言：C、FORTRAN、COBOL 等。
- 描述性语言：XML、SQL、XQuery、BPEL 等。

硬件平台通常指的是不同的计算机处理架构。这一子类中平台数量也是影响规模的定性因素，主要区分了 2 个平台、3 个平台和 4 个平台以上（含 4 个平台）这三种情况。如果系统只需要 1 个平台，则不属于该子类的评估范围。

平台这个参数只有增加和删除，但是没有修改的情况。如果运行环境发生版本升级，可以看成增加了一个新的平台。如果软件开发语言版本发生较大变化，也可看成增加了一个新的平台。例如，php 语言在版本升级过程中就发生过多次变化，需要对涉及的变更进行相应的调整。

对于升级项目，应按项目完成后的平台总数来计算 SP（不要评估升级项目过程中修改、附加或删除的平台）。

这一子类没有确定性的定量影响因素，使用所有影响到的 SCU 的 SP 数量汇总求和。

如表 4-22 所示，识别不同的软件和硬件平台以及运行的平台数量，依据平台分类和平台数计算每个受到影响的 SCU 的 SP。如果符合多个平台分类，则 SP 为符合的各类 SP 之和。

表 4-22　多平台的 SP 计算

	多平台复杂度		
	2 平台	3 平台	≥4 平台
类 1：软件平台：相同软件语言族	20	30	40
类 2：软件平台：不同语言族	40*	60*	80*
类 3：软件平台：不同浏览器	10	20	30
类 4：硬件平台：实时嵌入系统	TBD**	TBD**	TBD**
类 5：硬件平台：非实时嵌入系统	TBD**	TBD**	TBD**
类 6：硬件软件结合：非实时嵌入系统	TBD**	TBD**	TBD**

*类 2：SP 由不同语言族数决定，列中的 2、3、4 为语言族数。

TBD**：待定义。

对于表格中未定义（TBD）部分，软件组织可以根据自身情况扩展和定义。

2）数据库技术

数据存储和查询是软件系统的主要功能之一。软件应用日趋深化，存储和处理数据的能力需求也在不断增长。数据库存储和查询能力成为软件更新当中的重要组成部分。数据库技术分析如表 4-23 所示。

表 4-23 数据库技术分析

类	技术环境
子类	数据库技术（指为了满足非功能需求而添加到数据库的功能和操作，但不会影响应用所提供的功能）
SCU	基本过程
定性元素 1	逻辑文件复杂度
定性元素 2	无
定量元素	数据库相关的变更数

数据库技术子类主要评估数据库在满足非功能性需求上所要完成的工作，这些工作并不影响其提供的功能，主要集中在对数据的架构上的修改和性能上的提升。数据库技术应用场景如表 4-24 所示。

表 4-24 数据库技术应用场景

分类	说明
业务表或引用表的创建或变更	（1）因非功能原因增加表或增加表中的列
	（2）对表中的列重新排序
	（3）用参照完整性特征来变更或增加关系
	（4）变更主键，但不是删除和添加主键
创建或更新代码数据表	（1）因非功能原因增加表或增加表中的列
	（2）对表中的列重新排序
	（3）变更主键，但不是删除和添加主键
增加、删除或修改索引	（1）变更索引用到的列
	（2）变更索引的唯一性
	（3）用不同的索引聚集表数据
	（4）变更索引的顺序（升序或降序）
增加或修改数据库视图和分区	（1）修改或增加数据库分区
	（2）增加、修改或删除数据库视图
修改数据库容量	（1）表空间
	（2）高性能
变更查询或插入	在不改变应用功能的情况下对数据库查询、数据选择及在数据库中插入数据的变更。例如，变更主键及添加关系可当成数据库变更

这一子类可以用来评估新开发项目、新需求及升级项目，对于新开发或新需求，需要把需求分为功能需求和非功能需求。

这一子类的 SCU 涉及为了满足非功能需求而进行数据库变更的所有基本过程。

在这个子类中，规模的定性影响因素被定义为逻辑文件的复杂度，而这一复杂度并不是由具体实现的数据库表格所决定，而是由这一 SCU 的 DET 和 RET 共同决定。通过这两个要素，可以将逻辑文件复杂度分为低、中、高三个等级，评估方法如表 4-25 所示。

表 4-25 逻辑文件复杂度评估

		DET		
		1～19	20～50	>50
RET	1	低	低	中
	2～5	低	中	高
	>5	中	高	高

数据库相关的变更数是为了满足非功能需求而对数据库进行的变更，如性能、容量管理、数据完整性等。实现这些变更的复杂度依赖于逻辑文件的复杂度及变更数。

根据逻辑文件的复杂度，确定数据库技术的复杂等级，然后再通过变更数来确定最终的 SP，如表 4-26 所示。

表 4-26 数据库技术的 SP 计算

	FTR 复杂度因子		
	低	中	高
SP=	6×变更数	9×变更数	12×变更数

如果基本过程引用多个 FTR，则应考虑 FTR 的最高复杂度作为该 SCU 的复杂度，而不是独立考虑各 FTR 的复杂度。

3）批处理过程

批处理是软件系统当中比较常见的操作方式。满足功能需要的批处理过程应该在 IFPUG 的功能点方法中进行计算，但是对于功能点无法识别和定义的批处理过程，可以使用这一子类进行评估。例如，不属于数据迁移的一次性导入，批量的格式转化，提升系统能力的批量操作等。批处理过程分析如表 4-27 所示。

表 4-27 批处理过程分析

类	技 术 环 境
子类	批处理过程［不用来满足功能需求（不是事务功能）的批处理任务，可在 SNAP 中评估。该子类评估那些在应用边界内部触发的，不会使数据跨越边界的批处理任务。］ ［和批处理任务相关的非功能需求（NFR），如提升任务完成时间，增加任务容量以便处理更大容量的事务，或性能提升需求，可以用 SNAP 中的其他子类评估］
SCU	用户可识别的批处理任务（当几个批处理任务总是一起执行，且执行的最终结果是用户可识别的，那么把这几个批处理任务当成一个 SCU）
定性元素 1	批处理所读取或更新的 FTR 数
	FTR 1～3 为低复杂度； FTR 4～9 为中复杂度； FTR 10+为高复杂度
定性元素 2	无
定量元素	批处理所处理的 DET 数
	对影响到的 SCU 的 SP 进行汇总求和

这一子类的 SCU 为用户可识别的批处理任务。

定性影响因素为批处理所读取或更新的 FTR 数，定量影响因素为批处理所处理的 DET 数。

根据 FTR 的复杂度来确定最终的 SP，如表 4-28 所示。

表 4-28 批处理过程的 SP 计算

	复杂度等级		
	低（1～3 FTR）	中（4～9 FTR）	高（10+ FTR）
SP=	4×DET	6×DET	10×DET

4. 技术架构

1）基于组件的软件开发

软件组件可以是软件包、Web 服务或者是封装了一系列相关功能（或数据）的模块。组件的本质是对标准接口的业务逻辑或技术功能进行封装。软件组件是符合组件模型的元素，可以根据组件标准进行独立部署或集成而不需要修改。组件模型定义了交互和集成标准。组件模型是专门的可执行软件元素组。基于组件的软件开发分析如表 4-29 所示。

表 4-29 基于组件的软件开发分析

类	技 术 架 构
子类	基于组件的软件开发（被评估应用边界内的软件片段与现有的软件进行集成或者开发系统组件）
SCU	基本过程
定性元素 1	第三方组件或内部复用
	内部复用组件； 第三方组件
定性元素 2	无
定量元素	基本过程中用到的组件数

基于组件的软件开发子类可以评估应用边界内的软件片段与现有的软件进行集成或者开发系统组件，软件组件的定义有多条标准，包括：

- 执行特定功能。
- 多用途。
- 可交换。
- 可以和其他组件集成（可选择并集成不同的功能用来满足特定的用户需求）。
- 可封装的，如通过接口集成。
- 独立部署和版本控制的单元，有定义完善的接口且通过接口通信。
- 有符合组件模型的结构和行为，如符合 COM、CORBA、SUN、Java 等。

这一子类的 SCU 涉及为了满足非功能需求而进行组件软件开发的所有基本过程。

用组件数计算 SP，可查询表 4-30。

表 4-30 基于组件的软件开发的 SP 计算

类型	SP 计算
内部复用组件	SP=3×组件数
第三方组件	SP=4×组件数

2）多输入/输出接口

应用要求支持多输入和输出接口（相同格式的用户文件）时用该子类评估。例如，由于应用运营火爆，用户数急剧增多，因此需要增加更多的输入/输出接口，但没有修改功能。在这种情况下不能当成功能变更，不能用功能点方法进行度量，而应该用多输入/输出接口子类来评估应用中的这些变更。多输入/输出接口分析如表 4-31 所示。

表 4-31 多输入/输出接口分析

类	技 术 架 构
子类	多输入/输出接口
SCU	基本过程
定性元素 1	SCU 中基本过程的 DET 数 低：1～5DET； 中：6～19DET； 高：20+DET
定性元素 2	无
定量元素	其他输入和输出接口数

多输入/输出接口子类的 SCU 涉及为了满足非功能需求而进行多输入/输出接口变更的所有基本过程。

估算过程基于 SCU 中的 DET 数识别复杂度，用新增的接口数计算 SP，如表 4-32 所示。

表 4-32 基于组件的软件开发的 SP 计算

	复杂度等级		
	低（1～5 DET）	中（6～19 DET）	高（20+ DET）
SP=	3×其他接口数	4×其他接口数	6×其他接口数

4.3.3 计算非功能规模

对于每个非功能需求，在 4.3.2 节中我们已经分析了如何识别和每个需求关联的类和子类、如何识别每个子类的 SCU，以及如何确定子类的每个 SCU 对应的非功能规模值（SP）。下面最后一个步骤则是根据项目类型确定项目或应用的 SP。

1. 确定开发项目的非功能规模

对于开发项目来说，非功能需求的规模等于每个类的 SP 之和，可代入如下公式进行计算：

$$DSP = ADD$$

式中，DSP 是开发项目 SP；ADD 是开发项目交付给用户的非功能需求规模；ADD 为所有子类 SP 之和。

需要注意的是，非功能规模中不考虑转换功能。

2. 确定升级项目的非功能规模

升级项目是开发并维护交付的项目，可能是适应维护、预防维护或优化维护。升级项目中的非功能规模是对升级项目中新增、修改或删除的非功能需求的规模评估。

升级项目非功能规模可用如下公式计算：

$$ESP = ADD + CHG + DEL$$

式中，ESP 是升级项目 SNAP 规模；ADD 是升级项目新增的非功能需求规模；CHG 是升级项目中对现有子类修改的非功能规模；DEL 是升级项目删除的非功能需求规模。

例如，对于一个子类 1.1 数据输入校验：

$$ESP_{1.1} = ADD_{1.1} + CHG_{1.1} + DEL_{1.1}$$

对于升级项目：

$$ASP = \sum ESP_{1.1} + \sum ESP_{1.2} + \cdots + \sum ESP_{n.2}$$

项目升级后应用的非功能规模用以下公式计算：

$$ASPA = ASPB + (ADD + CHGA) - (CHGB + DEL)$$

式中，ASPA 是项目升级后应用的 SP；ASPA 是升级前应用的 SP；ADD 是升级项目新增的非功能需求规模；CHGA 是升级项目修改的非功能需求规模-修改后的规模；CHGB 是升级项目修改的非功能需求规模-修改前的规模；DEL 是升级项目删除的非功能需求规模。

4.4 SNAP 方法的应用

4.4.1 内部数据备份和数据发送案例

【需求】

某应用设计为三层架构：用户界面、中间层和后端服务器层。后端服务器层为数据库，中间层为业务过程，用户界面是应用的用户前端，用来查看和维护数据。

该应用需要升级到高级的技术平台，创建一个更直观和易用的系统。平台包括硬件和软件，用来有效管理连接、访问及同步。这意味着用户界面应该支持桌面用户和移动设备（手持设备，如智能手机）用户。为了减少时间和工作量，移动设备用户必须能够下载最新的工作安排并访问数据，这需要从服务器复制数据到手持设备中。

需求 1　用户界面中数据的组织应考虑易用性。

需求 2　安全和可恢复性：重要的数据需做备份。

【分析】

在应用边界内的三层可当成三个不同的分区。

“查看订单”过程需要升级，在中间层分区进行数据分组，然后把数据传送到用户界面分区中。升级只需要在中间层进行。“查看订单”过程在中间层有 20 个 DET，读取或更新的逻辑文件数为 2。需求 1 的解决方案包含一个子类（内部数据移动）。SCU 是中间层分区的基本过程。

备份会在后端层中创建一个表，备份过程会从后端的“订单”数据文件中复制数据，并删除 1 天以前的数据。这要求新建一个备份基本过程，并且在后端分区中新建一个备份表。

后端服务器的“订单”文件由前端用户访问复制。“订单”文件中所有的 DET 都需考虑。FTR 是后端文件和前端复制文件。

“备份过程”从“订单”数据文件中读取 20 个 DET，并更新备份表中相同的字段。需求 2 的解决方案包含两个子类：新的备份过程适用（内部数据移动），新的备份表适用（数据库技术）。

【估算】

内部数据移动的 SP 计算如表 4-33 所示，数据库技术的 SP 计算如表 4-34 所示。

表 4-33　内部数据移动的 SP 计算

		内部数据移动			
序号	SCU 描述	传输复杂度	#DET	公式	SP=
1	查看订单	低	20	4×DET	80
2	备份过程	低	20	4×DET	80

表 4-34　数据库技术的 SP 计算

		数据库技术			
序号	SCU 描述	FTR 复杂度	变更数	公式	SP=
1	备份表	低	1	6×变更数	6

项目 SNAP 规模 = $\sum$子类所有 SCU 的 SP =80+80+6 = 166（SP）

4.4.2　用户界面案例

【需求】

可访问性符合 ADA 508 标准或 W3C WCAG2.0 标准。

增加可访问性选项，以便有听力困难或视力困难的人可以方便地使用。

建议的设计如下：

（1）在发声的地方添加弹出图标（有四种不同的声音）。

（2）为界面上所有的菜单和字段添加大的简化字体。

（3）用特定颜色代替普通字体选项。

【分析】

- 字体大小由 10pt.变为 14pt.，改变字体颜色，这些都是技术需求。

需求中没有增加新功能，也没有修改已有功能，因此没有 FP。

- 假定图标不需要计算（无动画）。
- 设计中包含一个 SNAP 子类，即用户界面。
- SCU 为基本过程。
- 图标和字体变更影响了五个基本过程。其中两个基本过程变更的复杂度为“简单”，两个为“中”，一个为“复杂”（假设增加或修改的属性数小于 10 为简单，10～15 为中，大于 15 为复杂）。

每个 EP 都有一组固定的 UI 元素。

【注意】

四个表示声音的图标是一个 UI 元素，包含 8 个属性：名称、类型、分辨率、尺寸、方向、宽度、坐标 x、坐标 y。字体出现在以下 UI 元素上：菜单、图标、11 类控件、标签。

- EP1：受影响的 UI 元素数为 5。
- EP2：受影响的 UI 元素数为 10。
- EP3：受影响的 UI 元素数为 5。
- EP4：受影响的 UI 元素数为 13。
- EP5：受影响的 UI 元素数为 7。

【估算】

用户界面的 SP 计算如表 4-35 所示。

表 4-35　用户界面的 SP 计算

		用户界面			
序号	SCU	复杂度等级	UI 元素数	公式	SP=
1	EP1	低	5	2×UI 元素数	10
2	EP2	低	10	2×UI 元素数	20
3	EP3	中	5	3×UI 元素数	15
4	EP4	中	13	3×UI 元素数	39
5	EP5	高	7	4×UI 元素数	28

项目 SNAP 规模= $\sum$子类所有 SCU 的 SP = 10+20+15+39+28 = 112（SP）

第 5 章 COSMIC 应用

COSMIC 是通用软件度量国际联盟的简写，它成立于 1998 年，是一个由全球软件度量专家组成的非营利自愿性组织，致力于软件规模度量方法的研究与推广。2002 年 1 月，COSMIC 推出的全功能点规模度量方法成为 ISO 的标准，最新标准为 ISO/IEC 19761：2011“软件工程—COSMIC—功能规模度量方法”。COSMIC 规模度量方法相对于传统的规模度量方法简单实用，学习周期短，易于上手。因此，该方法一经推出，就受到了工程界的认可。COSMIC 方法适用于以下领域的软件功能度量：

- 商业应用软件，这类软件典型地用于支持商业管理，如银行、保险、财务、人事、采购、配送及制造。这类软件的特点通常被归结为“数据密集”，因为它需要管理现实事务中的大量数据。
- 实时软件，其任务是监视或控制现实世界中事件的发生。例如，电话交换和消息转发软件，嵌入在家用电器、起重机、汽车发动机和飞行器中，用于过程控制和自动数据获取的软件，以及计算机操作系统中的软件。
- 支撑上述软件的平台软件，如可复用的构件和设备驱动程序等。
- 一些科学和工程软件。

COSMIC 度量方法的设计没有考虑计算密集软件的功能度量。这类软件的特征是具有复杂的数学算法或特定的复杂规则，如专家系统、仿真软件、自学习软件、天气预报软件等；或者是处理声音或视频图像之类连续变量的软件，如计算机游戏软件、乐器等。对于具备这些功能的软件，可能的做法是定义 COSMIC 方法的本地扩展。

5.1 COSMIC 的基本概念

功能性用户需求（Function User Requirement，FUR）是 COSMIC 度量方法的基本要素，以任务和服务的形式描述了软件要为其用户“做什么”，不包含软件“怎样做”的技术或质量要求，是用户需求的子集，如数据传输、数据变换、数据存储、数据检索。COSMIC 方法的度量单位是 CFP，一个数据移动的规模即 1CFP。

功能用户在这里是指一个（类）用户是软件块的功能用户需求中数据的发送者或数

据的预期接收者，识别功能用户是识别功能过程的前提条件。功能用户必须由度量目的导出，不一定包含软件所有的功能用户。功能用户与用户的区别在于功能用户有“功能性需求”，而用户是任何与被度量软件有交互的事物。例如，使用人力资源管理系统的工作人员和与该系统有交互的薪酬管理系统，这些都是功能用户。实时应用软件中的硬件设备和其他与之交互的软件被识别为功能用户。根据功能性用户需求，如果功能用户的功能是完全相同的，则只识别为一个功能用户类型。例如，使用人力资源管理系统中负责维护新员工信息的人员被统一识别为一个功能用户类型，即“员工”。

边界位于被度量软件块和其功能用户之间，是在被度量软件和它的功能用户之间的一个概念性接口。而持久存储介质是使得功能处理在其生命周期结束后仍然能够存储数据组的存储介质，并且/或者通过该存储介质，功能处理也可以检索数据组，此数据组由另一个功能处理存储，或由同一功能处理之前存储，也可能由某些其他过程存储。持久存储介质只存在于被度量软件边界内，因此不能被视为功能用户。

层是对一个软件系统体系结构的功能划分，所有内含的功能处理都执行在同一个抽象层上。每一个层都为另一个层提供某种软件功能，其他层里的软件无须了解这些功能是如何实现的，同时一层可以使用其他层次提供的软件功能。

颗粒度级别是指功能性用户需求的不同详细程度。对待度量软件的度量应当基于同一个明确定义的颗粒度级别，并在这个级别上或缩放到这个级别上，识别各功能处理和数据移动，并记录缩放至可度量的功能处理颗粒度统一级别所做的假设。

触发事件是待度量软件的功能性用户需求中可识别的一个事件，此事件使得一个或多个软件功能用户产生一个或多个数据组，每个数据组随后被一个触发输入所移动。一个触发事件不可再拆分，并且要么已经发生，要么没有发生。当一个可识别的触发事件发生时，会执行一个功能过程，一个特定的事件可能触发一个或多个并发的功能处理过程。例如，在某些实时软件的控制系统中定时器倒计时通常作为触发事件，当时钟到达定时要求时，会触发后续一个或多个系统操作。

功能处理是一个能够实现某一软件功能的功能性用户需求集合，其中包含一组特定的可执行的数据移动。当它响应了触发输入并完成了所有任务后，该功能处理结束。功能处理一旦开始，必须连贯执行直到完成。一个功能处理至少包含两个数据移动：一个输入加上一个输出或写。一个功能处理中数据移动的数量没有上限，功能处理的规模等于其数据移动的个数。图 5-1 描述了触发事件、功能用户及功能处理间的关系：一个触发事件引起功能用户生成一个数据组，功能处理接收到由其触发输入数据移动的数据组后，启动功能处理。

兴趣对象是从功能性用户需求中识别出来的、存在于功能用户世界中的任何事物，软件要为之处理和/或存储数据。兴趣对象可能是具体的事物，也可能是概念性对象或其一部分。兴趣对象必须包含一个或多个数据组。例如，一个实时软件用来存储传感器 A

的数据，那么“传感器 A”就是一个兴趣对象。

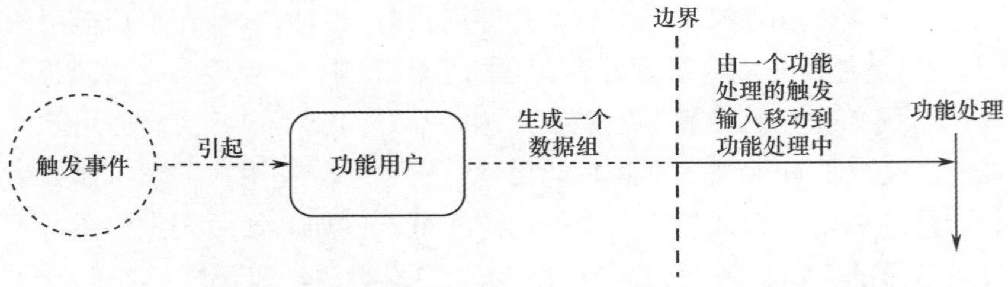

图 5-1　触发事件、功能用户及功能处理间的关系

数据组是指一个包含唯一的、非空的并且是无序的数据属性的集合，其中每一个数据属性描述同一个兴趣对象的不同方面。一个数据组仅属于一个兴趣对象。

数据属性是一个已识别的数据组中最小的信息单元，不可继续细分，从软件的功能性需求角度表达一定的含义。

数据移动就是将某一特定的数据组在边界上进行传递，是最基本的功能构件，它移动单个数据组类型，包括输入、输出、读和写四种子类型，每种类型默认包含了与之相关的数据运算，如图 5-2 所示。

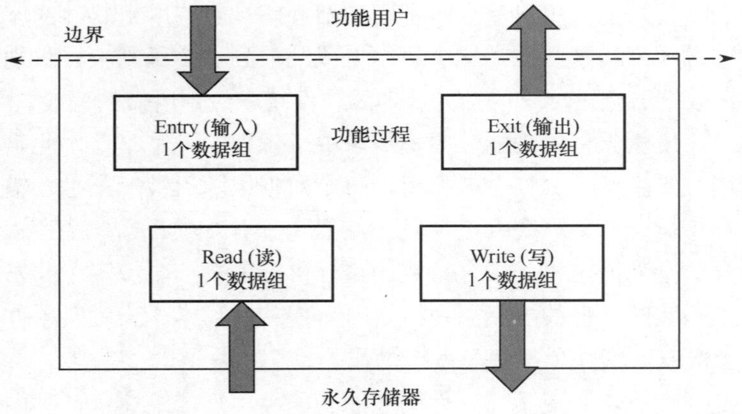

图 5-2　数据移动与功能过程、数据组的关系

- 输入（Entry，E）：是一种数据移动，将一个数据组从功能用户一侧跨越边界移动给需要它的功能处理，包含相关的数据运算。
- 输出（Exit，X）：是一种数据移动，将一个数据组从功能处理侧跨越边界移动给需要它的功能用户，包含相关的数据运算。
- 读（Read，R）：是一种数据移动，将一个数据组从持久存储介质移动到需要它的功能处理，包含相关的数据运算。
- 写（Write，W）：是一种数据移动，将一个数据组从功能处理内部移动到持久存储介质中，包含相关的数据运算。

5.2 功能性用户需求的获取

COSMIC 方法包含一组用来度量给定软件块的功能性用户需求的模型、规则和过程，而且用一个量化的数值表达 COSMIC 方法度量的软件块的功能规模。功能性用户需求（FUR）是 COSMIC 度量方法的基本要素，它描述了软件必须为其功能用户做“什么”。

按照 ISO 的定义，功能性用户需求包含但不限于：

- 数据传输（如输入客户数据，发送控制信号）。
- 数据变换（如计算银行利息，导出平均温度）。
- 数据存储（如存储客户订单，记录随时间变化的环境温度）。
- 数据检索（如列出当前雇员，检索飞机最新的位置）。

属于用户需求但不属于功能性用户需求的例子包含但不限于：

- 质量约束（如可用性、可靠性、效率和可移植性）。
- 组织约束（如操作场所、目标硬件和遵从的标准）。
- 环境约束（如互操作性、保密性、隐私和安全性）。
- 实现约束（如开发语言、交付日期）。

对于早期表现为可用性、安全性、开发语言等的非功能性需求，COSMIC 认为随着项目的进展，这些需求有可能会转变为功能性需求。在度量过程中，可以通过两种方法提取出软件的功能用户需求，具体做法请参考 COSMIC Measurement Manual 度量手册 V4.0.1 1.2.3 节。在度量实践中，可以通过以下两种方法提取软件的功能性用户需求。

1．在实践中从软件文档中提取 FUR

在实际的软件开发中，很少能够找到已经将 FUR 与其他需求清楚地区分开并且表示成一种适合于直接度量的软件文档。因此，在把 FUR 映射为 COSMIC“软件模型”前，度量人员需要从已有的各种文档中提取软件文档中提供的或隐含的 FUR，如图 5-3 所示。

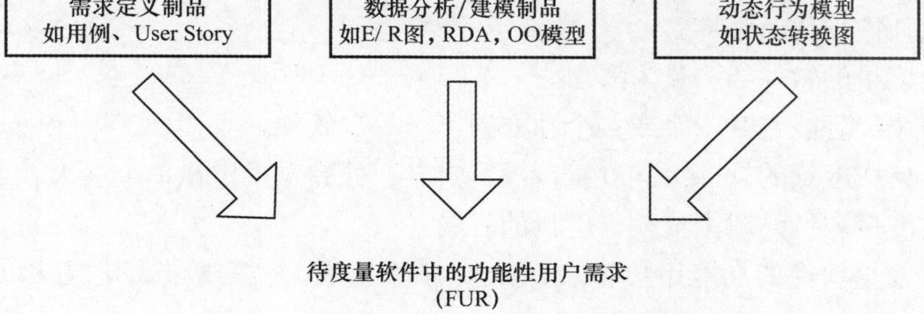

图 5-3 功能性用户需求在软件实现前的来源

由于 FUR 在软件实现之前就产生了，因此 FUR 可以从各种软件工程文档中提取并度量出来。

2. 从已安装软件中导出功能用户需求

除了从软件文档中提取 FUR，有时还需要对已存在的软件进行度量，而这些软件没有或只有很少的体系结构或设计文档，如早期开发的软件，是难以维护和升级的大规模复杂软件。在这种情况下，可能从安装在计算机系统上导出 FUR，如图 5-4 所示。

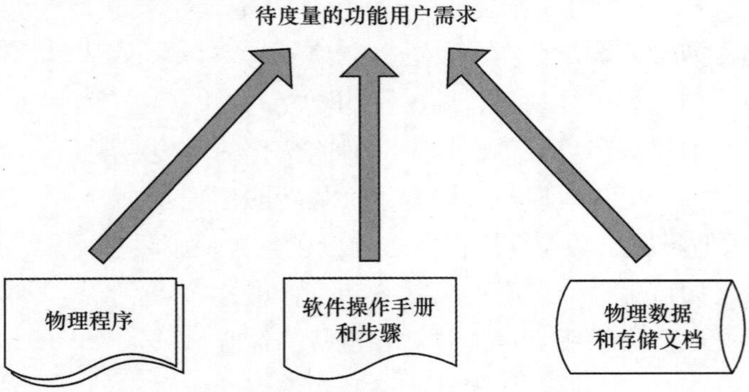

图 5-4　功能性用户需求在软件实现后的来源

功能用户需求的提取，是进行软件度量所需具备的条件，度量人员从不同的文档和已安装软件中提取 FUR 的难度是不同的，占软件度量总工作量相当大的比重。

5.3　COSMIC 的两个基本模型

5.3.1　COSMIC 软件环境模型

利用 COSMIC 软件环境模型对所度量的软件进行标准化的定义，再加上一些具体的规则，就可以度量软件的 FUR。这些规则可以帮助度量人员定义被度量的软件和规模度量元，并且保证度量结果理解的一致性，它规定：

（1）软件被硬件所限界。

（2）把度量的软件结构化为多层。

（3）一个层可能包含一个或多个独立的“对等”软件。

（4）任何被度量的软件由其度量范围所定义，并完全限定在单个层内。

（5）被度量软件的范围依赖于度量的目的。

（6）被度量软件的功能用户将从 FUR 中识别出来，作为数据发送者和/或数据的意向接收者。

（7）软件的 FUR 可以在不同颗粒度级别上表达。

（8）精确的度量通常应该在功能过程颗粒度级别上进行。

（9）如果不能在功能过程粒度级别上进行度量，那就需要采用近似方法对 FUR 进行度量，并按比例缩放到功能过程颗粒度级别。

5.3.2　通用软件模型

从软件环境模型提取出待度量软件的 FUR 后，应用到 COSMIC 通用软件模型上，就可以得到需要度量的功能成分。“通用软件模型”里的原则定义了待度量软件的 FUR 如何被建模，以供度量，否则无法运用 COSMIC 方法度量。它对可用 COSMIC 方法度量的软件进行了以下规定：

（1）软件块跨越边界与功能用户交互，并与边界内的持久存储介质进行交互。

（2）被度量软件的 FUR 能够被映射到唯一的一组功能处理。

（3）每个功能处理由一系列子处理构成，子处理要么是数据移动，要么是数据操作。

（4）一个数据移动仅移动单个数据组，一个数据组由唯一的一组数据属性构成，描述了单个兴趣对象。

（5）有四类数据移动：①输入（Entry）——从功能用户移动一个数据组数据到功能处理；②输出（Exit）——从功能处理移出一个数据组到功能用户；③写（Write）——从功能处理移动一个数据组到永久存储介质。④读（Read）——从永久存储介质移动一个数据组到功能处理。

（6）一个功能处理包括至少一个输入数据移动，以及一个写或输出数据移动，也就是说一个功能处理至少包含两个数据移动，一个功能处理的数据移动数量没有上限。

（7）功能处理被来自功能用户的一个输入数据移动触发。功能用户为响应触发事件而产生触发输入，触发输入移动的数据组由一个功能用户生成。

（8）作为度量目的的近似处理，数据操作子处理不单独度量，假定数据操作功能已经被计算在关联的数据移动内了。

通过使用 COSMIC-FFP 度量的方法、结构、规则，将从软件中提取的功能性用户需求映射到通过软件模型中，然后实例化，并从实例化的模型中识别出功能规模度量所需要的所有元素，从而度量其中的特定元素并得到度量结果。

5.4　度量的基本过程

COSMIC-FFP 方法是新一代的功能点规模度量方法，适用于实时系统和多层系统的规模度量，受到很多软件公司的推崇，其模型如图 5-6 所示。

COSMIC 方法的度量分为以下三个阶段。

（1）度量策略阶段：定义度量的目的与范围，在该阶段应用软件环境模型，以明确待度量的软件及需要的度量方法。

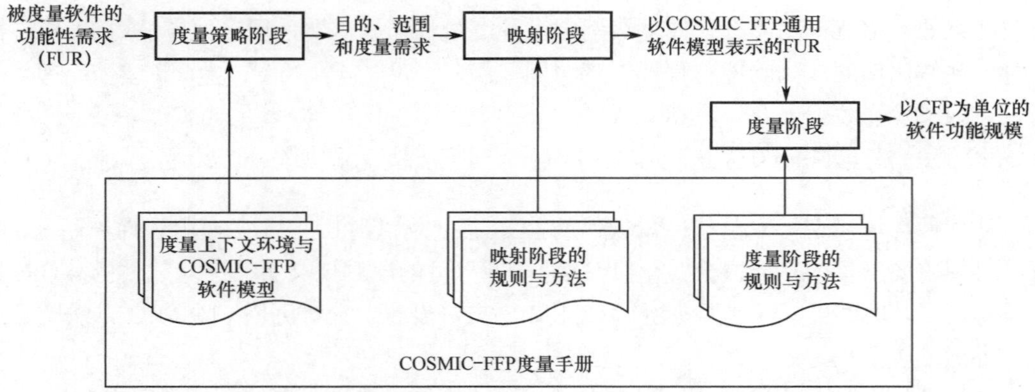

图 5-5　COSMIC-FFP 方法的过程模型

（2）映射阶段：对待度量软件的 FUR 应用通用软件模型，以生成可度量软件的 COSMIC 模型。

（3）度量阶段：度量实际的规模。

上述三个阶段可以细化为如图 5-6 所示的基本度量过程，是从度量实施开始直至最终得到度量结果的整个活动。在应用 COSMIC 方法进行度量时，由于度量人员的行业背景、专业知识、个人习惯等方面的差异，每个度量人员的度量结果很难一致，而 COSMIC

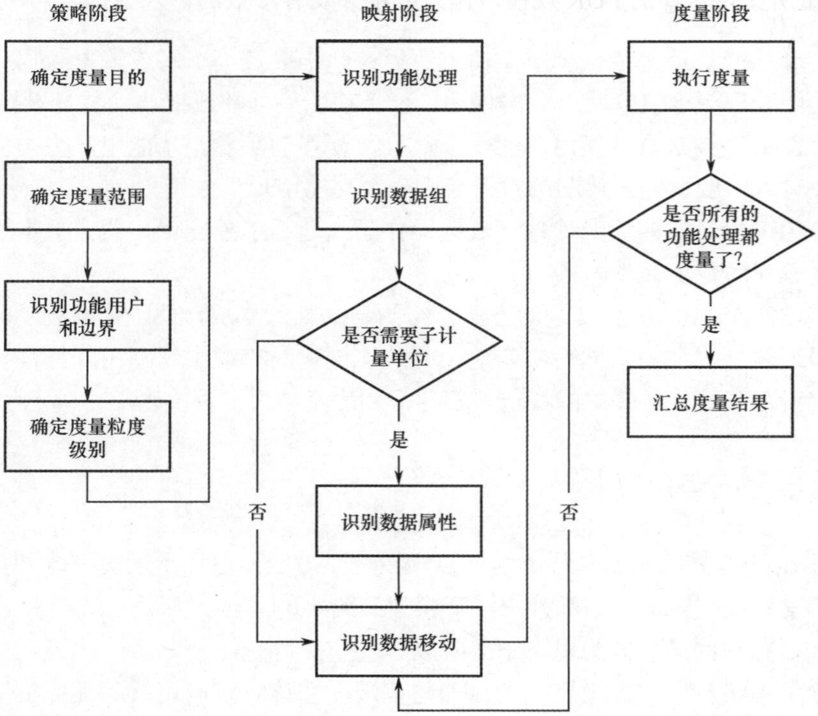

图 5-6　COSMIC-FFP 方法的步骤

方法标准并没有为度量人员提供一个详细、操作性的度量过程，因此为了统一度量步骤与口径，避免度量人员主观随意性，企业在应用 COSMIC 方法时，应结合自身情况，制定科学的度量过程、步骤与标准，并通过内部和外部评审不断规范和改进完善，提高度量结果的精确性。下面将针对 COSMIC 通用度量过程进行说明。

5.4.1　度量策略阶段

1. 定义度量目的

就像度量房屋面积有很多理由一样，度量有多种目的和原因，不同的度量目的会得出不同的功能性用户需求，并且决定度量的其他参数，如度量范围，功能用户，什么时候度量，从需求文档还是已安装软件中提取待度量的 FUR，度量需要达到的精确程度，以及是否使用 COSMIC 方法或者使用本地化的 COSMIC 版本等。因此，在度量之前首先要明确并记录度量的原因和度量结果的用途。

以下是典型的度量目的：

- 随着 FUR 的演化度量其规模，作为开发工作量估算过程的输入。
- 度量 FUR 在其最初被认可之后的变更规模，以便管理项目的“范围蔓延”。
- 度量所交付软件的 FUR 规模，作为度量开发者绩效的输入数据。
- 度量整个交付软件的 FUR 规模，以及新开发软件的 FUR 规模，来获得功能复用的度量。
- 度量现有软件的 FUR 规模，作为度量负责软件维护和支持人员的绩效的输入。
- 度量现有软件系统（FUR）变更部分的规模，以度量一个维护型项目团队的规模产出。
- 度量提供给人类功能用户的那部分软件功能子集的规模。

2. 定义度量范围

度量范围是指在一次具体的功能规模度量活动中所包括的功能性用户需求的集合。度量范围是由度量目的导出的，包括在一次具体的功能规模度量活动中所包含的所有 FUR 集合，界定了包括哪些内容、不包括哪些内容，并规定任何一次度量范围不能超过其所在的层。度量范围要与度量的“总体范围”区分开，“总体范围”是指根据目的应该度量的所有软件。对总体范围的软件使用不同的方法划分为具有不同“度量范围”的多个软件块，各软件块的大小分别度量。

为了确定度量范围必须要先识别软件所在的层，软件体系架构与硬件一起形成整个计算机系统，层是对软件体系架构进行功能划分的结果，被度量软件块必须被限制在同一软件层中。每一层软件提供功能性服务给自己的用户，用户可能是人，也可能是设备、其他软件、其他层次的软件。一层中的软件提供一组功能性服务给其他层，而其他层的软件无须了解这些服务是如何实现的就可以使用，同时也可以使用其他层提供的服务，但不需要依赖于其他层提供的所有服务，在软件所处的层中与其有数据交换的对等软件都是该软件的功能用户。软件层次的功能可参照图 5-8 和图 5-9 的分层体系结构。

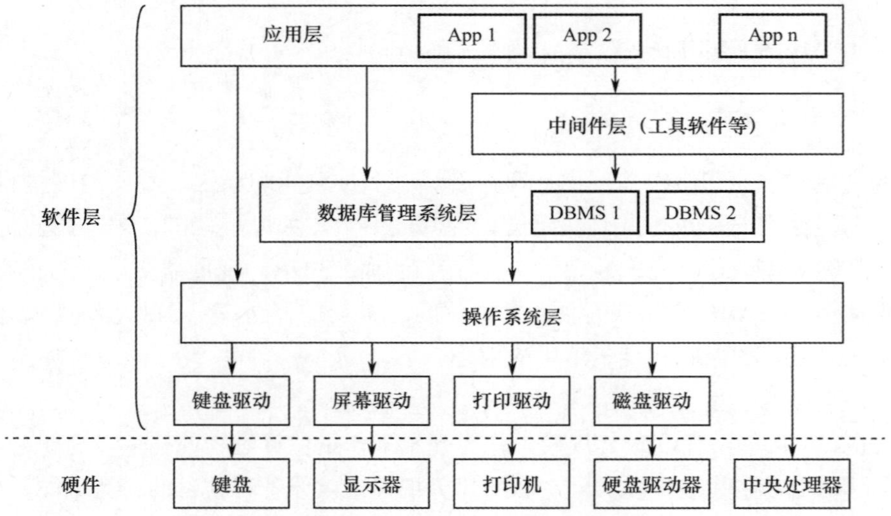

图 5-7　商业/MIS 计算机系统的典型分层体系结构

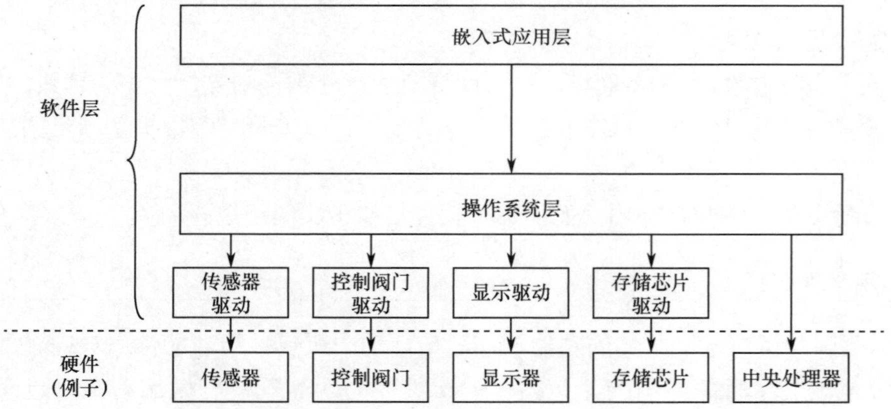

图 5-8　实时嵌入式软件计算机系统的典型分层体系结构

3. 识别功能用户和边界

功能用户是基于功能性需求识别出的用户，通常是向软件发送数据或接收数据的用户，根据度量目的的不同会识别出不同的功能用户，相应的功能用户可能需要不同的功能，因此功能规模会随着功能用户的不同而变化。例如，一个业务应用软件，它的功能用户通常是人和其他拥有接口的对等应用软件；而一个实时系统，它的功能用户通常是一些硬件设备或其他接口软件。

通常的功能用户如下：

（1）时钟。

（2）提供输入的传感器（如温度、压力、电压等），通过轮询、中断或周期性的方式发送它们的数据或状态。

（3）接收输出的硬件设备（如阀门或电机制动器、开关、灯、加热器等）。

（4）能触发功能处理的硬件芯片（如看门狗芯片）。

（5）“哑”硬件内存器，如一个只能对数据的请求做出反应的只读存储器（ROM）。

（6）通信设备（如电话线、电脑端口、天线、喇叭、麦克风等）。

（7）人机交互的硬件设备（如按钮、键盘和显示器等）。

（8）其他与被度量软件之间进行数据交互（提供/接收）的软件块。

识别出了功能用户和与它交互的被度量软件后，也就确定了它们之间的边界。在每对被识别的层间存在一个边界，一个层是被度量软件所在层的功能用户。在同一层中的任何两个对等组件之间也存在一个边界，每个组件都是对方的功能用户，这些都取决于度量的目的和范围。功能用户处于边界之外，而持久存储介质不是功能用户，所以处于边界之内。

在运用 COSMIC 方法进行度量范围及功能用户识别时，画“环境图”是很有用的。通常通过“环境图”来表示待度量软件块在其功能用户（人、其他与其交互的软件或硬件）环境的范围，以及它们之间的数据移动和相关的持久存储介质。环境图所用到的主要符号如图 5-9 所示。

符　　号	解　　释
	待度量软件块（加粗框），即度量范围的定义
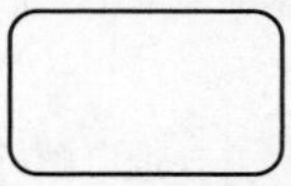	任何待度量软件的功能用户
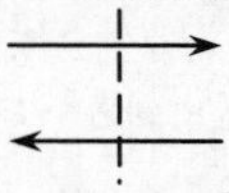	箭头代表跨越功能用户和待度量软件间的边界（虚线）的所有数据移动
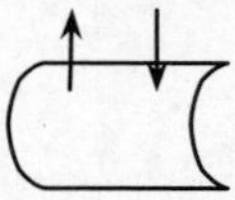	箭头表示待度量软件与“持久存储介质”间的所有数据移动（代表“数据存储”的标准流程图标志强调持久存储介质是一个抽象的概念。使用此标志表明软件并不直接与物理硬件存储器交互）

图 5-9　环境图所用的主要符号

4．识别颗粒度级别

不同颗粒度级别对应 FUR 的不同详细程度，在软件开发项目的初始阶段，实际需求描述是“高级别”的，即概要的、粗略的。随着项目的推进，实际需求不断完善（如经历了版本 1、版本 2 和版本 3 等），“在一个较细级别”上给出更多细节。需求及从需求中导出的 FUR 的不同详细程度就是不同的“颗粒度级别”。对于一个软件块描述的任意扩展级别，每一次的进一步扩展，对软件块功能的描述也更加细化并具有一致的详细程度。

在软件块描述的一个颗粒度级别，功能用户是单独的人、工程设备或软件块（而不是它们的任何组合），并且软件块响应的是单个的事件（而不是定义为事件组的任何级别）。

COSMIC 方法要求对 FUR 的度量应在同一级别的颗粒度级别下进行，并且该级别要达到能够识别功能处理及数据移动的级别，也就是功能处理颗粒度级别，或者当 FUR 还没有达到该级别时，根据已定义的功能和假设，缩放至功能处理颗粒度级别，并记录其对功能过程所做的假设。

5.4.2 映射阶段

1．识别功能处理

功能处理是 FUR 集的一个基本成分，它包括一组唯一的、内聚的、可独立执行的数据移动，通常由一个触发事件引起功能用户生成一个数据组，该数据组由功能处理的触发输入移动，以启动功能处理。例如，一个工业用实时火灾探测软件系统的功能处理可能开始于如下的触发输入：被某个烟雾探测器（功能用户）触发。探测器生成的数据组传递的数据是“检测到烟雾”（已发生的事件）这一信息及探测器的 ID（能用于定位事件发生地点的数据）。

识别功能处理的方法依赖于可用的软件文档，而文档又依赖于软件生命周期中提出度量要求的时间点，同时还依赖于当前使用的软件分析、设计、开发方法，而后者即使在同一种软件领域内也变化相当大。识别功能处理的一般过程如下：

（1）识别触发事件。从被度量软件的功能用户领域，识别出必须响应的单个事件——“触发事件”（可以在环境图和实体生命周期图中识别触发事件，因为一些状态迁移和生命周期迁移都对应软件必须响应的触发事件），功能处理是由触发事件触发功能用户引起的，每一个功能处理都有对应的触发事件，一个功能处理也可能由多个事件触发。

（2）识别出软件中每个触发事件必须响应的功能用户。

（3）识别出每个功能用户为响应该事件而发起的触发输入（或输入）。

（4）识别出被每个触发输入启动的功能处理，一个功能处理至少包含输入（Entry）和一个输出（Exit）或写（Write）两个数据移动。

2．识别兴趣对象和数据组

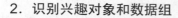

为识别数据组，尤其是在业务应用软件领域，首先要识别它们所描述的“兴趣对象”及其数据属性。兴趣对象是从 FUR 的角度识别出来的软件要为之处理或存储数据的事物，可以是具体的事物，也可以是概念性对象或其一部分。一个数据组包含的数据属性描述了一个兴趣对象的不同方面，是一个唯一的、非空的、无序的数据属性集合。每一个数据组中的数据属性要属于一个单一的兴趣对象，兴趣对象决定了数据组的数量。

实践中，数据组的具体化有多种形式：

（1）作为持久存储设备上的一个物理记录结构（文件、数据库表和 ROM 存储器等）。

（2）作为计算机易失性存储器中的一个物理结构（动态分配的数据结构，或者是内存空间中预先分配的一个内存块）。

（3）作为与功能有关的数据属性在 I/O 设备上（显示屏幕、打印的报告、控制面板显示器）的集中展现。

（4）作为在设备与计算机之间或在网络中传输的一条消息。

业务应用软件领域的兴趣对象和数据组的案例：在业务应用软件领域，假设软件用来存储关于雇员或订单的数据，那么一个兴趣对象可以是“雇员”（实体的）或“订单”（概念上的）。如果是订单，一般来说对于多行订单的 FUR 可以识别出两个兴趣对象：“订单”和“订单行”。对应的数据组可以称为“订单数据”和“订单行数据”。

3．识别数据移动

数据移动是功能的最小单元，有四种子类型，即输入、输出、读和写。每种数据移动，各子类型同时负责与之相关的数据运算，在累计度量结果时，不计算数据运算，因此 COSMIC 非常适合数据密集型软件的度量。

识别输入：输入应移动描述单个兴趣对象的一个数据组，从功能用户一侧跨越边界移动到功能处理内，输入是该功能处理的一个组成部分。如果功能处理的输入包含多个数据组，每个数据组描述一个不同的兴趣对象，则输入的每个数据组都识别为一个输入。输入不跨越边界输出数据，也不从持久存储介质读取数据或向其写数据。

识别输出：输出将描述单个兴趣对象的一个数据组从功能处理一侧跨越边界移动到一个功能用户处。如果功能处理的输出不止包含一个数据组，那么输出的每一个数据组都识别为一个输出。输出不应跨越边界输入数据，也不应从持久存储介质读取数据或写入数据。

识别读：读将描述单个兴趣对象的一个数据组从持久存储介质移动到功能处理，读是该功能处理的一部分。如果功能处理必须从持久存储介质中检索一个以上的数据组，那么为每个检索的数据组识别一个读。读不应跨越边界接收或输出数据，也不向持久存储介质中写数据。在功能处理执行中，计算或移动常量、功能处理内部的并且只能由程序员更改的变量、计算过程的中间结果、由执行功能处理而产生并存储的且非来自用户功能需求的数据，都不应该被视为读数据移动。读数据移动总是包含某些“读请求”的功能（所以任何“读请求”都不会被计算为单独的数据移动）。

识别写：一个写将描述单个兴趣对象的一个数据组从功能处理移动到持久存储介质，写构成该功能处理的一部分。如果功能处理必须移动不止一个数据组到持久存储介质，移动到持久存储介质的每个数据组都单独识别为一个写。一个写不跨越边界接收或输出数据，不从持久存储介质中读数据。从持久存储介质删除一个数据组的需求应被度量为一个写数据移动。

以下情形不认为是写数据移动：

- 在功能处理开始时不存在并且在功能处理完成后也没有持久化的数据的移动或运算。
- 功能处理内部变量的生成、更新或中间结果。
- 功能处理的数据存储是实现过程导致，而不是 FUR 所要求（如批处理作业中执行一个大的排序处理时做了数据的缓存）的。

5.4.3 度量阶段

1. 生成度量结果

对每一个功能处理都识别出所有的数据移动后，把每一个数据移动看成一个 CFU，将它们累加在一起便可得到该功能处理的规模：

$$\text{规模（功能处理 i）}=\sum\text{规模（输入i）}+\sum\text{规模（输出i）}+\sum\text{规模（读i）}+\sum\text{规模（写i）}$$

对于任何功能处理，其功能性用户需求中功能规模的变更规模如果以 CFP 为单位衡量的话，应该是功能处理中增加、修改、删除的数据移动的规模的汇总，采用以下公式计算：

$$\text{规模（变更（功能处理 i））}=\sum\text{规模（增加的数据移动i）}+\sum\text{规模（修改的数据移动i）}+\sum\text{规模（删除的数据移动i）}$$

例如，一个软件的变更需求为：需要在一个功能处理中增加一个数据移动，修改两个数据移动，删除三个数据移动，此变更的全部规模为 1+2+3=6（CFP）。

软件功能发生改变后，新的总规模=原规模+数据移动的规模−删除的数据移动的规模。

修改的数据移动因为在修改前后都存在，因此不影响软件的总规模。

需要注意的是，只有在 FUR 的同一功能处理颗粒度级别进行度量时，软件块的规模或软件变更的规模才能累加，不同层度量的规模累加到一起也是没有意义的。除非有特别的需要，否则不同的视角度量同一个软件系统的规模结果是不相同的。

2．撰写度量报告

当度量活动完成并确认后，为了保证度量结果能被明确、统一地解读，应撰写度量报告，用统一格式记录完整的度量过程并存档。度量报告应包括项目信息，度量目的，软件的功能用户，功能处理的颗粒度级别，度量时项目所处的生命周期时点等，尤其度量过程中对一些不明确的地方做的假设应该在报告中记录。

COSMIC 度量结果表示为“x CFP (v.y)”，其中“x”表示功能规模的数值，“v.y”表示用于获得功能规模数值“x”的 COSMIC 方法的标准版本的标识。例如，一个用 4.0 版本度量手册的规则得到的结果表示为“x CFP (v4.0)”。

除了对实际度量结果进行记录外，根据度量目的及期望的与其他度量的可比性（如想要与基准比较），还应该记录每次度量的下述部分或所有属性：

（1）被度量软件构件的标识（名字、版本 ID 或配置 ID）。

（2）用于识别度量所使用的 FUR 的信息来源。

（3）软件所属领域。

（4）度量针对的层次结构的描述（如果层次适用的话）。

（5）度量目的的描述。

（6）度量范围的描述，以及与一组相关度量（如果有的话）的总体范围之间的关系。

（7）所用的度量模式（COSMIC 或本地），以及处理的模式（联机或批处理）。

（8）软件的功能用户。

（9）可用软件制品的颗粒度级别和软件的分解级别。

（10）进行度量时项目所处的生命周期时点（特别是，度量是基于不完整需求的估算，还是以实际已交付功能为基础进行的度量）。

（11）度量的目标或者可信的误差范围。

（12）指明是否使用标准 COSMIC 度量方法，和/或使用标准方法的本地近似。

（13）指明度量的是开发的功能，还是交付的功能（“开发的”功能是通过创建新软件获得的；而“交付的”功能包括开发的功能，以及通过其他途径获得的功能，即对现有软件的所有形式的复用，软件包的安装使用，使用现有参数增加或变更的功能，等等）。

（14）指明度量的是新提供的功能，还是“增强”活动的结果（即增加、修改和删除功能的总和）。

（15）主要构件（如果适用的话）的数目，这些构件的规模已经增加到总体规模记录中。

（16）复用软件所占的功能百分比。

（17）对于总体度量范围中的每个范围，按照图 5-10 建立度量矩阵。

层名称

	数据组名称											
软件名称A	数据组1	…	…	…	…	…	…	数据组n	输入	输出	读	写	小计
功能处理1 功能处理2 功能处理3 功能处理4 功能处理5													
软件A的合计													

图 5-10　通用软件模型度量矩阵

（18）度量者的姓名及 COSMIC 认证资质、度量日期。

5.5　COSMIC 应用中存在的主要问题及解决方法

5.5.1　主要问题

在应用 COSMIC 方法的过程中，如果不能正确地理解和把握 COSMIC 度量原则和规则，就可能产生错误的度量结果。COSMIC 方法在应用实践中主要存在以下主要问题。

1．功能用户需求的不明确

COSMIC 方法以软件的功能用户需求为输入，运用一系列规则和过程，最终得到软件的功能规模。即使是最好的模型，如果输入不准确甚至是错误的，那么就很难得到准确或正确的结果，要得到准确的度量结果，首先必须明确输入。国际标准 ISO/IEC 14143/1:2007 中定义功能用户需求（FUR）为：用户需求的子集，描述了软件应该提供的任务和服务。功能用户需求不包括质量需求和技术需求。更明确地说，一个 FUR 描述了软件必须为功能用户做“什么”，功能用户是发送数据到软件的发送者或从软件那里接收数据的意向接收者。FUR 不包含软件必须“怎样”做的技术和质量要求。在实际软件开发过程中，并不是所有的软件需求规格都能够达到软件需求质量标准：正确、完整、无歧义性、一致性、确定重要性与稳定性的等级、可更改、可验证、可追踪。对 COSMIC 功能规模度量来说，我们主要关注软件需求的完整性和无歧义性。

在软件生命周期的早期，需求往往处于概念级别，一些细节没有展示出来，如在一个用例中没有对数据流进行描述或者描述过于简单，而 COSMIC 方法是通过计算数据组的移动个数得到功能规模，在这种情况下，度量者就没有足够的信息来应用 COSMIC 方法的规则。一些需求陈述模糊、有歧义，甚至还有明显的错误，这对度量者来说具有极大的挑战性。对同一需求，不同的度量者会有不同的理解，得到的结果就会不同。1983 年，IBM 公司指导生产率项目组进行了一次试验，20 名成员对同一系统的需求规格进行功能规模度量，平均误差范围为±30%，导致误差较大的原因是对需求规格的理解不同。

2．度量范围和边界划分不准确

在度量之前，根据不同的度量目的，可能需要将软件划分为几个部分进行度量。用房屋建造做类比，如果度量目的是成本估算，分别度量房屋不同部分的规模是必要的，如基础、墙和屋顶，因为它们使用不同的构造方法。估算软件开发成本也是一样的，如果所开发的软件系统由处在系统体系架构不同层的软件组成，那么每一层的软件的规模将需要分别度量。如果软件必须在单个层里作为一组对等组件来开发，每个组件使用不同的技术，在度量它们的规模之前，为每个组件定义各自的度量范围是必要的。边界是待度量软件和它的功能用户之间的一个概念性接口。对商业应用软件来说，边界通常为人机接口；对实时应用软件来说，边界通常为软件和它必须监视和控制的外部设备之间的接口。

COSMIC 方法把功能用户定义为：一个（类）用户是软件的功能用户需求中数据的发送者或数据的意向接收者。度量范围和边界的划分不同会导致识别出不同的功能用户。例如，一个典型的多功能复印机实时应用软件，它的用户为：

（1）任何通过按钮、显示灯等间接与应用软件交互的人类操作者。

（2）任何直接与应用软件交互的硬件设备。

（3）任何对等应用软件，如发送要打印文件的个人计算机软件。

（4）一个操作系统，假如此复印机应用软件依赖一个操作系统。

操作系统对应用程序的任何约束对所有应用程序都是一样的，任何软件的功能用户需求都不将操作系统作为用户。所以，该应用软件的功能用户就是前三者。现在从人类操作者和硬件设备的角度分别考虑复印机的功能，即使不了解这个设备的内部运行细节，也可以知道不同类型的用户将“看到”不同的功能。人类操作者不能“看到”应用软件为使机器正常工作而提供的所有功能，人类操作者可以猜测一些功能如何实现，如检测纸张堵塞、油墨耗尽、缺纸等。但是这些功能是由应用软件与不同的工程硬件设备直接交互而产生，这些工程硬件设备的应用驱动程序和它们之间的交互对人类用户是不可见的。如果我们分别以人类操作者和工程硬件设备作为该应用软件的功能用户来度量其功能规模，那么，从人类用户视角我们将得到较小的功能规模。类似地，对等应用软件比人类用户“看到”更小的功能。所以功能用户决定了功能规模的大小。

3．功能过程识别错误问题

COSMIC 通用软件模型说明：软件的功能用户需求可以分解为单独的功能过程，一个功能过程包括一组唯一的、内聚的、可独立执行的数据移动。在识别功能过程前，首先要将功能用户需求分解为“基本部分”或“对功能用户有意义的最小活动单元”。但是分解的这些“基本部分”并不是与功能过程一一对应，一个“基本部分”成为一个功能过程要满足以下条件：

（1）必须是独立执行的。

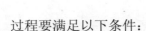

（2）必须由一个功能用户感知的事件所触发并且触发事件在软件的边界外。

（3）必须完成响应触发事件所需的全部活动。

（4）至少包含两个数据移动：一个数据输入，另一个数据输出或写。

（5）完全属于且仅属于某一层的一个软件。

通常大部分在线商业应用软件更新数据需要两个独立的过程，首先是“更新前的查询”，在这个过程中，读取要更新的感兴趣对象的数据并显示出来。随后，“更新”过程将改变的数据写入持久存储器。更新前的查询过程可以使用户检索和验证选择要更新的正确数据。随后的更新过程可以使用户输入数据完成数据的更新。逻辑上，更新前的查询和更新是两个独立的、完整的过程，更新过程不知道是否使用了更新前的查询，但是如果我们识别的触发事件是对数据进行更新，而不是简单的查询，那么这两个过程就不能分别视为一个功能过程，因为一个功能过程必须完成响应触发事件所需的全部活动，查询过程只是这个功能过程的一部分。

4．功能过程获取数据的方式识别错误

对一个功能过程来说，获取数据的方式可以分为两种：一种是明确告知功能用户自己需要什么数据，这种情况在商业应用软件领域比较常见；另一种是直接接受功能用户传来的数据，这种情况在实时系统领域比较常见。

根据 COSMIC 方法规则：①当功能过程需要获取功能用户的服务，并且功能用户需要被告知发送什么，一个 Exit/Entry 对将被识别；②当功能过程处于等待状态，请求功能用户“如果你有数据，现在就发给我”时，只识别一个 Entry。

在实践中，如果不能正确地判断功能过程获取数据的方式，就可能将两者混淆，带来度量误差。避免产生度量误差的关键是理解对等组件的概念，满足对等组件的两个条件：对等组件处于软件分层体系结构的同一层，对等组件必须能够互相操作。

5．错误的累加度量结果

假设一个应用程序是客户/服务器模式，它由两个组件构成，客户端组件 A 从服务器端组件 B 中获取数据，组件 A 与组件 B 是该应用程序的两个主要组件，它们处于同一层，可视为对等组件。人类用户在客户端触发一个功能过程——从服务器端读取相关数据并在客户端显示。如果度量范围为整个应用系统，人类用户并不关心该应用程序在物理上如何分布，两个组件之间的数据交换对人类用户来说是不可见的，整个应用程序的功能用户为人类用户。假设忽略客户端和服务器端与各自的操作系统间的数据交换，那么这个功能过程的功能规模为 3 个 CFP。如果度量范围为组件 A，对组件 A 来说，可识别出两个功能用户：人类用户和组件 B。根据人类用户的观点，他们触发一个功能过程检索

数据并接收返回结果，他们并不关心组件 A 如何读取数据，如从本地或远程。但是由于度量范围的限制，导致该功能过程需要从组件 B 获取数据，组件 A 需要明确告知组件 B 所需的数据，随后接收从组件 B 传输的数据，也就是说，它们之间通过“Entry/Exit 对”交换数据，组件 A 的功能规模为 4 个 CFP。如果度量范围为组件 B，其功能用户为组件 A，组件 A 与组件 B 互为功能用户，它们之间共享一个边界，通过“对等”消息交换数据。组件 B 接收到组件 A 发送的查询消息后，从存储器读取相关数据后将结果输出到组件 A，组件 B 的功能规模为 3 个 CFP，整个应用程序是由组件 A 和组件 B 组成，假设我们对组件 A 和组件 B 分别度量后，要得到整个应用程序的功能规模，如果我们只是对组件的功能规模进行简单累加，那么可以得到 7（4+3＝7）个 CFP，这与第一种情形得到的结果相矛盾，出现这种情况的原因是没有遵循度量结果的累加原则：软件的规模不能通过累加其组件的规模来获得，除非组件间用于通信的数据移动被删除。

出现以上这些问题的原因主要是度量者没有正确理解 COSMIC 度量的相关概念和度量规则；度量者没有遵循规范的度量过程，从而在度量过程中产生错误。

5.5.2　解决方法

1．明确功能用户需求

功能用户需求存在于软件生命周期的任何阶段，在软件交付前，功能用户需求包含在软件的各种需求文档中；在软件交付后，功能用户需求包含在软件的物理程序和操作手册中。例如，在需求阶段，功能用户需求存在于软件需求规格说明中；在设计阶段，功能用户需求存在于软件的设计文档中；对于许多年前交付的软件，可能只有很少，甚至没有相关的文档，功能用户需求存在于已安装的系统和用户操作手册中；在敏捷软件开发过程中，开发者认为可以工作的软件胜过面面俱到的文档，直到迫切需要时才编制文档。敏捷软件开发更加重视所要构建的软件，这就意味着并不是所有的功能用户需求都必须以书面形式存在，这类产品的功能用户需求更多地存在于所交付的软件产品中。

实际应用中很难发现一个能够直接用于度量功能规模的“纯粹的”功能用户需求表述，典型的系统需求陈述包括软件的功能用户需求、技术和质量及其他系统资源，它们互相交织在一起。一些已经交付的软件，可能没有或只有很少的体系结构或设计文档，并且 FUR 没有文档化（如遗留软件）。功能规模度量只关心软件的功能用户需求，而不关心功能用户需求的物理设计和实现技术，所以，在软件生命周期的任何阶段，度量者必须从需求陈述中提取出 FUR 或从安装在计算机系统上的文档中导出 FUR。

对于还没有交付的软件，功能用户需求可以从各种文档中提取，如需求定义文档、数据分析建模文档和需求的功能分解文档等。在提取功能用户需求的过程中，如果需求描述模糊，度量者可以与用户或专家进行沟通来解决软件需求规格中出现的问题，对所要交付的功能有一个清晰的认识，提取正确的功能用户需求。另外，可以借助用例分析技术帮助提取功能用户需求。用例是一种非常有效的需求建模技术，它为我们提供了一种用于捕获、研究和记录系统应该完成何种功能的标准方式。用例标识系统的功能，传统的需求可能包含对用户来说不太清晰的功能，而且会忽略辅助性的功能。用例描述完整的事务，因此不太可能忽略必要的步骤。用例建模的过程也就是需求分解的过程，还可以使功能需求更加简洁明了，并消除功能需求的歧义。对于已经交付的软件，功能用户需求可以从安装在计算机系统上的文档中提取，如物理程序、软件操作手册和步骤、物理数据存储文档等。在提取功能用户需求的过程中，度量者要充分挖掘出软件所实现的功能，软件所实现的功能一般可以从软件的相关介绍中得到。对于每一个功能模块，度量者都可以通过分析其物理程序或操作手册了解其内部执行过程。

随着项目的推进，原本属于系统的技术或质量要求可能会转变为功能用户要求。例如，有一个功能用户需求陈述定义了一个软件系统可以使顾客在互联网上查询他们的投资业务和当前的价值。在项目开发早期，目标响应时间是一个特定的技术需求。深入研究后发现，要达到要求的响应时间，除了所开发的系统要运行在特定的硬件平台上之外，还要为业务查询系统提供对股票市场价格的持续反馈。原来的技术需求依然正确，但是它导致一个附加的技术约束（特定硬件）和一些新的应用软件的功能用户需求。一旦出现这种变化，需要构建的软件功能的数量就会增加，因此，软件的功能规模会不可避免地随之增大。所以在提取功能用户需求时，要注意技术或质量需求是否会转化为功能用户需求。

2. 正确划分度量范围和边界

度量范围决定了功能用户，假设一个商业应用软件的主要组件采用不同的开发技术，如果度量目的是估算开发工作量，那么就有必要对每个组件进行分别度量，在整个度量范围内，应对各个组件定义其各自的度量范围，在各自的度量范围内应识别出各自的边界。边界使得在软件的组成部分（处在边界的应用软件一边）和功能用户环境的组成部分（处在边界的功能用户一边）之间有一个明确的区别。注意不能把边界认为是划在待度量软件周围用来定义度量范围的线。持久存储器不被认为是一个软件的功能用户，因此，它处在应用软件一边。

3. 正确识别功能过程获取数据的方式

正确判断功能过程获取数据的方式，关键是判断是否为对等组件之间的数据交换。对等组件是将一个层内的一个软件的 FUR 分解为互相操作的部分，每个部分完成软件的

FUR 的特定部分。对等组件可能处于不同的分解级别，只要它们没有层次依赖关系，能够平等地交换数据，那么就可以认为是对等组件。对等组件的数据交换方式有两种：直接交换和间接交换。直接交换是指从一个组件中流出的数据直接由另一个组件接收；间接交换是指一个组件将数据写入永久存储器，随后由另一个组件读取。如果对等组件之间的数据交换方式为直接交换，对等组件之间存在一个边界，数据交换跨越这个边界，所以我们识别出两个输出/输入对。如果对等组件之间的数据交换方式为间接交换，那么，因为持久存储器不被视为一个功能用户，对等组件与持久存储器之间不存在边界，由于数据组不跨越边界，所以我们识别出两个读/写对。

5.6　COSMIC 方法的应用

5.6.1　COSMIC 的应用场景

COSMIC 方法可用于以下几个方面。

1．项目估算

当项目经理要求估算一个新开发软件项目的成本时，第一个遇到的问题就是“这个软件到底有多大？”对于一个新开发的软件，如果可以在需求阶段度量其规模，那就完成了估算开发这个项目所需的成本和时间的关键性一步。COSMIC 方法以功能用户需求为输入，得出一个代表软件规模的数值，我们可以根据项目历史数据进行项目估算。

2．项目性能度量

在工业实践中，度量性能是认识性能和提高性能的关键。例如，生产率通常定义为交付产品的数量除以所需时间。软件开发生产率可以解释为软件功能规模除以项目工作量。COSMIC 方法得到的软件功能规模有助于我们度量项目的效率，同时，可以比较两个组织之间、内部组织与外部基准组织的项目性能。

3．项目范围控制

如果供应商给顾客一个新开发软件所需成本的估算，后来顾客又增加了新的需求，那么供应商就会通过增加成本或通过协商顾客需求的范围来做出反应。无论哪种情况，在协商中能够度量软件或者基于需求提出的改变的规模，对双方来说都是一个关键的参数。

4．软件资产评估

许多大型组织，不管是组织局面，还是部门局面，现在都积累了大量的软件模块，当面临估算替换成本时，就需要评估这些资产。一些组织，尤其是金融服务行业，运营

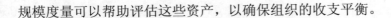

规模度量可以帮助评估这些资产，以确保组织的收支平衡。

5. 软件合同控制

当软件开发项目由外部供应商承担时，规模估算就构成了软件供应商组织和客户组织之间合同的基础，COSMIC 方法作为一种标准的功能点方法可以对项目合同进行计价。

6. 软件需求的质量控制

COSMIC 方法以软件的功能需求作为输入，在度量过程中，度量者要认真考虑需求陈述中的功能性需求，度量功能规模的过程实际上是对需求质量的一次很好的检查过程。

7. 测试用例计划的基础

COSMIC 方法中，一个功能过程是一个独立的、完整的功能模块，一个过程就可以对应一个测试用例。

5.6.2 COSMIC 应用案例分析

1. 案例需求

微波炉是一种用微波加热食品的烹调灶具，由电源、磁控管、控制电路和烹调箱等部分组成，微波由磁控管产生。这里主要从用户使用的角度，在有限状态下分析系统需求：

- 微波炉需求软件接收从炉门和启动按钮传来的输入，也能发送信号来控制内部的灯和磁控管，软件能向定时器发送信号设置烹饪时间，也能接收烹饪完成的信号。
- 当微波炉的门被关闭时，按下启动按钮，开始烹饪。
- 微波炉的门上有传感器，在烹饪期间或烹饪完成门被打开时，关闭磁控管，点亮微波炉的灯。
- 在烹饪时，点亮微波炉的灯。
- 每按一次启动按钮，计时器增加一分钟，烹饪时间由计时器决定。
- 当烹饪过程中微波炉的门被打开或烹饪完成时，计时器停止并重置为零；微波炉软件的初始化需求是假设电源是打开的，微波炉是在“待机”的状态。

微波炉的环境图如图 5-11 所示。

图 5-12 所示为微波炉的状态转换图。盒子代表状态，箭头表示从一种状态转换到另一个状态。引发微波炉在状态之间移动的事件是触发事件，用前缀“TE”标识，而功能用户用“FU”作为前缀。

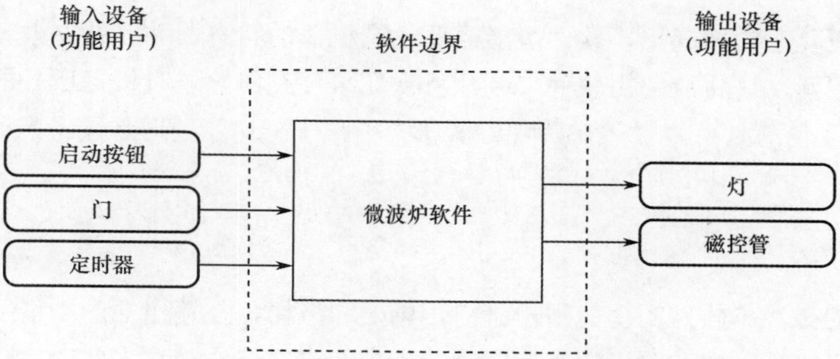

图 5-11 微波炉的环境图

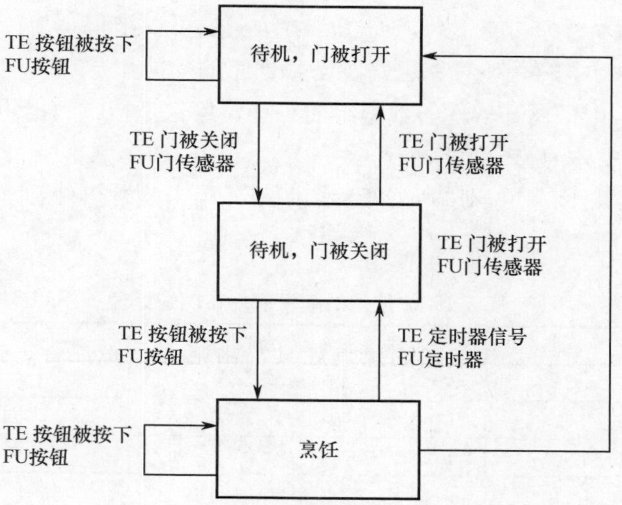

图 5-12 微波炉的状态转换

并不是所有的状态转换都对应到一个功能处理，微波炉状态转换图中有七次状态转换，但只有四个功能处理。只有检测到事件或由外部功能用户产生的到软件的事件，才可以触发一个功能处理。每个功能处理必须处理所有状态和状态组合，以响应给定的触发事件。例如，触发事件“启动按钮被按下”可能发生在微波炉处于“待机，门打开”“待机，门被关闭”“烹饪中”中的任意一种。按钮被按下的事件发生在硬件的外部世界，是完全独立的机器状态。因此，一个功能处理必须要根据“按钮被按下”时的机器状态，以三种方式处理“按钮被按下”的事件响应：

在“待机，门打开”状态，在已经发现门是开着的时候，它就停止。

在“待机，门被关闭”状态，它发送信号启动磁控管、开灯，并启动定时的烹饪。

在“烹饪中”状态，它执行与前面状态一样的数据移动，但因为磁控管已经启动、灯也亮着，结果就是增加定时的烹饪时间。

以上是我们假设微波炉可以通过简单地检查门是打开还是关闭的，就能执行它的功能。在一个更复杂的情况下，软件可能需要记录机器的状态，并在状态改变时在持久存储器中进行更新，这将避免用软件来判断每次新事件发出信号时机器所处的状态。类似地，“门打开了”事件可能发生在两种机器状态下，一个功能处理必须考虑如何处理这两种状态。

2. 案例分析

输入端的微波炉软件的功能用户是门传感器和按钮，在输出端的功能用户是微波炉的灯和磁控管。输入端和输出端都有的功能用户是定时器。在许多实时软件中，物理设备在与软件交互的同时，也是软件要处理和/或存储数据的一个事物，因此在策略阶段一个物理设备被识别为一个功能用户，而在映射阶段也可以被识别为一个兴趣对象，因此每个进入软件的数据组的兴趣对象也是发送数据组的功能用户（功能用户就是发送的数据本身）；类似地，每个离开软件的数据组的兴趣对象也是接收数据组的功能用户（功能用户就是被发送数据本身）。

微波炉的触发事件和功能处理如表 5-1 所示，由于触发事件和功能处理是一一对应的，所以对它们使用了相同的名字。

表 5-1　微波炉的触发事件和功能处理

触发事件	启动功能处理的功能用户	功能处理
门被关上	门传感器	门被关上
启动按钮被按下	启动按钮	启动按钮被按下
定时器信号（烹饪结束）	时钟	定时器信号（烹饪结束）
门被打开	门传感器	门被打开

微波炉的功能处理如下所述。

功能处理：门关闭，如表 5-2 所示。

表 5-2　门关闭功能处理

数据移动	数 据 组	备　注
E	门被关闭的信号	触发输入，来自门传感器
X	微波炉的关闭信号	到微波炉的灯

这个功能处理的规模是 2CFP。

功能处理：启动按钮被按下，如表 5-3 所示。

表 5-3　启动按钮被按下功能处理

数据移动	数 据 组	备　注
E	启动按钮信号	触发输入，来自按钮
E	请求门的状态	检验门是否关闭

（续表）

数据移动	数 据 组	备　注
X	磁控管信号	到磁控管，如果门关闭了
X	点亮微波炉灯的信号	到微波炉的灯，如果门关闭了
X	启动或/和按定时器增加烹饪时间	到定时器，如果门关闭了

这个功能处理的规模是 5CFP。

功能处理：时钟信号（烹饪结束），如表 5-4 所示。

表 5-4　时钟信号功能处理

数据移动	数 据 组	备　注
E	定时器的信号	触发输入，来自定时器
X	关闭磁控管的信号	到磁控管
X	烹饪结束的信号	到微波炉的灯

这个功能处理的规模是 3CFP。

功能处理：门被打开，如表 5-5 所示。

表 5-5　门被打开功能处理

数据移动	数 据 组	备　注
E	门被打开的信号	触发输入，来自门传感器
X	点亮微波炉灯的信号	到微波炉的灯
X	关闭磁控管的信号	到磁控管
X	停止定时器	到定时器

这个功能处理的规模是 4CFP。

因此，度量范围内的微波炉软件功能规模总计是：2+5+3+4 = 14（CFP）。

第 6 章　基准数据库的建立及应用

6.1　背景及目的

随着软件业的发展，越来越多的企业希望得到很好的过程改进方法，而软件度量正是软件过程改进的基石，因此越来越多的软件企业不断加强软件的度量力度，越来越重视度量方法的作用。

软件度量已经发展成为一门至关重要的软件工程学科和基本的软件工程实践。度量为我们做出明智的决策提供了客观的信息，而这些决策确实对我们的商业运作和工程性能产生了积极的影响。缺乏软件度量，项目管理只能处于一种“混沌”状态。

软件度量是对软件开发项目、过程及其产品进行数据定义、收集及分析的持续性量化过程，目的在于对此加以理解、预测、评估、控制和改善。众所周知，度量对任意一个工程产品研制都是很重要的，度量让人们更加了解产品，可以评价产品，衡量产品质量，从而进行改进。对于软件产品也一样，只有定性的评估是不够的，只有通过定量的评估，才可以从根本上解决评估软件产品质量这样的问题。然而，软件产品的度量却非常困难，对它的度量可能永远无法做到和物理产品一样完美。但是，软件度量仍然具有重要的意义。没有软件度量，就不能从软件开发的暗箱中“跳”出来。通过软件度量可以改进软件开发过程，促进项目成功，开发高质量的软件产品。在软件开发中，软件度量的根本目的是管理的需要，利用度量来改进软件过程，人们是无法管理不能度量的事物的。

完成软件功能点规模度量，通常不是我们的最终目的。在得到软件功能点规模度量数据后，需要进一步得到工作量、工期和成本的度量结果。这需要知道功能点与工作量、工期和成本等数据之间的关系。对此，Barry Boehm 大师在他著述的软件成本预测模型（COCOMO 和 COCOMO II）中进行了详细的论述。相关内容不在此赘述，读者可查阅详尽的相关资料。

简单地说，在相同限制条件下，工作量、成本与功能点的数值有正比例关系。用通俗的话讲，在确定的条件下，功能点越多，需要的工作量就越大，软件成本也越高。

那么由功能点推导成本的关键就是功能点费率，即每功能点的成本价；由功能点推导工作量的关键就是生产率，即每功能点需要的人天数；由工作量推导成本的关键就是人月费率，即每人月的成本价。

这样问题就来了：费率、生产率及其他关键比率值（我们称为“基准数据”）如何得到、如何确定呢？国家、行业、企业的基准数据如何得到呢？

这将依赖于国家、行业、企业基准数据库的建立，以及对基准数据库的分析，从而得到相应的基准数据。由于国家、行业、企业基准数据库的建立、分析方法有一定的相似性，因此下文通常不加区分，统一进行描述。

基准数据库主要是通过收集历史项目数据，分析项目规模、工作量、成本、工期，开展行业基准比对，准确定位企业研发管理的改进点，促进企业生产力的持续改进。

建立基准数据库的目的，是利用历史项目数据和基准比对的方法确定开发效率、各类调整参数，从而估算出软件工作量、成本等。因此，权威的行业基准数据就成为标准落地实施的重要支撑与依据。大量量化数据的积累，为组织内的各类估算提供了有力的依据，使各公司合同成本估算更准确，报价更合理，利润更有保障；组织根据生产力方面的数据，可以进行基准比对，找出存在的差距，并查找原因，通过培训、测试等手段提高生产力。

基于基准数据库的量化管理水平的高低是一个组织成熟度水平的重要标志，也是衡量一个行业是否走向成熟的重要指标。软件研发经验表明：结合实践中的数据观测和度量，借鉴已有研究成果中的理论、模型与经验数据，反馈给软件研发实践，可以提高量化管理水平，而这中间最关键的步骤是收集历史项目数据、建立基准数据库。国际上软件产业发展水平较好的国家（如美国、印度、芬兰、荷兰、日本、韩国等）都已经建立了行业级软件过程基准数据库。与此同时，很多国际基准比对标准组织从 20 世纪 90 年代就开始收集软件历史项目数据。

建立基准数据库时，为了确保采集数据的完整、真实、可信，我们必须遵循以下准则。

真实性准则：采集的数据要满足规格说明；要在有效值域内；数据信息是完整的；通过公式计算得来的数据，要验证其准确性。

同步性准则：确保数据采集者或使用者对度量数据的属性和描述理解是一致的。

有效性准则：度量规则及度量值符合定义，度量定义或数据采集的方法有明确陈述。

通用软件基准数据库采集的主要字段示例如表 6-1 所示。

表 6-1　通用软件基准数据库采集的主要字段示例

属　性	字　段
项目基本信息	度量方法、开发地区、业务领域、开发类型、编程语言、操作系统、生存周期模型、开发技术、团队规模、需求稳定性
规　模	软件规模、需求变更规模
进　度	项目总周期、阶段周期、休眠周期
工作量	项目总工作量、阶段工作量
质　量	缺陷密度、缺陷数

已经发布的和正在研制的软件成本度量相关标准倡导使用量化方法和行业基准数据来估算软件项目的成本和费用。因此，权威的行业基准数据是标准落地实施的重要支撑

与依据。

由于测算出来的费用涉及甲乙双方的经济利益，所以权威、可信的行业基准数据不但可以帮助甲方进行合理的费用测算和预算，还能使乙方获得合理的利润。最终使得乙方专注于提高生产率和管理水平，获得公允价值之上的利润，形成一个循环受益的良性发展趋势。

建立基准数据库是科学度量软件绩效和成本的基础。

基准数据应具有足够的数据量和广泛的行业覆盖面。足够的数据量可以保证足够的收敛特性，使得分析得出的基准值更为准确；广泛的行业覆盖面可以保证能够代表不同利益相关方的利益特点，保证分析得出的基准值能够得到行业的充分认可，只有基准值得到各利益相关方的共同认可，得出的软件绩效和成本才能被认可。鉴于此，应建立基准数据库，用于收集和存储广泛的行业信息，具体包括以下三个方面的工作。

一是完善配套的规范、教材和工具：首先，应制定相关过程和方法规范，指导数据采集、分析和发布的过程，并规定基准数据的度量元及采集方法；配套制定相应的实施指南、培训教材等资料，组织开展相关人才的培养，建立支撑的人才队伍；开发数据采集和成本估算工具，提高整个过程的自动化程度，支撑海量的行业数据处理。

二是建立多级数据库和各级联动的估算机制：基准化分析法的基本方法是同质对比，因此，基准数据就应具备区域特征和行业特征。为了充分反映各区域、各行业特征，提高基准化分析的效率，应建立相互映射和引用的多层级数据库，并提炼具有区域代表性和行业代表性的基准数据形成总数据库。在多级数据库的基础上，建立多级联动的软件绩效和成本度量机制。

三是充分发挥各级机构和企业提供数据的积极性：为了保证基准数据具有足够的数据量和广泛的行业覆盖面，应充分调动机构的积极性，联合监理企业、测评机构和软件企业，持续、及时地为基准库提供实用数据。数据的积累是基于基准化的软件绩效和成本度量方法最为核心的工作，数据量和数据覆盖面直接影响基准值的准确度和可信度。长期的数据积累和各级组织的积极参与是软件绩效和成本度量机制建立的重要保障。

其核心技术路线是利用历史项目数据和基准比对的方法确定开发效率、各类调整参数，从而估算出软件工作量、成本等。因此，权威的行业基准数据就成为标准落地实施的重要支撑与依据。大量量化数据的积累，为组织内的各类估算提供了有力的依据，使公司合同成本估算更准确，报价更合理，利润更有保障；根据生产力方面某些部门或个人与公司基准间的差距，查找原因，落实培训、测试等手段，从而提高生产力。总之，这一切的改进措施都与公司利润最大化的目标相一致。

6.2 功能点字典

功能点字典是基准数据库中一种可以建立基准的数据类型。在进行功能点估算时，我们发现一些企业无法获取信息化系统的全功能列表，一些功能被重复提交并被重复计费，造成甲方资源浪费。我们有时也遇到如下疑问：行业软件系统都包含哪些功能？如何梳理形成软件系统的全功能列表？如何梳理形成软件系统的字典库？如何在行业成本度量规范标准的基础上建立快速、分级的软件成本度量？如何将甲乙双方争论的焦点从费用转移到修改内容上？

以上问题的答案都与功能点字典有关。以下各节将就功能点字典的相关概念和应用进行介绍。

6.2.1　功能点字典的概念

功能点字典是指对已有系统的典型功能或所有功能进行计数，并确定每个功能点计数项的类别，以及对应的规模（或工作量、费用），并编制成册。运用功能点字典，可以快速确定增强开发中的变化功能（包括修改、屏蔽或联调测试）对应的规模（或工作量、费用），也可以为类似的新开发功能计数提供参考和样例。

使用功能点字典主要的优势包括：

（1）对于功能点计数人员技能要求较低，相关人员只需接受简单培训即可以快速完成功能点计数工作。

（2）计数结果的准确性和客观性高于传统方法。在使用传统方法进行功能点计数时，由于不同人员对于方法、需求的理解存在差异，会导致计数结果产生偏差，因而需要持续的培训，以及不断完善相关指南和提高计数结果的一致性，使用功能点字典，则大大降低了方法导入成本，缩短了周期。

（3）可以有效用于早期估算。由于功能点字典可以按照需求级别分项汇总，因此可以支持需求不清晰时的早期粗略估算。

6.2.2　建立功能点字典的方法

在对每个项目进行功能点估算后，对被正式采纳的功能点估算表做归档存储。在有新的人员要做功能点估算时，可以将这些估算表作为学习材料的实例部分，以了解主要的功能点识别方法和识别结果，在新项目估算中借鉴。对样例库中存放的项目估算表，按项目类别归纳出常见功能的估算结果，可以作为后续项目的借鉴。之前项目的功能点估算结果，凡可能在以后项目中出现的功能项，均可纳入功能点字典。未来业务人员只需输入功能名称就能自动查询这项功能的功能点数。对于不能查询到的功能项，再交给专职的人员处理，通过相关流程加入功能点字典库中，从而大大降低了功能点使用的门槛，减少了对专业估算人员的依赖。

依据“功能点字典模板”字段，将已经完成审核的规模测算表格中规范、常用、典型的功能点模块内容收集到一个历史数据手册文档中，形成企业的功能点字典。

功能点字典审核是在功能点字典完成了创建或更新，通过专家和/或专业领导审批后，进行全企业发布，成为全企业规模测算时参考的工作手册。功能点字典审核主要考察功能点字典的准确性和可参考性，由主管部门和或专家在接收到功能点字典的审批申请后，执行审批。

6.2.3 功能点字典的应用

在获取新的需求之后，首先确认新需求是否为对原有系统的补充或优化，如果是，则进行对功能点字典的查询；如果否，则对新系统进行计数。

功能点字典的三种情况查询如下：

（1）新需求为对原有需求的修改和优化。

（2）可以在功能点字典中找到类似的功能作为参考。

（3）无法在功能点字典中找到与新需求对应的功能。

前两种情况可以在功能点字典中进行查询并汇总，得到新需求的工作量，最后一种情况则不能使用功能点字典，需要另外对新需求进行计数。

运用功能点字典进行项目估算的流程示例如图 6-1 所示。

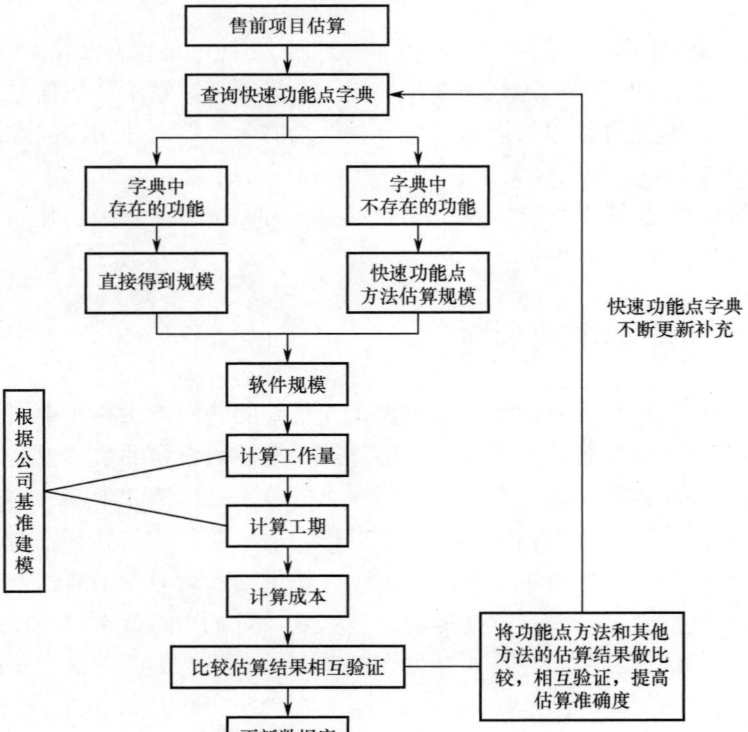

图 6-1　运用功能点字典进行项目估算的流程示例

6.2.4　功能点字典的样例

功能点字典的样例如表 6-2 所示。

表 6-2　功能点字典示例

规模估算方法		估算功能点计数				
编号	子系统	模块	功能点计数项名称	类别	UFP	备注
1	构建统一地图服务	地图数据预处理	地图数据	ILF	7	
2			地图数据原始坐标非线性偏移	EI	4	
3			地图数据投影转换	EI	4	
4		切片制作工具	切片	ILF	7	
5			显示方案配置	EI	4	
6			显示方案预览	EQ	4	
7			投影坐标系选择配置	EI	4	
8			比例尺选择配置	EI	4	
9			切片数据美观修订	EO	5	
10			并行切片功能	EO	5	
11		矢量化切片数据存储	矢量化切片数据	EIF	5	

功能点字典中应列出历史项目的信息，包括系统名称、模块名称、功能点计数项名称、类别、功能点数、修改类型及对应的工作量。

6.2.5　更新功能点字典

在建立功能点字典时，直接使用 Excel 表格存储功能点字典的内容。经此形成的企业功能点字典，要定期进行功能点字典内容的增加、删除、修改操作，使得功能点字典中留存的是企业的最典型、常用的功能模块的规模估算。

功能点字典初始时尽量集中，随着内容的增多，可按照企业产品线进行分册管理。功能点更新可以主要在功能点字典每个季度的末尾时进行。每次完成功能点字典的创建和优化后，都要提交进行“功能点字典审批”，若有更新部分则要使用高亮色标识出更新部分的内容。

一个维护得好的功能点字典，即便它是一个包含数万或更多功能项的功能点字典，在用“查找”功能进行查询时，仍能快速定位某功能名称的功能点计数。

6.2.6　功能点字典的应用案例

某软件研发成本度量规范应用示范单位运用功能点字典库，使软件成本度量更加高效。这是一家银行业软件成本评估的先行者之一，随着该行组织级量化管理的不断提升，以及银行合规性的需求日益严苛，高层领导对信息化管理的量化提出了新的要求，金融信息化每年投入了大量的人力进行开发，如何能客观地量化评价相应的产出，成为一个亟待解决的问题。

这家单位历时一年，详细梳理了历史项目数据，分析出自己的生产率，最后完善了管理制度及人员岗位等方面的工作，从而建立了一套"基于功能点方法的软件成本评估体系"。

在建立体系之前，通常是采用类比、类推及专家经验法。由于这些方法没有一套标准的体系，很容易受到主观因素的影响，不能保证评估结果的科学性和准确性。在建立基于行业标准的软件评估体系后，使用客观的功能点估算方法保证了软件研发成本度量的准确性及客观性，最终促进了合规性。

这套体系的实施难点，是最初的门槛比较高，需要既懂技术又懂业务的复合型人才，但随着信息化投入的增加，需要投入的软件估算团队也会越来越庞大，针对如何降低资源投入这个问题，单位专家进行了"客户化改造"：建立了一整套的功能点字典库，通过功能点字典库，将功能项进行封装。截至 2016 年，已经封装了 17 万多个功能项，功能点数有八九十万个。未来业务人员只需要输入功能名称就能自动查询出这项功能的功能点数、工作量、费用等参数，不能查询到的功能项，再交给专职的人员进行处理，通过相关流程加入功能点字典库中，从而大大降低了功能点使用的门槛，减少了对专业估算人员的依赖。

这套"基于功能点方法的软件成本评估体系"很有价值。在评估体系建立后的试点应用阶段的前 3 个月，这家银行对比了与传统方法及标准方法得出结果的差异，发现这套体系是非常科学与准确的，通过与实际项目数据的对比后，决定所有的项目都使用这套体系进行评估，让所有项目都实现量化管理。目前该体系已经在信息中心内部、外包商管理及招/投标管理等多方面全面实施。在内部，这家单位对自身的开发成本及开发工期实现了精细化控制；在外部，对外包商的管理也提供了依据，特别是在功能点复用开发方面有了很好的管控；在招/投标阶段，能客观地评估出项目金额，作为选择供应商的客观依据。

在下一阶段，该单位计划做一个后评价体系。在项目结束后对比预算时的计划功能点，检查功能点的实现情况，从而及时发现有可能的灾难性漏洞，避免风险的发生，同时也可以有效地管理厂商。但这件事情做起来是有难度的，要建立后评价体系，必须通过大量的历史数据的分析，得出代码行对应的功能点数，然后再通过代码行来评价功能点的质量。

6.3 测量元定义

6.3.1 定义测量元的基本方法

软件度量已经发展成为一门至关重要的软件工程学科。规划项目时，需要估计项目规模与进度；跟踪项目时，需要明确实际的工作量和时间与计划的对比情况；判断软件产品的稳定性时，需要明确发现和纠正缺陷的比率，定量地了解项目的进展，需要对当前项目的绩效进行度量，并与基线进行比较，这些都需要准确的度量。度量可以帮助项目经理更好地规划和控制项目，更多地了解项目情况。所以说，一个有效的项目管理是离不开度量的。

度量在项目级上最为重要，软件度量可以帮助项目经理更好地工作。它帮助定义和执行更加实际的计划，正确地分配宝贵的资源，以使那些计划能够到位并按计划准确地监控进展和性能。软件度量作为关键项目决策和采取适当行动提供所需要的信息，使项目经理使用客观的信息来做出决策。可以帮助项目经理完成以下工作：有效的交流、跟踪特定的项目目标、在早期标识并纠正问题、做出关键的权衡决策、调整决策等。

正如所有的管理或者技术工具都不能保证一个项目会成功一样，度量也不能保证。然而，它的确可以帮助决策制定者采取一种积极的方法来处理软件项目中固有的关键问题。度量可以帮助项目获得成功，继而帮助组织获得成功。

度量可以帮助更好地制订项目计划，控制项目进度和成本。在项目进行中的度量可以及时地帮助分析异常波动，预知项目风险和调整项目策略。在项目结束后的复盘度量可以帮助进行分析和总结，改进现有的方法或过程，以驱动后续项目更好地完成。不论项目大小都需要度量，度量的最终目标都是协助项目组进行科学的决策和改进。

如果把基准数据库比喻为一座大厦，度量数据就是构成大厦的钢筋、砖块等部件，而度量元则像是钢筋、砖块等部件的基础规范。

定义测量元（度量项）时，除了要依据企业的商业目标，还要注意高层领导的数据需求。度量工作离不开领导的支持，因此可以适时对领导进行访谈，了解他们关注的主要方面。

例如，某公司的商业目标为：为电信运营商提供其运营所需的 IT 产品，使他们提高收益，创造价值，成为国际一流的软件提供商，按时、保质地提供最佳的软件。

那么为达成公司的商业目标，在研发部定义组织的业务目标为：按时发布软件产品，保证发布产品的质量，及时响应客户请求，合理分配研发资源。

组织业务目标和过程及产品性能目标的对应如表 6-3 所示，度量指标分解如表 6-4 所示。

表 6-3 组织业务目标和过程及产品性能目标的对应

组织业务目标	展开后的子目标（质量和过程项能目标）
按时发布软件产品	产品交付进度差异控制在 15%以内
保证发布产品的质量	维护的缺陷密度：0～0.95 个/KLOC，均值 0.59 个/KLOC
及时响应客户请求	工程故障平均解决时效：0～35 天，均值 9 天
	工程需求平均解决时效：0～48 天，均值 21 天
	工程需求完成时间偏差：−8～8 天，均值 0 天
合理分配研发资源	研发部成本分摊由原来的固定分摊比率转到依据实际情况动态分摊

表 6-4 度量指标分解

一级指标	二级指标
工作量细分度量	计划工作量
	实际工作量
	评审工作量
	返工工作量
缺陷细分度量	预计缺陷（按阶段分）
	实际缺陷（按阶段分）
	预计缺陷（按主次分）
	实际缺陷（按主次分）
项目规模细分度量	项目规模细分度量（代码行）
	项目规模细分度量（功能点）
需求变更细分度量	需求变更数

6.3.2 相关国际、国内标准

软件度量（测量）元的国际标准包括：

ISO/IEC TR 9126 软件产品使用质量的度量；

ISO/IEC 9126-1:2001 军用软件质量度量；

ISO/IEC TR 9126-2:2003，IDT 软件产品质量外部度量；

ISO/IEC TR 9126-3:2003，IDT 软件产品质量内部度量。

软件度量（测量）元的国内标准包括：

GB/T 16260.2—2006 软件工程 产品质量 第 2 部分：外部度量；

GB/T 16260.3—2006 软件工程 产品质量 第 3 部分：内部度量；

GB/T 16260.4—2006 软件工程 产品质量 第 4 部分：使用质量的度量；

GB/T 18491.1—2001 信息技术 软件测量 功能规模测量 第 1 部分：概念定义；

GB/T 30961—2014 嵌入式软件质量度量；

GJB 5236—2004 军用软件质量度量。

在进行软件测量元定义时，应参照标准要求，定义符合标准规范的测量元。

6.3.3 常用的度量元集

基于基准比对的方法论进行过程改进时，需要企业建立比较完善的度量过程体系及完整的度量元设计。在国际标准 ISO/IEC 12207、ISO/IEC 9126 和 ISO/IEC 15939 等文档中，描述了一些通用的软件度量数据及对这些度量数据定义的需求。我们所用的度量元集以软件项目为度量关注焦点，以项目本身和项目所产出的软件产品为度量对象，可以按照以下五大分类来组织度量元：①组织和项目基本信息；②项目过程；③技术；④项目人力资源和工作量；⑤过程改进。

我们在建立软件基准数据库时，一般会用到软件项目的基本信息、规模和稳定性、项目进度、资源和工作量、软件质量和生产效率这几种度量项。常用的软件度量元集如表 6-5 所示。

表 6-5 常用的软件度量元集

项目信息分类	度量元名称	项目信息分类	度量元名称	项目信息分类	度量元名称
	规模度量方法		最大团队规模		预计缺陷总数
	功能点方法		计划阶段团队规模		实际缺陷总数
	项目来源		需求阶段团队规模		预计致命缺陷
	开发地区		设计阶段团队规模		实际致命缺陷
项目的基本信息	客户组织类型	资源和工作量	构建阶段团队规模	软件质量	预计主要缺陷
	业务领域		计划总工时		实际次要缺陷
	开发类型		实际总工时		需求阶段预计发现缺陷
	开发平台		计划阶段计划工时		设计阶段预计发现缺陷
	主要编程语言		需求阶段计划工时		需求活动预计引入缺陷
	主要数据库		设计阶段计划工时		设计活动预计引入缺陷
	新增		项目计划总周期		生产效率
	修改		项目实际总周期		需求评审效率
	重用		计划阶段计划开始日期		设计评审效率
	应用系统/产品功能点数		计划阶段实际开始日期		构建评审效率
规模和稳定性	标准代码行合计	项目进度	计划阶段实际结束日期	生产效率	测试评审效率
	计划阶段结束估计规模		需求阶段实际开始日期		其他评审效率
	需求评审规模		需求阶段实际结束日期		
	设计评审规模		设计阶段实际开始日期		
	需求总数		设计阶段实际结束日期		

下面给出一些度量元的定义。

1. 规模度量方法

基本描述如下：

英文名称	Count Approach
英文缩写	CA
基本/派生	基本度量项
变量类型	文本
单位	无

定义：规模度量方法是指软件规模采用何种方法度量。目前常见的度量方法主要有“代码行”和“功能点”。

依赖关系：无。

获取方法：该度量项是基本度量项，由度量人员根据项目实际情况直接获取。

2. 实际总工时

基本描述如下：

英文名称	Actual Total Effort
英文缩写	ATE
基本/派生	派生度量项
变量类型	浮点型
单位	人时

定义：项目实际花费的总工作量。

依赖关系：

- 计划活动/阶段实际工时（PPAE/PAAE）。
- 需求活动/阶段实际工时（SPAE/SAAE）。
- 设计活动/阶段实际工时（DPAE/DAAE）。
- 构建活动/阶段实际工时（CPAE/CAAE）。
- 测试活动/阶段实际工时（TPAE/TAAE）。
- 实施活动/阶段实际工时（IPAE/IAAE）。
- 其他活动/阶段实际工时（OPAE/OAAE）。

获取方法：

$$ATE=PPAE+SPAE+DPAE+CPAE+TPAE+IPAE+OPAE$$

$$ATE=PAAE+SAAE+DAAE+CAAE+TAAE+IAAE+OAAE$$

3. 实际缺陷总数

基本描述如下：

英文名称	Actual Total Number of Defects
英文缩写	ATND
基本/派生	派生度量项
变量类型	整型
单位	个

定义：实际缺陷总数是指项目实际过程中发现的缺陷总数。

依赖关系：

- 实际致命缺陷（ANFTD）。
- 实际主要缺陷（ANMAD）。
- 实际次要缺陷（ANMID）。
- 实际遗留缺陷（ANRDD）。

获取方法：ATND= ANFTD+ ANMAD+ ANMID+ ANRDD

4．应用系统/产品功能点数

基本描述如下：

英文名称	Application Function Point
英文缩写	AFP
基本/派生	派生度量项
变量类型	整型
单位	个

定义：一个已安装使用的应用系统的功能点数。

依赖关系：

- 新增（FP）（NACS_FP）。
- 修改（FP）（MCS_FP）。
- 重用（FP）（RCS_FP）。

获取方法：AFP=NACS_FP+MCS_FP+RCS_FP

5．项目实际总周期

基本描述如下：

英文名称	Project Actual Duration
英文缩写	PAD
基本/派生	派生度量项
变量类型	整型
单位	天

定义：项目实际总周期是指项目实际开始与实际结束之间的工期值。

依赖关系：

- 实施阶段实际结束日期（IPAED）。
- 计划阶段实际开始日期（IPASD）。

获取方法：PAD=IPAED−IPASD

6．生产效率

基本描述如下：

英文名称	Productivity
英文缩写	PRD
基本/派生	派生度量项
变量类型	浮点型
单位	千行（或功能点个数）/人月

定义：生产效率描述一个项目团队在一定时期内交付软件数量的能力。

依赖关系：

- 标准代码行合计（NTCS）。
- 实际总工时（ATE）。

获取方法：PDR=NTCS÷ATE×176

PRD=(NACS FP+MCS FP)÷ATE

6.4 基准数据分析的方法

基准数据（Benchmark Data）是对度量数据进行分析后得到的结果。基准化分析方法能有效满足软件绩效和成本度量的需要。

基准化分析法的核心理念是通过将自身状况与同领域领先的状况进行比较，给出自身状况的参考值，找出差距，分析原因，调整自身行为或模仿先进行为。这需要找出或制定评价指标，并对指标进行量化或打分。

与传统的基准化分析稍有不同，在软件绩效和成本量化中，基准化的目的是获得行业的普遍现状，并以行业现状估算为参数输入计算软件绩效和成本。基于基准化的软件绩效和成本度量方法能够同时解决软件绩效和成本量化的两大难题。

一是智力成本和主观因素难以估算：基于基准化的软件绩效和成本度量方法不直接计算智力成本和主观因素，而是通过历史数据的统计分析给出估算值。在历史数据量足够大的情况下，由主观因素引起的估算波动会趋于平稳，并逐渐接近被行业广泛认可的合理值。

二是软件生产交易信息不对称问题：基准数据来源于广大软件企业的实际数据，是基于历史行业数据测算的结果。以此为基础，甲乙双方在项目实施前，就能对软件的规模、工作量、花费和效果等信息达成一致。在基准数据的覆盖面足够大时，由基准数据分析得到的基准值就能够充分代表各利益相关方的利益诉求。

当我们用度量分析方法采集到一定数量（例如，100 个）的度量数据后，可以按从小到大的顺序对每个单项度量数据值进行排序，每个数据将获得一个序列号，以 100 个数据为例，分别是：P1，P2，P3，…，P25，…，P50，…，P75，…，P98，P99，P100。分布在两端的数据，如 P1，P2，P3，…和…，P98，P99，P100 较可能是异常数据或特殊情况导致的样本，有很大的不稳定性。而通常，P25，…，P50，…，P75 这部分数据，是更正常、更稳定的数据。

使用基准数据分析方法，通常采用 P50 数据作为比较基准，也可以将 P25 和 P75（也有使用 P10 和 P90 等数据）作为比较基准参照，用来推算乐观、悲观情况的范围。

这样的基准数据分析方法适用于能直接采集到的基本度量项，如规模（功能点）、工作量（人月、人天、人时）、成本（元、万元）、工期（月、天）、缺陷数（个），也适用于由基本度量项计算得到的衍生度量项，如生产率=规模/工作量，人月费率=成本/工作量，功能点费率=成本/功能点数，缺陷率=缺陷数/规模。

于是，对于生产率、功能点费率、人月费率、缺陷率等数据，我们都可以分析得到其 P50/P25/P75 等值，以作为后续项目估算的参考。

6.5　基准数据库的建立

量化管理水平的高低是一个组织成熟度水平的重要标志，也是衡量一个行业是否走向成熟的重要衡量指标。而要实现量化管理的关键步骤是收集历史项目数据、建立基准数据库。国际基准比对标准组织从 20 世纪 90 年代就开始收集软件历史项目数据。国际上软件产业发展水平较好的国家（如美国、印度、芬兰、荷兰、日本、韩国等）都已经建立了行业级软件过程基准数据库。

在工业和信息化部软件服务业司的领导下，我国从 2010 年开始启动软件成本度量标准体系的研制工作，核心标准《软件研发成本度量规范》已于 2013 年发布。“基于基准数据的软件项目成本评估技术”已经被应用在该标准中。

要建立起符合行业特性或公司特性的基准数据库，首先要明确行业或组织的度量基准数据目标，然后收集行业或公司相关项目的有效度量数据，在项目之间进行比对分析，并定期地对行业或组织度量目标的精确度、准确度和达成度进行验证和修订。在建立基准数据库的过程中，主要遵循以下原则或要求：

（1）对数据进行匿名化处理，以充分保护提交数据组织的商业秘密。

（2）对数据进行严格的审核、可信度评价，保证数据质量。

（3）对数据进行必要的规格化处理，保证数据库的可比性。

（4）剔除低可信度数据，并计算最新统计周期内各主要指标的百分位分布。

（5）将主要指标进行统计分析，更新上一统计周期的数据进行加权平均数据，获得最新基准数据。

（6）利用企业咨询及第三方评估数据对行业基准数据主要指标进行验证和优化。

从以上原则中可以看到，在收集到度量数据之后，要对收集到的数据进行审核，校验其真实性，才能汇总整合准备导入数据库。数据质量审核项如表 6-6 所示。

表 6-6　数据质量审核项

序号	审核活动	审核人	审核内容
1	初步审核	数据管理员	（1）项目相似度检查：提交的项目数据与之前的项目是否有重合或相似。 （2）完整性检查：项目数据文档（数据采集表、需求文档、规模计数清单等）及数据内容的完整性。 （3）匿名化处理：对提交的文档删除提交者信息等内容，并按照规则进行重命名
2	规模审核	审核专家	由具备软件工程造价评估师认证的专家审核规模计数结果
3	过程审核	审核专家	重新审核过程数据，主要针对工作量、工期、功能点规模、总缺陷等关键数据进行核查，并从数据完整性、一致性方面做核查

在数据质量得到保障的基础上建立基准数据库，还不可避免地要考虑与人相关的因素：

（1）必须获得领导者的支持，这是成功的基础。

（2）成立专门的数据分析小组。

（3）充分利用工具（如 Excel、SPSS、Minitab 等）来减轻手工数据劳动的强度。

（4）可以将度量分析出来的稳定、可控的基准数据作为改进工作的参考，但要注意避免与个人绩效考核直接挂钩，防止人为因素影响基准数据的真实、可靠性。

基准数据库管理员更是直接关乎基准数据库质量的人选。对于什么样的人适合担当基准数据库管理员，我们有如下建议供参考。

基准数据库管理员的工作职责：

（1）搭建数据库环境，选择工具，定义技术方法。

（2）搜集所需基础数据。

（3）接收来自企业和行业的原始数据。

（4）检验和分析获得的数据。

（5）计算年度行业基准数据。

（6）统计分析各领域与细分条件的基准数据。

（7）持续补充企业和项目数据。

（8）组内评审数据与结果，通过后签署提交企业和或行业协会。

（9）持续改进高级数据库的载体、技术和工具。

对基准数据库管理员期望的技能要求：

（1）懂基准数据库的基本概念，有企业和/或行业基准数据库经验更佳。

（2）擅长使用 Excel 做数据统计分析、公式和函数的数据加工。

（3）掌握数据库技术、工具和方法。

能满足以上要求或大部分要求的企业管理人员可以有资格成为基准数据库管理员，

对基准数据库进行管理。

6.6 基准数据库的维护更新

在基准数据库初始建立后，如何保持持续更新，使基准数据库具备“生命活力”，始终以更新、更优化的数据服务于对基准数据的需要。

下面我们说明一下生产率如何做更新。

每个年度，将上一个运行周期内所有的项目实际工作量数据收集上来，利用公式“生产效率=总工时/总规模 ”计算出每一个项目的生产效率，计算出上一个运行周期的所有项目的生产率的中位数，也就是 P50 的生产率。

原则上在没有项目异常的情况下，推荐使用此中位数作为下一个运行周期的生产率；如果上一个运行周期中存在项目异常或特殊情况，可以由执行者酌情进行调整，原则上调整范围在 P25 至 P75 之间。

生产率的更新数据计算出来后，由执行者通过工作审批邮件或流程，提交给生产率审批领导进行审批。

在接收到“更新生产率”的审批申请后，进一步考察软件行业的生产率、企业的业务目标，以及行业的现状等因素，可以对生产率数据进行进一步微调，调整后报批。生产率一经审批后，正式发布作为全企业下一年度的工作量测算时的生产率来使用。

那么如何更新人力成本费率呢？

在每个年度，将上一个运行周期内所有的项目的实际成本数据收集起来，利用公式“人力成本费率=总人力成本/人月数”计算出每一个项目的人力成本费率，计算出上一个运行周期的所有项目的人力成本费率的中位数，也就是 P50 的人力成本费率。

原则上在没有项目异常的情况下，推荐使用此中位数作为下一个运行周期的人力成本费率；如果上一个运行周期中存在项目异常或特殊情况，可以由执行者酌情进行调整，原则上调整范围在 P25 至 P75 之间。

人力成本费率的更新数据计算出来后，由执行者通过工作审批邮件或流程，提交给人力成本费率审批领导进行审批。

在接收到“更新人力成本费率”的审批申请后，进一步考察软件行业的人力成本费率、企业的业务目标，以及行业的现状等因素，可以对人力成本费率数据进行进一步微调，调整后审批。人力成本费率一经审批后，正式发布作为全企业下一年度的成本测算时的人力成本费率使用。

以上分析表明，维护更新基准数据库，就是定期将新入库的项目度量数据进行再分析，产生新的基准数据的过程。

6.7 基准比对方法

6.7.1 基准比对方法发展现状

企业关注并实施过程改进，建立了组织级的度量目标，通过积累数据，进行量化分析，向高成熟度迈进。但在过程改进实施的过程中，也会不可避免地遇到一些问题：不知道自己在同行业的位置，与竞争对手相比是否具有优势？自己定义的度量项与同行之间是否有可比性？

缺少来自同行业的最佳实践经验，自己摸索过程改进的实施需要花费很多的时间，进展也慢。

在这种情况下，企业应该考虑采取基准比对（Benchmarking）方法来发现问题并进行改进。基准比对方法，即组织将自身的项目管理及研发数据与行业数据及最佳实践持续进行比较，通过数据分析比对，帮助组织了解现状、发现问题、实施改进并对未来建立起预测能力。

基准比对是将本企业经营的各方面状况和环节与竞争对手或行业内外一流的企业进行对照分析的过程，是一种评价自身企业和研究其他组织的手段，是将外部企业的持久业绩作为自身企业的内部发展目标并将外界的最佳做法移植到本企业的经营环节中去的一种方法。它描述了组织在发展中某一时刻的过程状态，类似于一张“体检表”，指明组织在发展中的优劣。实施基准比对的组织可以依据这张“体检表”进行有针对性的改进，并通过持续的比对从客观上验证组织所选取的度量体系或过程改进方案是否有效。实施基准比对的公司必须不断对竞争对手或一流企业的产品、服务、经营业绩等进行评价，从而发现优势和不足。

基准比对方法起源于美国施乐公司，施乐曾是影印机的代名词，但日本公司在第二次世界大战以后，通过不懈的努力，在诸多方面模仿美国企业的管理、营销等操作方法。日本竞争者介入瓜分市场，从 1976 年到 1982 年之间，施乐的市场占有率从 80%下降至 13%。施乐于 1979 年在美国率先执行基准比对方法，总裁柯恩斯在 1982 年赴日学习竞争对手，买进日本的复印机，并通过“逆向工程”，从外向内分析其零部件，并学习日本企业以 TQC 推动全面质量管理，从而在复印机上重新获得竞争优势。

国际上基准比对组织很早就已经出现了，比较有名的组织包括 ISBSG、SPR、PBC、SEI。基于绩效基准比对的系统与软件过程改进方法是目前国际上流行的方法之一，在美国、澳大利亚、芬兰、英国、荷兰、日本、韩国等国家已经得到了广泛应用。1984 年，曾在 IBM 工作过的 Capers Jones 创建了 SPR（美国软件生产力研究所），并出版了 *Programming Productivity*，首次提出了用绩效基准比对进行软件评估的思想。1997 年，

ISBSG（国际软件基准比对标准组）在原有的国际度量委员会基础上成立，旨在国际范围内建立统一的软件绩效基准数据库，并提供相关标准和服务。2006 年，SEI 根据 CMMI 制定了绩效基准比对模型并成立了 PBC（绩效基准比对联盟），用于确立基准比对，确立最佳实践，指导成员如何做过程改进。2006 年 1 月，中国软件过程基准用户组 CSBSG 正式成立，它是由北京软件行业协会、北京软件与信息服务业促进中心、中国科学院软件研究所和国家应用软件质量监督检验中心四家核心发起单位组成“管理委员会”，联合 20 多家代表性优秀软件企业为“共同发起单位”，组建的专业用户组织，旨在中国建立软件基准数据库，推广和应用绩效基准比对方法。

ISBSG 是一个非营利性的组织，其组员来自许多国家的软件度量协会。基准比对主要是收集软件项目数据，包括项目规模、项目领域、开发环境、工作量等，在获得较多的真实、有效数据后，形成有效的基准数据库，作为衡量软件生产力的基准。此后，新的项目便可以与基准数据库中的项目比较，衡量项目的水平及缺陷，并据此进行有针对性的修改，并且新的有效项目可以添加到基准数据库中，使基准数据更加丰富，由此实现良性循环。

目前，国际上澳大利亚、美国、印度等多个国家正在实施基准比对工作，我国也建立了基准比对数据库，开发了在线的比对平台，目前已收集到国内数千个项目的数据，正在推广实施基准比对工作。

6.7.2　基准比对方法对软件企业的作用和意义

1．弥补现有过程改进方法存在的不足，促进过程改进的提升

基于过程改进方法的重要性和关键性，世界各国都在寻求过程改进的最佳模式，CMMI、ISO 9000、TL 9000、IPD、6Sigma 等都是过程改进的常用模型。尤其是 CMMI，在引入中国短短十几年的时间内，以基于 CMMI 的改进、咨询和评估为标志的软件过程改进工作取得了很大的成绩。

尽管各种改进模式对软件服务企业的能力提高给予了很大帮助，也取得了不错的成绩，但过程改进的实施也存在不能很好解决的问题。

1）软件服务企业过程改进的效果如何验证

对于实施改进的企业，希望通过改进模型提高企业的生产力，提高开发效率，增强行业竞争能力，但现在却没有有效的方法衡量企业在通过认证评估后，生产力比未实施前提高多少，是否需要持续改进，怎样评价改进后的效果。

2）如何衡量软件服务企业在整个行业中处于什么地位，有无标杆

对于所有软件企业，都希望知道自己在行业中处于什么水平，企业的生产率和开发效率等是优于还是劣于竞争对手，目前还没有有效的方法来衡量。

3）如何进行软件开发项目估算

软件项目开始时需制订计划，但计划的根据是估算，没有过去项目的数据参考，估算很难进行。

4）如何评价评估机构和咨询师的能力

目前，随着 CMMI 评估更多地被企业接受，行业内也有许多从事 CMMI 咨询和评估的第三方机构，咨询师和机构能力也参差不齐，如何衡量 CMMI 咨询和评估的效果，规范 CMMI 咨询评估市场，也需要建立有效的方法，从而提高过程改进的效率。

5）如何评价政府政策支持的效果

各地市政府制定明确的政策鼓励企业通过 CMMI 和 ISO 等认证，对通过者给予相应的奖励，但目前并没有有效的方法从生产力的角度验证实施效果。

软件基准比对平台的建立便可以有效解决上述问题，因为它是以倡导和建立基于度量数据的“基准比对”为主要驱动力的过程改进方法论，可以改变目前过分依赖评估模型和政府奖励来驱动过程改进方法，促进过程改进走向可持续发展的轨道。

绩效基准比对与 CMMI 等过程模型分别从不同的角度出发来达到过程改进的目的，两者相辅相成，异曲同工。CMMI 是从过程本身的角度出发，主要关注过程是否定义及定义的过程是否实施。对过程实施的有效性和绩效方面的要求较弱一些，仅仅要求进行内部比对和绩效分析。而绩效基准比对主要关注过程实施的有效性，通过行业基准的比对来反映过程中需要改进的地方，本身并不提供标准的过程模型，但实际上可以采用 CMMI、ISO 9000、IPD、TL 9000 等多种模型。

2. 驱动企业进行过程改进

目前常见的过程改进方式包括 CMM/CMMI、ISO 9000、TL 9000、IPD、6Sigma 等，而最为流行的 ISO 9000、CMM/CMMI 等软件模型已经在中国得到普遍认可和推行。但这些过程改进方式都存在几大缺点：

（1）成本高。

（2）周期长。

（3）过分依赖模型。

（4）政府奖励导向。

致使企业在过程改进中面临几方面的难点：

（1）组织观念的艰难转变。

（2）改进效果预测与评价。

（3）缺少持续改进的动力。

可以说，以往的过程改进模式对企业进行过程改进的驱动力不大，而且企业大多是被动进行，缺乏主动性。

基准比对是一种低成本的、可持续的、轻量级的过程改进方法。

基准比对驱动过程改进的关键是组织根据度量分析结果、评估结果和基准比对结果，选择对自己最有价值的改进点，并建立过程改进路标，之后参照最佳实践实施过程改进并对改进效果进行评估与分析，从而使过程改进真正服务于组织商业目标，并进入持续优化的良性循环。

3．提高软件项目开发的估算能力

软件开发时，项目的估算相当重要。因为对项目估算不准确，企业对成本、工作量、进度等把握不够，往往会造成开发过程的失控，甚至成为一个失败的项目。现有的经验也表明，目前还存在很多的软件开发项目的进度跟不上计划，项目过程中产生很多问题。

一个成功的软件项目首先要有一个好的起点，也就是一个合理的项目计划；一个好的项目计划，离不开一个准确的、可信的、客观的项目估算数据作为基础。

目前常用的软件估算方法主要是通过主观和客观两种方法对其进行估算。

主观的估算方法可以通过召集项目团队成员，或者邀请各方面的专家，共同对某个项目的属性进行评估。参与评估的每个人都要单独进行估算，如果发现大家对某个项目属性估算的结果存在较大偏差，那么就需要做进一步的讨论，直到取得共识为止。对个别特殊属性进行主观估算时，一定要有直接干系人的参与。例如，对某个文档工作量进行估算时，最好该文档的负责人参与估算，因为他才是最终的执行人。

客观的估算方法是利用公司提供的各种度量数据进行估算。例如，组织级的生产率或者其他项目的度量数据。

主观估算方法带有明显的主观性，因人而异，项目估算很难准确。客观估算是值得推崇的方法，但基于目前企业的状况，积累的度量数据相对较少，尤其在企业发展前期，积累的度量数据相当少，客观估算也难以进行。

建立基准数据库，正好可以给这些企业带来救命稻草。企业从基准数据库得到的，是整个行业的一些经验度量数据，甚至是一些最佳的实践经验值，可以大大提高企业的估算能力，最终带给企业的收益是巨大的。

6.7.3　基准比对方法实施流程

基准比对的核心价值在于帮助相关组织找到“真正的问题”和“现实的方法”，并全面评价改进效果。在项目的质量管理中，通常会采用标杆分析来规划质量。它是将实际或规划中的项目实践与可比项目的实践进行对照，以便识别最佳实践，形成改进意见并为绩效考核提供基础。通过与可比项目特定方面最佳实践的比较，也可以制定项目的质量标准。该方法既可以用于产品，也可以用于过程；既可以在组织内部实施，也可以在组织外部实施。

基准比对的一般步骤为：

计划——确定要进行基准比对的具体项目或内容，并为所比较的内容收集数据。

分析——确定比较的最佳组织（行业内的或行业外的），分析本项目和可比项目的数据。

目标设定——通过比较找到差距或者以往项目的最佳实践，设定行动目标，并将行动目标体现在相关计划中。

实施——执行计划并跟踪执行的情况，如发现偏差，提出变更，持续改进，直到达到预期的效果。

具体执行流程如下：

（1）确定内容，即确定要进行基准比对的具体项目。

（2）选择目标，确定了进行基准比对的项目后，就要选择具体的对象。通常，竞争对手和行业领先企业是基准化分析的首选对象。

（3）收集分析数据，数据应包括本企业的情况和被基准比对企业（可以是竞争对手，也可以是非竞争对手）的情况，分析数据必须建立在充分了解本企业目前的状况，以及被基准化分析企业的状况的基础之上，而且主要针对企业的经营过程和活动，而不仅仅针对经营结果。

（4）确定行动计划，找到差距后进一步要做的是确定缩短差距的行动目标和应采取的措施，这些目标和措施必须融合到企业的经营计划中。

（5）实施计划并跟踪结果，基准比对是发现不足、改进经营并达到最佳效果的一种有效手段，整个过程必须包括定期衡量评估达到目标的程度。如果没有达到目标，就需要修正行动措施。

最后要注意的是，研究较大的流程需要花费比较多的资源，而且容易分散注意力，导致失去焦点。而研究较小的流程所能获得的改善成果则比较有限。两者需要被平衡考虑。

应该在基准数据库中，进行项目规模、工作量、成本的评估，查询行业基准数据，开展行业基准比对、准确定位企业研发管理的改进点，促进企业生产力的持续改进。每个合格项目出具一份《基准比对报告》，提供项目生产率、质量、阶段工作量、阶段工期等指标与行业数据的比对结果。

基准比对为软件行业主管部门、广大软件企业精细化、量化管理提供了资源性支持，具体如了解本组织或项目的生产力水平及其与行业的差距；通过基准比对的方法确定过程改进目标，并客观评价改进效果；了解我国软件行业生产力水平，并通过与国际数据的比对，分析我国软件行业和国际的差距。

6.8 基准数据库的实例

软件行业的基准数据库，在国际上，有 ISBSG；在中国国家级别，有 CSBSG；在国内地方级别，有 SPIBSP。以下分别对这三个级别的软件基准数据库实例进行简要介绍。

6.8.1　ISBSG 的基本情况和提供的服务

ISBSG 是国际基准比对标准组织，拥有全球超过 5000 个项目样本数据，是全球最大规模的软件基准数据库的拥有者。

用户可以通过登录 isbsg.org，使用 ISBSG 提供的各项服务，各个机构既可以购买完整数据库的 Excel 版本，也可以利用网页工具很便捷地得到项目快速估算值或者其他相关的项目参数，让软件项目估算和基准比对更简单。

以下介绍其查询服务的使用方法。

使用网页工具查询基准数据的操作步骤如下。

步骤 1：利用过滤器筛选数据库数据，如图 6-2 所示。

Step 1 – Enter the filters for your project.

FILTERS			
Functional Size (function points)	Development type	Year	Count Standard
250-500	New Development	Last 5 years	FP

图 6-2　筛选数据

步骤 2：选择项目属性最相近的项目。如图 6-3 所示，项目生产率（人时/功能点）、产能（功能点/人月）和缺陷密度（缺陷/功能点）的 P25、P50 和 P75 的值均能被列出。

步骤 3：以步骤 1 中选择的数据库为基础，对步骤 2 中选择的所有项目属性进行更高级的评估，评估结果如图 6-4 所示。

ISBSG 的基准数据库可以帮助项目经理更加便捷地使用行业数据和国际标准来评估项目。此外，网页查询工具使软件开发的评估值和项目基准的获得更加简单。

Step 2-Select all the attributes included in the estimate

Project Attributes	Project delivery rate			Speed of delivery			Defect density		
	1st quater	Mediam	3rd quater	1st quater	Mediam	3rd quater	1st quater	Mediam	3rd quater

图 6-3　查询结果

Primary programming language	Jav a	6.5	12.9	22.8	51.4	25.4	15.6	47	45.7	36.2
Organization type	Government	4.8	6.8	20.6	60.3	32.3	15.1	0	0	0
Application type										
Maximum team size										
Web development										
Intended market	match all	8	16.9	59.9	34.8	16.1	4	47.6	43.6	15.7
Count approach	Nesma	9.3	18.4	73.7	30.3	14.7	3.1	46.5	46.5	46.5
Development platform										

图 6-3 查询结果（续）

Step 3-Enter your funtion point cout and click the estimate

Function points	745	Estimate		
Estimates	Project delivery rate	Project work effort	speed of delivery	Project duration
Level 1 Dev team	(hours per function point)	(hours)	function points per month	(months)
1st Quater	4.28	2168.6	26.85	27.75
Mediam	5.45	4060.3	18.55	40.16
3rd Quater	10.81	8046.1	9.08	82.05

图 6-4 评估结果

6.8.2 CSBSG 的基本情况和提供的服务

CSBSG 用户可以在线提交项目数据，可以对项目数据进行分析、统计、查询，以及与数据库中的项目数据进行各种基本比对，并以图形方式进行呈现。

CSBSG 可以帮助用户进行初步的项目估算，可以自动生成项目的标准基准比对报告，可以提供各种相关资讯和服务，成为过程度量、分析的交流平台及最佳实践的共享平台。

CSBSG 的单项查询业务流程如图 6-5 所示。

参与筛选的项目指标可以包括：所在地区、组织类型、业务领域、开发类型、目标市场、应用类型、开发技术、主要编程语言、开发平台、架构类型、过程文档获取方法、Case 工具、业务单元、并发用户量、业务网点、最大团队规模、数据可信度。

可供选择的项目指标包括：生产率、质量、工期、进度偏差、工作量偏差、计划阶段进度偏差、需求阶段进度偏差、设计阶段进度偏差、构建阶段进度偏差、测试阶段进度偏差、实施阶段进度偏差、计划阶段工作量偏差、需求阶段工作量偏差、设计阶段工作量偏差、构建阶段工作量偏差、测试阶段工作量偏差、实施阶段工作量偏差、质量偏差、工作量、项目规模、团队规模和数据可信度。

专家生成基准比对报告流程如图 6-6 所示。

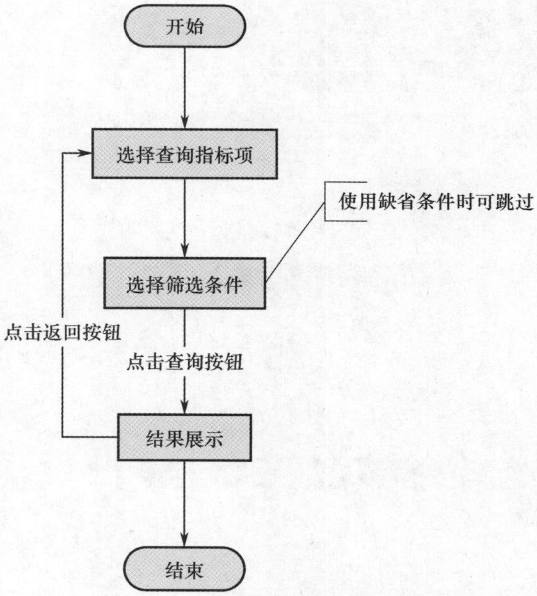

图 6-5　CSBSG 的单项查询业务流程

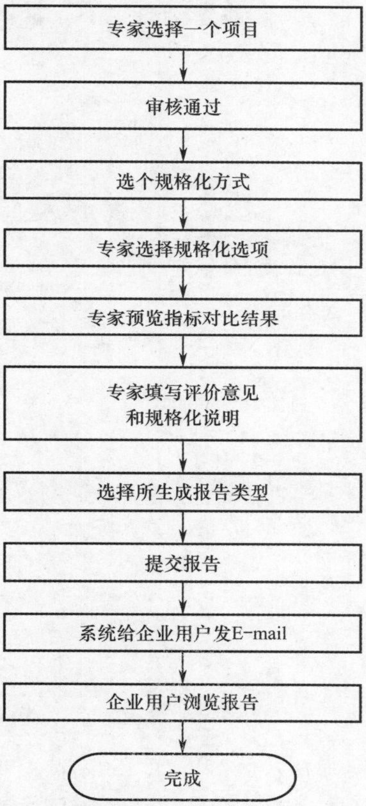

图 6-6　专家生成基准比对报告流程

6.8.3　SPIBSP 的基本情况和提供的服务

2011 年，受广东省经济和信息化委员会的委托，赛宝认证中心及广东软件过程改进协会共同组织研发实施了“广东软件信息服务业过程改进基准比对与服务平台”项目。截至 2016 年，此项目共收集到近 2000 个样本项目数据，并以网址：http://www.spibsp.com/对全社会公开提供服务。

SPIBSP 提供的服务有十余种，详情可见上述网站，以下列举 3 项服务内容。

1. 查询服务（见图 6-7）

通过查询服务，可以查询各项行业基准数据，以提供基准比对或估算参数借鉴。

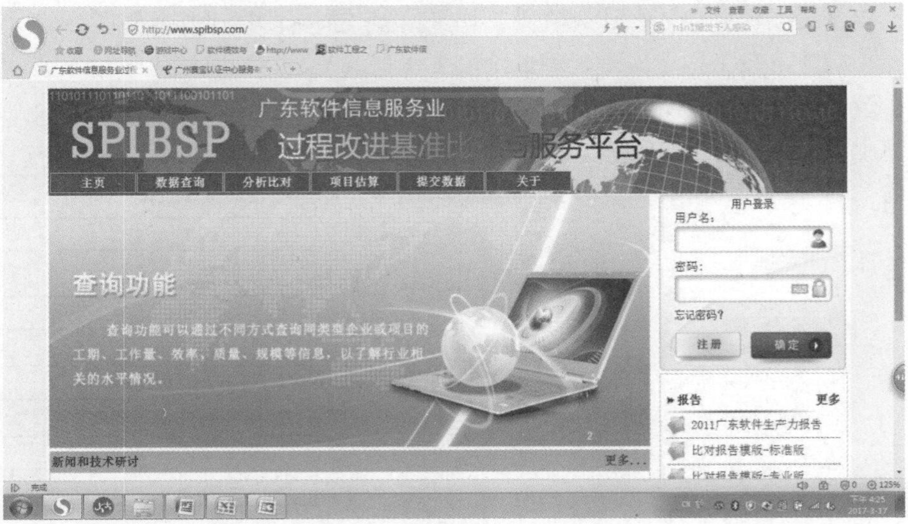

图 6-7　登录页面（查询）

图 6-8～图 6-10 所示分别是生产率、工作量分布、生产率趋势查询结果。

查询条件： **查询项：生产率**
规模单位：功能点
筛选条件：无

查询结果：

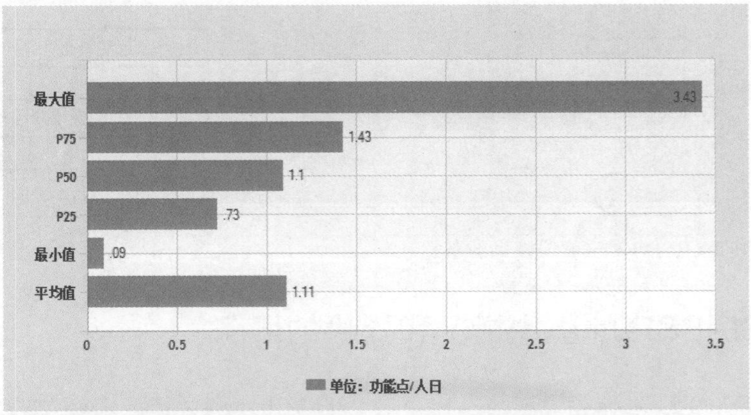

平均值	最小值	P25	P50	P75	最大值
1.11	0.09	0.73	1.10	1.43	3.43

图 6-8　生产率查询结果

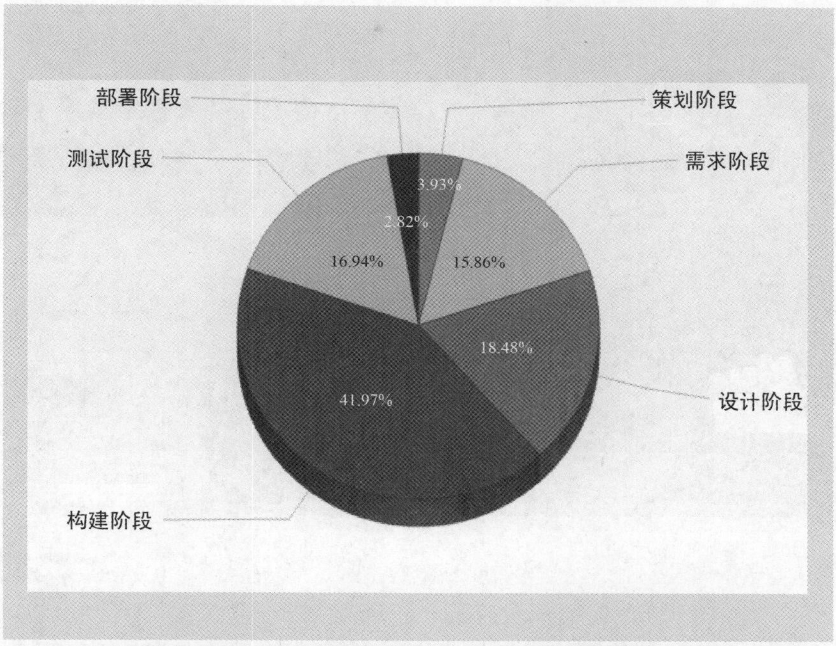

策划阶段	需求阶段	设计阶段	构建阶段	测试阶段	部署阶段
3.93%	15.86%	18.48%	41.97%	16.94%	2.82%

图 6-9　工作量分布查询结果

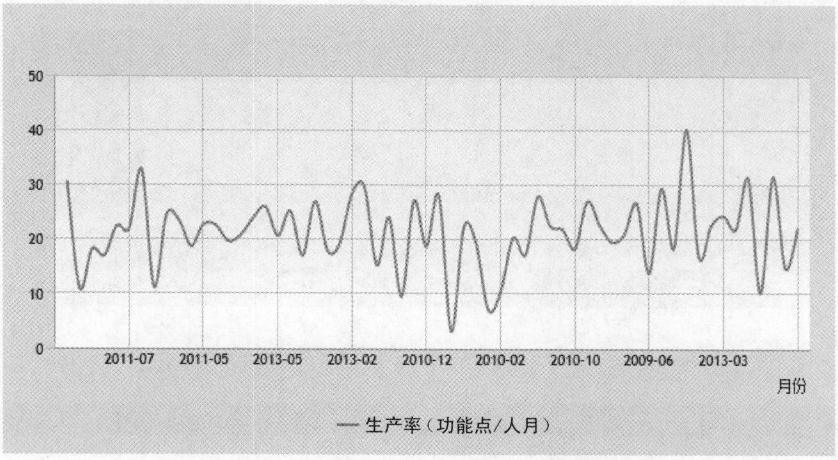

图 6-10　生产率趋势查询结果

2．估算服务（见图 6-11）

当计算出项目的功能点数后，平台可以自动计算出工作量、工期、成本、缺陷等数据的范围与可能值。

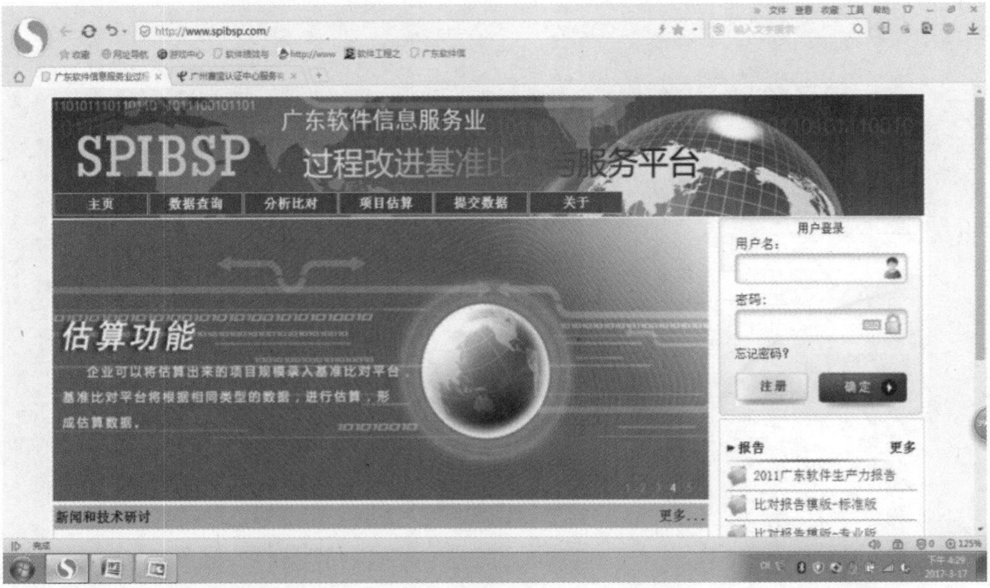

图 6-11　登录页面（估算）

工作量估算结果如图 6-12 所示。

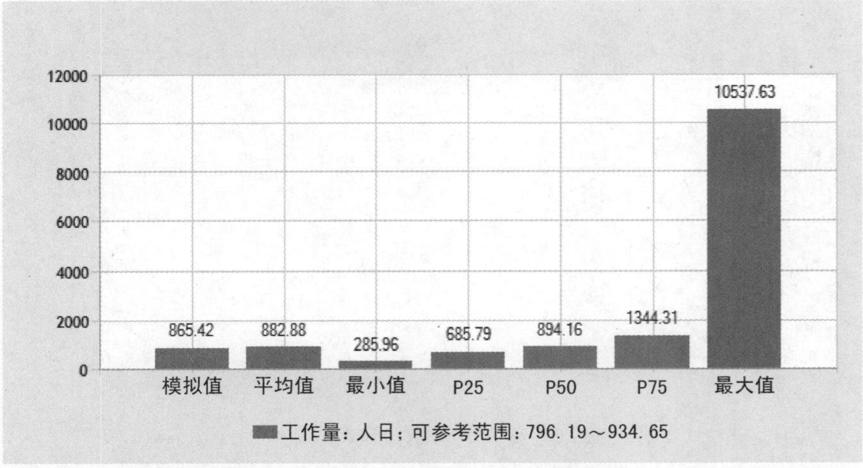

模拟值	平均值	最小值	P25	P50	P75	最大值
865.42	882.88	285.96	685.79	894.16	1344.31	10537.63

图 6-12　工作量估算结果

3．基准比对服务（见图 6-13）

客户可将自身生产率、费率、缺陷率等数据与平台中的基准数据进行比对，获得自身在行业数据中的位置比较，以认识自身的水平状况，识别出改进机会。

图 6-13　登录页面（基准比对）

生产率基准比对结果如图 6-14 所示。

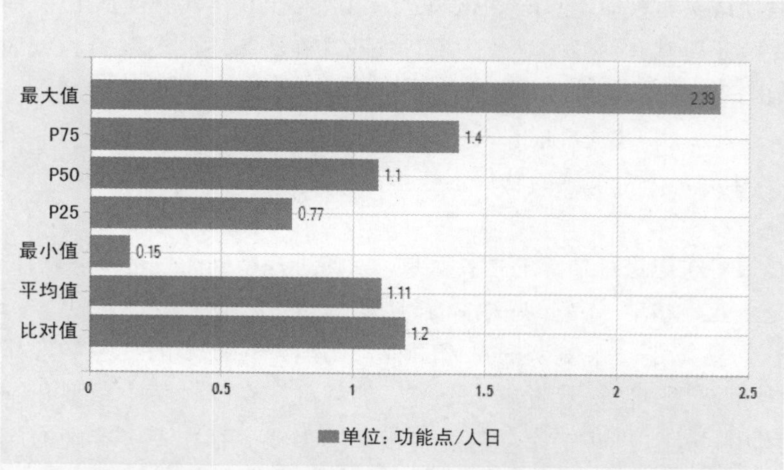

比对值	平均值	最小值	P25	P50	P75	最大值
1.2	1.11	0.15	0.77	1.1	1.4	2.39

图 6-14　生产率基准比对结果

广东软件信息服务业过程改进基准比对与服务平台数据库基于收集的项目原始数据，供不同企业软件研发能力的机构应用平台进行项目估算、改进弱项、评估企业研发能力水平等使用。

第 7 章 工作量和工期估算

软件估算究其本质是对项目将持续多长时间或将花费多少成本即工作量多少的预测。软件工作量估算是软件成本估算的基础，也是项目管理的重要内容，软件工作量估算的结果对软件项目的计划、跟踪监控、风险控制等有重要的影响。

工作量估算的结果则构成了项目计划的基础：详细进度表的建立、项目关键路径的确立、交付功能优先级的确定及项目的迭代分解等都依赖于准确的估算。但是，软件工作量估算往往会受到项目不切实际的目标、无法实现的承诺及混乱管理的影响，导致最终结果缺乏准确率。而不准确的工作量估算则通过影响项目计划等，进而导致项目无法在预算内按时完成甚至被取消。FredBrooks 在 20 世纪 70 年代就已指出，“时间不足导致的软件项目失败比所有其他原因导致的项目失败加在一起还要多”。20 世纪 80 年代，Scott Costello 也指出，“最后期限的压力是软件工程最危险的敌人”。进入 20 世纪 90 年代之后，Capers Jones 也表示，“过度紧张的或不合理的进度表可能是对所有软件项目最具破坏力的影响因素”。因此，一个准确的软件工作量估算是进行合理项目计划、推进项目前行并顺利完成的基石。

工作量是很多组织进行估算的主要对象，如何进行精确而且可靠的软件工作量估算，一直以来都是企业界和学术界普遍关注的问题。

软件工作量估算是一个复杂的系统工程，国内外有很多的专家学者都在研究工作量估算的模型和方法，但仍然没有一个统一的标准和说法，每个模型和方法在使用时均存在一定的局限性。这些工作量估算模型都或多或少存在不够准确的问题，原因是多方面的。

（1）软件工作量估算工作本身的困难性和预测所固有的不确定性决定了估算的活动不够准确。就软件开发而言，软件开发是人力密集型工作，不能简单地以机械的观点来分析看待，传统行业任务可重复性的特点在软件行业几乎不存在。相同的软件项目规模，不同的开发人员、不同的工作环境、不同的开发语言、不同的开发工具等都可能会得出不同的工作量结果。

（2）软件开发项目具有自身的特性，如项目属性比较复杂、需要考虑多种因素、缺

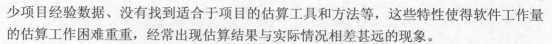

少项目经验数据、没有找到适合于项目的估算工具和方法等，这些特性使得软件工作量的估算工作困难重重，经常出现估算结果与实际情况相差甚远的现象。

由此可见，虽然软件开发工作量估算工作很重要，但估算的困难也很大。随着国内软件行业的发展和企业对数据收集的重视，我们迫切需要使用适合自己企业或项目组的工作量估算模型来提高工作量估算的精度，提升项目管理水平。

目前，国内已有越来越多的企业开始收集或已经收集了大量的、真实的、可靠的数据，特别是那些通过了 CMMI5（能力成熟度模型集成）评估的企业。这些可靠、准确的历史数据为我们建立适合自己的模型打下了坚实的基础，这些数据可以作为软件开发项目工作量估算的输入。可以通过对这些组织级度量数据的分析、建模，建立符合自己需要的项目工作量估算模型，通过对该模型的使用来改进组织的估算过程，从而提高组织的项目管理水平。同时，国标《软件研发成本度量规范》的正式发布，对于软件项目工作量如何估算给出了明确的指导意见，可供国内组织参考借鉴使用。

基于此，本节将在国标《软件研发成本度量规范》的基础上，从工作量估算的原则要点、工作量估算技术、工作量估算的检测和分析评价等方面，全面、详细地介绍工作量估算的相关技术方法和实践应用，以期为各组织如何科学、合理地选择和有效地应用工作量估算技术，以提高工作量估算准确度提供借鉴，有效支撑项目的进度和成本管理。

7.1　工作量估算概述

1．定义

在国标《软件研发成本度量规范》中，工作量定义为完成某个项目或系统开发所需的全部人力资源的成本总和，包括项目从立项到项目验收交付为止的整个过程中的需求分析、设计开发、集成、测试、试运行及项目管理、配置管理、质量保证等所有活动。工作量通常是以人天、人月或人年等单位来衡量。

2．估算原理

图 7-1 说明了工作量的估算原理以及软件规模估算和软件成本估算之间的关系。

工作量估算是由软件规模和与项目有关的因素所驱动的：规模估算来源于软件的需求，需求决定了规模；根据规模，再结合其他的项目因素，如团队的技术和能力、所使用的语言和平台、平台的可用性与适用性、团队的稳定性、项目中的自动化程度等，即可估算出软件的工作量，进而估算出软件成本。

工作量估算一般在规模估算的基础上开展，若项目未开展规模估算，也可直接启动工作量估算工作。

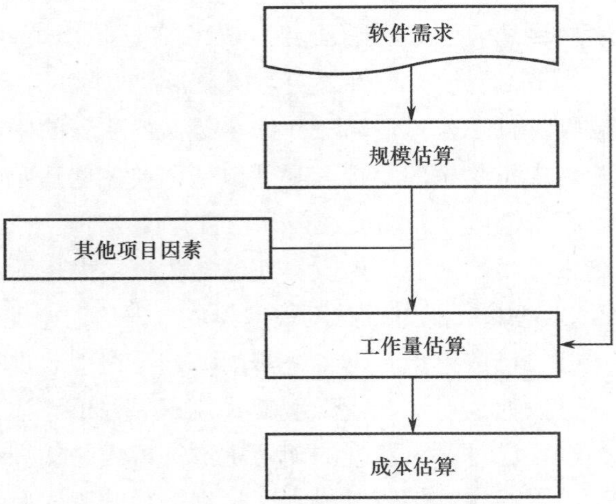

图 7-1　工作量估算原理

3．估算颗粒度

工作量估算时，根据管理用途和实际情况，需确定工作量估算的颗粒度。工作量估算的颗粒度由粗到细一般分为整个项目的总工作量、某类任务的工作量、某个阶段的工作量、某个任务的工作量四类（见表 7-1）。不同颗粒度之间存在换算关系，这些换算关系可以用来校验从不同角度估算时的可接受性。

表 7-1　工作量估算的颗粒度

整个项目的总工作量	所有任务类型的工作量之和
	所有任务的工作量之和
	所有阶段的工作量之和
某类任务的工作量	所有阶段的该类型的任务的工作量之和
	该阶段的所有任务的工作量之和
某个阶段的工作量	该阶段的所有任务类型的工作量之和
某个任务的工作量	某个阶段的某种类型的其中一个任务的工作量

7.2　工作量估算原则

在工作量估算过程中，一般需要注意和遵循以下四个方面的原则。

1．充分利用基准数据

Caper Jones 说过，“良好的估算方法和可靠的历史数据提供了最好的希望，现实将战胜不可能的要求”，因此进行工作量估算时，应充分利用基准数据，以提高估算的准确性。

基准（Benchmark）数据是指对历史数据经过筛选并维护在数据库中的一个或一组测量值或者派生测量值，用来表征目标对象（如项目或项目群）相关属性与这些测量值的关系。例如，工作量估算中的生产率数据就是通过基准数据获取的。

（1）对于委托方或第三方，建议使用或参考行业基准数据（由中国软件行业协会系统与软件改进分会负责收集和维护，并定期发布，包括国际、国内项目数据）进行估算。估算模型的调整因子的增减或取值有可能随着行业基准数据的变化而变化。

（2）对于开发方，在引入行业基准数据的基础上，可逐步建立组织级基准数据库，以提高估算精度。组织级基准数据定义应与行业基准数据定义保持一致，以便于与行业基准数据进行比对分析，并持续提升组织能力。

2．选择合适的估算方法

在工作量估算时，组织应根据估算目的、项目特点及组织实际情况选择合适的估算方法。

在选择估算方法时，组织需要注意到估算本身是会产生附加成本的一项工作。估算精度和估算成本的关系模型如图 7-2 所示，从图 7-2 中可以看出：随着估算的精度逐步提升，估算成本显著下降，当估算精度达到某一点时，估算成本达到最低值，此时的估算精度就是最适合的估算精度，过了最低值后，估算精度继续提升，但估算成本不再下降，反而呈上升趋势。所以，组织在估算时，应选择估算精度适合的估算方法，即性价比较高的估算方法，而不是一味地追求高精度。

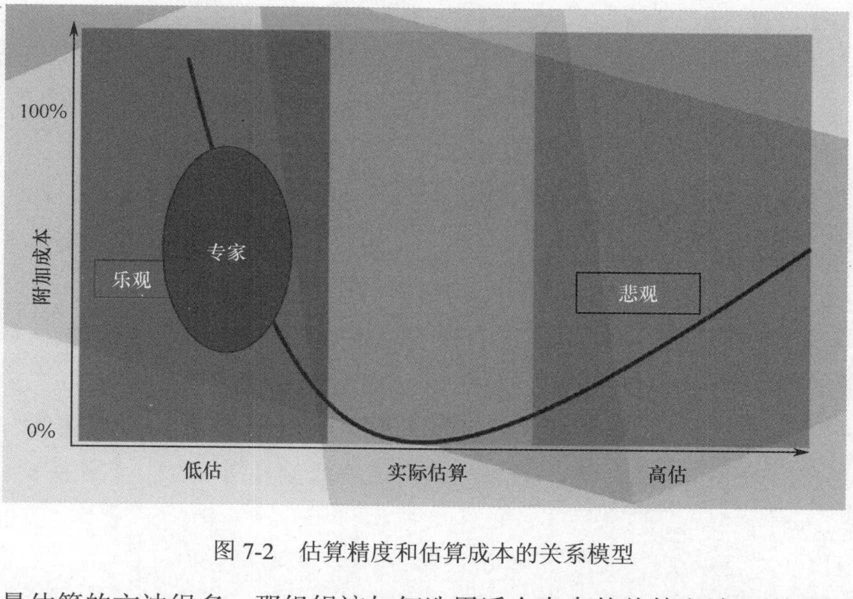

图 7-2　估算精度和估算成本的关系模型

工作量估算的方法很多，那组织该如何选用适合自身的估算方法？这里结合各估算方法的特点，给出几条建议，供参考使用：

（1）对于已经进行了规模估算的项目，宜采用方程法估算工作量。

（2）对于没有进行规模估算但有可供参考的基准数据的项目，宜采用类比法估算工作量。

（3）对于没有进行规模估算但有高度类似的历史项目的项目，宜采用类推法估算工作量。

（4）对于没有进行规模估算，又缺少历史数据的项目，宜采用专家经验法估算工作量。

3．工作量估算结果

工作量的估算结果宜为一个范围，而不是单一的值。

工作量估算结果受到各种因素的影响，很难得到一个固定的值，进行工作量估算的主要目的，更多的是了解待开发系统在功能规模一定的情况下可能的工作量水平。所以，工作量估算结果一般以一个范围的形式呈现，表示工作量的最可能值，以及合理的范围。可参考统计方法中的百分位数法（极端情况不会过度影响到中值）。

百分位数（Percentile）是指在某实数集合中，对于集合内某元素 X，如果该集合中有且仅有 P%的数据不大于 X，则称 X 为该集合的 P 百分位数。例如，以 50 百分位数 P50 来表示最可能的值，25 百分位数 P25 和 75 百分位数 P75 来表示合理范围值得下限和上限。

某企业统计的基于功能点方法的生产率——功能点耗时率排序如图 7-3 所示。

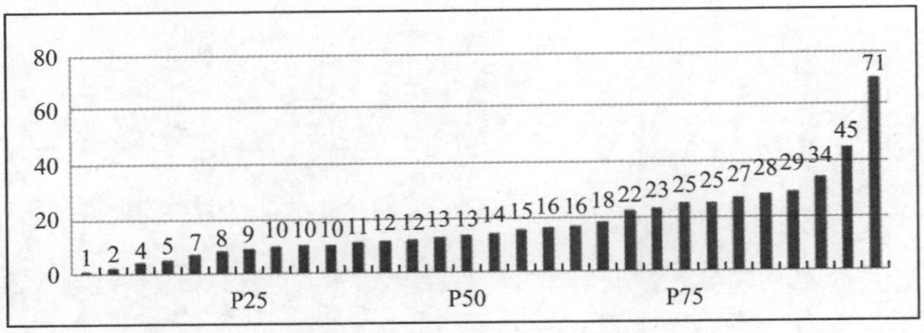

图 7-3　功能点耗时率排序

通过组织的功能点耗时率数据和采用功能点方法的规模数据，即可以估算出项目的工作量，在使用功能点耗时率数据时，则需要在基准数据库中选择生产率的 P50（代表有 50%的数据不大于该值）、P25（代表有 25%的数据不大于这个值）、P75（代表有 75%的数据不大于这个值）三个值，然后以规模（功能点数）分别乘以生产率的这三个值，即可得到工作量的估算范围与最有可能值：

- 规模（功能点数）×生产率（功能点耗时率）P25 =下限
- 规模（功能点数）×生产率（功能点耗时率）P50 =最可能值
- 规模（功能点数）×生产率（功能点耗时率）P75 =上限

工作量估算的结果是建立项目目标及承诺的基础。在实际的项目过程中，应根据项目特点及约束选择合适的估算结果。例如，在制订项目预算时，如果为了保证项目有充足的预算以按时按质交付，则可根据估算结果的上限编制预算；而在编制项目计划时，可以依据估算结果的最有可能值。

4．估算交叉验证

为了提高估算结果的准确性和科学性，工作量估算宜采用不同的方法分别进行交叉验证。如果不同方法的估算结果差异较大，可采用专家评审方法确定估算结果，也可使用较简单的加权平均法。

具体地讲，就是在规模、工作量、工期或成本的估算过程中，可以选择多种不同的估算方法对项目分别进行估算，并将多个方法的估算结果进行交叉对比分析，从而对估算结果进行验证。如果不同方法的估算结果差异不大，则说明结果是可用的，可直接使用或者使用平均值作为估算结果。如果不同方法的估算结果差异较大，可进一步分析和调查差异产生的原因，并通过专家评审法和加权平均法对差异情况进行进一步处理，从而获得最终估算结果。

例如，A 项目分别使用 WBS 法和参数模型法对项目的工作量进行估算。WBS 法是从开发过程和功能角度将软件项目工作进行分解，然后对每个细分部分分别进行估算；参数模型法是使用历史数据，通过数学统计分析，得到一个数理模型，两种方法估算思路不同。

下面对运用参数模型法估算所得工作量 PM_C 和运用 WBS 法所得工作量 PM_W 进行比较、分析，主要计算两种估算方法的差异系数，来检查两种方法所得结果差异的大小。

$$\delta_1 = \frac{|PM_C - PM_W|}{PM_C + PM_W} \times 100\%$$

然后分析 δ_1，如果计算所得 $\delta_1 > 10\%$，就说明两种方法所得结果偏差过大，很可能估算过程中存在较严重的问题，就需要对两种估算方法分别进行检查、分析，寻找漏洞，再次计算差异系数 δ_1，可进行多次循环检查，不断完善估算的有效性。

另外，还应该与软件项目期望工作量进行比较，软件期望工作量指根据项目开发经验对项目最可能的工作量进行估算的值 PM_Q，观察差异系数 δ_2，若 $\delta_2 > 20\%$，则很可能估算过程有问题，需要进行检查。

$$\delta_2 = \frac{PM_C - PM_W}{2PM_Q}$$

分析和调查差异产生的原因，主要是对两种估算方法的有效性进行比较分析，可以从以下几个方面进行比较分析。

1）两种估算方法的估算范围

这是分析的主要方面。经验表明，由于两种方法解决问题的角度、思路不同，所以经常出现两者估算的内容范围不一致，这也是两种估算结果相差较大的主要原因。在此部分范围分析完毕后，有利于发现以前遗漏没有估算的工作内容，或者删掉本不属于此部分但在估算中误加进的内容，保证估算范围符合事实及两种估算的一致性。当然，也可能出现两种方法都遗漏或者都被重复计算的部分，因此，务必要对每一部分进行仔细分析，如果发现估算结果与经验相差比较大，可进行头脑风暴法寻找问题的所在。

2）分析两种方法的假设前提

分析两种模型的假设前提是否在项目中得到满足，特别是参数模型假设前提比较多，应仔细从管理方式、项目规模、开发流程等方面进行分析，及时根据实际情况调整模型中的相关因子。如果项目的某些方面不符合模型的某些假设，就需要对模型进行必要的修改，不至于出现死套模型的情况，以保证模型估算应用的有效性。

3）分析两种方法各自所需数据来源的有效性及其估算过程的准确性

必须保证两种方法数据来源的真实性、一致性，同时要保证估算过程不能出现计算错误，要警惕估算过程中掺入感情色彩，应以客观数据为基础，忠于事实。

4）分析两种估算方法相关参与人员的视点情况

如果运用两种方法进行估算的专家等人员存在对待风险、进度、相关性等方面乐观程度不一致等情况，就很可能体现在部分专家打分环节上的结果不一致。

经过多次分析和模型修改后，对新估算所得工作量重新计算δ_1和δ_2，通常情况下，当$\delta_1<5\%$且$\delta_2<5\%$时是可以接受的，当然这个可以接受的差异系数也可以根据各组织具体需要进行修改。

对于经过多次对两种估算方法有效性的检查和差异系数的分析取得令人满意的估算结果之后，可计算项目的最终的工作量：

$$PM=\frac{1}{2}(PM_C+PM_W)$$

估算交叉验证通过对两种估算方法和结果的比较及过程的比较，分析两种方法估算过程中存在的问题，不断修正估算，多次循环，最终得到可以接受的较符合实际的工作量估算结果。估算交叉验证力求得出较为满意的估算结果，避免了只用一种方法的片面性。

7.3 工作量估算准备

在进行工作量估算前，组织应对项目风险、待实现功能复用情况、工作量估算影响因素进行分析，以提高工作量估算的准确度，下面将详细介绍。

1. 风险分析

在进行工作量估算之前进行风险分析，旨在使用风险分析所得结果对工作量估算的结果进行适当的调整。

风险分析是项目管理中的重要活动，其目的在于协助项目开发组织识别项目运行过程中的潜在问题，并提前采取措施。项目的风险可能来自许多方面，一般建议从技术、管理、资源、商业等角度进行考虑。估算工作量亦会存在较大风险，特别当软件企业对该信息工程项目的业务领域不熟悉或不太熟悉，而且用户又无法或不能完整、明白地表达他们的真实需求时，软件企业需要不断地完善需求获取、修改设计等各项工作。

一般的风险管理方法中，通常使用风险的发生概率与风险的影响程度的乘积作为风险系数，以便于开展风险管理。在进行工作量估算前，同样可以使用该方法获得风险系数，从而对工作量进行调整。

工作量估值风险系数的取值一般为：

$$1 \leqslant \text{风险系数} \leqslant 1.5$$

根据我们对软件企业的了解，超过估算工作量经验值的一半时，已是不可接受，所以我们确定“1.5”为极限值。当然，这既要看企业的能力，也要看用户能接受的程度。

基于风险分析的结果，如采用方程法进行工作量的估算，可在方程中设置反映风险分析结果的参数，根据风险分析的结果对参数进行调整，从而影响工作量估算的结果。例如，采用类推法进行工作量的估算，在找到高度相似的历史项目估算工作量时，也应根据风险分析的结果对估算结果进行适当的调整。

下面以需求变更维度举例进行说明。

项目阶段和需求变更的关系如图 7-4 所示。一般在项目早期，需求变更风险大，随着项目的逐步开展，需求越来越清晰、准确，需求变更风险降低。考虑到需求变更风险对工作量估算的影响，为保证估算的准确度，在方程法中引入规模变更因子，按照经验值，一般在预算时取值为 2，招标时取值为 1.5，投标时取值为 1.26，企业也可根据自身情况对此参数进行设置。

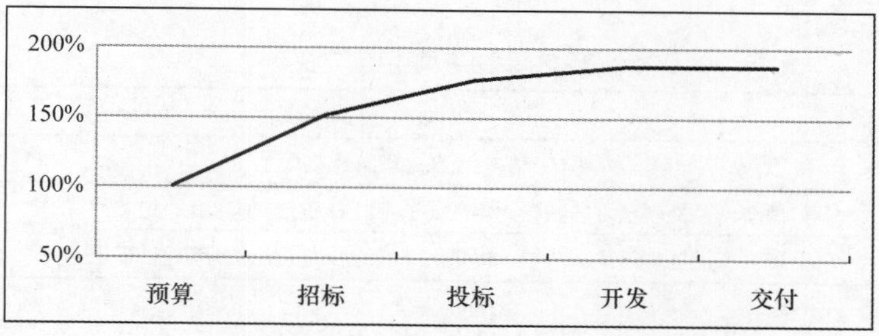

图 7-4　项目阶段和需求变更的关系

2. 复用程度分析

在现代软件开发过程中，为了提高效率和质量，大部分软件企业都会将某些通用功能转化为可重用功能，或者已具备某项目的开发经验，留下了可以复用的组件。有些成熟度较高的组织，会采用“基于构件的开发方法”，建立起能够复用的构件库（核心资产库）。根据国内外软件企业在实施基于构件开发方法（软件产品线）的经验数据，建立能够复用的构件库，可以使工作效率提高 25%（最高值）。还有一种情况，就是已有一些软件产品，仅进行二次开发，这些情况都可能降低开发的工作量。

开发组织可以分析系统中不同功能组件的复用度，利用规模估算的结果乘以对应复用系数来对规模进行调整，从而间接实现对工作量的调整。

从组织实际应用的角度出发，可以定义更多级别的复用度，但需要考虑在判断复用度方面所付出的成本。复用系数的取值范围一般为：

$$0.25 \leqslant \text{复用系数} \leqslant 1$$

对复用情况的分析原则，可以考虑从系统功能的复用度入手，下面以功能点方法为例进行说明。

组织对于每个逻辑文件的复用程度给出明确的定义和系数。可以应用在规模估算之后，在未调整规模的基础上首先进行复用程度的调整。

首先可对复用程度进行分级，并确定不同级别的复用程度与规模估算之间的系数。

例如，将复用程度分为三级，每个级别对应不同的系数，如表 7-2 所示。

表 7-2　复用程度分级

复用度	复用系数
高	33%
中	67%
低	100%

如何判断复用度，可以根据企业的实际情况出发，定义适合本组织的复用度，如表 7-3 和表 7-4 所示。

表 7-3　ILF 复用度定义

复用度	判断条件	复用系数
低	现有产品中没有处理这类数据	100%
中	现有产品处理过这些数据，但提供的 EI/EO/EQ 与需求有一定差异	67%
高	现有产品处理过这些数据，提供的 EI/EO/EQ 完全达到或超过需求	33%

表 7-4　EIF 复用度定义

复用度	判断条件	复用系数
低	外部接口 EIF 现有产品从未与类似接口集成	100%
中	现有产品曾与类似接口集成过，但发生在编码级	67%
高	现有产品有公开的可调用的方法与类似接口集成	33%

3. 工作量影响因素分析

工作量估算时，需充分考虑相关影响因素，以保证估算的准确性。软件项目工作量的影响因素较多，主要包括软件项目规模、知识共享、项目人员、技术水平等，每个组织应识别自身的关键影响因素并对其与工作量的相关性进行分析。

1）软件项目规模

软件项目规模是软件工作量估算的基础，也是对项目成本和进度估算与控制的关键。根据软件项目规模的特性，应用系统软件项目工作量规模因素可从五个方面进行测量：项目规模的不确定性、项目规模的复杂度、需求改变、有无历史项目参考、项目规模的不经济性。

2）知识共享

从IT行业层面分析，智力密集型是IT行业的特性，知识共享是IT行业技术创新的需要，可以提高整个行业的技术水平和管理水平，推动行业的发展；从IT企业层面分析，知识共享可以有效地帮助企业打造一支高技能的技术队伍，满足各种经济和技术的需要，提高企业创新力和竞争力；从IT项目人员层面分析，行之有效的知识共享不仅可以提高员工技术水平，而且可以提高员工分析和解决问题的能力；从IT项目层面分析，知识共享可以提高IT项目工作量估算的精度，从而保证项目的进度、费用、质量。知识共享因素可从四个方面进行测量：知识共享平台、企业激励奖惩机制、组织结构的良好性、知识共享的方法和程序。

3）项目人员

应用系统软件项目属于智力高度密集型项目，项目人员因素对项目工作量的估算结果不容忽视。对于小型应用系统软件项目，少数人即可完成需求分析、设计、编码和测试等工作。随着项目规模的扩大，需要大量的项目人员。Boehm（1987）、Valett和McGarry（1989）的研究表明，个人和团队对工作量的影响程度达10～20倍，可见，需要全面、准确地分析项目人员因素中各子因素的具体情况，从而降低项目人员因素对项目工作量的估算误差，否则，工作量估算误差可能达到10倍以上。应用系统软件项目工作量的项目人员因素可以从五个方面进行测量：需求分析师能力、程序员能力、人员持续性、人员经验、团队凝聚力。

4）技术水平

技术水平是影响应用系统软件项目工作量（代码行数）的关键因素之一。随着技术水平的提高，项目所需的活劳动量和物化劳动量随之减少，其工作量也随之降低。在特定社会和历史时期，应用系统软件项目的技术水平一般不会发生突变，其工作量也不会发生突变，因此，根据技术水平和项目的具体情况（开发语言、技术、方法等），可以较为准确地确定项目的工作量。应用系统软件项目工作量的技术水平因素可从三个方面进行测量：新技术应用、技术架构、开发适应性。

7.4 工作量估算方法

目前，用于估算软件开发项目的工作量的估算技术有许多，一般可以分为三类：基于专家经验判断的估算技术、基于算法模型的估算技术、面向学习的估算技术。基于算法模型和基于专家经验判断的估算技术是发展较成熟且应用较普遍的估算技术，面向学习的估算技术是一种基于人工智能技术的估算方法，其应用普遍性和和成熟性不如前两种估算技术，但该估算技术目前已成为软件项目估算研究领域比较关注的一个方面。下面将对目前主流的各种工作量估算方法展开详细介绍。

7.4.1 类推法

类推法（Analogy）又称为基于案例的推理（Case-based Reasoning），是基于一种简单的认知，认为可通过把新项目和过去类似项目做比较来对新项目进行准确的估算。即将本项目的部分属性与高度类似的一个或几个已完成项目的数据进行比对，适当调整后获得待估算项目工作量、工期或成本估算值的方法。选择类推法进行估算，通常只参照1～2个高度类似的项目，同时根据待估算项目与参照项目的差异，进行适当调整。

类推法是国标《软件研发成本度量规范》中推荐使用的工作量估算方法之一。

1. 适用范围

类推法常用在以下情形：

（1）当需求极其模糊或不确定时，较难估算规模，如果此时具有高度类似的历史项目，则可直接采用类推法，充分利用历史项目数据来粗略估算工作量。

（2）类推法适合评估一些与历史项目在应用领域、环境和复杂度方面相似的项目，通过新项目与历史项目的比较进行估计。

（3）该方法估算结果的精确度取决于已完成项目数据的完整性、准确度，以及两个项目之间的相似度。利用该方法必须要有类似的项目可供参考，如果没有类似的项目，该方法就不能应用。

2. 基本过程

类推法的基本步骤如下：

（1）寻找本组织曾经做过的类似的历史项目。

（2）整理出本项目的详细数据，如功能列表和实现每个功能的人/天。

（3）对比历史项目，标记差异点，标识出每个功能列表与历史项目的相同点和不同点，特别要注意历史项目做得不够好的地方。

（4）估计每个功能的工作量。

（5）通过步骤（3）和步骤（4）得出各个功能的估计值。

（6）产生项目总的工作量估计值。

3．示例

项目范围描述：为政府部门甲新开发一个 OA 系统，以支持其网上办公、文档流转等电子政务需求。

历史项目情况：政府部门乙开发过类似系统，甲、乙部门对功能要求有所差别，但项目规模、难度、质量要求等差异不大。

参考项目数据：开发总工期为 4.92 个月，总工作量为 4625 人时，其中项目策划阶段 78 人时，需求阶段 555 人时，设计阶段 694 人时，构建阶段 1619 人时，测试阶段 922 人时，移交阶段 757 人时。

基于以上信息，采用类推法估算此项目的工作量和工期。

（1）估算工作量：考虑到该项目可将为乙部门开发的系统作为原型了解客户需求，假设需求分析阶段可减少约 1/3 工作量，则预计项目工作量=78+555×2/3+694+1619+922+757=4440（人时）。

（2）估算工期：假设需求分析阶段可缩短大约一周，则预计项目工期 = 4.92−（7/30）≈ 4.69（月）。

（3）估算合理范围：采用类推方法，只能得到估算的最有可能值。如果要估算合理范围，通常可依据历史项目的估算偏差。例如，假设工作量估计偏差的 P25 为 11.3%，P75 为 17.1%，则可计算出合理的工作量范围在 3938 人时到 5199 人时之间。如果没有估计偏差相关历史数据，也可以依据专家经验设定合理范围（如±20%之间）。

4．小结

类推法估算结果的精确度取决于历史项目数据的完整性和准确度，因此，用好类推法的前提条件之一是组织建立起较好的项目后评价与分析机制，对历史项目的数据分析是可信赖的，同时要做好主要差异的识别和调整，类推法常常和 WBS 法、Delphi 法结合起来一起使用。

7.4.2　类比法

类比法（Comparison）是将本项目的部分属性与类似的一组基准数据进行比对，进而获得待估算项目工作量、工期或成本估算值方法。选择类比法进行估算，应根据项目的主要属性，在基准数据库中选择主要属性相同的项目进行比对。

基准比对（Benchmarking）是将目标对象（如项目或项目群）属性与基准相比较，并建立目标对象属性相应值的全部过程；基准比对法（Benchmarking Method）是基于基准数据，对估算项目进行估算或对已完成项目进行评价的方法。工作量估算中类比法就是通过属性的基准比对来实现估算的。

类比法也是国标《软件研发成本度量规范》中推荐使用的工作量估算方法之一。

1. 适用范围

当需求极其模糊或不确定时，较难估算规模，如果此时具有与本项目类似的一组基准数据，则可直接采用类比法，充分利用基准数据来粗略估算工作量。因此，使用该方法的前提条件是有可供参考的基准数据。类比法既可以在整个项目级上进行，也可以在子系统级上进行。

2. 注意事项

使用类比法进行估算时，要注意以下事项：

（1）应根据主要项目属性对基准数据进行筛选，常见的比较因子有软件开发方法、功能需求文档数及接口数等，具体使用时需结合软件开发项目组和软件开发项目的特点加以确定。

（2）当用于比对的项目数量过少时，宜按照不同项目属性分别筛选比对，综合考虑工作量估算结果。

① 在使用行业级基准数据库时，如果筛选出的可比对项目数量过少，将影响比对结果的可信度。通常认为，筛选后项目数量不少于 20 个，则具有很高的可信度；超过 7 个但不足 20 个，具备一定的可信度；不超过 7 个，可信度较低。如果根据多个属性进行筛选后，可比对项目数量不超过 7 个，可选择单一属性分别筛选比对，之后采用平均值作为估算结果。

② 如果是企业级基准数据库。通常筛选后项目数量超过 7 个就具有很高的可信度；超过 2 个但不足 7 个也具备一定的可信度；不超过 2 个时可考虑改用类推法。

3. 估算过程

应用类比法的前提是确定比较因子，即提取软件项目的特性因子，以此作为与基准数据比较的基础。类比法的估算步骤如下：

（1）确定待估项目部分所具有的“显著特点”，如系统的规模和复杂度、对该系统的熟悉程度、开发人员的经验和能力、需求的稳定性和对用户的熟悉程度等。

（2）检查以前项目的数据库，并选择“最相似的”项目数据和文档。

（3）确定以前最相似项目与新项目之间在显著特点上的差异。

（4）确定各个差异的修正系数（一个乘数或除数）。

（5）确定该部分的修正系数，等于各个差异系数的乘积。

（6）将该修正系数应用到最相似项目上即可确定新项目的预算（见图 7-5）。

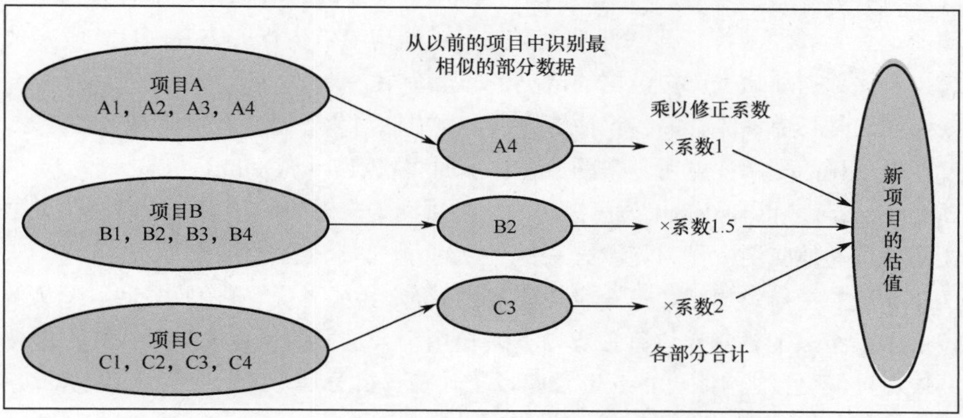

图 7-5　类比估算示意

4．应用示例

项目范围描述：为政府部门甲新开发一个 OA 系统，以支持其网上办公、文档流转等电子政务需求。

估算过程如下。

（1）主要属性识别：可以识别出项目的 3 个主要属性是开发类型、业务领域和应用类型。其中开发类型为“新开发”，业务领域为“政府”，应用类型为“OA”。

（2）筛选比对：假设查询行业基准数据库后发现，同时符合 3 个筛选条件的项目只有 2 个，数量过少，因此选择单一属性分别比对，获得如下工作量数据（单位为人时）查询结果，如表 7-5 所示。

表 7-5　筛选比对结果示例

属性	项目数量	P10	P25	P50	P75	P90
新开发	105	1005	1983	5892	12406	98727
政府	52	892	2416	4713	9319	43658
OA	34	576	2025	5128	7144	21990

（3）估算工作量：该项目所需工作量的最有可能值为（5892+4713+5128）/3，即 5244 人时。工作量估算的合理范围在 2141 人时和 9623 人时之间（采用 P25 和 P75 的值分别计算平均值）。

7.4.3 基于专家经验的估算方法

基于专家经验的估算方法是一种常用的估算方法，该方法主要依赖参与估算的相关专家的经验和对项目的理解对项目进行估算。基于专家经验的估算方法种类比较多，如专家磋商、直觉和经验等，其共性是“直觉”过程构成了估算的主要部分。专家估算方法在缺少量化数据和缺少历史数据的情况下非常有用。

Delphi 法是目前最流行的专家估算方法，该方法可以在一定程度上减轻由专家“专”的程度及对项目的理解程度所带来的偏差，下面将重点介绍 Delphi 法。

Delphi 法是 1948 年 Rand 公司提出的一种预测未来时间的技术，随后在诸如联合规划之类的各种其他应用中作为使专家意见一致的方法。

Delphi 法的指导思想是:“三个臭皮匠赛过诸葛亮”或者说“多个脑袋胜过一个脑袋”。它强调由多人组成的估算组进行估算，以避免由个人进行的估算的局限性和片面性，使估算结果尽可能更接近实际。Delphi 法是以工作任务拆分后形成的任务表为基础进行的，要求有多种相关经验人的参与，互相说服对方。

1. 估算过程

Delphi 法估算过程如图 7-6 所示。

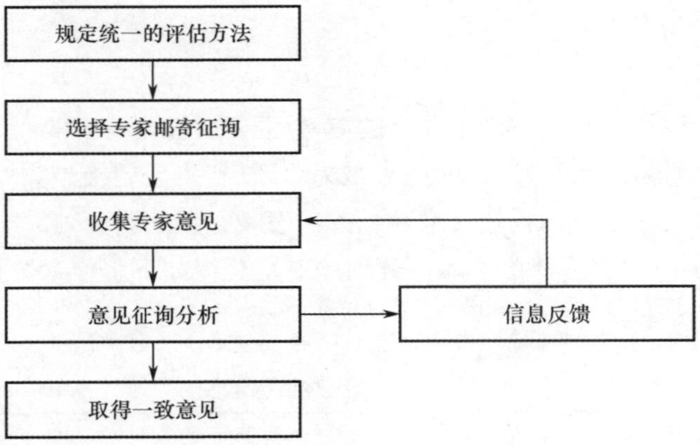

图 7-6 Delphi 法估算过程

1）估算策划

- 确定估算的对象及估算主持人。
- 组建评估组，评估组成员要求都是该领域的专家。
- 由估算主持人准备被估算对象的材料（包括任务拆分表和任务的详细说明）及估算用表。

2）估算准备会

主持人应就估算项目情况、目标、假设及约束条件等向全体估算人员作说明，将任务表和估算用表发给全体估算组成员。

- 主持人召集小组会，召集各专家讨论与规模、工作量相关的因素。
- 主持人向每位专家参与者提供一份软件规格说明书和一个记录估算值的表格。
- 由一个对估计对象（要开发的软件项目）最熟悉的人进行介绍。
- 对要估计的对象进行假设，限定各种条件，如假设现有人员不会有大的变动。
- 对估计对象进行假设，偏差值=（最大值-最小值）/平均值（也可用别的表达方式），偏差值一般可设为 30%，有时根据情况或对系统的熟悉程度，也可设为其他数值。

3）估算实施

在主持人的主持下，进行多轮次的估算、讨论、汇总等，当估算任务满足一定条件时结束。

- 各专家匿名填写迭代表格，每位专家提出 3 个估计值：最小值 a_i、最大可能值 m_i、最大值 b_i，中间可以向协调员提问，但相互之间不能讨论。
- 主持人整理出估算小结，计算每位专家的平均值和期望值。

$$E_i = (a_i + 4\ m_i + b_i)\ /6$$

$$E = (E_1 + \cdots + E_n)\ /n$$

并以迭代表的形式返回专家，迭代表上只标明专家自己的估计，其他估计匿名。

- 主持人召集小组会，讨论较大的估算偏差，找出原因。如果估计总结的偏差值大于所设定的偏差值标准，则由估计值较大的专家和估计值较小的专家分别介绍各自的估计原因。
- 根据讨论情况，各专家重新进行估计，该步骤要适当地重复多次，直到最后估计结果收敛在预先设定的偏差标准内为止。

4）估算结束

由主持人收集、汇总最终结果，出具估算报告。

2．估算注意事项

估算过程中组织需要注意以下几点，以保证估算结果的精确度。

1）需求明确

在进行具体的软件规模估算前，已经完成客户需求的编写及评审和产品需求的编写及评审，明确了软件需求，而且对需求进行了 WBS 活动的拆分。这些活动保证了规模估算的输入是清晰、明确、稳定的。

2）估算组成员稳定且素质高

由于不同专家的主观因素影响较大，Delphi 法一般要求专家：

- 由于单独一位专家可能会产生偏颇，因此一般会同时要求多名专家形成不同的专家组，对同一个项目进行分组讨论和估算。
- 一般最好邀请和选取与项目无利害关系的专家作为成员。
- 邀请的专家应对同类项目有着丰富的开发经验，熟悉开发过程的各个环节，以保证该项目成本估算过程的客观公正。
- 参与估算的每位专家对项目的开发环境、项目的应用领域和同类型项目的成本预算等都要非常了解，对于该领域的各种项目都有非常丰富的项目开发经验。

3）估算流程规范

组织内每个项目的规模估算都是使用该方法，估算流程规范，主持人及参与人员对整个流程都非常熟悉，并且对估算的结束条件进行了严格的规定。在估计过程中，一定要有一个主持人，并且只客观地进行讨论，在整个讨论过程中，不发表任何主观的看法。在整个过程中，不得进行小组讨论。

3．方法应用

目前国内大多数项目的软件工作量估算，由于缺乏历史数据的存储，主要依靠 WBS（工作分解结构）法和经验判断。

例如，国内一家中等规模的主要从事通信行业软件开发的软件公司，其估计步骤是：

（1）根据需求规格说明书的内容，让各开发人员独立估算各任务及具体模块的工作量。

（2）然后汇总，最多估计三次。

（3）总的工作量的计算公式是：工作量（人×天）=代码工作量+计划文档工作量+需求规模工作量+设计工作量+测试工作量。

（4）在整个估算过程中，假设参与评估人均有相同的此系统方面的工作经验。

4．小结

从估算技术在国内外企业中的应用现状来看，基于专家经验的估算方法是使用最普遍的，这可能是因其所具有的易用性和灵活性，在缺少量化的、历史数据的情况下该方法非常有用。但是这种方法依赖专家的经验、背景和成熟度来猜测一项任务或整个项目需要多长时间完成或成本多少，因此，专家“专”的程度及对项目的理解程度是估算工作中的难点，也是这种估算技术的局限性，尤其当进行新产品开发，企业不具有开发类似项目的经验时，该方法很难实施。另外，该方法如何导出估算值的机理不清晰，是不可重复的，因此，软件开发组织很难清晰地定义这种估算过程，不能获得组织学习的效应。

7.4.4 WBS 法

WBS（Work Breakdown Structure）法是项目管理中的一种基本方法。它主要应用于项目范围管理，是一个在项目全范围内分解和定义各层次工作包的方法。它按照项目发展的规律，依据一定的原则和规定，进行系统化的、相互关联和协调的层次分解。WBS 法是最常见的一种估算方法，也是企业最常用的估算方法。

1．估算过程

WBS 法估算工作量较多地掺入了经验估计，通常的估算步骤如下。

1）WBS 分解

按照开发过程和功能特点将软件项目工作分为几个部分和层次，经过对多个软件项目估算情况的研究发现，软件项目标准工作分解结构如图 7-7 所示。

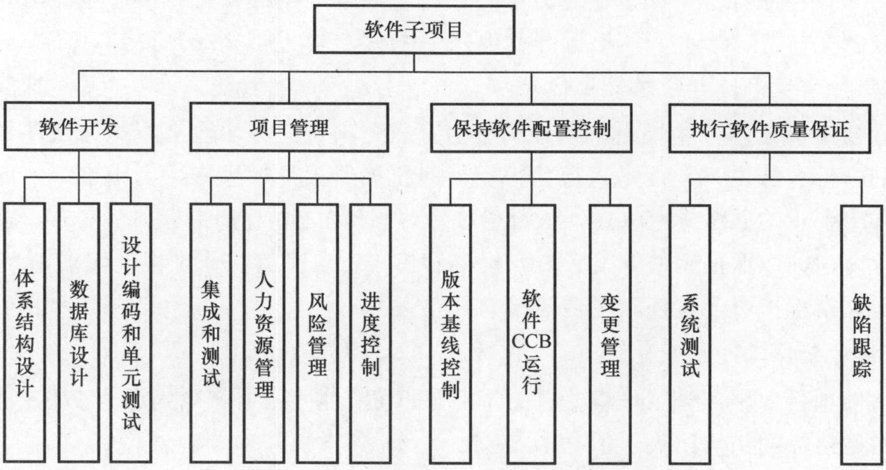

图 7-7　软件项目标准工作分解结构

2）类推分析

寻求类似的历史项目，进行项目的类推分析，从其开发的各个子任务中区分出类似的部分和新的部分：

- 类似部分主要包括开发中的各种管理工作及与以前类似的功能模块开发等内容，对此，可参照已经完成的项目的工作量进行估算。
- 对于新的部分需要将工作尽可能细化，然后具体分配到个人，由负责相关工作的个人描述并给出开发工作量的承诺。

3）软件开发部分工作量估计

软件开发部分可细分为体系结构设计、数据库设计、设计编码和单元测试。然后对各个部分再进行 WBS 分解，力所能及地将整个项目的任务进行分解，估算工作量。

- 这里可以基于一些标准构件或模块开展估算，把每个组件细分成许多部分，并根据某些标准度量估算每一个部分的工作量，最后将每一部分估算工作量加起来就是软件开发部分的工作量。
- 其中，对于标准构件或模块或者工作量估算有难度部分可采用 Delphi 法进行估算，否则可以按照需求分析的要求，由担任相关任务的开发人员进行工作量估算。

4）项目管理部分工作量估计

对于这一部分的估算许多软件组织直接增加软件开发工作量的 10%，即可以直接通过计算花费在集成测试、人力资源管理、风险管理、进度控制等工作中的工作量并相加来进行工作量的估算，而许多大企业还有另一种算法，即结合以往多个项目的经验，考虑项目规模及具体环境等多个因素，在 10%的基础上适当增减。

5）保持配置控制部分工作量估计

保持配置控制部分工作量估算方法与项目管理部分一样，可直接通过参与人员工作量估算或者在非特殊情况下，根据开发部分工作量，乘以 4%～6%得到。

6）执行质量保证部分工作量估计

执行质量保证部分如果由小组外的机构完成这项目任务，通常不作为软件开发工作量估算的一部分加进来，而是直接将根据外包机构的报价加进来。当由小组估算时，就要根据客户要求的质量标准来定，大部分在 4%～8%之间。如果在 4%左右，质量保证人员执行审计，以保证软件开发者遵守标准和机构所定义的软件过程；如果在 8%左右，质量人员通常承担更多责任和更多地参与开发。

7）估计整体工作量

对软件项目各个部分工作量估算完毕后，即可将它们累加，得到运用 WBS 法对软件项目工作量估算的初步结果，用 PM_W 表示。

2. 小结

通常情况下，基于 WBS 的估算方法准确度相对较高，但是这种方法要求项目需求完整、任务间逻辑清晰，且需要进行大量计算，工作量较大。另外，在运用 WBS 法进行估算的过程中，对项目工作进行了细分并将任务分配到具体项小组和小组成员，而且小组成员已对自己所承担的任务工作量进行了估算、承诺。因此，较容易得出此项目的进度估算和预期。

7.4.5 算法型估算方法

软件工程大师 Roger S．Pressman 指出，软件成本及工作量估算永远不会是一门精确的科学，太多的变化——人员、技术、环境、策略——影响了开发所需的工作量及软件项目的最终成本。但是，将完备的历史数据与系统化的技术结合起来，就能够提供具有可接受风险的估算，提高估算的准确度，算法型（参数型）估算方法就是这样一种方法。

算法型（参数型）估算方法，在国标《软件研发成本度量规范》中称为方程法，是指通过一个或多个数学算法来计算软件工作量。这里，软件工作量被看成一个由规模、产品特性及开发环境因子等诸多变量构成的方程。大多数算法模型使用系统规模作为估算过程的关键输入，因此，准确的规模估算非常重要。

算法模型的一般形式为：Effort=$f(X_1, X_2, \cdots, X_n)$。这里 Effort 指的是工作量，而 $(X_1, X_2, \cdots, X_n)$ 则代表了诸如规模、产品特性等变量。可根据完整的多元方程（包括所有驱动因子），直接计算出估算结果，也可根据较简单的方程（包括部分驱动因子），计算出初步的工作量估算结果，再根据其他调整因子，对工作量估算结果进行调整。

算法模型按照建立方法的不同，可分为经验估算模型（有固定的公式）和回归模型。回归模型是通过对大量历史数据集合进行回归分析，得到规模与工作量之间的关系模型。在关系模型中，充分考虑影响工作量的各种因素，这些因素被作为驱动因子添加在估算模型中。

现存的一些算法估算模型的差异都集中在函数 f 和变量因子的选择上。从一个宽泛的角度来看，算法估算模型大体可以分为以下三类。

➢ 一阶模型：其计算形式如下，其中 E 表示工作量，C 表示生产率，S 表示项目规模，此类模型为经验估算模型。

$$E=C\times S$$

➢ 二阶模型：其计算形式如下，其中 β 是一个度量项目组内沟通有效性的熵因子。算法估算模型如 SLIM、PRICE-S 等都属于这一类型，此类模型为回归模型。

$$E=C\times S^{\beta}$$

➢ 三阶模型：其计算形式如下，其中 f_i 表示第 i 个环境因子，n 则表示环境因子的数量。属于这一类型的估算模型有 COCOMO Ⅱ、Seer 等，此类模型为回归模型。

$$E = C \times \left(\prod_{i=1}^{n} f_i\right) \times S^{\beta}$$

下面介绍几种业界常用的算法估算模型，分别是生产率参数模型、Putnam 模型和 COCOMO 模型，它们都有成熟的工具支持。

1. 生产率参数模型

通常，工作量与规模之间存在正相关关系，即工作量=规模/生产率，因此，基于此关系就可以构造一个一阶方程。生产率参数方程在国内外得到软件行业的一致认可和应用，国标《软件研发成本度量规范》也将其作为行业级工作量估算模型在业界推广使用。下面具体介绍该模型。

1）模型

典型的行业级工作量估算模型如下：

$$AE=（PDR\times S）\times SWF\times RDF$$

式中，AE——调整后的估算工作量，单位为人时；

S——调整后的软件规模，单位为功能点；

PDR——平均生产率/功能点耗时率，单位为人时每功能点；

SWF——软件因素调整因子；

$$SWF=\frac{SF+BD+AT+QR}{4}$$

RDF——开发因素调整因子。

$$RDF=\frac{SL+DT}{2}$$

可根据上述公式及基准数据库中PDR数据的P25、P50、P75的值，计算出工作量估算结果的上下限及最有可能值。

下面逐一介绍模型中的各参数。

（1）生产率。

平均生产率指的是企业在软件开发方面的一般生产效率，由企业所完成的软件工作量除以企业所花费的人力得到，单位为功能点/人天（人时/人月）。

生产率数据推荐使用和参考基准数据获得，对于委托方和第三方，可使用行业基准数据；对于开发方，鼓励各组织建立自己的组织级基准数据库。下面以生产率为例来说明基准数据库的管理和维护。

➢ 收集历史数据，建立基准数据库。

组织收集已经完成项目的规模和工作量对应关系的历史数据。收集到的历史数据应该包括项目规模和工作量等数据需涵盖企业所需的各类型、各维度数据，如项目各阶段的数据，系统各功能模块。组织能收集到的历史数据越全越好，历史数据所覆盖的项目越多越好。

➢ 计算出组织平均软件生产率。

组织根据收集到的历史数据计算出该组织执行每项任务的平均软件生产率 V_n。软件生产率的单位根据组织的采用规模估算方法的不同分为代码行/人天（人小时/人月）、KLOC/人月或FP/人月。

➢ 总结历史数据，更新平均软件生产率。

每个项目结束之后，总结项目的历史数据，更新组织平均软件生产率。初始情况下，由于项目历史数据不是很完备，得出的组织平均软件生产率不是很准确，而且这种偏差在组织开始实施软件过程改进的早期也是可以接受的。随着组织的不断发展和项目历史数据的积累，每次得到项目历史数据后即更新组织平均软件生产率的值，使之更趋于真实值。

软件生产率的推算需要大量的数据积累，以提高估算准确度，尽量消除由于个别项目差异所造成的误差，而且要不断更新，因为生产率是一个动态数据，容易受到外部因素的影响，如在企业刚刚开始运营时，软件开发人员熟悉度不够，可能生产率会较低；当企业逐步走向成熟时，员工的效率提高，这时生产率就应该有所提高，这样才能真正体现企业在软件开发方面的实际能力。

（2）工作量调整因子。

根据经验或相关性分析结果，行业级模型从软件和开发两方面因素来确定影响工作量的主要属性，下面分别介绍各因子。

① 软件因素调整因子 SWF。

软件因素可以被理解为待开发软件和系统本身所具有的特性，这些特性是客观存在的，不会随着不同的开发者而有不同。这些特性可以被直观地识别，也可以通过某些方法被识别。对于待开发系统或软件而言，这些特性更多地表现为一种约束，任何开发者进行开发时，都必须将软件因素作为一种约束条件考虑在内。委托方也需考虑软件因素，典型的软件因素如下。

➢ 规模调整因子 SF。
  - 模型使用功能点方法来进行估算，并根据历史数据分析规模对生产率的影响。
  - 虽然传统的估算理论及模型认为随着项目规模的增加，项目复杂度变大，因而生产效率会有所降低。但根据中国系统与软件度量用户组对国内外数据的分析结果（见图 7-8），可以看出，在通常的商业应用开发中（规模不超过 10000FP），项目生产率会随着系统规模的增加而缓慢提高。
  - $SF=(269.6446+S\times 0.7094)/S$，式中，$S$ 为调整后的软件功能规模，当 S 大于 928 个功能点这个规模之后，效率会比之前高。

➢ 业务领域调整因子 BD（见表 7-6）。

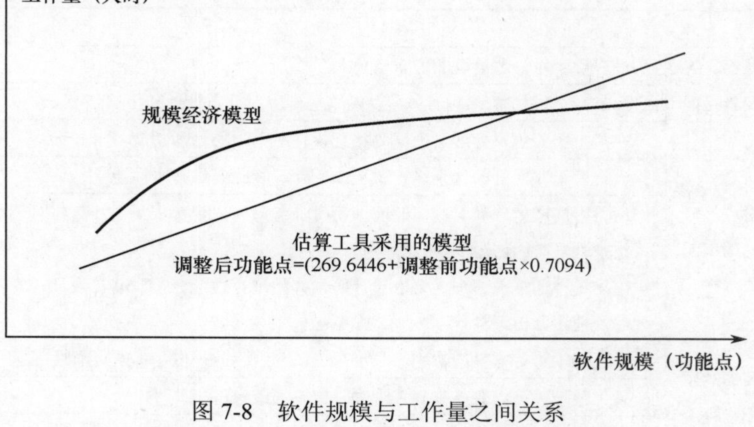

图 7-8　软件规模与工作量之间关系

表 7-6　业务领域调整因子 BD 说明

业务领域	调整因子
政府（含公共管理和社会组织）	0.93
信息技术、电信	1.02
金融	2.62
其他	1.00

➢ 应用类型调整因子 AT。

对于委托方而言，其组织的类型（政府、银行、大型企业等）、待开发项目的业务领域（金融、财政、生产制造等）、应用类型（OA、ERP、MIS）等，都是可以直观识别的软件属性。应用类型调整因子 AT 说明如表 7-7 所示。

表 7-7　应用类型调整因子 AT 说明

应用类型	范　围	调整因子
业务处理	办公自动化系统；人事、会计、工资、销售等经营管理及业务处理用软件等	1.0
科技	科学计算、模拟、统计等	1.2
多媒体	图形、影像、声音等多媒体应用领域，地理信息系统，教育和娱乐应用等	1.3
智能信息	自然语言处理、人工智能、专家系统等	1.7
系统	操作系统、数据库系统、集成开发环境、自动化开发/设计工具等	1.7
通信控制	通信协议、仿真、交换机软件、全球定位系统等	1.9
流程控制	生产管理、仪器控制、机器人控制、实时控制、嵌入式软件等	2.0

➢ 质量特性调整因子 QR。

质量特性调整因子一般指可靠性、可使用性、效率、可维护性、可移植性。开发组织应特别注意明确委托方对于质量的需求，并将其作为工作量的重要考虑因素。质量特性调整因子 QR 说明如表 7-8 所示。

表 7-8　质量特性调整因子 QR 说明

<table>
<tr><th colspan="2">调整因子</th><th>判断标准</th><th>影响度</th></tr>
<tr><td rowspan="3">分布式处理</td><td rowspan="3">应用能够在各组成要素之间传输数据</td><td>没有明示对分散处理的需求事项</td><td>−1</td></tr>
<tr><td>通过网络进行客户端/服务器及网络基础应用分布处理和传输</td><td>0</td></tr>
<tr><td>在多个服务器及处理器上同时相互执行应用中的处理功能</td><td>1</td></tr>
<tr><td rowspan="3">性能</td><td rowspan="3">用户对应答时间或处理率的需求水平</td><td>没有明示对性能的特别需求事项或活动，因此提供基本性能</td><td>−1</td></tr>
<tr><td>应答时间或处理率对高峰时间或所有业务时间来说都很重要，存在对连动系统结束处理时间的限制</td><td>0</td></tr>
<tr><td>为满足性能需求事项，要求设计阶段开始进行性能分析，或在设计、开发体现阶段使用分析工具</td><td>1</td></tr>
<tr><td rowspan="3">可靠性</td><td rowspan="3">发生障碍时引起的影响程度</td><td>没有明示对可靠性的特别需求事项或活动，因此提供基本的可靠性</td><td>−1</td></tr>
<tr><td>发生故障时可以轻易修复，带来一定不便或经济损失</td><td>0</td></tr>
<tr><td>发生故障时很难修复，发生经济损失或有生命危害</td><td>1</td></tr>
</table>

（续表）

调整因子		判断标准	影响度
多重站点	开发能够支持不同硬件和软件环境的软件	在设计阶段只需考虑一个设置站点的需求事项，为了只在相同用途的硬件或软件环境下运行而设计	−1
		在设计阶段需要考虑一个以上设置站点的需求事项，为了在用途类似的硬件或软件环境下运行而设计	0
		在设计阶段需要考虑一个以上设置站点的需求事项，为了在不同用途的硬件或软件环境下运行而设计	1
说明：质量特性调整因子=（分布式处理因子+性能因子+可靠性因子+多重站点因子）×0.025+1			

② 开发因素调整因子 RDF。

开发因素等多是由开发团队的特性决定的。不同的开发团队，因为自身特点不同，在完成同样的软件项目时，所消耗的工作量也不相同。开发方需重点考虑开发因素，一般常见的开发因素如下。

- 采用技术：如开发该系统所用的语言、开发平台、系统架构、操作系统等。开发语言调整因子 SL 说明如表 7-9 所示。

表 7-9　开发语言调整因子 SL 说明

语言分类	调整因子
C 及其他同级别语言/平台	1.5
JAVA、C++、C#及其他同级别语言/平台	1.0
PowerBuilder、ASP 及其他同级别语言/平台	0.6

- 过程能力：开发方的成熟度（如所具备的 CMMI 成熟度）、管理要求等。
- 开发团队背景调整因子 DT：开发方的组织类型、团队规模、个人能力等。开发团队背景调整因子 DT 说明如表 7-10 所示。

表 7-10　开发团队背景调整因子 DT 说明

调整因子	判断标准	影响度
同类行业及项目的以往经验	为本行业开发过类似的项目	0.8
	为其他行业开发过类似的项目，或为本行业开发过不同但相关的项目	1.0
	没有同类项目的背景	1.2

工作量调整因子组织在实际项目估算时可参考使用，或根据项目实际情况进行本地化订制。各因子的调整范围定义为 0.7～1.5，可定义为 5 个级别：非常低（系数 0.7）、低（系数 0.9）、正常（系数 1.0）、高（系数 1.25）、非常高（系数 1.5）。具体影响因子的设定需要根据各组织的实际情况确定。

③ 工作量调整因子应用。

建立模型时可建立完整的多元方程（包括所有工作量影响因子），直接计算出估算结果，也可根据较简单的方程（包含部分工作量影响因子），计算出初步的工作量估算结果，再根据其他调整因子，对工作量估算结果进行调整。

假设基于基准数据建立的回归方程为：

$$\mathrm{UE}=C\times S^{0.9}$$

式中，UE——未调整工作量，单位为人时（ph）；

C——生产率调整因子，单位为人时每功能点（ph/FP）；

S——软件规模，单位为功能点（FP）。

假设根据相关性分析和经验确定调整后工作量计算公式为：

$$\mathrm{AE}=\mathrm{UE}\times A\times L\times T$$

式中，AE——调整后工作量，单位为人时（ph）

A——应用领域调整因子，取值范围 0.8～1.2；

L——开发语言调整因子，取值范围 0.8～1.2；

T——最大团队规模调整因子，取值范围 0.8～1.2。

假设待估算项目的规模为 1000FP，参考基准数据的功能点耗时率 25 百分位数、50 百分位数和 75 百分位数，C 取值分别为 8 ph/FP、10ph/FP、14ph/FP，则计算出未调整工作量合理范围介于 4009.50 ph 与 7016.62 ph 之间，未调整工作量最有可能值为 5011.87 ph。

假设根据参数表确定应用领域调整因子取值为 1，开发语言调整因子取值为 0.8，最大团队规模调整因子取值为 1.1，则计算出调整后工作量合理范围介于 3528.36 ph 与 6174.63 ph 之间，调整后工作量最大可能为 4110.45 ph。

因项目变化导致需要重新进行工作量估算时，应根据变化的影响范围对工作量估算方法及估算结果进行合理调整。

2）模型应用

工作量估算时，在确定了估算模型后，还需要确定估算方式，估算方式有自上而下和自下而上两种。下面就以生产率参数模型为例来介绍这两种估计方法的实际应用。

（1）自上而下的估计方法（Top-Down Approach）。

自上而下的估计方法是一种非常实用的工作量估计方法，主要在项目初期或项目信息不足时采用。

自上而下的估计方法首先根据软件规模估计值及规模和工作量的对应关系（平均生产率或线性回归方程），对产品开发的总体工作量进行估计，然后再根据项目各阶段/各子系统/各模块工作量分布的百分比，分解到每项任务所需的工作量。

自上而下的估计方法主要可分为以下 5 个工作步骤：

- 确定用户需求或工作陈述，并据以形成设计构件假设文件或系统需求。
- 根据需求制定功能 WBS 并选定软件生命周期模型。
- 进行规模估计。
- 根据平均生产率及其规模估计值和项目状况估计项目的总工作量。

➢ 根据所选定的软件生命周期、WBS、各阶段任务的关键依赖关系，并依据历史数据统计分析得出的比例关系，分解各阶段工作量的估计值，将任务分解到工作包，并制定项目的进度。

下面通过一个例子来进行详细说明。

项目描述：某软件企业要为政府部门甲新开发一个 OA 系统，以支持其网上办公、文档流转等电子政务需求。具体功能包括收文管理、发文管理、会议管理、日程安排……；其中收文管理功能要求……；日程安排功能要求……。该项目目前处在项目立项阶段。

估算对象：项目工作量。

估算方法：

➢ 采用快速功能点法估算规模。

➢ 采用生产率行业模型和自上而下相结合的估算工作量方法。

具体估算过程如下：

➢ 估算未调整软件规模 UFP。

假设根据需求描述，识别内部逻辑文件 13 个，外部接口文件 4 个，则未调整的功能点数为：

$$UFP=35\times13+15\times4=515\ (FP)$$

➢ 估算软件规模 S。

考虑到项目处于立项阶段，需求变更的风险较大，将规模变更调整因子取值为 2，因此计算出调整后软件规模为：

$$S=UFP\times2=1030\ (FP)$$

➢ 估算未调整工作量 UE。

考虑到该组织暂时还没有建立组织级基准数据库，因此参考当年发布的行业基准数据，PDR 取值分别为 3.58、7.17、12.99，可计算出未调整工作量范围和最有可能值：

$$UE\text{ 最有可能值}=7.17\times1030=7385.1\text{（人时）}$$

$$UE\text{ 下限}=3687.4\text{ 人时}$$

$$UE\text{ 上限}=13379.7\text{ 人时}$$

➢ 估算工作量调整因子。

由于此时对开发没有特殊要求，所以 RDF 取值为 1；而规模调整因子依据公式计算出 SF=0.97；业务领域 BD 依据表 7-6 确定为 0.93；应用类型调整因子 AT 依据表 7-7 确定为 1；质量特性调整因子 QR 依据表 7-8 计算出等于 1。

➢ 计算工作量 AE。

根据估算模型 AE=（PDR×S）×SWF×RDF 计算调整后的工作量范围和最有可能值：

$$AE\text{ 最有可能值}=7385.1\times0.97\times0.93=6662.10\text{（人时）}$$

$$AE\text{ 上限}=12069.83\text{ 人时}$$

$$AE\text{ 下限}=3326.40\text{ 人时}$$

因此，AE 的最有可能值为 6662.10 人时，而工作量估算最终结果的合理范围在 3326.40 人时到 12069.83 人时之间。

➢ 工作量分解。

将项目的整体工作量，依据各工作模块的工作量占比进行分解，各工作模块工作量占比可依据基准数据库统计得出。

然后对各个工作模块再进行 WBS 分解，力所能及地将整个项目的任务进行分解，估算具体单个任务的工作量（见表 7-11）。例如，软件开发部分可细分为体系结构设计、数据库设计、设计编码和单元测试。

表 7-11 WBS 分解工作量

维　　度	工作量百分比	工作量（人时）		
		上限	最有可能值	下限
软件开发部分	60%	7242	3997	1996
软件测试部分	20%	2414	1332	665
质量保证部分	5%	604	333	166
配置管理部分	5%	604	333	166
项目管理部分	10%	1207	666	333

理论和实践都证明，自上而下的估计方法是一种行之有效、可操作性极强的估计方法，这种估计方法对于自下而上估计等其他度量方法也具有很大的借鉴意义。

（2）自下而上的估计方法（Bottom-Up Approach）。

自下而上的估计方法是先利用 WBS 对项目进行分解，列出主要的工作，然后估计每项工作的工作量，最后总计得到整个项目估计的规模和工作量。

在接到项目，对其进行分析和分解，制定 WBS 并将每个模块交给不同的开发人员负责之后，组织往往会采用自下而上的估计方法，先由项目管理者和各个模块的负责人计算每个分解后模块的工作量，再将所有的模块的工作量相加，从而得到整个软件项目的工作量，如图 7-9 所示。

自下而上的估计方法主要可分为以下 6 个工作步骤。

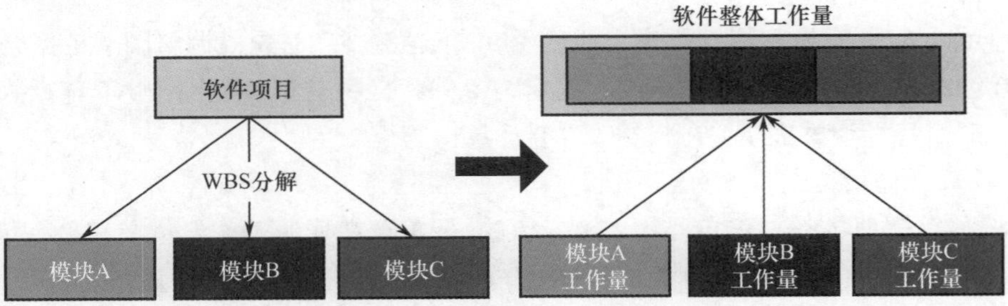

图 7-9 软件自上而下的估计方法示意

➢ 规模估算。

估算方法与自上而下方法一致，依据需求估算规模。

➢ WBS 分解。

按照开发过程和功能特点，依据一定的原则和规定，将软件项目工作进行系统化的、相互关联和协调的 WBS 层次分解，结构层次越往下，则项目组成部分的定义越详细。WBS 最后构成一份层次清晰、可以具体作为组织项目实施的任务活动依据。

➢ 估算各项任务的平均软件生产率。

组织根据收集到的历史数据计算出该组织执行每项任务的平均软件生产率 V_n，软件生产率的单位根据组织采用规模估算方法的不同分为 KLOC/人月或 FP/人月。

➢ 估算各项任务的软件生产率。

识别每项任务的工作量影响因素，然后根据其影响确定该因素的系数 a_x，并计算出该项目要完成该项任务的可能的软件生产率 v_n，v_n 的单位与 V_n 相同。

$$v_n=a_1\times a_2\times a_3\times\cdots\times a_x\times V_n$$

➢ 计算完成各项任务的工作量。

根据平均软件生产率、规模估算值和项目状况估算出项目工作量。

对于使用 LOC 技术进行规模估算的项目：

$$E_n=S/v_n$$

式中，S 为项目规模估算值。

对于使用 FP 技术进行规模估算的项目：

$$E_n=S_n/v_n$$

式中，S_n 为每项任务的规模估算值。

➢ 计算项目总的工作量。

项目总的工作量为：

$$E=E_1+E_2+E_3+\cdots+E_n$$

下面以一个实际的项目（以下简称 B 项目）为例，来介绍如何使用自下而上的估计方法进行工作量估算。

➢ 规模估算。

B 项目使用功能点技术进行规模估算，估算最可能值为 48KLOC。

➢ WBS 分解。

根据该项目的活动 WBS，该项目共有需求分析、项目策划、概要设计、详细设计、编码、测试、发布七项任务。

➢ 估算各项任务的平均软件生产率。

组织收集已经完成项目的历史数据，包括项目的规模、工作量、成本、进度等。根据收集到的历史数据，以及每项任务各项目花费的工作量与规模的对应关系，计算出每个项目每项任务的软件生产率。然后针对每项任务，取各项目软件生产率的平均值，即可计算出该组织完成每项任务的平均软件生产率 V_n。

根据历史数据计算，该组织相应的平均软件生产率如表 7-12 所示。

表 7-12　平均软件生产率

单位：KLOC/人月

任务平均软件生产率	值
需求分析 V_1	42.3729
项目策划 V_2	68.4932
概要设计 V_3	24.5912
详细设计 V_4	7.5449
编码 V_5	4.5071
测试 V_6	17.4611
发布 V_7	25.413

➢ 估算各项任务的软件生产率。

下面计算 B 项目“需求分析”任务的生产率。项目策划者首先识别出该项目在需求分析阶段影响软件生产率的因素并确定每种因素影响生产率的系数，如表 7-13 所示。

表 7-13　需求分析影响因素说明

影响因素	系数
需求变更的可能性	0.9
需求分析人员素质较高	1.05
用户所提需求不够明确	0.95

根据表 7-13，计算得到 B 项目需求分析阶段的软件生产率：

$$V_1=0.9\times1.05\times0.95\times42.3729=38.0403\text{（KLOC/人月）}$$

➢ 计算完成各项任务的工作量。

该项目进行需求分析所要花费的工作量为：

$$E_1=48/38.0403=1.23\text{（人月）}$$

用同样的方法可以计算出其他任务所需要的工作量，求得 B 项目的项目策划、概要设计、详细设计、编码、测试、发布的工作量分别为 0.7 人月、1.37 人月、2.07 人月、6.34 人月、2.85 人月和 0.7 人月。

➢ 计算项目总的工作量。

则项目 B 总的工作量估算值为：

$$E=1.23+0.7+1.37+2.07+6.34+2.85+0.7=15.26\text{（人月）}$$

通过跟踪 B 项目的实际过程可以发现，上面的估计值和项目的实际值的偏差不大，可见，通过综合使用生产率参数模型和自下而上的估计方法来估算工作量，有效支撑了的该项目的策划和安排。

自下而上的估计方法得到的估计值比较准确，其准确度在于工作量估计情况是由单个模块汇总而来的，如果某个模块估计出现了偏差，则影响程度有限，经过与其他模块汇总后会得到一定程度的校正，除非出现所有模块估算都出现较大偏差的情况，但这种可能性较小。比较而言，自上而下的估计方法就不一样，如果某输入参数过大，则会影响整个项目的估算。

（3）两种方法的比较。

表 7-14 对自上而下和自下而上两种方法各自的优/缺点进行了对比分析。

表 7-14　自上而下方法和自下而上方法对比

方法类别	优　点	缺　点
自上而下的估计方法	估算的工作量小，速度快，不需要进行工作分解	对项目中的特殊困难估计不足，估算出来的工作量盲目性大，有时会遗漏被开发软件的某些部分
自下而上的估计方法	估算各个部分的准确性高，能提高参与人的责任心	在 WBS 中可能会忽略某些重要的任务，工作分解比较困难； 对某管理性工作不容易直接估算，不容易积累经验

在实际工作中，组织往往会使用自上而下和自下而上两种方法相结合的方式来进行项目的估计。一般情况下在项目刚开始时，会使用自上而下的方法来进行估计。当项目进行到某个里程碑处，项目开发已累计一定的历史数据后，在对项目总体工作量或某个模块工作量的重新估计过程中，会使用自下而上和自上而下两种方法相结合的方式来进行估计，与原有自上而下的估计数据进行对比调整，并且对于估计结果进行互相验证。

3）生产率模型总结

通过以上介绍可以看出，行业级生产率软件工作量估算模型具有以下优点：

（1）生产率数据可依据组织自己的基准数据库采集，也可直接从行业基准数据库采集，可计算整体的平均生产率，也可按不同的维度进行分类统计，以更接近项目的实际情况，提升估算的精度。

（2）该模型使用面很广，不管是软件能力成熟度较高、软件能力均衡的软件组织，还是刚刚实施软件过程改进，不同项目组、不同开发者软件能力差别较大的软件组织，都可以使用该模型。

（3）该模型的工作量调整因子，可由各组织进行本地化定制，以进一步提高估算准确性。

2. Putnam 模型

Putnam 模型的全称是定量软件管理软件成本进度模型，由定量软件管理 QSM 组织的 Larry Putnam 于 1978 年提出，是在研究了 50 多个大型软件项目的基础上，采用回归分析法提出的一种动态多变量估算模型。

Putnam 模型源自传统经济学的投入产出分析，采用 SLOC/MM（源代码/人月）作为软件生产效率的指标，基于对生命周期的分析，假定在软件开发的整个生存期中工作量有特定的分布，它利用一种称为“Rayleigh”的曲线来估计项目成本、进度和缺陷率。

Putnam 模型支持大多数通用大小的估计方法，包括 ballpark 技术、源码指导和功能点等。主要应用于源代码行数大于 7 万行的项目中，但对模型进行适当调整后，也可以应用于一些较小的软件项目中。

大型软件项目的开发工作量分布可以用图 7-10 所示曲线表示。

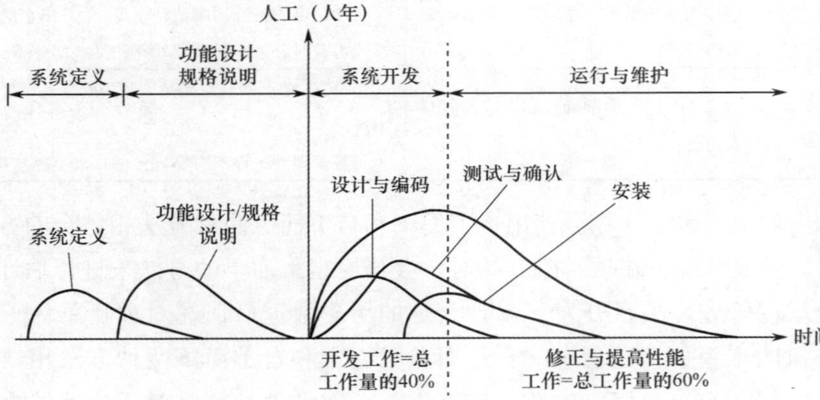

图 7-10　大型软件项目的开发工作量分布

通过该曲线可得到 Putnam 模型的估算公式为：

$$K = \frac{L^3}{\mathrm{CK}^3 \times \mathrm{td}^4}$$

式中，K——整个软件开发生命周期内人的工作量，单位为人年。

L——交付软件的源代码行数，单位为 SLOC。

td——整个软件的开发时间，单位为年。

CK——技术状态常数，通常根据经验数据来确定，标识软件开发所采用技术的先进性，它会因开发环境而异。其典型值的选取如表 7-15 所示。

- 如果软件开发环境比较差，如没有开发方法、缺少项目文档等，通常 CK 取值 2000；
- 如果软件开发环境比较正常，有适当的开发方法，较好的项目文档和评审过程，通常 CK 取值 8000；

表 7-15　CK 值与开发环境举例

CK 的典型值	开发环境	开发环境举例
2000	差	没有系统的开发方法，缺乏文档和评审，批处理方式
8000	好	有合适的系统开发方法，有充分的文档和评审，交互执行方式
11000	优	有自助开发工具和技术

- 如果在一个非常好的软件开发环境中，开发采用自动化的工具，先进的技术和管理方法，通常 CK 取值 11000。

Putnam 模型的特点在于，直接由软件规模（表现为 *L* 值）、开发时间（表现为 td 值）、企业成熟度（表现为 CK 值）对工作量进行计算。Putnam 模型相对于传统的计算方法而言，是一种非常有益的创新。它开拓了人们的思路，使得软件管理人员从旧有思维的束缚中解脱出来，得以思考是否还有其他更好的工作量计算方式。

该模型在实际应用中表现平平，其根本原因是忽视了进度计划对软件开发的影响。然而在实际项目中，进度计划是影响软件费用和人力资源投入的非常重要和敏感的因素。

Putnam 模型的缺点在于其模型是基于美国军方软件等大规模软件的数据开发的，这使得它在小规模项目估算上缺乏适用性。同时，由于 Putnam 模型估算也是基于代码行的，如何在项目早期得到代码行的度量是它在早期估算应用上的瓶颈。

3．COCOMO（Constructive Cost Model）

1981 年，Barry Boehm 在其经典著作《软件工程经济学》中，介绍了一种软件成本估算模型的层次体系，称为构造型成本模型（Constructive Cost Model，COCOMO）。这是 Barry Boehm 研究了加利福尼亚的 TRW 咨询公司的大量项目数据得出的一种精确的、易于使用的、基于模型的工作量估算方法。

该模型采用数学的方法计算软件项目的工作量，以项目的代码行数量作为工作量驱动因子，并通过一组调整因子得出最终估算结果。该模型表征为项目开发代码行数的非线性函数。该模型可以用来估算软件成本、工作量和进度计划。

COCOMO 也是一种采用回归分析方法的动态非线性算法估算模型。

COCOMO Ⅱ 2000 是目前的最新版本。在现有的软件成本估算和进度估算领域，COCOMO 模型被广泛认可。

1）基本 COCOMO 原型

COCOMO 按开发环境（项目规模、技术复杂度、开发经验等）把软件开发项目的类型分为组织型、嵌入型和半独立型三种模式。

（1）组织型（Organic）：相对较小、较简单的软件项目。开发人员对开发目标理解比较充分，与软件系统相关的工作经验丰富，对软件的使用环境很熟悉，受硬件的约束较小，程序的规模不是很大。

（2）嵌入型（Embedded）：通常针对那些有严格软/硬件环境的系统，对接口、数据结构、算法的要求高，软件规模任意，如大而复杂的事务处理系统、大型/超大型操作系统、航天用控制系统、大型指挥系统、小型的专用器件及导弹制导系统等。

（3）半独立型（Semidetached）：是指开发方式介于组织型模式和嵌入型模式之间。该模式的规模和复杂度都属于中等或更高，最大可达 30 万行。

COCOMO 是一个层次模型，按其估算的详细程度分为基本、中级、高级三个层次，分别用于软件开发的不同阶段。

（1）基本 COCOMO：是一个静态单变量模型，适用于系统开发初期，对项目了解很少时。

（2）中级 COCOMO：在基本 COCOMO 的基础上，用涉及产品、硬件、人员、项目等方面的影响因素调整工作量的估计，适用于明确需求以后。

（3）高级 COCOMO：包括前两种模型的所有特征，进一步对项目开发的每个阶段（分析/设计、编码、测试）的每个成本驱动因子进行评价，适用于当设计完成时。

这三个模型具有相同的 COCOMO 模型：

$$E=aS^bF$$

式中，E 是按人月计算的工作量；S 是按千行交付（KDSI）测量的工作量；F 是调整因子；a，b 均为常数。在中、高级 COCOMO 中存在一组项目调整因子，即能对系统工作量产生影响的因素。

基本 COCOMO 是静态、单变量模型，具有下列形式：

$$E=aL^b$$

$$D=cE^d$$

$$C=\lambda E$$

式中，L——项目的代码行估计值，单位是千行代码（KLOC）；

E——工作量，单位是人月（PM）；

D——开发时间，单位为月；

C——开发成本，单位是万元；

λ——每人月的人力成本，单位是万元/人月。

不同软件类型 a、b、c、d 取值如表 7-16 所示。

表 7-16　简单 COCOMO 参数

软件类型	a	b	c	d	适用范围
组织型	2.4	1.05	2.5	0.38	各类应用程序
半独立型	3.0	1.12	2.5	0.35	各类实用程序、编译程序等
嵌入型	3.6	1.20	2.5	0.32	实时处理、控制程序、操作系统

COCOMO 估算工作量的主要步骤如下：

（1）根据专家经验，类比相似项目数据做出软件规模初步估计（以千行代码为单位）。

（2）确定系统开发方式，从而确定参数 a 和 b 的数值。

（3）确定每个调整因子数值并确定这些调整因子对系统工作量的总体影响。

（4）综合以上步骤的结果，得出最终工作量估算结果，进而得出工期、生产率等相关数据。

2）COCOMO Ⅱ

原始 COCOMO 在实际应用中取得了较好的效果，很好地匹配了采用瀑布模型的软件项目。近二十年来，软件工程领域取得了巨大的进步，新的软件过程和软件生命周期模型层出不穷，面对由螺旋或进化开发模型创建软件，以及通过商业产品应用组装能力开发软件的项目，COCOMO 遇到了越来越多的困难。为了适应软件生命周期、技术、组件、工具、表示法及项目管理技术的进步，原始COCOMO的作者Barry Boehm对COCOMO做了调整和改进，于 1994 年提出了一个新的版本——COCOMO Ⅱ。

COCOMO Ⅱ模型分为后体系结构模型和早期设计模型，可用于应用程序生成器的开发、系统集成或基础结构的开发。早期设计模型和后体系结构模型使用相同的函数估算软件开发的工作量。

（1）后体系结构模型是一个详细的模型，一旦项目准备开发并且支持实际运行系统就可使用该模型。这时系统有一个生命周期体系结构包，能提供关于成本驱动因子输入的详细信息，从而能够进行准确的成本估算。

（2）早期设计模型是个高层模型，用于探索体系结构的可选方案或增量开发策略。模型的详细程度与可用信息级别、所需的估算准确性级别相一致。

与原始 COCOMO 相比，COCOMO Ⅱ的变化主要表现在：

（1）使用五个工作量因子计算项目工作量经济性的幂指数 b，代替原来按照基本、中级和高级 COCOMO 的不同使用固定指数的方法。

（2）扩展功能点测量，估算对象为功能点，并根据标准换算率表将功能点工作量转换为源代码行数。

（3）调整部分工作量调整因子。

（4）改变原有工作量调整因子的参数值，以适应当前的开发环境。

采用 COCOMO Ⅱ后，对于软件项目工作量估算的公式为：

$$\text{PM} = A \times S^E \times \prod_{i=1}^{17} \text{EM}_i$$

式中，

$$E = B + 0.01 \times \sum_{j=1}^{5} \text{SF}_j$$

开发产品所花费的进度 TDEV 的计算公式为：

$$\text{TDEV}=C\times(\text{MM})^{F}$$

式中，

$$F=D+0.2+0.01\times\sum_{j=1}^{5}\text{SF}_j=D+0.2+(E-B)$$

在 COCOMO Ⅱ中，工作量称为标称进度（Nominal Schedule，NS），该工作量以人月（Person Month，PM）为单位，表示一个人在一个月的时间内从事软件开发项目的时间数。下面对公式中的各个参数进行介绍。

- PM 为工作量，代表经过计算后最后得到的工作量数值。COCOMO Ⅱ把每人月的人小时数作为可调整的系数，其标称值为 152 小时每人月。
- S 是软件项目的规模，用 KSLOC（千行代码数）表示，用代码行数（SLOC）和功能点（FPT）度量方法进行计算。
- EM 为工作量乘数。COCOMO Ⅱ采用了 17 个工作量乘数来调整标称的工作量 PM，这些参数充分反映了正在开发中的软件产品的特征。工作量乘数的标称值都为 1，表示正在开发的软件符合标准形态，但如果有特殊情况，如要求软件的可靠性由“标准”变为“可靠”，相应的系数就会提高，以反映这一要求。需要注意的是，某些参数之间存在对应关系，某些参数的选择会影响到另外一些参数的选择。在选择好适当的系数后，将所有的工作量乘数平均后代入算式进行运算。这 17 个工作量乘数可划分为四类因子：
  - 产品因子，包括软件可靠性因子、数据库规模因子、产品复杂度因子、可复用开发因子、匹配生命周期需求的文档编制因子。
  - 平台因子，包括执行时间约束因子、主存储约束因子、平台易变性因子。
  - 人员因子，包括分析员能力因子、程序员能力因子、人员连续性因子、应用经验因子、平台经验因子、语言和工具经验因子。
  - 项目因子，包括软件工具的使用因子、多点开发因子、要求开发的速度因子。
- E 为规模指数，体现了 5 个比例因子（SF）的作用，说明了不同规模的软件项目具有的相对规模经济和不经济性。
  - 如果 $E<1.0$，则项目表现出规模经济性，即当规模增加 1 倍时，项目生产率会随着工作量的增加而提高，工作量不会相应增加 1 倍。
  - 如果 $E=1.0$，则规模经济性和不经济性是平衡的，此模型通常用于小项目的成本估算。
  - 如果 $E>1.0$，项目就表现出规模不经济性，通常由人员间交流开销的增长和大型系统集成开销的增长两个因素造成。

➢ SF 为比例因子。COCOMO Ⅱ中的比例因子一共有 5 个，分别是先例性（PREC）、开发灵活性（FLEX）、体系结构/风险化解（RESL）、团队凝聚力（TEAM）、过程成熟度（PMPT）。和工作量乘数一样，比例因子也要根据项目的实际情况来选择不同的因子。在选择好适当的系数后，将所有的比例因子相加后代入算式进行运算。

➢ *A*、*B*、*C*、*D* 为常数，是根据数据库中历史项目的实际参数和工作量的值进行校准而获得的。在 COCOMO Ⅱ 2000 版本中，*A*、*B*、*C*、*D* 的取值为：A=2.94，B=0.91，C=3.67，D=0.28。

COCOMO Ⅱ的估算步骤如下：

（1）规模估算：采用功能点法估算出系统开发项目功能点数，再通过调整后的功能点数进行代码行转换，使用千代码行数作为描述系统工作量的单位。

（2）应用 5 个比例因子，通过相关计算，可以将软件规模转化为工作量。

（3）通过 17 个工作量驱动因子对工作量进行调整。

（4）最后，采用进度计算公式，计算出系统开发所需要的进度及人数。

4．回归模型

前面我们介绍了两个常用的回归模型——Putnam 模型和 COCOMO，那么回归模型是如何建立的呢？下面就展开介绍回归模型和回归分析法，以指导企业建立自身的回归估算模型。

回归模型是通过对大量历史数据集合进行回归分析，得到规模与工作量之间的关系模型。在关系模型中，充分考虑影响工作量的各种因素，这些因素被作为驱动因子添加在估算模型中，其估算逻辑严谨，估算过程可重复性强。

1）模型结构

回归模型的总体结构一般具有下列形式，这种估算模型的特点是根据经验导出 *A*、*B*、*C* 等常数，然后输入项目规模估算的参数而计算得到估算值。在估算过程中，根据实际的情况确定各驱动因子，可以进一步提高估算精度。

$$E=A+B\times(E_v)^C$$

式中，*E*——以人月表示的工作量；

A，*B*，*C*——经验导出的常数；

E_v——主要的输入参数（通常是 LOC、FP 等）。

回归模型的估算技术主要优点是让用户看到了一个模型建立的过程。查阅文献，可以找到很多估算模型，如表 7-17 所示。

表 7-17　估算模型举例

模型分类	模型名称	模型公式
面向 LOC 估算模型	Walston-Felix（IBM）模型	E=5.2×（KLOC）$^{0.91}$
	Bailey-Baseili 模型	E=5.5+0.73×（KLOC）$^{1.16}$
	Boehm 模型	E=3.2×（KLOC）$^{1.05}$
	Doty 模型	E=5.288×（KLOC）$^{1.047}$
	COCOMO 模型	E=3.2×（KLOC）$^{1.05}$
面向 FP 估算模型	Albrecht 和 Gaffney 模型	E=−13.39+0.0545FP
	Kemerer 模型	E=60.62×7.728×10^{-8}FP^3
	Matson、Barnett 模型	E=585.7+15.12FP

2）回归分析法

回归模型是通过回归分析法建立的。回归分析法有多种类型，依据相关关系中自变量的个数不同分类，可分为一元回归分析预测法和多元回归分析预测法。在一元回归分析预测法中，自变量只有一个；在多元回归分析预测法中，自变量有两个以上。依据自变量和因变量之间的相关关系不同，可分为线性回归预测和非线性回归预测。

（1）分析过程。

针对工作量估算的方法，已经有很多学者对大量的项目和数据进行了研究，得出了很多模型和方法。那么面对大量的、优质的历史数据，如何对数据进行回归分析呢？应该按照什么样的流程进行呢？数据分析流程大致分为如下几步。

➢ 新建模型的条件。

- 规模估算经验丰富：我们知道，要得到软件开发的工作量，首先需要通过估算得到软件开发的规模，然后考虑一些项目的其他因素（人员情况、项目熟悉程度、开发工具等），采取相应的方法就能得到开发工作量。
- 已有大量历史数据：组织内已经积累的大量的历史数据，这些数据为建立工作量估算模型打下了坚实的基础。

➢ 数据验证。

检查样本数据是否符合要求，明确各个变量的定义及度量单位，判断各个变量的取值是否有意义，将没有意义的数据从样本中剔除。对所有的数值型变量使用数据汇总，进行统计分析或是采用直方图分析，能够快速识别所取用的样本数据是否有意义。

➢ 根据预测目标，确定自变量和因变量。

明确预测的具体目标，也就确定了因变量。例如，预测具体目标是工作量，那么工作量 Y 就是因变量。寻找与预测目标的相关影响因素，即自变量，并从中选出主要的影响因素。例如，“规模—工作量”模型选择规模作为自变量。具体的变量确定方法可以通过多种方式来完成，如采用调查的方式确定相关的变量，借用他人的研究成果来确定变量等。

➢ 建立回归预测模型。

依据自变量和因变量的历史统计资料进行计算，在此基础上建立回归分析方程，即回归分析预测模型。

在建立估算模型之前，需要对样本数据进行分析，确认样本数据是否符合建模的基本要求。本节将通过使用图表、表格、相关性及逐步回归分析等多种方式，对收集的样本数据进行前期分析。具体的前期分析包括如下过程：

➢ 对独立变量和非独立变量异常点的检查。

异常数据指与其他数据产生的条件有明显不同的数据。该数据在单值移动极差控制图中表现为一个异常点。异常数据的残差会特别大，对于建立模型的精确度影响比较大，因此一旦发现异常数据应及时剔除。

具体操作上可使用工具，生成上述变量的单值移动极差控制图，结合软件行业里的“1248 准则”[选中检验里的“1 个点，距离中心线大于 3 个标准差”“3 个点中有 2 个点，距离中心线（同侧）大于 2 个标准差”“5 个点中有 4 个点，距离中心线（同侧）大于 1 个标准差”“连续 8 个点，距离中心线（任一侧）大于 1 个标准差”]，可以找出样本中的异常点。

➢ 对独立变量和非独立变量正态分布的检验。

使用工具，对回归预测模型进行正态分布检验。

➢ 对独立变量和非独立变量相关性的分析。

回归分析是对具有因果关系的影响因素（自变量）和预测对象（因变量）所进行的数理统计分析处理。只有当自变量与因变量确实存在某种关系时，建立的回归方程才有意义。因此，作为自变量的因素与作为因变量的预测对象是否有关，相关程度如何，以及判断这种相关程度的把握性多大，就成为进行回归分析必须要解决的问题。

进行相关分析，一般要求出相关系数，以相关系数的大小判断自变量和因变量的相关程度。相关性分析通常使用的方法包括散点图和 Pearson 相关分析。

- 散点图将试验或观测得到的数据用点在平面图上表示出来，显示了一个因素相对于另一个因素是如何变化的。
- Pearson 相关分析是统计学中分析变量线性相关的方法。通过计算得到变量间量化的相关系数，并通过相关系数判断因素对成本影响的大小。

如表 7-18 所示，通过计算得到了各变量间的相关系数，用以判断其相关性的强弱。

表 7-18　各变量间的相关系数

	生产率	项目规模	项目人数	项目类型
生产率	1			
项目规模	0.636439819	1		
项目人数	0.391221359	−0.040840657	1	
项目类型	0.136748977	−0.347749557	−0.180472681	1

通过线性回归工具对数据进行回归后得到预测模型：

生产率=−1.66.69+0.09×项目规模+39.92×项目人数+42.70×项目类型

➢ 检验回归预测模型，计算预测误差。

回归预测模型是否可用于实际测量，取决于对回归预测模型的检验和对预测误差的计算。回归方程只有通过各种检验，且预测误差较小时，才能将回归方程作为预测模型进行预测。对建立的模型进行检验，验证模型有没有违背作为统计测试基础的假设。检验各独立变量之间是否彼此强相关，模型中的错误是否是随机等。

模型检验常用的方法有 R 平方值和显著性检验，也可通过残差分析来检验模型的可靠性。

➢ 计算不确定预测值。

利用回归预测模型计算预测值，并对预测值进行综合分析，确定最后的预测值。

（2）注意事项。

正确应用回归分析预测时应注意以下几个方面。

➢ 用定性分析判断现象之间的依存关系：应用回归预测法时，应首先确定变量之间是否存在相关关系。如果变量之间不存在相关关系，对这些变量应用回归预测法就会得出错误的结果。
➢ 避免回归预测的任意外推。
➢ 应用合适的数据资料。

3）回归模型应用分析

基于回归模型的估算技术的突出优点包括：

➢ 估算产生的快速、有效性。
➢ 估算结果过程的可重复性。
➢ 估算的封装性（屏蔽了估算基础）。
➢ 对详细信息的较少依赖。

基于回归模型的估算技术存在的主要问题包括：

➢ 软件的规模估算问题。这些模型都假设能够在生命周期的早期估算出系统规模，而获得一致的规模估算和解释这些预测值需要高的技能水平和判断力。
➢ 历史数据问题。大多数研究人员是基于特定环境下的历史数据提出这些模型的，而这些模型不一定适用于现在的开发环境。
➢ 目前使用的许多算法模型是基于回归技术的，软件开发工作量作为被解释变量，软件规模或其他项目特征作为解释变量。然而，一个好的回归模型需要相当大的有效数据集合。目前，很少有公司存储了以往项目的数据，就算有，目前项目开发采用新的技术和软件工具，而历史数据与老的技术和特征直接有关，因此，这些历史数据的可用性也降低了。另外，采用回归方法所基于的假设（如成本驱动因素之间的相互独立性等）往往很难成立。

- 模型中的众多影响因子，在估算过程中不可避免地会引入估算人员的主观性和偏见，进而影响估算结果，其结果存在很大的不确定性。
- 许多估算模型只为开发过程的后期阶段（实现阶段）估计时间或成本，而忽视了前期的分析和设计阶段。
- 典型的估计模型对于软件能力成熟度较高、软件能力均衡的软件组织比较适合。而对于刚刚实施软件过程改进，不同项目组、不同开发者能力差别较大的软件组织来说，通过这种方法得到的估计值偏差将会很大。

因此，采用算法模型进行估算时，必须谨慎地使用，并且在使用的过程中，一定要根据组织自己的实际情况来不断地修正其中的参数，以使其不断地贴近组织的实际情况。

4）回归模型应用示例

使用估算模型具有使用方便、简单等优点，很多软件组织都喜欢使用这种方法来进行工作量估算。不过不建议直接使用这些模型，而是要对模型中的各个参数变量进行校正，只有经过校正之后的模型才可能适合组织，估算出来的工作量的精确度才可能较高。

可采用三步法对项目工作量进行估算：第一步选择一个相对简单的模型，简化复杂的项目参数，作为估算模型；第二步选取历史项目数据作为样本数据来修改模型参数；第三步采用类比法根据修改后的模型来估算项目工作量。

下面以一个某中小型软件企业为例来介绍如何应用。

（1）选择模型。

在模型选择上应该考虑比较常见和通用的估算模型。可以选择基本 COCOMO 作为工作量估算模型，模型工作量估算公式如下：

$$E=a\times \mathrm{Size}^{b}\times \mathrm{EAF}$$

式中，E——估算的工作量，单位为人月；

Size——项目的规模，使用千行源代码（KLOC）表示；

EAF——工作量调节因子；

a，b——两个调节常数，基本 COCOMO 给出了两个常数的取值，如表 7-19 所示。

表 7-19　基本 COCOMO 常数

方　式	a	b
有机	2.4	1.05
半有机	3.0	1.12
嵌入	3.6	1.2

表 7-19 中的方式是三种开发模式，有机表示相对简单的小项目组内使用熟悉的环境进行开发；嵌入是指项目在严格约束条件下开发，需要解决的问题很少见，没有经验可

以借鉴；半有机介于有机和嵌入之间。

考虑到合作公司作为一个中小软件企业，多数的开发项目都是相同类型或者是相似类型的，因此选择有机模式进行项目估算。

（2）修正模型。

选择好模型后，在企业中找出 3 个典型的、有代表性的项目作为样本项目。所选的项目是合作公司主要业务领域项目，同时也是正常执行的项目，有基本的项目数据记录。使用样本项目的数据来修正公式中的参数 a 和 b。三个项目的代码行数和工作量如表 7-20 所示。

表 7-20　历史项目的代码行数和工作量

项　　目	代码行数	工作量估算（人月）
项目 1	44106	41
项目 2	32	1.12
项目 3	9816	8

首先分析常数 b，这个常数代表规模的经济还是非经济，当 $b>1$ 时表示规模非经济，当 $b<1$ 时表示规模经济。简单地说就是随着规模的增加，工作量是否高于线性增加，3 个项目的每个人月平均代码行数如图 7-11 所示。

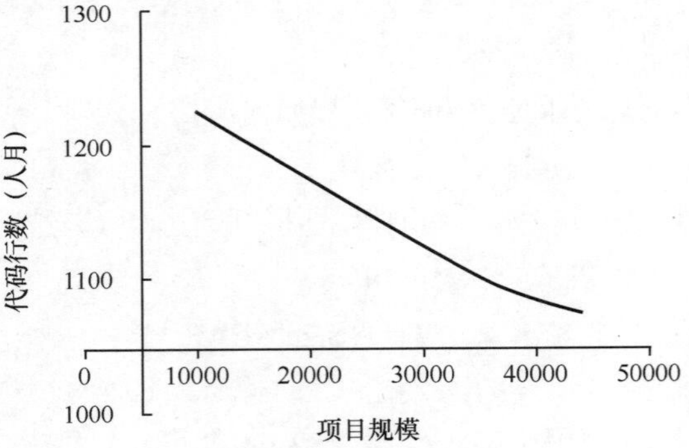

图 7-11　项目规模与效率的关系

从图 7-11 中可以看出，项目规模的增加对每个人月的平均代码数影响不大，随着代码规模的增加开发效率略下降。这基本上符合基本 COCOMO 给定的常数 1.05。在修正模型阶段不考虑工作量调节因子，EAF 设置为 1。

使用三个项目的平均项目规模和平均工作量可以计算出常数 a，数值为 0.76。修正后的工作量估算模型为：

$$E=0.76\times\text{Size}^{1.05}$$

（3）类比计算。

在实际项目工作量估算时，如果项目的类型与样本项目类型相似，则可以使用上述公式进行工作量估算。影响项目工作量的主要因素是规模，除此之外还有人员、技术和环境等因素。首先对项目的规模进行估算，使用上述公式计算出标准的项目工作量。接下来从人员、技术和环境三个方面分析当前项目与样本项目的不同，表 7-21 列出了这些不同的量化数据。

表 7-21　类比系数表

	人　员	技　术	环　境
高	0.8	1.3	1.2
中	1.0	1.0	1.0
低	1.6	0.88	0.9

表 7-21 中人员从高到低代表熟练、正常、新手；技术由高到低代表技术难度大、一般、简单；环境由高到低代表环境复杂、一般、简单。在进行新的项目工作量估算时，把人员、技术和环境的变化作为 EAF 调节因子，这样与标准的项目数据进行比较，使用以下公式进行类比就可以得到新项目的工作量估算数据。

$$\frac{E_{\mathrm{s}}}{E}=\frac{a\times \mathrm{Size}_{\mathrm{s}}^{b}\times \mathrm{EAF}_{\mathrm{s}}}{a\times \mathrm{Size}^{b}\times \mathrm{EAF}}$$

式中，E_{s} 是样本项目的平均工作量，$\mathrm{Size}_{\mathrm{s}}$ 是样本项目的规模，$\mathrm{EAF}_{\mathrm{s}}$ 是样本项目的调节因子，我们设定样本的人员、技术和环境都是中，这样 $\mathrm{EAF}_{\mathrm{s}}$ 的数值取 1。E 是需要估算项目的工作量，Size 是需要估算项目的规模，EAF 是需要估算项目的调节因子。使用表 7-21 提供的数据，可以计算出需要估算项目的调节因子 EAF，使用上式可以计算出项目工作量。

上面这一组数据也间接地说明了工作量估算的困难性及复杂度。因此，如果我们要选择已有的估算模型进行工作量估算，就必须根据当前项目的特点、性质来选择，并对模型中的各个参数变量进行校正，只有经过校正之后的模型，才可能适合组织，估算出来的工作量的精确度才可能较高。当然，除此之外，还有一个很好的方法就是依据组织内积累的大量数据建立适合自己的工作量估算模型，前提是组织内已经存在大量的历史项目数据。

5．面向学习的估算技术

面向学习的估算技术是建立在人工智能技术基础上的估算技术，主要的估算方法有人工神经网络（Artifical Netural Network，ANN）、基于案例推导（Case Based Reasoning，CBR）和贝叶斯网络等。这种估算方法的效果取决于是否能够充分将既有方法的特点和工作量估算的需要相结合。

1）人工神经网络

人工神经网络具体就是由大量处理单元互相连接而成的。人工神经网络中的处理单元称为神经元，神经元之间的组织方式称为网络拓扑，目前最流行的拓扑是一种前向（Feed-forward）网络结构（见图 7-12）。

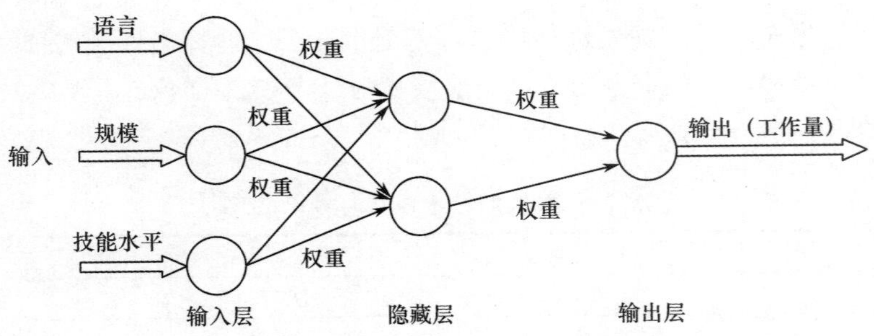

图 7-12　一个神经网络的结构（前向网络结构）

网络设计成输入层、输出层和中间若干隐藏层：输入层有特定的输入点，如实现语言、项目规模、技能水平等；输出层输出预测值，如工作量，每个神经元的输出与下一层的所有神经元都建立连接。数据通过输入层流入网络，穿过一个或多个隐藏层，最后通过输出层流出网络。

其中每个连接都有一个权重，主要用来模拟神经系统的功能和结构。通过调整这些权重，能够估算输入的类符号或连续值。使用神经网络进行估算，一般是先通过一系列的网络参数纠正输出，将预测的误差最小化，得到合适的权值后就可以使用这个网络来进行项目的估算。

ANN 采用一种学习方法导出一个预测模型，网络建立后，用一组历史项目数据（训练样本）训练网络，不断调整网络中各个输入有关的权重，直到预测值与实际值之间的误差在规定范围内。

常用的训练方法是逆向传播（Back Propagation）方法，其步骤如下：

（1）建立一组训练样本。

（2）数据通过输入层进入网络。

（3）网络中的每个神经元处理输入数据，合成值稳定地经过网络各层次，直到输出层产生结果。

（4）将网络的输出与实际输出进行比较，根据两者的差异，从输出层经过中间层到输入层逆向调整网络中所有连接的权重，直到产生正确的输出。

（5）重复步骤（2）～步骤（4），直到针对每一个输入案例网络都产生正确的输出时，训练过程就结束了。此时，网络中各层输入的权重确定，网络处于稳定状态，可以被用来预测，即可以通过代入具体项目的相应输入值来预测一个新的软件项目的开发工作量。

由于神经网络本身的复杂度及该技术对历史数据的较大需求，使得该估算方法和技术目前在软件估算中较少被采用。

2）基于案例推导

CBR 是一种问题解决技术，通过修改用来解决老问题的解决方案来解决新问题。CBR

的基本思想是识别出与新项目类似的案例（源项目），然后调整这些案例，使它们适合当前问题（新项目）的参数。调整是基于已存储的案例和当前问题之间的差异，如原始案例可能是由一个缺乏经验的编程队伍所开发的系统，而当前系统开发人员可能对开发环境非常熟悉。因此，开发应该加速，并且相应地调整估算值。CBR 的优点是它能在以前案例的基础上调整决策。

3）贝叶斯网络

贝叶斯网络估算方法是基于概率论的理论方法。最早由 Judea Pearl 于 1988 年提出的贝叶斯网络实质上就是一种基于概率的不确定性推理网络。当时主要目的是处理人工智能中的不确定性信息，后来才逐步成为处理不确定性信息技术的主流技术，并且在多个领域得到了重要应用。贝叶斯网络是基于概率推理的图形化网络，是以贝叶斯公式为基础的概率网络，是通过一系列的变量信息来获取其他概率信息的过程，对于解决由不确定性和关联性所引起的问题很有优势，适用于表达和分析不确定性和概率性的事件。在软件项目估算中存在着较多的不确定性，这也是该估算方法能够被应用的前提。贝叶斯网络估算方法通过专家知识，判断各估算变量之间的依赖关系，形成网络图或是建立节点之间的条件表，从而提高估算的准确率。该估算方法可以很好地将专家知识和历史数据结合起来，能够不断地进行自我学习和更新。该估算方法可以与其他的估算方法相结合来提高工作量的估算精度，如与回归模型 COCOMO Ⅱ相结合、与 Delphi 专家经验法相结合，也可以结合组织的实际情况对该估算方法进行进一步完善。

4）小结

面向学习的估算技术如人工神经网络（ANNS）等是最近几年开始用于软件项目估算的。该技术不需要任何函数形式的假设，能够建模复杂的非线性关系，并且具有学习功能，使预测值的精度越来越高。G. R. Finnie（1997）对软件工作量估算方法——人工神经网络（ANNS）、基于案例推导 （CBR）和回归模型进行了比较，结果表明，面向学习的估算技术能够提供更准确的估计，但是这类技术的效果很大程度上取决于用于训练或类推的大样本数据。因此，一个组织采用该技术进行估算需要保存好该组织所开发的所有软件项目的记录。这些记录不仅要包含所有与人员等级、技能、耗费的开发时间、开发环境和可用工具等有关的数据，还要包含所有的项目不同阶段的估算和对估算所做的调整的信息。由于人工神经网络等本身的复杂度及该技术对历史数据的需求，该估算技术目前在软件项目估算中很少被采用。

7.4.6　小结

目前并没有一个完全适用于各种类型软件和软件生命周期各阶段的通用性很强的工作量估算方法。在实际的工作量估算中，往往并不是只应用其中的一种，而是针对待估算软件的类型和软件项目进展阶段，综合运用多种方法进行估算。但是，单从发展趋势上看，方程法即参数模型法的优势更明显。它重点集中在工作量驱动，即影响工作量最重要的因素上，并不考虑众多的细节，这些工作量驱动可以控制系统的设计和系统特性，并且对系统工作量有重要的影响。

从上述软件项目工作量估算方法的比较分析中可以看到，不同估算方法各有优点和局限性，没有一种估算方法能适用于所有类型的软件及所有开发环境，并且软件开发方法和技术的更新速度也对所有估算方法提出了挑战。

因此，软件组织应根据具体的项目特征和可获得的信息来选择合适的估算方法：如当软件开发组织缺少量化的、历史数据的情况下，可以采用基于专家判断的估算方法，并且对于确定算法模型的调整因子来说，该方法也是一种有效的估算工具；当软件开发组织具有大规模的项目数据库并且对成本驱动因子有很好的理解时，可以采用面向学习的估算方法或基于模型的估算方法。另外，在相关文献中也出现了许多复合模型的研究，这些研究证实了结合不同的估算方法，如把算法模型和专家判断或把算法模型和面向学习的估算方法结合起来使用，可以提高工作量估算的准确性。因此，软件组织在进行工作量估算时，可以考虑把多种不同的估算方法结合起来，以获得更准确的预测。工作量估算方法汇总如表 7-22 所示。

表 7-22　工作量估算方法汇总

估算方法	方法描述	优　点	缺　点
类比法	比较新项目和旧项目，并根据项目历史数据确定工作量估算值	估算是基于实际数据和历史经验的	项目间总是存在差异，使得调整在所难免；类似项目缺失时不可用
基于专家判断的估算方法	咨询一个或者多个专家合作判断工作量估算值	基本不需要历史数据的支持，对唯一的或新项目很有用	专家可能会有某些偏见，而且专家知识也经常有疑问和不可靠
基于模型的估算方法	通过算法模型和项目特性来计算出工作量估算值	估算模型可以根据历史数据调整，以适应不同的开发环境和产品特性	估算人员对参数的偏见会极大地影响估算的结果；估算带有一定的主观性

7.5　工作量监控、测量与分析

从软件研发成本度量的角度看，在完成对软件研发项目的规模、工作量、工期和成本的估算后，并不意味着软件度量工作的结束。相反，在整个软件研发项目的生命周期中，还需要持续不断地对软件研发成本进行测量和分析。这些测量和分析工作，不仅是单个软件研发项目成功的关键，也是组织软件研发能力提升的基础。

软件项目工作量估计是一个不断改进的过程，贯穿整个软件生命周期，这就要求对软件项目工作量进行动态估计。工作量动态估计流程如图 7-13 所示。

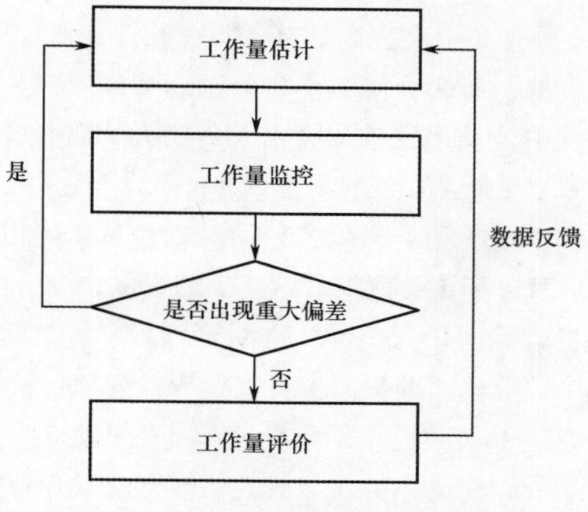

图 7-13　工作量动态估计流程

在项目管理过程中，需将工作量作为一个动态的过程加以管理，不仅在软件项目实施前进行规模估计，而且在软件项目实施过程中都要不断依据更加完善的信息对工作量进行重新估计。此外，在项目完工后，比较实际和计划工作量，并利用工作量与进度之间存在的幂指函数关系作为验证指南进行验证。

7.5.1　工作量测量

在项目规模发生变化的情况下，如发生需求变更后，毫无疑问要对工作量、工期进行测量，以保证规模变化后工作量和工期的准确性。

有时在软件规模不发生大的变化的情况下，软件项目在具体执行过程中的工作量和工期，仍可能受到技术和人员等多方面的影响。例如，一个软件在研发过程中遇到重大技术问题需要攻克时，即便软件规模本身没有大的变化，仍需要对工作量进行调整，而工期也需要相应变化。

由于影响工作量、工期的因素较多，因此需要较为频繁地对工作量和工期进行测量。一般来说，可以按下述两种时间对工作量、工期进行测量。

1. 定期

随着项目的进行，可定期地对工作量、工期进行测量，常见的频率为每周、每半月或每月。例如，项目管理过程中本身有定期的报告制度，如项目周报、月报等，可随项目报告的周期进行工作量、工期的测量。其测量结果也会对项目报告及后续项目计划造成影响。

2. 事件驱动

除定期地对工作量、工期进行测量之外，如在项目过程中出现较为重大的事件，也应随着时间的发生而对工作量、工期进行测量。需求变更之后的工作量、工期测量就是典型的事件驱动。除此之外，如上文提到的例子，在软件开发过程中突遇重大技术问题，可能需要投入人力加以解决，势必会对工作量、工期造成影响，需要重新测量工作量和工期。又如，在项目过程中，发生设备故障、人员损失（离职或生病）等情况时，则可能会对工期造成影响，需要重新测量工期。

此外，对于工作量和工期的测量，除了包括对项目总体的工作量和工期进行测量之外，还应对项目的不同阶段进行单独测量。这样做的目的，一方面是支持项目管理工作，为项目技术的调整带来更准确的输入；另一方面可以积累各个活动和阶段的度量数据，为组织级的度量分析工作做数据的准备，也可以指导后续项目的策划。

参数估算的准确性取决于参数模型的成熟度和基础数据的可靠性。参数估算可以针对整个项目或项目中的某个部分，并可以与其他估算方法联合使用。

7.5.2 工作量监控

完善与改进工作量估计，很重要的一步是对项目实施进行实时监控，得到实际项目的数据，然后计算出实际工作量与计划工作量之间的偏差，并对偏差产生的原因进行分析：如果偏差达到一般偏差标准，则应该考虑采取措施控制偏差程度；如果偏差达到项目的重大偏差标准，很有可能导致项目在计划内不能完成，因此需要修改计划，并重新估计工作量数据。

工作量如何监控呢？企业可以根据项目的周报告获取本周工作量的累计完成比例，然后通过与计划的本周应完成比例对比，就能明显地看出偏差发生的时间，以及偏差的大小。

下面举例说明。图 7-14 是一个项目的实际工作量与计划工作量的监控趋势图。从图 7-14 中可以看出：在前 3 周，实际工作量不仅没有落后计划，反而比计划提前，第 4 周时计划值与实际值达到一致，而之后实际值就持续落后于计划，在第 10 周偏差量达到最大。这时企业有可能采取一些相应措施缩小偏差，最终使得偏差范围减小，实际值比计划晚一周完成。

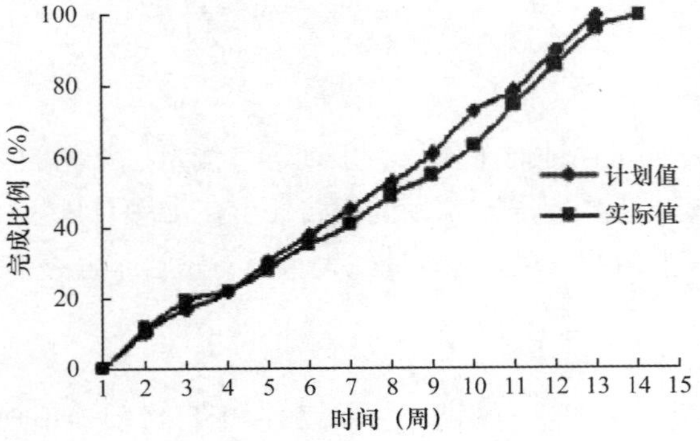

图 7-14　工作量监控趋势

7.5.3 工作量评价与改进

项目结束之后，该项目的实际工作量数据成为已知，因此可以将实际工作量数据与计划工作量数据进行比较，对工作量估计方法与估计结果进行评价，并将本次项目的相关数据纳入企业数据库，以实现持续改进估计方法，最终达到提高估计精度的目的。

评价工作量估计正确性的唯一方法是将其与项目实际所需的工作量进行比较。可通过将历史项目计划工作量（*X* 轴）与实际工作量数据（*Y* 轴）以散点图形式呈现，当各个项目的散点较均衡地分布于散点图拟合的线性直线的两侧较小的偏差范围内时，即可认为该公司工作量估计方法的正确性较高。

如某公司历史项目各点均位于散点图拟合线性直线的上方，说明其实际工作量的数值基本上都高于计划工作量的数值，因此可以判断该计划有其不合理之处，应该对计划方法进行改正，以提高计划工作量的准确度。

7.5.4 工作量验证

由于工作量是决定项目进度的重要因素之一，因此对于工作量结果的评价可以利用工作量与进度之间存在的幂指关系作为检验工作量估计方法的指南。

举例说明：图 7-15 为 A 软件公司历史项目的实际工作量与进度数据（因篇幅所限仅列出 16 个）。

工作量（人日）	进度（天）	工作量（人日）	进度（天）
390	123	120	85
515.4	165	325	128
147.5	105	420	171
398	112	1017	235
511	179	821	212
1305	220	742	180
221	72	678	159
720	210	722	226

图 7-15 工作量与进度数据

根据这些项目数据可以绘制出工作量与进度之间的散点图，并可得出拟合曲线及其方程，如图 7-16 所示。

由图 7-16 可知，进度与工作量之间的曲线方程为：

$$\text{工作量}=0.3399\,(\text{进度})^{1.4514}$$

上述公式可以作为工作量计划的验证指南，用于检查计划工作量的合理性。在一个新项目估计出其工作量与进度的情况下，若大致满足该方程，可认为该估计工作量是合理的，若相差较大，则应重新审查估计方法是否合理。同时，在涉及进度估计的项目中，由于人员分配情况的不同，使得进度计划具有很大的灵活性，这种灵活性的存在意味着严格的进度计划指南并不可取。

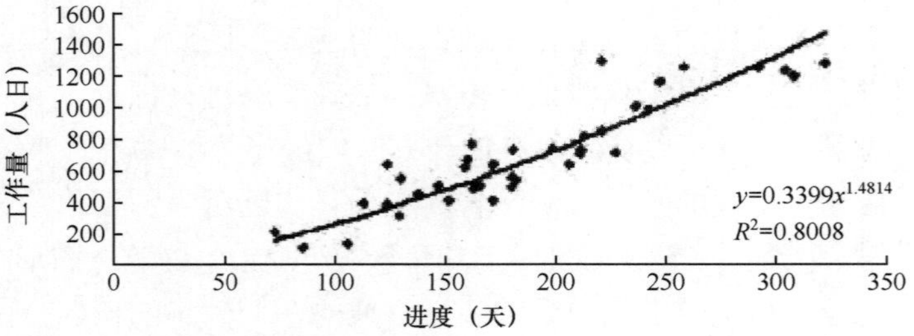

图 7-16　工作量与进度的关系

以上两种对估计方法与估计结果的评价方法都是基于企业历史项目的相关数据进行的。研究发现，缺乏关于软件项目参数相关数据的系统回馈，以便企业进行分析和学习，是导致估计不准确的重要原因。对于软件企业而言，历史项目的数据对之后项目计划的制订及项目的管理有着重要的参考作用，因此在每个项目完成之后，软件企业有必要对项目的实施情况进行综合分析，找出工作量估计中偏差存在的原因，并制定相应的改进方法，同时将各种数据反馈给企业，建立数据库，持续改进估计方法，以不断提高估计的准确性，这是对项目工作量进行动态管理的必要措施。

7.5.5　小结

项目工作量估算是一个连续的动态过程，只有通过持续的改进，才能提高工作量估算的准确性，才能保证项目顺利完成。本书指出，实现工作量估算的动态管理，不仅需要在初始估计时使用正确的、符合企业实际情况的估算方法，而且在项目实施过程中应该以偏差为依据，对工作量进行实时监控。在项目完工后，利用验证指南对估算结果加以检验。本书针对项目执行前、执行中和执行后三个方面来阐述工作量的动态估算方法，将工作量估算贯穿项目的始终，可以减少软件项目的延误率，减少项目预算超支，进而提高软件项目的估算精度。

7.6　工期估算

一个项目能否在预定的时间内完成，这是项目最为重要的问题之一，也是项目管理所追求的目标之一。工期、成本和质量是项目的三大目标，这三者之间有着辨证的有机联系。

估算一个精准、合理的工期目标，制订一个准确的软件项目进度计划，是项目进度管理成功的首要条件，对于项目进度管理至关重要。它影响到软件项目能否顺利进行，资源能否被合理使用，直接关系到项目的成败。

一般来讲，软件开发工期预估是以最后提交的软件系统规模和完成它所需要的工作量为依据的。在工作量估算结束后可根据工作量大小，采用科学的方法进行工期估算。

项目工期估算是根据工作量估算结果、项目范围、资源状况列出项目活动所需要的工期，估算的工期应该现实、有效并能保证质量。所以，在估算工期时要充分考虑活动清单、合理的资源需求、人员能力、客户及环境因素对项目工期的影响，在对每项活动的工期估算中也应充分考虑风险因素对工期的影响。

工期是项目进度管理的范畴，软件项目进度管理主要包括两个内容——进度计划和进度控制，软件项目管理的进度机制实际上是一个闭环控制系统，如图 7-17 所示。

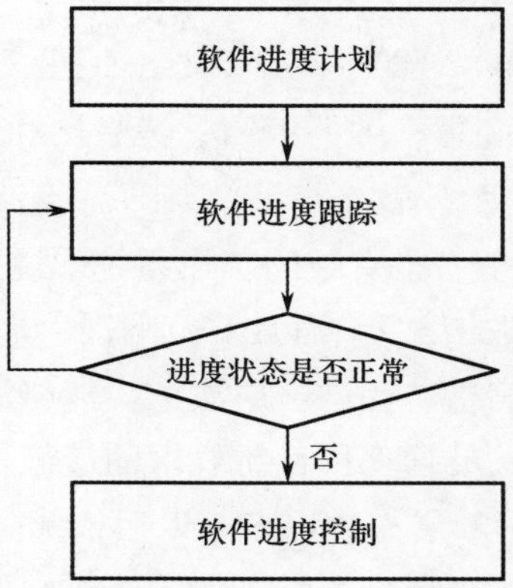

图 7-17　软件进度管理示意

7.6.1　工期估算的原则与要点

在估算工期的过程中，需要注意的情况如下：

- 工作量估算使用的技术和方法，如类推法、类比法、方程法同样适用于工期估算。
- 工期估算的结果有可能导致重新估算工作量。例如，当工期估算结果长于期望工期时，压缩工期会增加项目工作量。
- 工期估算结果与直接人力成本估算及其他成本估算结果相互关联并可能相互影响，可能导致重新估算直接非人力成本，从而最终改变软件研发成本估算结果。例如，为了满足工期要求，项目团队通常会加班，而由此产生的加班费和餐费等，会分别引起直接人力成本和直接非人力成本的增加。

7.6.2　工期估算过程

项目工期及项目计划的估计主要分为以下三个步骤，下面分别介绍。

1．项目活动排序

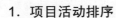

活动依赖关系确认的正确与否，将会直接影响到项目的进度安排、资源调配和费用的开支。在项目活动排序前，首先需要对项目内容进行 WBS 分解。项目活动的安排主要是用网络图法、关键路径法和里程碑进度。

工作分解结构（Work Breakdown Structure，WBS）是对工作的分级描述。它可以将项目中的工作分解为更小的、易于管理的组成部分，直至最后分解成具体的工作的系统方法。它是项目周期和进度估算工作的基础。

工作分解的过程是从子项目划分开始的。每个子项目再分成若干工作区，工作区再往下分解，直至分解到工作包（Work Package）。

WBS 的基本要素主要有三个：层次结构、编码设计和报告设计。

1）*层次结构*

WBS 结构的总体设计对于一个有效的工作系统来说是关键。结构应以等级状或“树状”来构成，使底层代表详细的信息，而且其范围很大，逐层向上。即 WBS 结构底层是管理项目所需的最低层次的信息，在这一层次上，能够满足用户对交流或监控的需要，这是项目经理、工程和建设人员管理项目所要求的最低水平；结构上的第二层次将比第一层次窄，而且提供信息给另一层次的用户，以后依此类推。

结构设计的原则是必须有效和分等级，但不必在结构内建太多的层次，因为层次太多不易有效地管理。对一个大项目来说，4～6 个层次就足够了。在设计结构的每一层中，必须考虑信息如何向上流入第二层次。原则是从一个层次到另一个层次的转移应当以自然状态发生。此外，还应考虑到使结构具有能够增加的灵活性，并从一开始就注意使结构被译成代码时对于用户来说是易于理解的。

图 7-18 展示了某办公自动化开发项目中的一种工作分解结构。

2）*编码设计*

工作分解结构中的每一项工作（或者称为单元）都要编上号码，用来唯一确定项目工作分解结构的每一个单元，这些号码的全体称为编码系统。编码系统同项目工作分解结构本身一样重要，在项目规划和以后的各个阶段，项目各基本单元的查找、变更、费用计算、资源安排、质量要求等各个方面都要参照这个编码系统。若编码系统不完整或编排不合适，会引起很多麻烦。

在 WBS 编码中，任何等级的一个工作单元，是次一级工作单元的总和。例如，第二个数字代表子工作单元（或子项目），也就是把原项目分解为更小的部分。于是，整个项目就是子项目的总和。所有子项目的编码的第一位数字相同，而代表子项目的数字不同，再下一级的工作单元的编码依此类推，如图 7-18 所示。

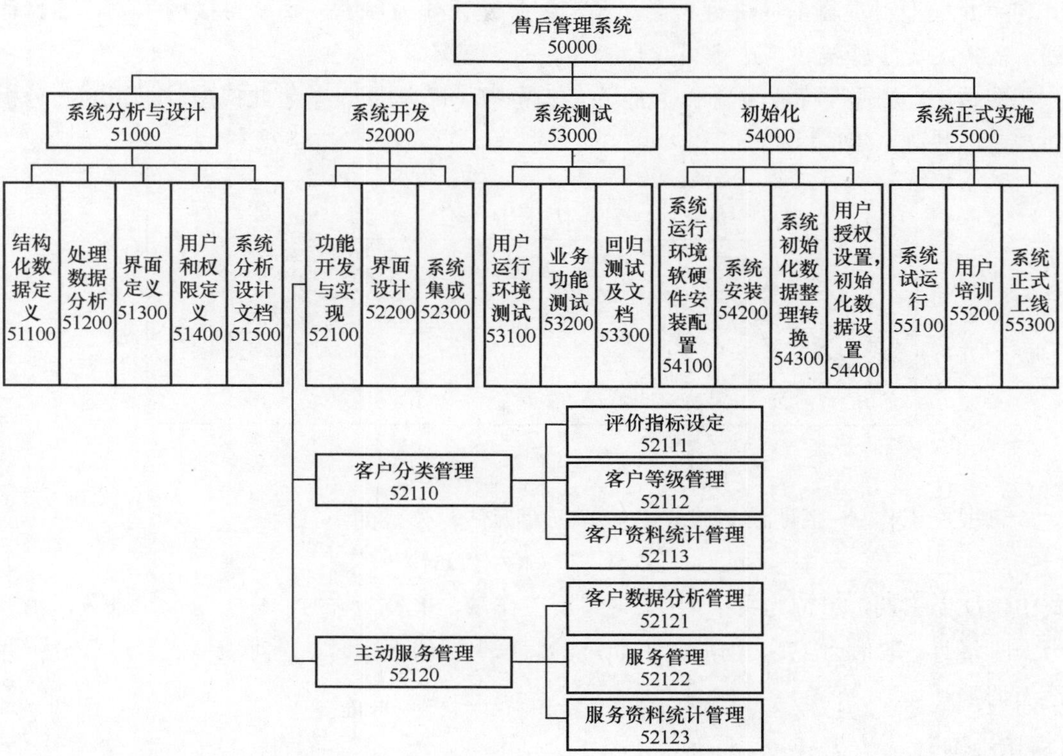

图 7-18　某办公自动化开发项目中的一种工作分解结构

3）报告设计

设计报告的基本要求是以项目活动为基础产生所需的实用管理信息，而不是为职能部门产生其所需的职能管理信息或组织的职能报告。即报告的目的是要反映项目到目前为止的进展情况，通过这个报告，管理部门将能够判断和评价项目各个方面是否偏离目标，偏离多少。

2．项目工期估算

项目工期估算包括一项活动所消耗的实际工作时间加上工作间歇时间。注意到这一点非常重要。

工期是基于工作量估算结果和资源来进行估算的，因此工期估算方法与工作量估算方法基本一致，主要包括经验法、类比法、专家法、方程法等，下面重点对方程法进行介绍。

方程法就是使用基准数据，建立“工作量-工期”模型，来估算合理的工期范围：在掌握大量数据的基础上，利用回归分析法，通过数理统计方法建立因变量（工期）与自变量（工作量）之间的回归关系函数表达式，即回归方程。建立“工作量-工期”模型后，可利用此模型对项目工期进行预测，预测结果建议作为参考，不要直接用于制订项目计划，需按上一步骤描述考虑项目具体因素进行调整。

图 7-19 是软件行业数据统计的“工作量-工期”关系，基于此模型，采用回归分析法，可以建立工期的回归方程。

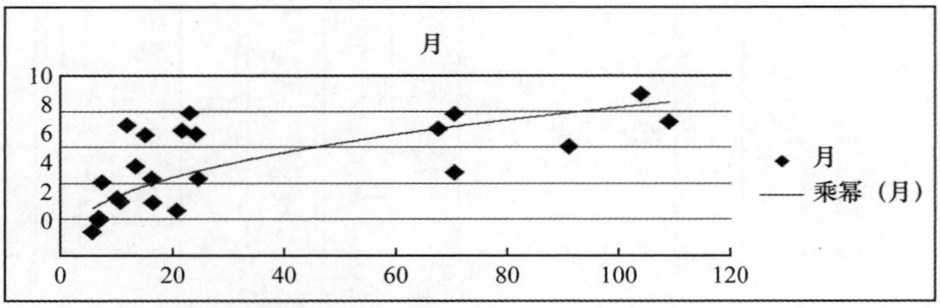

图 7-19 “工作量-工期”关系

可根据工作量-工期模型计算出估算工期。估算公式如下：

$$D=1.277\times(\mathrm{AE/HM})^{0.404}$$

式中，D 为工期，单位为月；AE 为调整后工作量，单位为人时；HM 为折算系数，单位为人时每月，取值为 176。当期望工期短于估算工期的下限时，应对项目需求进行分析并适当调整。

【应用举例】

项目描述：

为政府部门甲新开发一个 OA 系统，以支持其网上办公、文档流转等电子政务需求。具体功能包括收文管理、发文管理、会议管理、日程安排……其中收文管理功能要求……日程安排功能要求……

估算方法：

在 7.5 节工作量估算结果的基础上，估算此项目的工期，采用行业级回归参数模型来进行估计。

估算过程：

（1）计算工作量 AE。

根据估算模型 $\mathrm{AE}=(\mathrm{PDR}\times S)\times\mathrm{SWF}\times\mathrm{RDF}$

AE 最有可能值=7385.1×0.97×0.93≈6662.10（人时）

AE 上限=12069.83 人时

AE 下限=3326.40 人时

因此，AE 的最有可能值为 6662.10 人时，而工作量估算最终结果的合理范围在 3326.40 人时到 12069.83 人时之间。

（2）估算工期 D。

$$根据估算模型\ D=1.277\times（AE/HM）^{0.404}$$

$$D\ 最有可能值=1.277\times（6662.10/176）^{0.404}=5.54（月）$$

$$D\ 上限=7.05\ 月$$

$$D\ 下限=4.19\ 月$$

根据工作量–工期模型，计算出最有可能工期为 5.54 月。合理工期范围在 4.19 月到 7.05 月之间（采用工作量估算合理范围的上下限值分别计算）。

3．制订进度计划

制订进度计划就是决定项目活动的开始和完成的时期。根据对项目内容进行的 WBS 分解，找出项目工作的先后顺序，估计出了工期之后，就要安排好工作的时间进度。随着较多数据的获得，对日常活动程序反复进行改进，进度计划也将不断更新。

在制订进度计划时，应充分考虑如下因素：

- 关键路径任务约束对工期的影响。例如，用户参与需求沟通活动的资源投入情况、委托方对试运行周期的要求等。
- 识别干系人，并理解他们对项目的影响力也是至关重要的，不同的项目干系人可能对哪个因素最重要有不同的看法，从而使问题更加复杂，如果这项工作没有做好，将可能导致项目工期延长或成本显著提高。例如，没有将法律部门作为重要的干系人，就会导致因重新考虑法律要求而造成工期延误或费用增加。

7.6.3　工期估算技术

接下来重点介绍进度计划的技术方法。早期的进度控制主要是使用甘特图和网络计划技术。近年来，一些运筹学的方法也被运用到项目计划管理领域，如线性规划、平衡线（1ine-of-balance Loo）技术等。不过这些技术的使用范围都有一定的局限性，如线性规划方法，被广泛应用于具有重复性特征的行业中。

1．甘特图（Gantt）

甘特图（Gantt）是美国工程师和社会学家在 1916 年发明的，又称横道图（Bar Chart，也称条形图），是各种任务活动与日历表的对照图。甘特图主要用于对软件项目计划和项目进度安排和跟踪。

该方法依据软件项目 WBS 的各层节点的进度估计值，使用直观的甘特图显示工作进度计划和工作实际进度状态。甘特图是 WBS 的图示，也是工作完成状态的可视化快照（Snapshot），能够动态、实时、直观地比较工作的进展状态。甘特图中横坐标是时间维，纵坐标是 WBS 维，甘特图的起点和终点分别表示阶段、活动和任务的开工时间和完工时间，甘特图的长度表示工期。甘特图示例如图 7-20 所示。

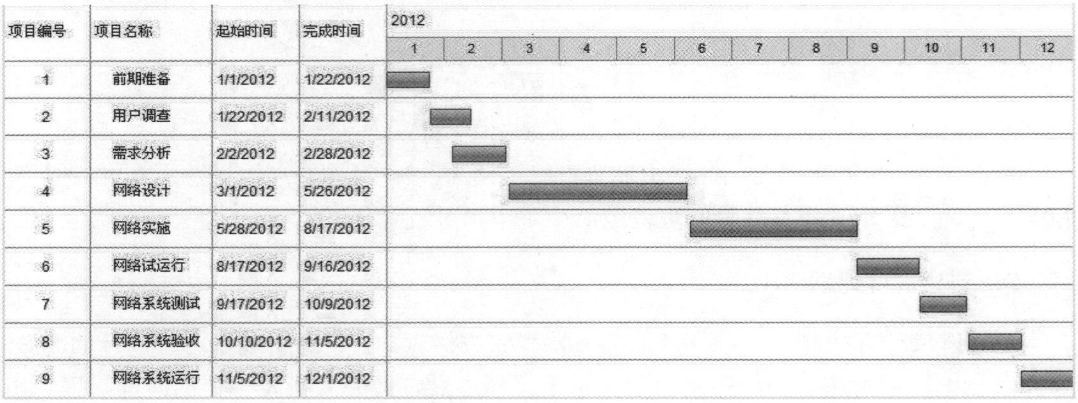
项目编号
项目名称
起始时间
完成时间
2012
1
2
3
4
5
6
7
8
9
10
11
12
1 前期准备 1/1/2012 1/22/2012
2 用户调查 1/22/2012 2/11/2012
3 需求分析 2/2/2012 2/28/2012
4 网络设计 3/1/2012 5/26/2012
5 网络实施 5/28/2012 8/17/2012
6 网络试运行 8/17/2012 9/16/2012
7 网络系统测试 9/17/2012 10/9/2012
8 网络系统验收 10/10/2012 11/5/2012
9 网络系统运行 11/5/2012 12/1/2012

图 7-20　甘特图示例

在甘特图中，每一项任务的完成不以能否继续下一阶段的任务为标准，其标准是是否交付相应文档和通过评审。甘特图清楚地表明了项目的计划进度，并能直观、动态地反映当前开发进展状况，容易理解、作图方便，因而得到普遍应用。但它带有明显的计划性和主观性，难以表现大型复杂项目的全貌，不能清楚地表示活动之间的依赖性，也不能表示个别活动在按时完成项目中的相对重要性。当一项工作不能按时完成时，不能反映其对整个进度的影响，更不宜做动态调整。因此，它的应用受到一定限制。

2．网络计划技术

网络计划技术包括关键路径法（Critical Path Method，CPM）、计划评审技术（Program Evaluation and Review Technique，PERT）、图表评审技术（Graphevaluation and Review Technique，GERT）、优先进呈法（Priority Process Method，PPM）、风险评审技术（Venture Evaluation and Review Technique，VERT）等，其中 CPM 和 PERT 是被广泛认可和使用的方法，被称为经典的网络计划方法。

1）PERT

PERT 是 20 世纪 50 年代末美国海军部在研制北极星潜艇系统时为协调 3000 多个承包商和研究机构而开发的，其理论基础是假设软件项目持续时间及整个项目完成是随机的，且服从某种概率分布。PERT 可以估计整个项目在某个时间内完成的概率。

构造 PERT 需要明确三个概念：事件、活动和关键路线。事件（Events）表示主要活动结束的那一点；活动（Activities）表示从一个事件到另一个事件之间的过程；关键路线（Critical Path）是 PERT 网络中花费时间最长的事件和活动的序列。开发一个 PERT 网络要求管理者确定完成项目所需的所有关键活动，按照活动之间的依赖关系排列它们之间的先后次序，以及完成每项活动的时间。这些工作可以归纳为五个步骤：

（1）确定完成项目必须进行的每一项有意义的活动，完成每项活动都产生事件或结果。

（2）确定活动完成的先后次序。

（3）绘制活动流程从起点到终点的图形，明确表示出每项活动及其他活动的关系，用圆圈表示事件，用箭头线表示活动，结果得到一幅箭头线流程图，我们称为 PERT 网络。PERT 的标准术语如图 7-21 所示。

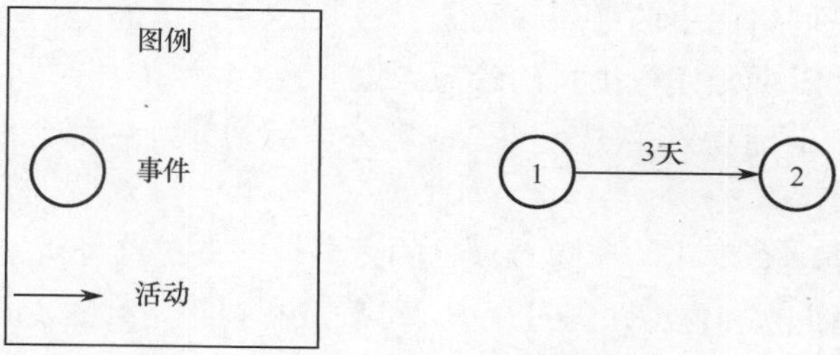

图 7-21　PERT 的标准术语

（4）估算每项活动的完成时间。

（5）借助包含活动时间估计的网络图，制订出包括每项活动开始和结束日期的全部项目的日程计划。在关键路线上没有松弛时间，沿关键路线的任何延迟都直接影响整个项目的完成期限。

下面通过一个项目实例来对 PERT 技术加以说明。

➢ PERT 对活动时间的估算。

PERT 对各个项目活动的完成时间按以下三种不同情况统计：

乐观时间（Optimistic Time）——任何事情都顺利的情况下，完成某项工作的时间。

最可能时间（Most Likely Time）——正常情况下，完成某项工作的时间。

悲观时间（Pessmistic Time）——最不利情况下，完成某项工作的时间。

➢ 项目周期的估算。

PERT 认为整个项目的完成时间是各个任务完成时间之和，且服从正态分布，据此，可以得出正态分布曲线。通过查标准正态分布表，可以得到整个项目在某一时间内完成的概率。

PERT 在软件项目进度管理中得到一定程度的应用，却存在一些不足之处，主要表现为用“三点法”来近似计算活动持续时间的期望值和方差，存在较大误差；忽略了进度计划中多条线路的共同作用对项目工期的影响。软件项目和一般的工程项目有一个重要的不同点，就是在软件项目开发中，会应用并行工程的思想。对于一般性项目，PERT 所作的活动持续时间服从分布的假设是成立的，前人所做的改进工作也是卓有成效的，但对于软件开发这种复杂项目来说，PERT 的这个假设就显得脱离实际了，并且多条线路共同作用的影响也是不可忽略的。

2）CPM

关键路径法（Critical Path Method，CPM）是一项用于确定软件项目的起始时间和完工时间的方法。该方法的结果是指出一条关键路径，或指出从项目开始到结束由各项活动组成的间断活动链。任何关键路径上的活动开始时间的延迟都会导致项目完工时间的延迟。正因为它们对项目完工的重要性，关键活动在资源管理上享有最高的优先权。

关键路径具有下列特征：

（1）网络图上至少存在一条关键路径。

（2）关键路径是网络图中的最长路径。

（3）关键路径的工期是完成项目的最短工期。

（4）关键路径上的活动是关键活动，任何关键活动的延迟都会导致整个项目完成的延迟。

（5）关键路径是动态变化的，随着项目的进展，非关键路径可能会变成关键路径。

（6）在项目初始策划和进度跟踪过程中，可确定和调整网络图，识别和监控关键路径。

在图 7-22 中，字母 A、B、C、D、E、F、G、H、I、J 代表了项目中需要进行的子项目或工作包，连线箭头则表明了工作包之间的关系，节点数字 1、2、3、4、5、6、7、8 则表明的是一种状况，从 1 开始，到 8 结束，中间的数字则表明上一工作包的结束和下一工作包的开始。

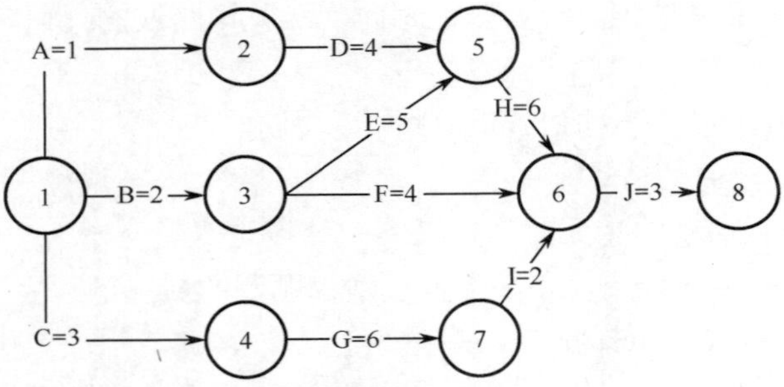

图 7-22　某项目网络图

A=1，表示 A 工作包的持续时间为 1 天。由图 7-23 中可反映出该项目的路径共有 4 条，它们的历时长度分别为：

A+D+H+J=1+4+6+3=14（天）

B+E+H+J=2+5+6+3=16（天）

B+F+J=2+4+3=9（天）

C+G+I+J=3+6+2+3=14（天）

关键路径是该图中最长的路径，即路径 2，由 B、E、H、J 组成，历时 16 天。关键路径反映了完成项目需要的最短时间，其所有的组成工作包的执行情况都应给予密切关注，避免项目的延期完成。

3）蒙特卡罗法

项目管理应用中在制订进度和风险管理时也经常用到蒙特卡罗法，蒙特卡罗法是以概率和统计的理论和方法为基础的一种数值计算方法。它将所求解的问题同一个概率模型相联系，用计算机实现统计模拟或抽样，从而求得问题的近似解。该分析方法也称为统计实验法或统计模拟法。这是一种模拟技术，模拟指以不同的活动假设为前提，计算多种项目所需时间，该种分析对每项活动都定义一个结果概率分布，以此为基础计算整个项目的结果概率分布。此外，还可以用逻辑网络进行“如果……怎么办”分析，其结果可用于评估进度在恶劣条件下的可行性，并可用于制订应急/应对计划，克服或减轻意外情况所造成的影响。

7.7　项目进度控制

软件项目控制是指在计划执行过程中，由于诸多的不确定因素，使项目进展偏离正确的轨道，引起项目失控。项目管理者根据项目出现的新情况，对照原计划进行适当的控制和调整，实施纠偏措施，以确保项目计划取得成功。进行软件项目控制管理可以使项目出现问题时及时得以解决，避免损失扩大。

7.7.1　进度跟踪

软件进度跟踪方法较多，主要包括里程碑进度、人为设定活动进度、工作单元进展、挣值法等，下文重点介绍里程碑进度、挣值法。

7.7.2　里程碑进度

里程碑进度方法主要用于对项目总体进度的跟踪，尤其是对项目交付日期的持续跟踪。该方法可以度量里程碑的进度延迟（或提前）量，计算公式如下：

$$\text{里程碑进度差异}=\frac{\sum \Delta i}{\text{项目周期}}$$

公式中各项变量的解释如下：当对软件项目整体进度进行考察时，里程碑一般指软件项目生存周期内的阶段节点，项目周期指整个项目的工期；当对软件项目阶段的内部进度进行考察时，里程碑一般指阶段内的活动（或任务）节点，项目周期指该阶段的工期。

Δi 是第 i 个里程碑的进度延迟量，单位是天，计算如下：

（1）对每个已经完成的里程碑，Δi =第 i 个里程碑实际完成日期−第 i 个里程碑计划完成日期。

（2）对每个已经开始但尚未完成的里程碑，Δi=第 i 个里程碑实际开始日期−第 i 个里程碑计划开始日期。

项目周期是项目（或阶段）的持续时间（Duration），单位是天，计算如下：

项目周期=项目（或阶段）的计划完成日期−项目（或阶段）的计划开始日期

以上计算时，Δi 取值可能为正数（对应进度滞后）或负数（对应进度超前）或为 0（对应进度持平），其累计值中正负数发生抵消。实际上，当 WBS 的阶段、活动或任务节点不在一个执行路径上时（如并行执行时），一个节点超前或滞后对另一个节点在进度上没有影响，因此它们的进度差异不能抵消。为此，可以对里程碑进度差异公式进行改进，以Δi 的绝对值替代Δi 代入公式。原里程碑进度差异公式的计算结果掩盖了不在一个执行路径上的节点的无关性，易导致人们盲目乐观。改进后的公式反映了实际进度对项目交期、阶段节点的计划进度的绝对偏差程度，昭示了项目的计划水平或实施能力，具有很高的实用价值。

7.7.3 挣值法

挣值法是一种分析目标实施和目标期望之间差异的方法。之所以有项目“挣值管理”这样一个称呼，是因为这种管理方法中引进了一个被称为“挣值”的变量。“挣值”是专门用来有效地度量和比较已完成工作量和计划要完成工作量的一个变量。

通过挣值法可以将成本控制和进度控制联系起来，因为项目的进展就是用货币量来表示的。在识别潜在的进度滑移和预算超支的时候，挣值法比独立的进度和成本控制更为有效。实践已经证明，采用挣值法进行进度、成本和绩效的联合监控是有效的，可以使项目管理工作目标清晰，过程控制高效有序，成本客观真实，可全面反映进度、成本和绩效的总体状况。

挣值法通过测量和计算已完成工作的预算费用、已完成工作的实际费用及计划工作的预算费用得到有关计划实施的进度和费用偏差，从而达到判断项目进度计划和预算执行情况的目的。

首先介绍挣值法的基本参数。

1）计划工作量的预算成本（Budgeted Cost of Work Scheduled，BCWS）

BCWS 是根据批准认可的进度计划和预算，在项目实施过程中到某一时点应当完成的工作量所需的预算工时（或费用）；这个值对衡量项目进度和成本都是一个标尺或基准。计算公式为：

$$BCWS=计划工作量\times预算定额$$

BCWS 主要是反映进度计划应该完成的工作量，而不是主要反映消耗的工时和费用。一般来说，BCWS 在项目实施过程中保持不变，除非合同有变更；如果合同变更影响到项目进度和费用，BCWS 基线也要进行相应的更改。

2）已完成工作的预算定额（Budgeted Cost of Work Performed，BCWP）

BCWP 是根据批准认可的预算，到某一时点已经完成的工作量所需消耗的工时（或费用）。由于业主正是根据这个值对承包商完成的工作进行交付（前提条件是承包商完成的工作必须经过验收，符合质量要求），也就是承包商挣得的金额，故称为挣得值（Earned Value），也称挣值。BCWP 的计算公式为：

BCWP=已完工作量×预算定额

从计算公式可以看出，BCWP 是项目实施过程中某阶段按实际完成工作量及按预算定额计算出来的费用。挣值反映了满足质量标准的项目实际进度，并用货币来表示已取得的项目进展。

3）已完成工作的实际成本（Actual Cost of Work Performed，ACWP）

ACWP 是指到某一时点已完成的工作所实际消耗的工时（或费用）。ACWP 主要反映项目执行的实际消耗指标。

挣值法可以认为是三个维度的。图 7-23 中 BCWP 曲线也就是挣值曲线，是通过对已经完成的工作进行计量，再与该项工作的预算成本进行比较，而后计算得到的。前面已经指出，单纯比较预算成本（BCWS）和实际成本（ACWP），有时候并不能反映出项目的进展状况。但是通过挣值曲线，就可以清楚地看出来，在检查点上，由于所取得的挣值（项目进展）并没有达到计划的要求，所以项目的进度有延迟，但所花费的成本却超出了预算规定值，因此项目的成本也超支。

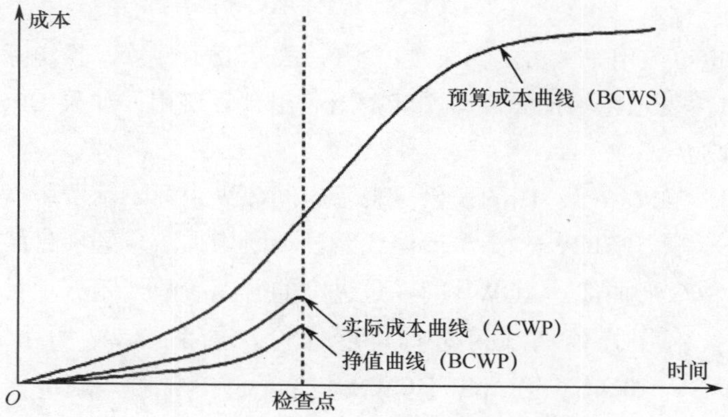

图 7-23　挣值法成本曲线

对于完成了的工作，上述三个基本指标值可以应用于工作分解结构的各个级别（例如，项目、工程、总任务、子任务、工作包）。利用这三个基本值，便可进行偏差分析，并派生出以下挣值法的四个评价指标。

（1）进度偏差（Schedule Variance，SV），计算公式为：

SV=BCWP−BCWS

如果 SV 为负值，表示项目进度落后；如果 SV 为正值，表示项目的进度超前；如果 SV 为零，表示项目进度与计划进度一致。

（2）费用偏差（Cost Variance，CV），计算公式为：

CV=BCWP−ACWP

同理，如果 CV 为负值，表示项目实际消耗人工（或费用）超出预算值，即超支；如果 CV 为正值，表示项目实际消耗人工（或费用）低于预算值，即有节余或效率高；如果 CV 为零，表示实际消耗人工（或费用）等于预算值。

除了计算进度偏差 SV 和费用偏差 CV，也可计算工作完成的效率，计算执行效率的指标。

（3）进度执行指数（Schedul Performed Index，SPI）： SPI 是指项目挣得值与计划之比，计算公式为：

$$SPI=BCWP / BCWS$$

如果 SPI＞1，表示进度超前，即实际进度比计划进度快；如果 CPI＜1，表示进度延误，即实际进度比计划进度慢；如果 SPI=1，表示项目是按进度计划进行的。

（4）费用执行指数（Cost Performed Index，CPI）：CPI 是指预算费用与实际费用值之比（或工时之比），计算公式为：

$$CPI=BCWP / ACWP$$

同样的分析也可应用于 CPI：如果 CPI＞1，表示低于预算，且实际费用低于预算费用；如果 CPI＜1，表示超出预算，即实际费用高出预算费用；如果 SPI=1，表示实际费用与预算费用相吻合。

挣值曲线如图 7-24 所示。图的横坐标表示时间，纵坐标表示费用（以实物工程量、工时或金额表示）。图中 BCWP 按 S 形曲线路径不断增加，直到项目结束达到它的最大值。BCWS 是一种 S 形曲线。ACWP 同样是进度的时间参数，随着项目的推进而增加，也是 S 形曲线。利用挣值曲线可进行进度评价，如图 7-24 所示：CV＜0（CV=BCWP-ACWP），SV＜0（SV=BCWP-BCWS），表示项目执行效果不佳，即费用超支，进度延误，应采用相应的补救措施。

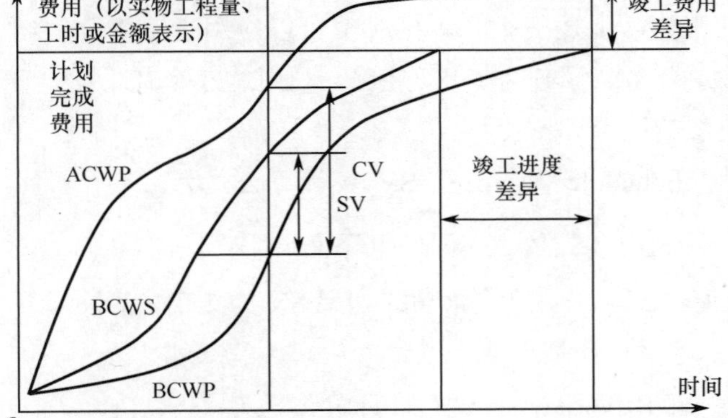

图 7-24　挣值曲线

利用进度偏差和成本偏差，就可以建立一个完整的进度或成本报告系统，它通过衡量与完成的工作有关的成本来提供偏差分析的基础。这个系统保证了成本预算和执行计划是建立在同一个数据基础上的。在挣值法的进度偏差分析中，我们就是按照上面介绍的偏差与 0、比值与 1 的比较，来判断项目的进度是超前还是滞后，以及费用是结余还是超支。但是，在 BCWP 的计算中，并没有区分所取得的挣值是来自关键路径，还是来自非关键路径，这样在进度偏差的计算中就有可能会产生误导性的信息。所以需要就关键路径上的 BCWP 及非关键路径上的 BCWP 加以区分和分析，分为可能的四种情况（关键路径上的 CV 及非关键路径上的 CV 分别为正或负的组合）进行深入阐述，以确定项目的进度。

7.7.4 进度偏差分析

将委托方的期望工期或开发方初步制订的工作时间表中的工期与工期估算结果进行比较。

- 当委托方的期望工期或开发方初步制订的工作时间表中的工期长于模型标准值时，开发方只需要考虑资源投入。
- 当委托方的期望工期或开发方初步制订的工作时间表中的工期短于或等于模型标准值时，则需要压缩工期并考虑相关的项目风险。
- 当委托方期望工期或工作时间表中的工期短于估算出的工期下限时，应分析原因，必要时需对人力资源安排或项目范围进行调整，再重新估算工作量、工期，并制订新的工作时间表。随着资源的增加，工期并不能随之相应减少，工期存在通过加班/加人不可能突破的极限。

1. 进度压缩

进度压缩是指在不改变项目范围的前提下，缩短项目的进度时间，以满足进度制约因素、强制日期或其他进度目标。进度压缩技术包括赶工和快速跟进。

1）赶工

通过权衡成本与进度，确定如何以最小的成本来最大限度地压缩进度。赶工的例子包括批准加班、增加额外资源或支付额外费用，从而加快关键路径上的活动。赶工并非总是切实可行的，它只适用于那些通过增加资源就能缩短时间的活动，它也可能导致风险或成本的增加，如增加的额外资源不能及时到位等。

2）快速跟进

把正常情况下按顺序执行的活动或阶段并行执行。例如，需求分析尚未全部完成前就开始进行设计或编码。快速跟进可能造成返工或风险增加，且关键路径上并行任务数增多，任何一个任务延迟都将导致项目延期。

2. 进度和成本

项目有具体的制约因素，任何一个因素发生变化，都会影响至少一个其他因素。例如，缩短工期通常都需要提高预算，以增加额外的资源，从而在较短的时间内完成同样的工作量；如果无法提高预算，则只能缩小范围或降低质量，以便在较短的时间内以同样的预算交付产品，项目经理需关注项目具体的制约因素及这些因素间的关系，合理安排项目工期，否则就可能影响项目成功交付。

进度和成本是两个密切相关的变量。项目管理部门处理成本和进度两者关系的方法主要包括以下两种。

1）进度–成本平衡法

进度–成本平衡法是一种通过最低限度地增加成本来缩短项目工期的方法。软件开发项目中可以灵活运用进度–成本平衡法进行进度控制，特别是加强关键路径上活动的进度控制。

例如，项目中 A 活动是整个开发项目的控制性工程，而 B 工序又是 A 活动的关键工序之一。项目组非常关注 B 工序的进度控制，因而通过增加成本（包括资源的优先供应、激励成本等）来加快进度，虽然提高了一点成本，但是取得了非常显著的效果，保证了关键工序按时完成，用最低限度的成本增加缩短了项目的工期。

2）成本–进度综合控制

成本–进度综合控制是以已获价值（EV）为中间变量，通常以挣值分析为工具来进行成本和进度的集成管理。

成本和工期是软件项目高失败率的主要方面，因此企业在实际的项目管理实践中，必须考虑项目成本和工期的最佳配置与集成优化问题。成本和工期都在预算之内是每个软件企业和软件项目组织所期望的结果，但是，在开发实践中往往不能两全，优先考虑哪方面不是一成不变的，需要根据组织的需要和项目的实际情况决定：需要确保项目计划工期按时完成；确保项目预算在原计划水平之内；还是需要调整项目成本和项目工期，以实现两者的最佳配置。与之对应，确定需要采取的方法：采用将项目工期固定在计划水平上的项目完工成本预测方法；采用以确保项目成本固定在原计划水平上的项目工期及项目活动的预测；还是采用同时调整项目成本和项目工期，以实现两者的最佳配置的方法。针对挣值分析中项目完工成本预测方法的问题，可作以下分析。

（1）确保项目工期的项目完工成本预测方法。

时间对于软件项目来讲是非常重要的，因此，在很多情况下，项目工期是第一位的，必要的时候需要追加项目成本来保障项目能够按时完工。此时可使用传统的挣值分析中的项目完工成本预测方法。实际上挣值分析中的项目完工成本预测方法就是为这种情况而设计的，所以在保证项目工期的情况下是正确的。

（2）确保项目预算的项目工期与活动安排方法。

没有任何额外的资金来源，要求项目在严格的项目预算内完成，此时，就需要按照确保项目预算的办法去开展项目工期和成本的集成管理。该情况下，需要以既定项目预算为前提，通过合理安排项目工期与项目活动来实现项目成本和工期的集成管理。具体地说，要根据实际开发情况进行不同的确保措施：在项目实际成本低于项目计划成本的情况下，如果可以推定项目完工成本不会超出项目预算，此时便可采用传统挣值分析给定的预测项目完工成本的方法；在项目实际成本高于项目计划成本的情况下，就需要采用合理预测和安排工期，以及必要时削减项目活动的办法来重新预测和安排后续项目工期与活动，从而确保项目的预算。

（3）项目成本与工期平衡的预测方法。

除了上面介绍的严格限定工期或者成本的情况之外，很多项目的成本与工期计划并不是完全固定的，可以根据实际的开发情况或者其他的影响因素进行必要的变动和调整。由于软件项目需求的不确定性和软件项目度量难度较大的特征，使得有很多的项目不能从开始就计划得很好而随后不需要变动和调整的。在软件项目开发过程中，项目应该根据实际情况的变化，以成本与工期的最佳配置为前提，来对软件开发项目进行成本和工期的集成管理。

7.7.5　分析结果应用

采用以上分析方法得到结果后，应考虑结果对利益相关方的影响，并与其就处理方法达成一致意见，包括处理问题、调整估算方法和改进开发过程等。

项目结束后，工期和进度相关的数据对于组织而言具有很大的价值，应该收集并进行分析。分析的目的和角度如下。

（1）项目评价：根据成本估算偏差及构成评估项目组预算控制的能力及流程执行的效率。

（2）建立或校正成本估算模型：如上文提到的成本估算方程回归分析，项目结束后产生了新的成本及相关数据，这些数据可以用于评价回归方程的效果，并可以帮助不断优化回归方程。

（3）过程改进：通过分析成本分布占比和各类活动成本估算偏差率等数据了解开发过程中存在的问题，将这些数据与经验及对组织的了解相结合，可以为管理者提供过程改进的信息。

第 8 章　成本估算

无论是产业界还是学术界，越来越多的人认识到，做好软件成本估算是减少软件项目预算超支问题的首要措施之一，不但直接有助于做出合理的投资、外包、竞标等商业决定，也有助于确定一些预算或进度方面的参考里程碑，使软件组织或管理者对软件开发过程进行监督，从而更合理地控制和管理软件质量人员的生产率和产品进度。正如美国 Southern California 大学的 Boehm 教授所指出的，“理解并控制软件成本带给我们的不仅是更多的软件，还会是更好的软件”。

8.1　软件项目成本管理

8.1.1　软件项目成本管理的基本概念

软件项目管理是为了使软件项目能够按照预定的成本、进度、质量顺利完成，而对成本、人员、进度、质量、风险等进行分析和管理的活动。成本、时间进度和质量构成了软件项目管理的三要素。其中软件成本管理是软件项目管理的一个主要内容。软件项目成本管理就是根据企业的情况和项目的具体要求，利用公司既有的资源，在保证项目进度、质量达到客户满意的情况下，对软件项目成本进行有效的组织、实施、控制、跟踪、分析和考核等一系列管理活动，从而最大限度地降低项目成本，提高项目利润。软件项目成本的管理基本上可以用估算和控制来概括，首先对软件的成本进行估算，然后形成成本管理计划，在软件项目开发过程中，对软件项目施加控制使其按照计划进行。成本管理计划是成本控制的标准，不合理的计划可能使项目失去控制，超出预算。因此，成本估算是整个成本管理过程的基础，成本控制是使项目的成本在开发过程中控制在预算范围之内。

8.1.2　软件项目成本管理过程

软件项目成本管理的过程如下。

（1）计划所需的资源：包括决定为实施项目活动需要使用什么资源（人员、设备和物资）以及每种资源的用量。其主要输出是一个资源需求清单。一般来说，软件项目需要的资源主要包括人力和硬件设备两大部分。

（2）成本估算：包括估计完成项目所需资源成本的近似值。其主要输出是成本管理计划。成本估算主要是对软件工作量进行估算。成本估算是软件成本管理中非常重要的部分，精确的成本估算是进行软件成本管理的重要条件。

（3）成本预算：包括将整个成本估算配置到各单项工作，以建立一个衡量绩效的基准计划。其主要输出是成本基准计划。成本估算估计完成项目各活动所需每种资源成本的近似值，成本预算的过程是把估算的总成本分配到各个工作细目，建立基准成本以衡量项目执行情况。可见成本估算的准确性直接决定成本的预算情况。

（4）成本控制：成本控制是根据成本基准计划来控制项目预算的变化，成本控制过程的主要输出是修正的成本估算、更新预算、纠正行动、完工估算和取得的经验教训。成本控制的基准是项目管理人员根据项目的具体情况确定允许的偏差范围。在一个项目的进行过程中，成本基准计划并非是一成不变的，而是随着用户的需求变化，项目的变更请求基准计划可能会得到不断的校正。

在整个过程中成本估算是成本管理的重点和基础。有效的成本估算能增强成本管理的计划与控制能力。通过软件成本估算提供软件项目的时间、工作量、成本分布等关键数据，这些数据有助于根据需求和环境的发展特征，对软件项目进行实时的过程控制，能够为每个项目阶段与活动提供正确的计划和控制基础，从而更好地加强软件成本管理。

8.1.3　软件项目的特点

软件成本既有与一般项目成本相同的共性，也有其自身的特殊性。我们应该结合软件项目的特点，有针对性、有重点地进行成本估算。

软件开发不同于其他产品的制造，软件项目管理与其他项目管理相比，有其特殊性。综合来看，软件项目具有如下的特点：

（1）软件产品是由许多人共同完成的高强度智力劳动的结晶，是建立在知识、经验和智慧基础上的具有独创性的产物。软件开发不需要使用大量的物质资源，而主要依靠人力资源。软件开发的整个过程主要是设计过程，并没有制造过程。因此，软件产业兼有知识密集型产业和人力密集型产业的双重特点，其研发成本高。

（2）软件产品是无形的，软件开发的产品只是程序代码和技术文件，并没有其他的物质结果。

（3）软件产品的复制（批量生产）相对简单，其复制成本同其开发成本相比，几乎可以忽略不计。软件开发成本是软件成本的主要部分。

（4）软件产品一般没有有形损耗，仅有无形损耗。软件产品的维护，一是由于软件自身的复杂度，特别是为了对运行中新发现的隐性错误进行改正性维护；二是由于软件对其硬、软件环境有依赖性，硬、软件环境改变时，软件要进行适应性维护；三是由于需求的变化，要求增强软件功能和提高系统软件性能，软件要进行完善性维护。因此，软件的维护在其生命周期中占有重要地位；同时，软件的维护过程也是软件价值的增值过程。因此，软件的维护成本也是软件成本评估中应考虑的一个特点。

8.1.4 软件项目成本估算的特点

软件产品及其开发过程的特殊性决定了软件开发成本的估算方法既不同于制造业产品的成本估算方法，也不同于建设项目的财务评价方法。对软件项目进行成本估算，主要需要以下三种数据。

第一种：软件项目的规模。项目规模可以用逻辑源代码语句行、物理代码行或功能点来表示。其数值可以通过与过去相似项目的比较来确定，也可以通过综合专家的估计结果来确定，还可以通过任务分解技术来确定。

第二种：软件项目的特殊属性。这些属性包括项目需求的变化频率、参加项目开发人员的经验、开发项目所使用的软件过程及方法、项目所使用的程序设计语言及开发工具、开发人员的工作环境、开发队伍在多个工作地点的地理分布情况、用户及主管对项目最后期限的要求等。可以通过对用户、开发队伍和项目的调查分析以及与从前相似项目的比较来确定这些属性。总之，项目属性是软件开发成本估算中的重要信息，而且包含许多因素。

第三种：软件项目所需资源。软件开发成本估算主要是估算所需投入的经费开支，包括建立开发环境所需的软件和硬件成本以及支付项目参与者的工资。其中，工资部分是一次性投入的，且是最敏感的。而工资部分通常可以转换为开发所需的工作量。因此，在估算结果中项目开发所需的工作量是关键的一项。此外，在开发过程的不同阶段应该投入不同的人力，在一定时间内应该完成规定的任务。因此，合理安排人力和进度也是软件开发成本估算的目标。

8.2 软件成本定义及构成

本书中的软件成本是指软件研发成本，即完成某个项目或系统开发所需的全部成本，涵盖了从立项到项目验收交付为止的整个过程中的需求分析、设计开发、集成、测试、试运行以及项目管理、配置管理、质量保证等所有活动。

软件研发成本从不同的角度有不同的组成分类。从财务的角度分类，软件成本有以下组成成分。

（1）硬件购置费：计算机、不间断电源、网络设施等硬件设备的购置费用。

（2）软件购置费：包括软件需要的各种操作系统、数据库、中间件的购置费用。

（3）人工费：主要是项目经理、开发人员、测试人员等的工资福利待遇等。

（4）培训费：为完成项目需要完成的培训所产生的费用。

（5）通信费：计算机服务需要使用的网络资源、工作产生的网络资源需要的费用。

（6）基本建设费：包括机房的新建装修扩展、机柜的建立等费用。

（7）财务费用：完成项目的财务管理产生的费用。

（8）管理费用：包括办公、差旅、会议等费用。

（9）材料费：在项目过程中所消耗的耗材费用，包括打印纸、光盘、磁带的购置费用。

（10）水电气费：在项目中如果产生此类费用，则可以归类到这类型费用中。

（11）专有技术购置费：在开发中购置使用的技术、专利的费用。

（12）其他费用：如资料、咨询、折旧等费用。

按照软件项目的生命周期来进行组成分类，软件成本可以分成两大阶段的成本——软件开发阶段和软件维护阶段。软件开发阶段按照开发的生命周期通常包括软件的需求分析、设计、编码、测试、部署安装费用，软件维护阶段的成本可由运行费用、管理费用和维护费用组成，如图 8-1 所示。

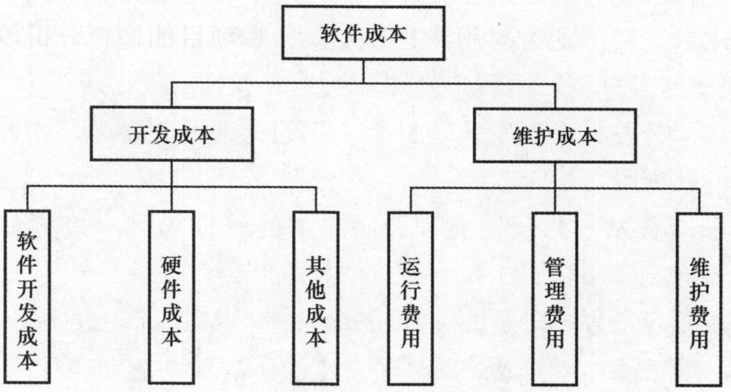

图 8-1　软件成本构成

从财务和软件成本阶段来进行成本估算，会引起不必要的复杂化，对于甲乙双方来讲更关注的是总体的价格，对于具体财务的某个分类以及生命周期的某一个阶段的成本细分并不关心。为更方便地对软件的成本进行估算，《软件研发成本度量规范》将软件研发的成本按照人力/非人力、直接/间接两个维度分成四个部分，再对每个部分进行进一步的分析估算，从而确定软件研发成本。

通常情况下，我们将一个软件项目的成本分为直接成本和间接成本，它们又各自分为人力成本和非人力成本，如图 8-2 所示。

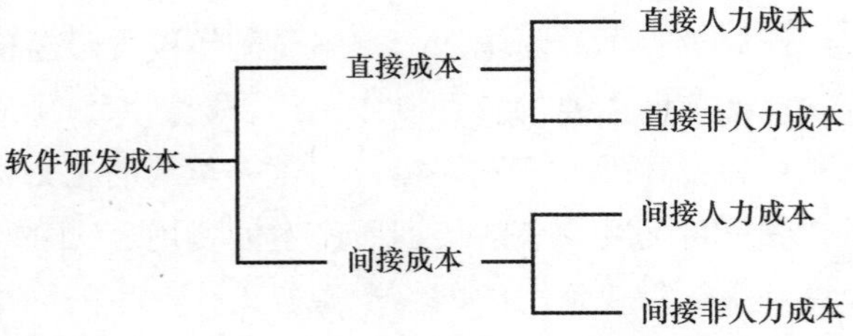

图 8-2 软件研发成本构成

8.2.1 直接人力成本

《软件研发成本度量规范》中规定：

“直接人力成本包括开发项目组成员的工资、奖金、福利等人力资源费用。其中项目成员包括参与该项目研发过程的所有研发或支持人员，如项目经理、需求分析人员、设计人员、开发人员、测试人员、部署人员、用户文档编写人员、质量保证人员、配置管理人员等。对于非全职投入该项目研发工作的人员，按照项目工作量占其总工作量比例折算其人力资源费用。”

8.2.2 直接非人力成本

直接非人力成本是直接发生在项目中的人力以外的费用。

《软件研发成本度量规范》中规定直接非人力成本包括：

（1）办公费，即开发方为研发此项目而产生的行政办公费用，如办公用品、通信、邮寄、印刷、会议等费用。

（2）差旅费，即开发方为研发此项目而产生的差旅费用，如交通、住宿、差旅补贴等。

（3）培训费，即开发方为研发此项目而安排的特别培训产生的费用。

（4）业务费，即开发方为完成此项目研发工作所需辅助活动产生的费用，如招待费、评审费、验收费等。

（5）采购费，即开发方为研发此项目而需特殊采购专用资产或服务的费用，如专用设备费、专用软件费、技术协作费、专利费等。

（6）其他，即未在以上项目列出但确系开发方为研发此项目所需花费的费用。

8.2.3 间接人力成本

《软件研发成本度量规范》中规定：

“间接人力成本指开发方服务于研发管理整体需求的非项目组人员的人力资源费用

分摊。包括研发部门经理、项目管理办公室（PMO）人员、工程过程组（EPG）人员、产品规划人员、组织级质量保证人员、组织级配置管理人员等的工资、奖金、福利等的分摊。”

例如，质量保证人员甲负责组织级质量保证工作和 3 个项目的项目级质量保证工作。

8.2.4 间接非人力成本

《软件研发成本度量规范》中规定：

“间接非人力成本指开发方不为研发某个特定项目而产生，但服务于整体研发活动的非人力成本分摊。包括开发方研发场地房租、水电、物业，研发人员日常办公费用分摊及各种研发办公设备的租赁、维修、折旧分摊。”

例如，公司甲有员工 200 人，1 年的房屋租赁费 120 万元，则每人每月的房租分摊为 500 元，如果项目 A 的总工作量为 100 人月，则分摊到项目 A 的房屋租赁费为 5 万元。

下面是识别成本构成的几个常见例子。

示例 1：项目成员因项目需要与客户共同郊游而产生的费用宜计入直接非人力成本中的业务费，而项目成员的工作午餐费宜计入直接人力成本。

示例 2：项目组封闭开发租用会议室而产生的费用宜计入直接非人力成本中的办公费，而研发部例会租用会议室产生的费用宜按照间接非人力成本分摊。

示例 3：为项目采购专用测试软件的成本宜计入直接非人力成本中的采购费，而日常办公用软件的成本宜按照间接非人力成本进行分摊。

8.3 软件成本估算的一般过程

软件成本估算并不是简单地通过代入公式计算出相关数据就结束了，而是一个完整的项目活动过程，应该在相应的计划和控制下进行。软件成本估算主要包括以下几个步骤。

1. 建立目标

一个软件项目要成功，就是要使系统能够在预计时间内和在预算范围内交付，并且能满足用户需求和质量的要求，这就需要设立目标。要设立合理的目标，切合实际的成本估算是至关重要的。

成本估算是在软件项目各个不同的阶段进行的，结合软件生命周期来看，在每个阶段估算的动机和方法都是不同的。由图 8-3 可以看出，软件成本估算的准确性随着软件生命周期的发展而逐步提高。在软件开发阶段初期，与软件产品相关的很多因素都还不确定，如对于系统要支持的人员类型或数据类型都不清楚，因此软件估算成本的变动范围系数为 4。而当完成了可行性分析并确定了操作概念以后，前一阶段的不确定因素事实上就明确了，在这个阶段，成本估算的变动范围降到了 2。随着软件项目往后端阶段发展，越来越多的项目特性得到确认，估算的准确性也就相应提高了。

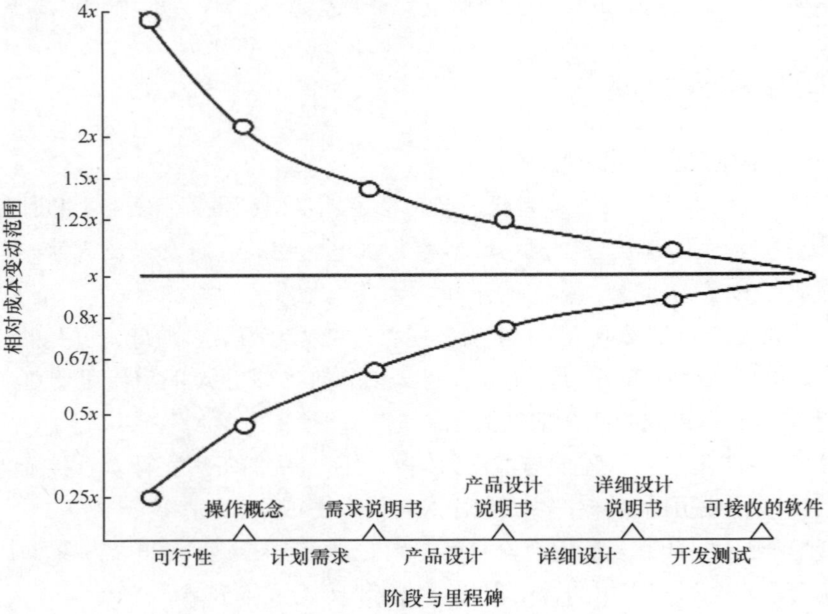

图 8-3　某企业软件成本和规模的准确性与阶段关系

因此，在软件生命周期前期，成本估算的目标是充分利用和挖掘有限的信息和数据，尽可能快速、准确地得出估算结果，以帮助管理者进行可行性分析和项目决策。当项目的策划和实现进行到更详细的层次时，确认早期的概要估算，同时进行更高层次的详细估算，并可以对较小的工作构件进行更详细的估算。

由图 8-3 可以看出，软件成本估算的准确性随着软件项目生命周期的发展越来越高，这是因为随着软件项目向后期发展，各种相关的信息和数据将越来越明确和清晰。但可以看出，在软件开发早期阶段，软件成本的估算准确性是最低的，这主要是因为在项目早期阶段许多因素都还不确定，所能获得的信息也很模糊。本阶段侧重的就是在软件项目生命周期较前阶段的成本估算，因为这一阶段的估算难度最大，最值得改进，对于软件项目管理者进行决策和工作计划的制订也最有帮助。

2. 计划所需的数据与资源

软件成本估算活动本身也可以被看成一个项目，仓促而毫无准备的估算必然会导致该项目的失败。因此，事先制订一个包括估算目的、产品进度与计划、责任、估算过程、所需资源、假设条件等内容的简要估算计划，将有助于软件成本估算更加有效地开展。

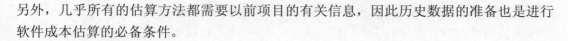

另外，几乎所有的估算方法都需要以前项目的有关信息，因此历史数据的准备也是进行软件成本估算的必备条件。

3. 准确说明软件需求

只有对估算对象有充分的了解，才能很好地估算它们的成本。因此，成本估算需要有尽可能明确的软件说明书，对于软件的功能、结构、性能等有明确的描述。说明书在描述中的量化程度越高，越有利于成本估算的精确度。但在项目开发早期阶段，这很难完全做到。

4. 尽可能详细、准确地估算

估算应尽量与成本估算目标保持一致，避免不必要的工作量浪费。估计过高可能导致项目花掉更多的时间，以及人员分配超出需要，增加不必要的管理开销。估计过低可能会导致员工通过低标准的工作来响应紧迫的交付期，对软件质量造成严重影响。通常软件成本估算误差在 20%的范围内是可以接受的。

5. 估算方法选择

软件成本估算方法有很多，每种方法各有其优/缺点，将在后文详细介绍。

6. 跟进

从项目启动开始，就必须收集其实际成本与进展方面的数据。由于软件成本估算的输入是不完全的，每个新阶段都比前一阶段有更完整、明确的输入信息，因此可以通过新获得的信息更新成本估算，为下一阶段的项目管理提供更准确的基础。同时，估算方法是不完善的，为了进行改进，需要将估算结果和实际值进行比较，来改善估算方法。此外，软件项目是不断变化发展的，应该及时识别和响应变化发展的情况，对估算做出更新。

具体地说，每个阶段都应根据前一阶段的估算来评审和发布成本计划。当计划进行到某一里程碑时，将实际结果与计划结果相比较，如果相差很大，应及时分析原因，进行调整。通过成本绩效分析和跟进将预算和实际成本进行对比，把预算成本、实际成本和工作量进度联系起来，考虑实际成本和工作量是否匹配。如果实际成本和实际进度不匹配，则重新调整成本计划，采取必要的措施防止项目成本失去控制。

7. 应用

得出估算结果后，应在工作量估算的基础上，进行进一步的成本分析和管理。同时，根据估算结果制订工作计划和项目进度。根据工作量估算出进度 TDEV 后，将工作量分配到各阶段各单项工作，做好项目工作进度计划。对于在项目早期的快速概要的估算，

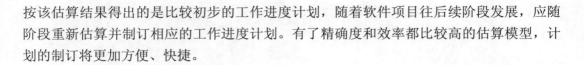

按该估算结果得出的是比较初步的工作进度计划，随着软件项目往后续阶段发展，应随阶段重新估算并制订相应的工作进度计划。有了精确度和效率都比较高的估算模型，计划的制订将更加方便、快捷。

8.4 软件研发成本常用估算方法

8.4.1 专家判断法

专家判断法是由一位或多位专家进行商讨，专家用自己的经验和对项目的理解，得出该项目的成本概算值。专家判断法要求估算专家对项目的应用领域、开发环境等特点非常了解，对于各类型软件项目的开发有丰富的经验。同时，为了保证估算的客观性，最好要有由若干专家组成的相对独立的估算队伍，以减少偏见。估算人员最好是对软件开发的结果没有直接或间接利害关系、熟悉软件开发过程和估算方法的专业人员，以保证估算活动的客观性和质量。

专家判断法详细的介绍和应用可具体查阅本书第 7 章工作量和工期估算。

8.4.2 类比法

类比法适合评估那些与历史项目在应用领域、环境和复杂度方面相似的项目，通过新项目与历史项目的比较得到估计数据。类比法估计结果的精确度取决于历史项目数据的完整性和准确度，因此，用好类比法的前提条件之一是组织建立起较好的项目后评价与分析机制，对历史项目的数据分析是可信赖的。以某软件项目的规模估计为例，类比法的基本步骤是：

（1）整理出项目功能列表和实现每个功能的代码行。

（2）标识出每个功能列表与历史项目的相同点和不同点，特别要注意历史项目做得不够的地方。

（3）通过步骤（1）和步骤（2）得出各个功能的估计值。

（4）产生规模估计。

类比法详细的介绍和应用可具体查阅本书第 7 章工作量和工期估算。

8.4.3 COCOMO 模型

COCOMO 模型是将软件开发工作量表示成估计应该开发的项目的程序代码行数的非线性函数。COCOMO 模型详细的介绍和应用可具体查阅本书第 7 章工作量和工期估算。

8.4.4　功能点分析法

功能点分析（Function Point Analysis）法最初是由 IBM 公司的 Allan Albrecht 于 1979 年提出的一种软件成本估算模型。1986 年成立了国际功能点用户组织（International Function Point Users Group）来管理功能点模型的标准化工作，并定期发布最新的功能点估算方法。FPA 方法是面向功能的软件度量，是用软件所提供的功能的测量作为其规范化值。

8.5　行业软件成本估算模型

本书重点对《软件研发成本度量规范》中重点推荐的以基于功能点方法的规模估算为参数的行业软件成本估算模型进行详细介绍和应用说明。

8.5.1　直接人力成本的估算

软件研发成本估算中最核心的便是直接人力成本的估算，目前典型的估算方法是根据工作量估算结果和项目成员直接人力成本费率来进行估算。直接人力成本费率是指每人月的直接人力成本金额，单位通常为元每人月或万元每人月。直接人力成本的计算宜采用以下两种方式。

（1）根据不同类别人员的直接人力成本费率和估算工作量分别计算每类人员的直接人力成本，将各类人员的直接人力成本相加得到该项目的直接人力成本：

$$\mathrm{DHC}=\sum_{i=1}^{n}E_i\times F_i$$

式中，DHC 为直接人力成本，单位为元；E_i 为第 i 类工作人员的工作量，单位为人月；F_i 为第 i 类工作人员的人员费率，单位为元每人月。

例如，在确定了项目的估算工时之后，就能获得项目的总工时。根据软件项目各个阶段的工作量的占比，可以推算出各个工作类型的工作量占比。如果企业自身收集了项目工作类型的工作量占比，就可以自行分析工作类型的占比数据。如图 8-4 展示的是某企业基于自身基准数据库分析的各阶段工作量占比情况。

（2）也可以对软件开发的各类型工作的费率不做详细划分，而根据项目平均直接人力成本费率和估算的总工作量直接计算该项目的直接人力成本。直接人力成本估算的公式如下：

$$\mathrm{DHC}=E\times F$$

式中，DHC 为直接人力成本，单位为元；E 为项目直接总工作量，单位为人月；F 为项目人员的平均人员费率，单位为元每人月。

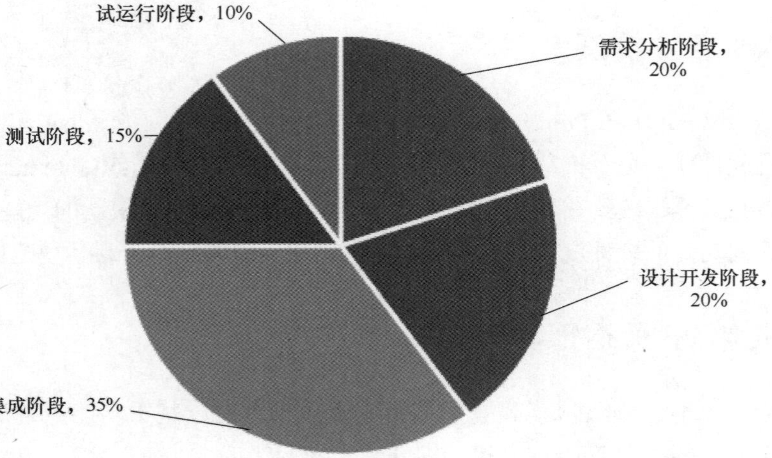

图 8-4　某企业项目阶段工作量分布

例如，某企业软件开发人员的平均人月费率为 2.3 万元每人月。该企业估算一个软件项目需要 15 个人月的工作量，于是可以估算该软件项目的直接人力成本为 2.3×15=34.5（万元）。

在估算项目直接人力成本费率时，应考虑不同地域人员成本的差异。委托方可参照行业基准数据库中同类项目的直接人力成本费率数据，开发方应优先使用本组织的直接人力成本费率数据。

通常在早期估算时，可根据平均人力成本费率确定人力成本，平均人力成本费率受物价指数、行业、人力资源供给状况、企业所在地、工作性质、人员级别等因素影响。例如，可以根据不同角色进行估算，一般情况下总体架构师的人力成本费率高于需求分析师，需求分析师的人力成本费率高于编程工程师，而同种角色会有多个人员级别设置，级别越高，平均人力成本费率越高。

8.5.2　直接非人力成本的估算

直接非人力成本的特性和其他几个组成的成本部分有较大差别，因为它基本上和工作量无直接关联。因此，无法使用单位工时所耗费的费率来计算“直接非人力成本”，需要根据实际情况进行分析估算。如果项目异地开发，则差率费会比较多。

根据直接非人力成本的组成分类，可以按照每一个分类单价和数量来计算，公式如下：

$$\mathrm{DNC} = \sum_{i=1}^{n} C_i \times F_i$$

式中，DNC 为直接非人力成本，单位为元；C_i 为第 i 类直接非人力分类的数量；F_i 为第 i 类直接非人力分类单价。

8.5.3　间接人力成本的估算

项目的间接人力成本是企业间接投放到项目中的人力成本，通常由本企业的软件按项目的大小来进行分摊。

示例一：质量保证部门的质量保证人员甲负责组织级质量保证工作和 3 个项目（A、B、C）的项目级质量保证工作。其中，用于项目 A、B、C 的工作量占总工作量的 1/4，用于组织级质量保证工作和其他工作的工作量占总工作量的 1/4；同时，项目 A 的研发总工作量占该组织所有研发项目总工作量的 1/3，则质量保证人员甲的人力资源费用中，1/4 计入项目 A 的直接人力成本，1/12（占质量保证工程师甲 1/4 的组织级质量保证工作和其他工作中，只有 1/3 计入项目 A 的成本）计入项目 A 的间接人力成本。

示例二：某企业 2016 年的总体间接人力成本为 20 万元，同年该企业总体承担了 2000 功能点的软件项目承接任务。通过简单运算就能得出每个功能点分摊的间接人力成本为 100 元。

8.5.4　间接非人力成本的估算

项目的间接非人力成本是企业间接投放到项目中的非人力成本，间接人力成本一般按人工投入比例进行分摊，也可根据公司情况确定不同的分摊方式，如按部分粗略分摊等。

示例一：公司甲有员工 200 人，1 年的房屋租赁费 120 万元，则每人每月的房租分摊为 500 元，如果项目 A 的总工作量为 100 人月，则分摊到项目 A 的房屋租赁费为 5 万元。

示例二：某企业 2016 年的总体间接非人力成本为 15 万元，同年企业总体承担了 2000 功能点的软件项目承接任务。通过简单运算就能得出每个功能点分摊的间接非人力成本为 75 元。

8.5.5　行业软件研发成本估算模型

软件研发成本的计算公式为：

$$SDC=DHC+DNC+IHC+INC$$

式中，SDC 代表软件研发成本，单位为元；DHC 代表直接人力成本，单位为元；DNC

代表直接非人力成本，单位为元；IHC 代表间接人力成本，单位为元；INC 代表间接非人力成本，单位为元。

下面分为甲方预算和乙方预算两个场景介绍软件研发成本估算模型和算法。

1. 甲方预算

在《软件成本度量规范》中规定如下。在获得了工作量估算结果后，可采用以下公式估算项目成本：

$$P=\mathrm{AE}/\mathrm{HM}\times F+\mathrm{DNC}$$

式中，P 为预算费用，单位为万元；AE 为调整后的工作量，单位为人时；HM 为人月折算系数，单位为人时每人月，取值为 176；F 为平均人力成本费率（包括开发方直接人力成本、间接成本及毛利润），单位为万元每人月；平均人力成本费率不包括开发方直接非人力成本；DNC 为直接非人力成本，单位为万元。

由于甲方一般并不是软件企业，因此使用平均人力费率可以参考行业发布的数据。

2. 乙方预算

乙方进行项目预算时有两种方式可以使用。

方式一：使用行业发布的费率数据进行估算，使用的公式与甲方估算时一样。这种方法通常供仍然未能分析出自身成本费率水平的企业使用。

$$P=\mathrm{AE}/\mathrm{HM}\times F+\mathrm{DNC}$$

方式二：并不是直接使用行业发布的费率数据进行估算，而是使用自身的成本费率算出自身企业的成本价，然后设定企业对项目的毛利润率以计算出自身企业合理报价。这种方式更多地运用在乙方进行软件项目投标时。

第一步，使用以下公式计算自身企业开发软件的成本价格：

$$\mathrm{SDC}=\mathrm{AE}/\mathrm{HM}\times F+\mathrm{DNC}$$

式中，SDC 为软件研发成本，单位为万元；AE 为调整后的工作量，单位为人时；HM 为人月折算系数，单位为人时每人月，取值为 176；F 为平均人力成本费率（包括开发方直接人力成本、间接成本），单位为万元每人月，此处不包括盈利部分；DNC 为直接非人力成本，单位为万元。

第二步，设定软件毛利润率，计算合理报价：

$$P=\mathrm{SDC}\times(1+\mathrm{GP})$$

式中，P 为预算金额，单位为万元；GP 为毛利润率。

8.5.6 软件成本估算过程

基于《软件研发成本度量规范》的成本估算的技术框架给出了软件研发成本的估算

模型和估算过程。

成本估算的技术框架如图 8-5 所示。

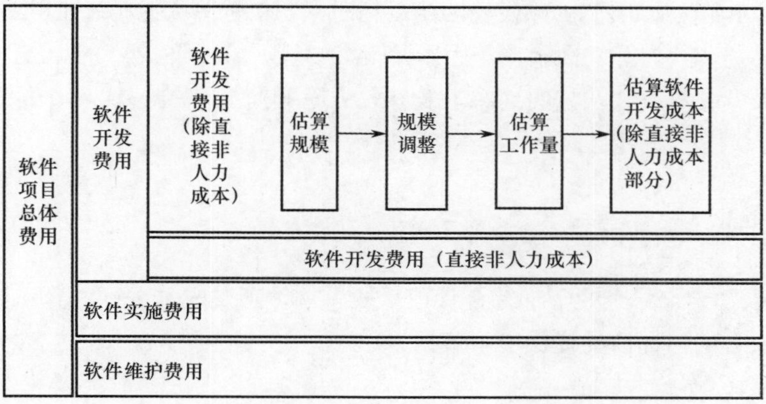

图 8-5　成本估算的技术框架

从图 8-5 中可以看出，“软件项目总体费用”由软件开发费用、软件实施费用和软件维护费用组成；软件开发费用包括两部分：一部分是软件开发费用（除直接非人力成本）部分，另一部分是软件开发费用（直接非人力成本）部分。前一部分按照估算规模、规模调整、估算工作量来估算软件开发成本（除直接非人力成本部分）。

图 8-6 则是采用估算级 NESMA 方法进行规模估算时的成本估算流程。

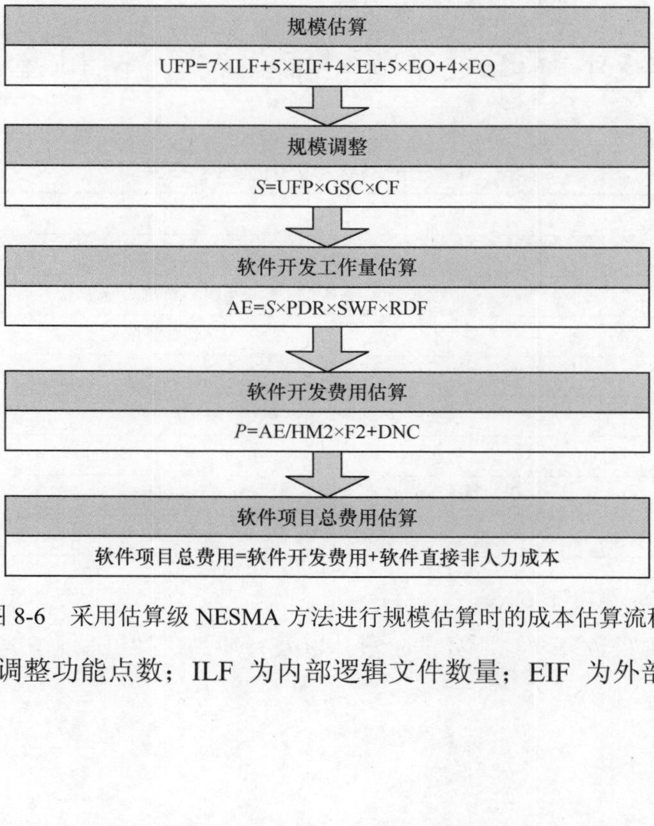

图 8-6　采用估算级 NESMA 方法进行规模估算时的成本估算流程

式中，UFP 为未调整功能点数；ILF 为内部逻辑文件数量；EIF 为外部接口文件数量；

EI/EO/EQ 分别代表该软件项目外部输入、外部输出、外部查询的数量；*S* 代表调整后规模；GSC 代表一般性系统特征规模调整因子；CF 为规模变更规模调整因子；AE 代表调整后工作量，单位为人时；PDR 代表功能点耗时率，单位为人时每功能点；SWF 为软件因素调整因子；RDF 为开发因素调整因子；HM2 为每月的工时数；F2 代表人月费率（含开发方直接人力成本、开发方间接成本及开发方毛利润）；DNC 代表开发方直接非人力成本；*P* 代表软件开发费用。

8.5.7 案例

案例描述："对 M 企业干部综合管理系统"软件研发成本进行估算，估算结果可为 M 企业对该项目的招标活动提供参考依据。

1. 规模估算

该项目处于招标阶段，在前期阶段，项目团队就需求和业务部分进行了 3 轮的沟通，经成本估算人员评估，该项目需求文档的详细程度和质量良好，采用 NESMA 标准中的估算功能点计数方法进行项目原始规模估算，结果如下：

$$\text{UFP}=7\times\text{ILF}+5\times\text{EIF}+4\times\text{EI}+5\times\text{EO}+4\times\text{EQ}=5713(\text{FP})$$

2. 软件开发规模调整

1）规模调整因子 VAF

规模调整因子 VAF 采用 14 个一般系统特征调整因子 GSC 来描述程序特点，具体取值如表 8-1 所示。

表 8-1　一般系统特征调整因子 GSC

因子名称	取　值	因子名称	取　值
数据通信	4	分布式数据处理	4
性能	3	使用高负荷的设备	3
事务处理率	1	在线数据输入	5
最终用户效率	3	在线更新	3
复杂的处理	2	复用性	3
易于安装	2	易于操作	1
多站点	2	允许改变	2
一般系统特征调整因子 GSC		VAF=1.03	

2）需求变更调整因子 CF

根据提供的项目估算文档所处的阶段，以及行业基准数据来确定规模的需求变更调整因子 CF。预算阶段取值为 2，招标阶段取值为 1.5，投标阶段取值为 1.26，其他进入详细需求阶段或设计阶段等均取值为 1。该项目处于招标阶段，CF 取值为 1.5。

3）调整后规模

$$S = \text{UFP} \times \text{GSC} \times \text{CF} = 5713 \times 1.5 \times 1.03 = 8827(\text{FP})$$

3. 软件开发工作量估算方法

根据调整后的软件规模估算工作量，公式如下：

$$\text{AE} = (\text{PDR} \times S) \times \text{SWF} \times \text{RDF}$$

式中，AE 为调整后的估算工作量，单位为人时；S 为调整后的软件规模，单位为功能点；PDR 为功能点耗时率，单位为人时每功能点。PDR 的取值考虑到该组织暂没有建立组织级基准数据库，因此参考当年发布的行业基准数据，详表 8-2。

表 8-2　当年发布的生产率基准数据

基准生产率（单位：人时/功能点）	低价位值	5.85	行业基准中值下调 20%
	标准值	7.31	行业基准数据中值
	高价位值	8.77	行业基准中值上调 20%

- SWF：软件因素调整因子，包含规模效应、业务领域、应用类型及质量特性调整因子，上述调整因子的取值参考当年发布的行业基准数据调整因子。
- RDF：开发因素调整因子，包括开发语言、开发团队经验，上述调整因子的取值参考当年发布的行业基准数据调整因子（见表 8-3）。

表 8-3　工作量调整因子取值

工作量调整因子	规模效应	0.74	
	业务领域	0.93	
	应用类型	1.00	依据行业数据取值
	质量特性	1	一般性能要求，依据行业数据取值
	开发语言	1.00	依据行业数据取值
	开发团队经验	1.00	甲方估算无须考虑

- 开发工作量计算：可根据上述 PDR 数据的 P50 值的上下 20%，分别计算出工作量估算结果的高价位值、低价位值及标准值（见表 8-4）。

表 8-4　调整后工作量

调整后工作量（单位：人月）	低价位值	293.38	行业基准中值下调 20%
	标准值	366.60	行业基准数据中值
	高价位值	439.82	行业基准中值上调 20%

4. 软件开发费用估算方法

在获得工作量估算结果后，可采用以下公式估算项目预算：

$$P\text{=AE/HM2}\times\text{F2+DNC}$$

式中，P 为软件开发费用，单位为元；AE 为调整后工作量，单位为人时；HM2 为人月折算系数，单位为人时每人月，取值为 176；F2 为平均人力成本费率（包括开发方直接人力成本、间接成本及毛利润），单位为元每人月，使用 M 企业自己的平均人力成本费率为 2.0 万元/月。DNC 为直接非人力成本，单位为元。本次评估由委托方根据实际情况进行分析估算。根据直接非人力成本的组成分类，按照每一个分类单价乘以数量来计算，公式如下：

$$\text{DNC}=\sum_{i=1}^{n}C_i\times F_i$$

式中，DNC 为直接非人力成本，单位为元；C_i 为第 i 类直接非人力分类的数量；F_i 为第 i 类直接非人力成本如表 8-5 所示。

表 8-5　直接非人力成本

直接非人力成本估算					
一级类别	二级类别	说　明	单　价	数　量	金　额
差旅费（单位：元）	机票	项目过程需要出差：5 人两趟，每次 5 天	2000	10	20000
	住宿费		1500	10	15000
培训费（单位：元）	培训费	20 人天的培训	1000	20	20000
软件开发费用（直接非人力成本）合计（单位：元）					55000

本项目未产生直接非人力成本，因此 DNC=0 万元。

软件项目开发成本如表 8-6 所示。

表 8-6　软件项目开发成本

软件开发费用（单位：万元）	低价位值	592.26	行业基准中值下调 20%
	标准值	738.70	行业基准数据中值
	高价位值	885.14	行业基准中值上调 20%

5. 软件实施及维护费用估算方法

本次评估由委托方根据实际情况进行分析估算，根据软件实施及维护费用的组成分类，按照每一个分类单价乘以数量来计算，公式如下。

$$\text{软件实施及维护费用}=\sum_{i=1}^{n}\text{SSC}_i\times\text{SSF}_i$$

式中，SSC_i 为第 i 类实施及维护工作分类的数量；SSF_i 为第 i 类实施及维护工作分类单价。

软件实施及维护费用如表 8-7 所示。

表 8-7　软件实施及维护费用

软件实施及维护费用估算					
一级类别	二级类别	说　明	单　价	数　量	金　额
维护（单位：万元）	驻场维护	2 人 12 月	2.2	24	52.8
软件实施及维护合计（单位：万元）					52.8

6. 软件项目总体费用

软件项目总体费用=软件开发费用+软件实施和维护费用，如表 8-8 所示。

表 8-8　软件项目总体费用

软件开发费用（单位：万元）	低价位值	592.26	行业基准中值下调 20%
	标准值	738.70	行业基准数据中值
	高价位值	885.14	行业基准中值上调 20%
软件实施及维护费用（单位：万元）	—	52.8	—
软件项目总体费用（单位：万元）	低价位值	645.06	行业基准中值下调 20%
	标准值	791.50	行业基准数据中值
	高价位值	937.94	行业基准中值上调 20%

8.6　成本测量

在项目研发过程中，宜定期或时间驱动地对已发生的直接成本进行测量。

软件研发成本分为直接成本和间接成本。其中间接成本包括间接人力成本和间接非人力成本，都是不为特定研发项目而产生，但服务于整体研发活动的费用分摊，因此在特定研发项目过程中对间接成本进行测量的意义不大。而在直接成本方面，包括直接人力成本和直接非人力成本，都是为特定研发项目而投入的，因此需要在软件研发过程中进行测量。而直接人力成本最直接的测量因素就是工作量，因此在软件研发过程中，可以只跟踪直接非人力成本和工作量。

在软件研发过程中，对软件研发直接成本的测量周期，也可分为定期和事件驱动两种形式，其原则可参考上文工作量、工期测量的内容。在事件驱动方面，需求变更自不必说，承接上文提到的例子，如在软件开发过程中突遇重大技术问题，其解决方案无论是额外的人力，还是外购解决方案，都会对直接成本造成影响。又如，在项目开发过程中，发生设备故障、人员损失（离职或生病）等情况，不论是设备维修或更换，还是人员重新雇佣等，也都需要重新测量直接成本。

项目结束后测量成本：在软件项目结束后，为了解软件开发项目的整体成本状况，则有必要对各项成本进行测量。即除了直接成本中的直接人力成本和直接非人力成本外，也需要对间接成本中的间接人力成本和间接非人力成本进行分摊和测量。这些数据除了作为本项目评价的重要内容之外，也是组织级度量数据库的重要输入。特别是间接人力成本和间接非人力成本数据的积累，对今后组织的估算准确性具有非常重要的意义。

对于可以按照交付软件规模进行结算的项目，应根据交付软件规模及规模综合单价计算实际成本。此处交付软件规模应为项目结束后所测量的软件实际规模，其测量方法与规模估算所采用的方法一致。

8.7 成本分析

项目结束后，成本及相关的数据对于组织而言具有很大的价值，应该收集并进行分析。分析的目的和角色包括：

（1）项目评价。根据成本估算偏差及构成评估项目组预算控制的能力以及流程执行的效率。

（2）建立或校正成本估算模型。如上文提到的成本估算方程回归分析，项目结束后产生了新的成本及相关数据，这些数据可以用于评价回归方程的效果，并可以帮助不断优化回归方程。

（3）过程改进。通过分析成本分布占比和各类活动成本估算偏差率等数据了解开发过程的问题，将这些数据与经验以及对组织的了解相结合，可以为管理者提供过程改进的信息。

项目规模、工作量、工期、成本等估算及实际数据还应该保存在组织内部建立的基准数据库中，以供未来项目组及组织使用，使用的方式包括：

（1）提供同类项目估算时参考；

（2）建立、评价及优化成本估算模型；

（3）对质量问题进行相关性分析；

（4）计算单位规模基准成本；

（5）分析组织各活动成本占比等。

组织还可以将项目组的数据提交到行业基准数据库中，为行业基准数据的不断更新提供支持。

8.8 数据应用

在项目成本估算时，需要数据支撑。我们在成本估算的过程中需要用到的数据包括以下内容。以下数据可以从行业数据获得，也可以通过企业自身建立度量体系收集相关数据后分析获得。

8.8.1　软件成本估算常用的数据

为完成项目估算，常常需要以下几个数据的应用。

1. 功能点耗时率

功能点耗时率指的是单位功能点的软件需要多少工时进行软件开发。在计算项目工时过程中，需要使用功能点耗时率对项目的总开发工时进行计算。例如，根据行业数据，每一个功能点的耗时是 7 个小时，再根据计数的项目功能点规模，就可以计算项目的总开发工时。

例如，一个项目计数功能点数为 1000 功能点，行业数据的功能点耗时率为 7 工时每功能点，则此项目的软件开发总工作量为 7000 工时。

2. 人月成本费率

人月成本费率指的是软件开发的一个人月需要的平均费用，包括直接人力成本、间接人力成本分摊和间接非人力成本分摊。

例如，项目开发总工时为 8000 工时，人月成本费率为 2.5 万元。按照每月工作 176 小时计算，此项目的直接人力成本、间接人力成本分摊和间接非人力成本分摊为 8000÷176×2.5=113.64（万元）。

8.8.2　企业自建基准

行业基准数据库对整个软件行业的健康发展起到了积极的促进作用，但是仍然有“数据的范围大”的局限性。这源于不同的软件企业，其效率和人月费率本身存在较大的差异，势必会引起估算的范围也存在较大的波动。对于一些高要求的、精确控制软件项目开发的企业来说，未必能满足自身的成本管控需求。通常这时企业可以通过对自身软件开发数据的收集分析，建立企业自己的基准数据库。

企业希望能建立软件成本相关的基准数据库，有以下的前提。

前提一：企业本身的工作流程已经确定，并稳定固化。只有相对稳定的工作过程，才会有相对稳定的工作效率和人月费率。否则企业收集的项目数据无法稳定在一定水平上，也就无法用来帮助后续新软件项目进行项目成本估算。

前提二：企业已经建立度量和分析相关的工作过程，收集了一定数量的软件项目样本数据。为验证软件开发的效率和人月成本费率已经基本稳定，需要一定的样本数据量，而且分析企业的效率和费率水平也需要一定数量级别的数据量。通常建议每一个分类下的软件项目样本不少于 15 个。

通常企业在获得一定的样本量后，规范建立自身基准数据库建议遵循以下步骤。

步骤一：收集项目度量数据。需要就成本估算所需的度量数据进行度量，如收集每一个项目的规模、工时、人力成本和非人力成本等。

步骤二：数据检验。只有符合质量要求的数据，才能体现企业自身的效率和成本费率，因此，在进行企业基准数据的分析之前应该先进行数据检验，去除异常的样本数据。

步骤三：分析发布企业数据库基准。通常分析企业基准需要经过方差分析、稳定性检验及正态性检验，以确保分析得出的基线是基于一个已经相对稳定的工作效率。

第 9 章　软件造价分析

自软件行业兴起以来，一家家新兴的、乃至优秀的软件企业崛起壮大，但很多都在短暂的兴旺之后在我们的视野中消失，其原因除了我们所熟知的各种企业失信、法律法规制约、技术性失误之外，其包括产品定价失误在内的战略性失误也占到了较高的比例。以往很多案例都显示错误的产品定价会导致市场推广受挫，导致企业丧失市场竞争力甚至失去市场份额，以致企业的商业目标不能达成，进而造成巨大损失。因此，越来越多的企业开始对软件如何定价进行深入研究。

在开始考虑定价这个话题之前我们需要了解几个概念：什么是价值，什么是市场价格，什么是成本以及它们之间有什么样的关系。

在经济学中，价值与资本理论相关。价值是指产品或服务的用处有多大或用户有多渴望得到它，你通过使用它可以得到多少愉悦感，或者它对我来说是“值得的”或“渴望得到的”。虽然价格从理论上讲是一个数值，但价值不能以货币来计算。因为随着时间的推移、通货膨胀及汇率的变迁，价值会有所不同。通常认为，随着一定的时间推移，商品的使用价值是稳定的，但也有分析表明价值也部分依赖于个人的主观偏好和社会背景。

市场价格是指购买产品或服务所需的金额，即商品在市场上买卖的价格。同一种商品在同一市场上一般只能有一种价格。市场价格是由竞争形成的，它取决于两个因素：商品的价值以及这种商品在市场上的供求状况。

市场价格是相对于生产价格而言的。生产价格又称为生产成本，指的是用于投入生产的全部费用。市场价格要大于生产价格，一是包括全部生产费用，二是还包括生产过程中产生的增值价值，可以说市场价格是生产中支付的全部费用和新增价值的总和。由于受市场供求矛盾的影响，市场价格并不总是等于价值总和，而是一个围绕价值总和上下波动的货币值。

至于成本及对成本的估算正是在本书前面章节所讨论的内容，本章不再赘述。

基于我们的日常生活，大家都可以感受到这三者之间存在复杂的关系。市场价格往往因一系列影响因素而快速波动，相对于价值和成本的相对稳定形成对照。单独讨论产品、服务或其他形式劳动的价值并没有什么意义，因为我们不可能积累劳动然后希望以后再卖掉它。经济学告诉我们，只有当价值超过对我们的定价时，我们才会卖掉产品。或者说，只有当顾客在主观上接受了那句广告词“你值得拥有”时，才会认为价值超出了价格，从而愿意发起市场行为去购买产品。

乔治华盛顿大学管理科学的托夫推教授曾经说过：“定价也许是最困难的部分，它一半是艺术一半是学问。”《华尔街日报》也曾发表过文章说，产品定价仍乃一项艺术，经常鲜少关联其成本。

以上引言从不同角度说明产品定价的特殊性与复杂度，如果不能适当地对产品进行定价，将在战略层面损害企业战略目标的达成可能性，甚至影响企业的生存。

从最简单意义上讲，定价所面临的风险无非就是定价过高或过低。但是由于一系列一致性要求，复杂的约束条件以及多样的不确定性因素影响，定价变得困难重重。一个企业的定价逻辑和过程往往属于企业的商业机密，不为企业的管理层以外所知晓。行业实践中虽然有不同的定价类型及策略可以参考，但是对于特定的软件产品要为其定一个好的市场价格，则并没有一个放之四海而皆准的灵丹妙药。虽然如此，我们仍然可以找到一些具有共性的行业实践供软件企业参考。

至于说到定价艺术，则是指企业在其产品的定价上和操作上具有极大的灵活性和发言权，这既是益处但同时也是最危险之所在。本章将就软件产品的特点、软件定价方法中常用选项的过程、种类及策略做一个概要介绍。

9.1 软件产品及其价格的特点

9.1.1 软件产品的特点

在本书前面的章节中介绍了从技术角度对软件的规模及成本进行估算、度量及分析的方法，在通晓了软件成本相关的技术分析方法之后，作为一名企业的市场管理者及决策者会遇到一个终极的问题，那就是如何成功、理性地为企业的软件产品及相关服务进行市场定价，以及我们在技术层面所计算出的软件成本与其市场定价之间的关系。

通常定价的要旨在于能够在保证一定利润空间的基础上与特定的客户达成交易。这就注定了定价所要考虑因素的多样化，制定价格的企业管理人员需要了解市场和客户并且要十分了解自己的企业和产品。对于销售，专家 Zig Ziglar 描述了五大障碍，即“不需要，没有钱，不着急，没愿望，无信任”。为应对这些障碍，就需要我们做企业和产品的市场定位和分析，找到那些需要企业产品的市场及具备相应的购买力的客户。同时，还要关注市场竞争因素，建立企业可信可靠的市场形象，从而可以增加产品的利润空间，提高定价的灵活性。

在做特定产品分析之前，我们先来了解一下软件的普适特点。软件是受知识产权法所保护的一种无形资产，它具有一般无形资产所共有的非实体性、独占性、高收益和高风险性等特点。其所存在的特性主要有以下几点：

（1）经济寿命期短。由于软件发展速度快，新的软件一般几年就会替代旧的软件，因此与其他产品相比其经济寿命具有较短的特性。

（2）人力投入大。软件的生产具有高度的综合性和复杂度，所耗费的人力投入较其他行业也多很多，是一种需要大量资金和大量高科技人力投入的产品。

（3）可复制性。软件开发过程较难，但生产容易，导致其容易被复制。

（4）产品无形性。软件开发的产品只是程序代码和技术文件，并没有其他的物质结果，因此软件产品也仅有无形损耗。

可以看出，软件商品的普遍特征是以高固定生产成本和低边际成本为特征的，并在消费上具有外在的规模经济效应。正是由于这个特征，使软件产品在价格变化上具有向下的刚性，因为一旦有几家公司在生产时付出较高的沉没成本，市场上竞争的作用总是会使软件产品的价格向其边际成本移动。一旦软件产品开发完成，高沉没成本就成为风险，软件产品的不变成本构成中，基本上都是沉没成本，必须尽快收回。

随着网络的普及和高速化，软件产品服务化越来越成为软件的一种重要特性，它也成为软件厂商增加收益的重要途径。在这种环境下，软件产品日益趋向于脱离以往的License 销售而转为如图 9-1 中 MS-office 那样，针对细分市场销售提供更灵活的产品服务，以应对市场和环境的变化。

图 9-1　MS-office 针对细分市场销售示例

9.1.2　软件定价的特点

对于大多数软件产品的价格来说，其形成过程符合商品经济一般规律的要求，是价值规律、供求规律等的具体表现，其特性主要表现为以下五点：

（1）对同一软件而言，它没有一个固定的价格，它的价格随着时间、地点和客观条件的改变而改变。

（2）软件的价值多维性可能导致软件价格偏离信息作为商品的价值，在某一特定时间、地点，它的交易价格存在于用不同的方法估算所得到的价格群中。

（3）软件使用价值的时效性，使得软件的价值起伏波动，其价格也就随之大起大落。

（4）复杂劳动折算成简单劳动的系数在一定程度上影响软件的价格。

（5）软件产量越多，单位产品所包含的软件的价格越低。

除了了解软件价格的普遍特性之外，企业还要了解针对自身产品具有的特性进行定制化研究，营销管理人员所需要明确的是组织的战略目标或者说长远的商业目标是什么，组织的商业模式或者说盈利模式是什么，产品的市场定位是什么，我们面对的主要客户是哪些，他们是如何做出购买决定的，软件定价所牵涉的因素有哪些（例如，产品市场的成熟度如何，有哪些细分市场、竞争因素，等等），这些因素对定价的影响如何，如何依据组织的战略目标来制定产品策略及市场组合策略，其后还要结合市场营销组合的其他要素及软件产品的市场生命周期来制定软件产品的价格策略，以便与这些因素对应。

在企业对自身软件产品有了深入了解之后，在对软件进行定价的过程中还需要满足产品在定价上的合理性、稳定性及灵活性等特性。

（1）合理性：软件产品的定价需要符合产品的市场定位（Positioning）和品牌定位（Branding），使得软件产品的定价策略性处于应有的价格区间内并与组织商业目标一致。

（2）稳定性：相对固定的价签可以在心理上安稳市场。

（3）灵活性：通过细分市场产品使用目的及场景提供（商业、家庭、教育等）细分目标市场及优惠，通过打折、促销折扣码等手段促进产品的销售，调节产品的售价，应对市场及竞争对手的各种挑战。例如，图 9-2 所示的 Office 套件的促销定价。

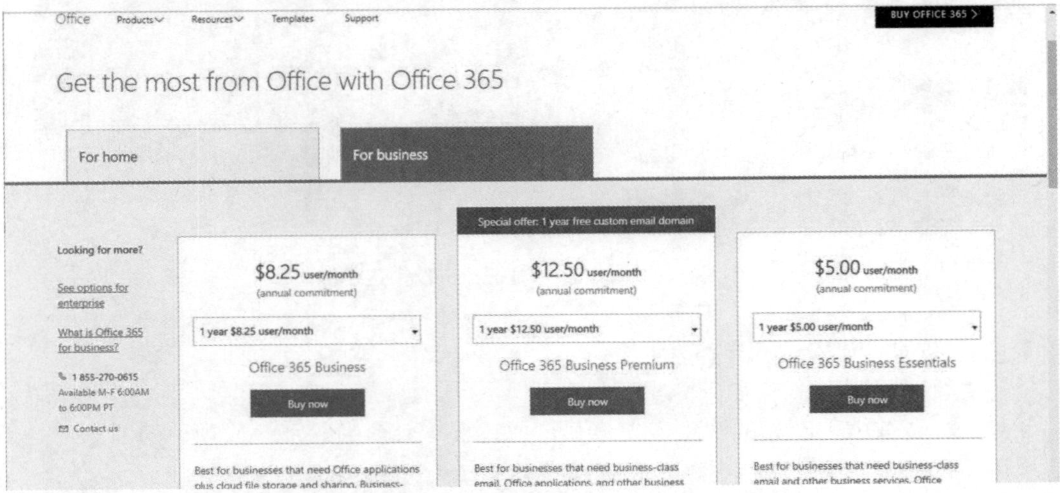

图 9-2　Office 套件的促销定价

9.2　影响软件产品定价的主要因素

在商品社会中所有商品都有其市场价格，软件（及服务）作为商品的一个种类自然也不例外。在成熟的自由市场环境中，商品的市场价格应该与其价值和成本密切相关；但是在实际市场环境中，价格往往还取决于其所在市场的属性。例如，所在地区是否市场经济？是否有战乱等特殊政治因素，是否有政府价格调节机制？是否垄断市场？法律法规有怎样的约束？市场竞争状况如何？是否有共享经济？市场的供给关系如何？商品在哪个生命周期阶段，等等。

由以上分析可以看出，企业定价的目标往往是依据其市场策略以最终达成企业的长期商业目标，但是商品的定价也受到外在的各种市场及非市场性的客观约束条件的影响，于是我们将影响市场价格的因素归为两类：内部因素及外部因素。这些都是在公司价格决策及价格战略制定中不可忽视的影响要素。

9.2.1　影响价格的内部因素

首先，企业的战略目标及营销目标是十分重要的。确定价格之前，公司市场部门必须对公司的商业/战略目标有非常清楚的认识。公司也需要明确地选择市场，然后确定产品的市场定位。这里最重要的是公司市场部必须明确其战略目标和所处阶段的营销目标，才能明确定价策略，以保证定价策略可以有效服务于企业战略目标的实现。只有公司目标明确，才可能正确决定不同时期的定价策略及软件价格，否则商品的定价就不具备连续性及稳定性。例如，公司的定价目标是在市场上生存还是利润最大化，是市场占有率优先，还是产品质量优先。

除此之外，软件的属性也是影响价格的主要因素。软件的质量及其他非功能属性，如软件的独特性、创新性等其他与同类软件相比较的优/劣势特征都会对软件的价格造成影响。同时，还要考虑到企业的特质，如企业的市场信誉度及口碑、年度财政、是否要争取融资、股票上市情况，等等，这些也会成为在软件定价过程中被考虑到的内部因素。

9.2.2　影响价格的外部因素

与内部因素相对应，还有很多的外部因素也会影响软件产品的定价。例如，市场属性，其中包括自由市场经济、政府干预、垄断市场、法律法规约束，等等。还有目标客户的属性，包括预期市场客户的接受程度、客户的价格敏感程度等。

市场整体经济形式也是我们在定价过程中要考虑的因素之一。例如，是否有通货膨胀、通货紧缩，市场需求及供给平衡状况如何（是买方市场还是卖方市场），这些都会影响到企业对自身产品的定价。

还有一个重要因素就是市场竞争因素，竞争对手同类产品的特征、品质及价格，等等。这些竞争产品的定价会牵制企业对自身新开发产品的定价。

其他会影响软件产品定价的因素还有分销渠道折扣，有时分销的成本会直接影响价格，以及如果软件产品会在全球进行销售的话，那就要考虑各地货币汇率带来的影响，要针对不同汇率情况进行定价。

9.3 软件产品的定价过程

具有一定规模的制度化企业一般会制定产品定价的过程，以保证定价方法的科学性及保持企业及品牌造价的一贯性。

以成本定价法为例，定价过程可以是以下过程（这些过程需要根据市场、企业及产品属性的具体情况加以变更及优化）：

（1）制订产品营销及定价计划，确定定价目标，是以高质量及价格稳定为目标，以避免价格战，还是以生存下来，确保企业存活为目标，当然还有其他目标，如部分销售额捐助公益等。

（2）成本计算：计算产品与服务的固定成本和可变成本，包括：

① 计算成本；

② 盈亏分析。

（3）实施市场调查及分析，了解市场属性，进行区隔市场分析及确定目标市场/客户与品牌、产品的市场定位，主要考虑以下子过程：

① 环境因素分析，考虑到市场属性及法律法规的约束；

② 了解市场供需平衡关系估算需求曲线，即进行价格与销售量的关联曲线分析；

③ 分析竞争对手成本价格和报价。

（4）根据企业的商业/战略目标和阶段营销目标制定明确的定价方针及定价策略。

① 确立当期定价目标及策略，如利润最大化、收入最大化、达到目标市占率等；

② 确定价格区间及底价，在这里底价也就是没有利润的价格，主要取决于产品的成本及估计市场可以接受的最高价格；

③ 选择定价模式，确定分销渠道；

④ 制定市场及销售战术，设计产品促销战术。

（5）实施并监控市场竞争产品的价格并及时做出价格调整，包括：

① 市场监控及分析；

② 策略调整；

③ 价格调整。

9.4　软件产品的定价方法

近年来随着网络环境的变迁、软件发布及传播方式的改变、众筹等资本运作方式的普及，以及软件越来越多对硬件和日常生活、工作的渗透，这些变化在方方面面影响着软件定价的模式及趋势，使得软件产品在定价上越来越趋向于灵活及多样化。目前软件开发商既可以采用传统的定价方法，如成本定价法、市场定价法和收益定价法，也可以尝试使用近年来新兴的其他定价方法，如 SaaS 定价法（见图 9-3）。

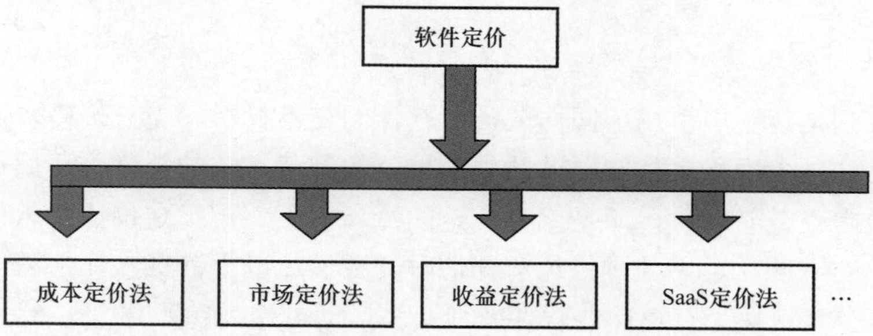

图 9-3　软件定价方法

9.4.1　传统的定价方法

新开发的软件产品，在定价上，主要是企业依据软件产品的种类，选取适合本企业的方法，制定不同的价格。在《资产评估准则——无形资产》一书中有这样一段话："无形资产的评估方法主要包括成本法、收益法和市场法，应当根据无形资产的有关情况进行恰当选择。"在对软件进行评估时，应该依据软件的不同种类及软件投放市场后的价值，选取合理的方法进行评估。传统的软件定价方法主要有成本定价法、收益定价法和市场定价法三种，而成本定价法是软件价值评估中应用最广的方法。

1. 成本定价法

软件的成本定价法是以软件开发成本为基础进行评估，是软件价值评估的主要方法。成本定价法是以重置的思路，以再取得被评估资产的重置成本为基础的评估方法。依据本书前面章节的内容所述，我们知道软件的成本包括研制或取得、持有期间的全部物化劳动和活劳动的费用支出。

使用成本定价法评估软件产品时，必须满足以下基本前提：

（1）被评估软件处于继续使用状态；

（2）应当具备可利用的历史成本资料；

（3）形成软件价值的耗费是必需的。

成本定价法适用于很多软件产品的评估。根据不同的情况，在使用成本定价法进行软件价值评估时，又包括各种具体的方法，如代码行成本估算方法、功能点成本估算方法等，在本书的第 8 章已详细阐述了几种成本估算方法，此处不再赘述。

在评估软件价值时，对于大型的系统软件，一般采用成本定价法进行评估，尤其是当软件未来收益难以预测或难以取得市场参照物的情况下，可以采用成本定价法评估。运用成本定价法评估软件时，以软件规模或者程序语句行数作为软件成本的度量基础，结果清晰，使用方便。

2. 市场定价法

市场定价法是指利用市场上同样或类似软件的交易材料和交易价格，通过对比、分析、调整等具体技术手段来估测被评估软件价值的评估方法的总称。运用市场定价法评估的软件，通常不是新软件，而是已有一定的流通年限。市场定价法是软件价值评估中一种简单有效的方法，运用其进行价值评估时需要满足以下前提：无形资产市场是充分活跃的市场，公开市场上有可比的软件及其交易活动可作为参照。

运用市场定价法，首先要选择适当的参照物。参照物与待评估资产之间应当具有可比性，包括功能、性质、市场条件及成交时间等方面，由于软件的特殊性和个别性，至少要选择三个以上参照物进行比较；然后对参照物和待评估资产之间的差异进行分析和量化；最后在市场上找到与被评估软件相似的且已经成交的参照物，以其近期价格为参考基础，调整已经量化的差异指标。

市场定价法通常可以分为两类：直接比较法和类比调整法。

1）直接比较法

直接比较法是指利用参照物的交易价格及参照物某一基本特征直接与被评估软件的同一基本特征进行比较而判断评估对象价值的一类方法。如果可以找到与被评估软件在功能、外观、用途、使用条件及成交时间等方面相同的参照物，可以采用这种方法进行评估。

其计算公式为：

被评估软件的价值=参照软件的成交价格×（被评估软件的特征/参照软件的特征）

直接比较法要求参照物与被评估软件达到相同或基本相同的程度，或参照物与被评估软件的差异主要体现在某一明显的因素上。

2）类比调整法

在实际工作中，与被评估软件基本相同的参照物难以寻找，为了评估软件的价值，可以采用类比调整法。这种方法只要求在市场上能够找到与被评估软件在功能、外观、用途、使用条件及成交时间等方面相似的参照物，然后对比分析调整参照物与被评估对象之间的差异，在选择的参照物近期成交价格的基础上调整估算对象的价值。

其计算公式为：

被评估软件的价值=参照物的成交价格×综合调整系数

综合调整系数=生产率调整系数×价值调整系数

市场定价法评估软件价值是简单易行的，但也存在其优/缺点。运用市场定价法评估软件价值，能够客观反映计算机软件目前的市场情况，其评估的参数、指标直接从市场上获得，评估值更能反映市场现实价格，且运用市场定价法评估的结果可以在任何时间进行必要的调整，评估结果易于被各方理解和接受。但由于市场定价法的特性，运用市场定价法进行评估时，需要有公开交易活跃的市场作为基础，而当今软件市场交易活动有限，市场狭窄，要得到相似的交易数据非常困难。同时，由于软件的个别性和特殊性，也使得我们在寻找相似的参照物时存在重重阻碍，且参考的调整差异事项会有所误差。另外，类比调整法在参照物选择上的要求并不严格，但是对软件信息的数量和质量要求很高，且要求评估人员具有丰富的评估经验和评估技巧，受个人主观判断影响较大，评估结果的客观性会稍差。

3. 收益定价法

收益定价法是指通过估测被评估资产未来预期收益的现值来判断资产价值的各种评估方法的总称，采用资本化和折现的方法来判断和估测资产价值。使用收益定价法评估软件时必须满足以下前提：

（1）被评估资产的未来预期收益必须是可以预测并可用货币来衡量的。

（2）收益期内，无形资产拥有者获得未来预期收益所承担的风险可以预测，并可用货币来衡量。

（3）被评估资产预期获利年限可以预测。使用收益法进行评估是以无形资产投入使用后连续获利为基础的。

收益定价法进行软件定价的公式如下：

$$V=\sum_{t=1}^{n}\frac{R_t}{(1+r)^t}$$

式中，V 为软件定价结果；R_t 为第 t 年的预期收益；r 为折现率或资本化率；n 为预期收益期限，n 可以是无穷大。

1）未来预期收益

未来预期收益是指在资产的预期收益期内，资产在正常情况下所能得到的归属于其产权主体的所得额。未来预期收益额是通过对收入、成本、资本总量等要素的历史数据及变化分析而得到的，同时应根据目前软件的环境及资产未来的经营和风险情况合理估计。该预期收益是资产的客观收益，是资产在正常情况下所能获得的收益，不考虑偶然性的、一次性因素的影响。

该预期收益应该可以预测并可以用货币衡量。该预期收益是软件的客观收益，是扣除必要费用后的纯收益额，并不是总的收益额；由于软件未来收益额受客户需求、市场前景、软件技术水平、技术风险等因素的影响与作用，因此收益额预测的准确与否对软件的评估值影响很大。

2）折现率

折现率是指用来将未来应收或应付的现金流折算成现值的资金回报比率。折现率是收益法中一个重要的参数，对评估结果有重要的影响，它在理论上反映了资本的机会成本，即资本如果投资于其他具有类似风险的项目可以获得的收益率。

折现率本质上是一种投资者期望的投资回报率，估算软件的期望投资回报率一般需要根据资产实施过程中的相关风险及货币时间价值等因素估算。一般情况下，投资者期望的投资回报率与投资者认为承担的风险程度相关，承担的投资风险越高，则期望的回报率也越高。折现率一般由无风险收益率和风险收益率两部分组成。无风险收益率一般参照同期国债利率，风险收益率是指超过无风险收益率以上部分的投资回报率。在资产评估中，不同的资产由于其所在的行业分布、种类、市场条件等的不同，其所使用的折现率也不相同。

3）未来收益期限

未来收益期限是指资产的预期获利年限，通常指资产的经济寿命。对于计算机软件而言，应当取软件的经济寿命与法律寿命两者中较短者。

在实际运用收益法进行软件价值评估时，要特别考虑三个方面的因素：一是有市场需求，市场情况好，能满足客户急需或大量用户的需求时，价格要求较高；二是软件产业是高价值产业，软件开发与技术创造的价值往往可达到系统总价的 80%左右；三是软件的更新率快，除少数极限技术外，一般每年都会有新的版本出现，因此计算的未来收益期限较短。

收益法在无形资产评估时应用较广泛，但是仍存在其优/缺点。收益法能够真实、准确地反映企业中软件的资本化价值，并且以收益法评估的软件价值，在投融资决策时也方便使用分析，且易于买卖双方接受。但是由于使用收益法进行软件价值评估，关键是要合理地确定三个参数：预期收益、折现率和收益期限。在预测未来收益时，容易受评估人员个人主观判断的影响和不可预见因素的影响，而如果由于市场形式的变化或者软件市场本身的发展，或者相关历史数据或统计资料无法获得对未来收益的合理预测，评估人员不能合理确定与计算机软件未来收益相关的风险、期限，收益法的使用将会受到限制。在运用收益法评估时，也易出现过高的估计计算机软件的价值，而低估计算机软件所依附的载体的价值的现象。

9.4.2 SaaS 定价方法

SaaS 定价方法是目前新兴流行的一种按用户付费定价的方法。如果软件服务是按照时间来进行收费的话，它永远得不到最高效的利用。经济效益最高的模式就是“按次收费”，客户的费用完全基于其使用的次数，他们可以按照实际需要使用任何软件服务，而不再需要负担“多余”的软件费用。

在该方法中，SaaS 应用的每个用户承担自己的费用，类似于在工作站上为软件的每个副本付费。SaaS 定价方法优于传统软件定价的优势在于，其几乎在所有设备上都可用，通常不会对平板电脑、笔记本电脑、手机和其他设备收取单独的费用，以此提升用户的价值感受。

现在好几个软件厂商开始向这种新型收费模式靠拢，如微软的 Windows Azure。微软对其客户提供了“现用现付（pay-as-you-go）”的收费模式来取代传统的一年或者半年收费模式。这种按需定价的方法在一定程度上对企业有利。

对于 SaaS 定价方法来说，按次收费是一个比较超前的收费方式，并不是对所有软件行业都适用，这是一个完全颠覆的付费模式。虽然这种变革会受到一定的阻力，但是市场的趋势是提供一个更灵活、更廉价的方案。也就是说，这种收费模式总有一天会普及。

9.5 软件产品的定价策略

软件产品在市场中也有其生命周期，为了更好地有针对性的定价，一般根据软件产品在其生命周期中的不同阶段，差异化地制定价格策略：

（1）在新产品的入市阶段，结合其他营销组合要素，在指定的价格上频繁促销以了解市场反馈，取得市场口碑及对新产品的认知和接受，多次进行促销，以牺牲部分利润的方式来赢取市场对于产品的理解。

（2）在成长期的目标是超过竞争对手，建立良好产品及企业形象，采取以争取高市场份额为目标的定价策略，依托竞争力在细分化的目标市场攻城略地，开拓新市场、新用户，采用灵活多变的促销策略（如在教育市场、新兴市场的特价政策）。

（3）在成熟期的定价策略是：以改进质量、增加市场信心并保持相对稳定的价格，持续获得高回报为目标的定价策略。

（4）在衰亡期的营销目标是：减少投入和维护已有用户的投资利益并引导他们到新的产品系列中去。

下面主要介绍通常较多使用的几种软件定价策略。

9.5.1 撇脂定价策略

撇脂（Skimming）定价策略，就是当商家把独特的产品或新产品推向很少或根本没有竞争的市场时，企业可以采取的利润最大化的定价策略。这种情况下产品的价格定得较高，就要尽可能在产品的生命初期，在竞争者研发出相似的产品以前，尽快地收回投资，并且取得相当的利润。然后，随着时间的推移，再逐步降低价格使产品进入弹性大的市场。一般而言，对于全新产品、受专利保护的产品、需求的价格弹性小的产品、流行产品、未来市场形势难以测定的产品等，可以采用这种策略。

它通常被称为 WTMWB（What the Market Will Bear），其价格也就是市场可承受的最高价格。此策略根据市场将为产品支付的最高价格设置上限。一方面，企业希望以此在最短的时间内实现最高的利润，以帮助企业快速收回高昂的启动研发成本和营销成本。另一方面，在价格设置上企业可能又不希望其利润太过诱人，以诱使竞争对手在企业建立市场份额和领导地位之前就进入市场竞争。这种撇脂策略通常能够奏效，因为那些可能购买如此高新产品的第一批次客户或企业往往对价格并不特别敏感。如果产品品牌或创新有相当的独特性和吸引力，那么撇脂策略是一个绝佳的定价策略。

这种定价策略既有优点，又有缺点。优点在于：

（1）利用高价产生的厚利，使企业能够在新产品上市之初，快速收回投资，减少了投资风险。

（2）在全新产品或者换代产品上市之初，顾客对其尚无理性的认识，此时的购买动机多属于求新求奇。利用这一心理，企业通过制定较高的价格，以提高产品的身价，创造高价优质名牌的印象。

（3）先制定较高的价格，在其新产品进入成熟期以后就可以拥有较大的调价余地，不仅可以通过逐步降价保持企业的竞争力，而且可以从现有的目标市场上吸引潜在需求者，甚至可以争取到低收入阶层和对价格敏感的顾客。

（4）在新产品开发之初，由于资金、人力、资源等条件的限制，企业很难以现有的规模满足所有的需求，利用高价可以限制需求的过快增长，缓解产品供不应求的状况，并且可以利用高价获取的高额利润进行投资，逐步扩大生产规模，使之与需求状况相适应。

同时，它也存在不可避免的缺点：

（1）高价产品的需求规模毕竟有限，过高的价格不利于市场的开拓、增加销量，也不利于占领和稳定市场，容易导致新产品开发失败。

（2）高价高利导致竞争者大量涌入，模仿品、替代品迅速出现，从而迫使价格急剧下降，此时若无其他有效的策略相配合，则企业苦心生产的新产品将会受到损害。

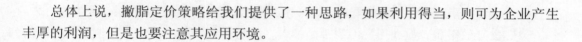

总体上说，撇脂定价策略给我们提供了一种思路，如果利用得当，则可为企业产生丰厚的利润，但是也要注意其应用环境。

9.5.2　渗透定价策略

渗透定价策略与撇脂定价策略正好相反，它是一种以微小利润快速占领市场份额，以阻止后来者进入市场的定价策略。在新产品上市之初把价格定得低些，待产品渗入市场、销售门路打开后，再提高价格。它与撇脂定价策略一样，都属于心理定价策略，设定最初低价，迅速深入地进入市场，快速地吸引大量的消费者，赢得较大的市场份额，并期待较高的销售额能降低成本，从而使企业进一步减价。

使用这种方法需要具备以下条件：

（1）新产品的价格需求弹性大，目标市场对价格敏感，一个相对低的价格能刺激更多的市场需求。

（2）市场打开后，通过大量生产可以促进制造和销售成本大幅度下降，从而进一步做到薄利多销。

这种定价策略能使新产品迅速占领市场，阻止了竞争者进入，可提高企业的市场竞争力。但也有其缺点，如利润微薄，有时候也会降低企业优质产品的形象。

9.5.3　捆绑定价策略

捆绑定价是指将两种或两种以上的相关产品，捆绑打包出售，并制定一个合理的价格，这个价格应该低于各个产品单独销售的价格之和，但是高于单独的软件价格。这种销售行为和定价策略常常出现在信息商品领域。例如，微软公司将 IE 与 Window 98 浏览器捆绑，并以零价格附随出售。又如，微软的 Office 办公软件，它把 Word、PowerPoint、Excel 捆绑在一起，不仅方便了用户，而且对于厂商来说，可以获得更高的利益和竞争力。要知道，对于软件产品，第一个也许会花费很多的物力和人力，但是后来的只是复制、粘贴就行，所以捆绑简直不费吹灰之力。

但不是所有软件产品都能随意地“捆绑”在一起。捆绑销售要达到“1＋1＞2”的效果取决于两种商品的协调和相互促进，且不存在难以协调的矛盾。因此，这种定价策略适用于捆绑销售的产品之间存在互补性的时候，这时捆绑销售可以降低销售成本，且捆绑销售可以达到品牌形象的相互提升，增强企业抗风险能力的目的。

这种策略的优点显而易见：

（1）价格便宜，消费者所需费用比单独购买各个软件所需费用要少。

（2）功能有良好保证，因为捆绑定价是将不同软件产品打包成一个包裹的形式，所以各组件可以共享此软件产品的资料，这样比单独购买各种不同版本的组件要更为有效。

（3）良好效率和方便使用，因为都是捆绑在一起销售，所以消费者在使用其产品的时候更加方便，同时也提高了使用效率。

（4）能够排挤竞争对手，这种定价方式能够减少竞争对手的机会，所以起到了有效排挤竞争对手的作用。

（5）能增加供应商所获取的利润，如果严格参照在制作过程中的成本问题来看，在捆绑销售这种方式中增加组件几乎不会增加成本。这使得软件产品生产商更愿意捆绑更多的组件来提高产品的吸引力，同时也可以起到提高售价的目的。

但同时缺点也是较为突出的，短期的盈利可能会导致用户对公司品牌的不信任，最后导致市场占有率的下降，长期来看对公司是很不利的。

所以，捆绑定价策略需要敏锐的判断力。捆绑的东西，方式不同，带来的影响也不同，只有合理运用，才可以发挥作用。

9.5.4 交叉补贴定价策略

交叉补贴定价策略也是一种利用了软件产品之间互补性的策略。这种定价策略通过有意识地以优惠甚至亏本的价格出售一种产品，使消费者对一种与产品互补的软件产品产生极大的需求，再以高价售出互补软件产品，从而达到获取更多利润的目的。

首先将一种产品以低价出售给顾客，当顾客使用一段时间后，顾客会对这个软件产品形成一种依赖和需求，这样就可以把其互补的软件产品高价售出。这种方式最适合出售系统软件的厂商采用，通过把系统软件以成本价或略高于成本价的价格卖给消费者后，消费者就会被系统产品锁定。当顾客对系统产品产生习惯后，这种系统软件产品就产生了习惯效用，由于这种情况下产品之间的兼容性、协调性等不存在问题，因此购买同一厂商生产的互补软件产品必然是最佳选择，促使顾客只能购买与之互补的软件产品。

这种方式的优点是：

（1）绑定产品，进而获得高利润。因为这种锁定效应使得消费者对软件产品的首选是出售系统软件的同一品牌厂商，所以一旦这种效应越强，消费者的选择就越倾向于同一生厂商。在这个时候供应商可以利用这种效应有幅度地提高其他互补软件产品的价格，提高后的价格可以弥补因出售系统软件所产生的损失，与此同时也能为厂商带来高额的利润。

（2）使产品一体化，提高公司口碑。由于各个产品需要一体使用，如果将产品做得足够好，在消费者获得方便的同时，也能提到公司利润。这个时候公司就会因为此一体化得到良好的口碑，使消费者想到此类产品必定先想到此公司。

这种定价策略有利于商家赚取更多利润，最重要的是，可以占领市场。总而言之，

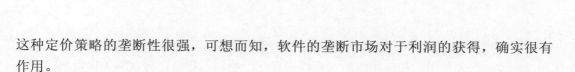

这种定价策略的垄断性很强，可想而知，软件的垄断市场对于利润的获得，确实很有作用。

9.5.5 免费使用策略

“免费”这两个字不管在哪里都可以吸引人的眼球，在软件行业也不例外。免费使用策略是指用户在使用之前对软件的功能和性能往往存在疑虑，软件公司使用此策略在短时间内帮助产品聚集人气，获得声望，毕竟没有人不喜欢免费的东西。同时为软件的发布和后期的销售做出铺垫。这种策略具有以下优点：

（1）在软件免费期间可以借助用户来对软件进行测试，及早地发现错误。

（2）免费软件在免费期间，用户通过体验，对软件产品有进一步的理解，愿意购买此软件。

使用这种策略最成功的，恐怕要数奇虎的 360 了。

在以前，记得几乎所有的软件都是要钱的，游戏你可以买一个盗版的，但是杀毒软件呢？一年几百块钱，对于一般人而言，要把钱花在这种虚拟的东西上面，实在是觉得可惜，但是不买又不行。

这个时候，360“蹦”出来了，可以全自动地智能化管理电脑。听起来很吸引人，最重要的是，永久免费！“尝试一下又不会怀孕”，许多人就都下载了，发现真的好用，于是慢慢的 360 就占领了这块市场。

360 杀毒，360 安全宝箱，360 浏览器……且不说好不好用，这些都是免费的，而且同一个公司出品下载方便、兼容，用的人自然就多了起来，更何况很多人根本用不出来同类软件的好坏差别。

到目前为止，这算是一个很成功的例子。用免费的单品，迅速占领市场，继而推出其他产品，将市场铺开做大。

另一种免费则是“试用”，如著名的 Photoshop、VMware、Windows 等，这种专业化的、商业化的软件则大部分通过试用而非全部免费来让用户了解其产品，同时在试用期间，测试自己的软件。一方面，用户了解自己的产品；另一方面，公司掌握软件的测试数据，生产更好的软件。双赢之下，公司便可以轻易抓住用户的心。

但是后一种免费则无法防止盗版的出现，最后可能会失去很多用户。

9.5.6 “歧视”定价策略

“歧视”定价是一种常见的定价策略，企业为了实现收益最大化，针对不同用户的支付能力，制定了不同的收费价格，从而使各类用户都能购买该商品，这是一种以顾客为核心的定价策略。不同的用户对软件的功能和价格敏感度不一样，对于一些初学者、爱好者来说，只要能用，基本功能运行良好就行了，他们对价格比较敏感。但对于企业、专业人士，政府办公人员等来说，他们追求的是软件的功能强大、系统健壮性强、安全性强，不会因为价格而考虑低价的软件，因为低价让他们有劣质的印象，并且如果万一系统崩溃多的话，对他们影响巨大。软件企业可以针对不同的需求，提供不同的软件及服务，通过价格差异满足不同用户的需求。也就是说，对于不同的用户，要定制不同价格的产品，满足不同人的需要，从而可以赚到每个层次的人的钱。“歧视”则是指：由于不同人对于同种产品可以忍受的价格的不同而来。

这种策略的优点是：

（1）节省生产供应商的成本。因为这种方式由消费者根据自身的需求主动选择，所以省去了生产商通过技术方式了解消费者群体需求的成本，这样生产供应商既得到了消费者的购买特征，又节省了成本，达到了赚取最大利润的目标，与此同时也可以锁定用户和产生规模经济效益。

（2）不同需求、不同定价，定价因需求而异，从而提高利润。因为如果同一版本的软件产品由于根据用户需求进行了定制，就可以差别定价，然后可以获取不同的经济利润。

（3）给消费者更多选择的权利，这种方式能够给消费者更多自我选择的权利，使消费者自身有种满足感，从而提高在消费者心中的位置，达到宣传的目的。

这一策略不仅仅是为了进一步“榨取”生产者剩余，还可以较为有效地防止盗版，虽然效果不是很明显。Windows 操作系统就是一个很好的例子，最低端的产品——Windows 7 家庭基础版，也就是我们买笔记本的时候已经预装好的操作系统。其实一般人使用这个系统就足够了，除了不是很好看以外，几乎不受什么影响。也很少听说有这个版本的盗版。而对于“高富帅”或者著名企业，他们则希望自己使用的是高端产品——稳定且技术更全面的操作系统，所以他们就会选择旗舰版，这个时候他们就必须支付一些费用才可以使用。

我们生活中还有很多这种价格的“歧视”，因为这很符合人的消费心理。采取这种定价策略，公司可以赚到最多的钱，每个消费者也都觉得物美价廉。

9.5.7 尾数定价策略

尾数定价策略（Most Significant Digit Pricing，MSD）主要适用于低价的软件产品或服务。多数公司也采用了传统的尾数定价价格控制策略，以减少价格的压迫感。因为这个层面的客户对于价格会更加敏感。研究和经验表明，如果一个产品的定价是 49.99 元而不是 50 元，那么销售额将会大幅提高。大多数人关注的是最显著的数字，即在这种情况下的“4”。对他们来说，49.99 元或比 50 元要少得多，即使仅少了 1 分钱。在定价策略中这也有例外，在企业市场及高端高价的产品中往往不会这样做，因为购买高价产品的人群通常趋向于认为，如果在高端产品定价中使用这样的廉价定价策略，那么产品的品质也就不会那么好。

9.5.8 小结

上面介绍了几种常用的定价策略，总体上看，并不见得哪一种策略是万能的，或是没有缺点的，它们都或多或少有缺陷，并不完美。这也是由市场的复杂度决定的，人们的消费活动本来就是受到各种因素的影响。现在在软件定价策略上，越来越多的企业选择使用混搭各种定价策略配合营销策略的手段，来达到更灵活的定价和营销效果。因此，公司如果想要能时刻保持盈利赚钱，就必须时刻掌握市场的动向，合理运用各种定价策略，而非保持一种策略一路到底。

最后要强调的是，在市场上我们很难找到两个同样的企业，也很难找到两个完全相同的定价策略，所以即便找到市场上同类产品及相似的定价，其背后遵循的定价逻辑也很可能是完全不同的。所以，不了解以上差异而去效仿一个成功公司的定价策略，是不妥且不明智的做法。

第 10 章　行业实施规则及整体案例分析

10.1　预算场景

企业预算是在预测和决策的基础上，围绕企业战略目标，对一定时期内企业资金的取得和投放、各项收入和支出、企业运营成果及其分配等资金流动所做出的具体安排。

企业要做好预算，须做好以下几方面的工作：

（1）建立健全预算管理组织机构。为了顺利展开预算工作，企业首先要建立各级预算管理组织机构，根据发展战略、目标制定和实施预算管理相关政策，组织预算管理和审议工作。

（2）建立和完善预算管理制度。围绕企业发展战略，结合长期目标和短期目标，洞察市场和客户需求，确定经营方针和投资方向，并据此建立完整的预算管理制度，对各级预算管理组织的工作职责、预算编制流程、上报审批流程、监督和调整制度、分析考核制度等做出明确规定，体现出规划、计划、预算编制、执行、跟踪、分析、报告、考核、预测整套完整的预算管理思路，同时要考虑执行的可操作性。

（3）制定科学、合理的预算指标，编制预算。在充分做好市场调研和预测的基础上、制定客观、公正的预算指标，通过设立指标体系和预算编制模板，按照“自上而下、自下而上、上下结合”的原则，考虑既要有一定的弹性，也要减少预算偏差过大所带来的风险，发挥正向激励的作用，使预算指标更加符合生产实际。

（4）建立有效的考核和奖励制度。强调预算的严肃性和规范性，严格考核，促进预算的有效落实，考察预算的执行情况和预算组织的执行效率，对预算与实际执行结果进行分析，针对偏差要找出问题、分析原因，以正向激励为主，优化资源配置，不断改进预算体系，全面实现企业的各级预算指标。

近年来，随着信息技术的不断发展和互联网的冲击，中国企业的信息化水平巨幅提升，因此 IT 建设相关的软件预算在企业的财务预算中所占比例正逐年递增，银行、电信、电力行业等大型甲方组织更是通过成立专门的软件预算管理部门或组织对软件预算进行管理。软件预算主要是从财务视角评估出要开发软件的开发或维护工作所要投入的成本，包括人、财、物，在此我们主要讨论企业为确定软件项目预算而进行的成本估算活动。

目前大部分国内企业主要根据主观经验，没有充分可参考的历史项目数据支持透明、科学的预算过程，难以对其进行客观的量化，从而造成预算浪费或不足。由于预算缺乏科学、客观的评估方法，对于软件开发的委托方也就是甲方，通常是根据自己对系统的主观经验和判断给出一个价钱，在此基础上展开招标工作，供应商也就是乙方，为了能够中标，会刻意压低价格，甚至会在甲方需求都不明确的情况下“拍”出一个价格，而在项目执行过程中，甲方希望在预算范围内做更多的事情，所以发生需求超过原项目范围的情况屡见不鲜，虽然乙方希望通过需求变更等方式追加费用，但由于甲方的预算基本是固定的，乙方只能通过加班或降低质量、性能要求控制项目成本，其结果就是甲方的产品质量无法保证，乙方的利润最后所剩无几。由此可以看出，充足、合理的预算对软件项目后续的招/投标、立项、项目管控、验收起到了至关重要的作用，是保证软件项目成功交付的重要前提。

在我国政府大力强调“预算透明化”的大环境推动下，特别是 2017 年工业和信息化部软件服务公司委托中国软件行业协会系统与软件过程改进分会牵头编制的《软件研发成本度量规范》发布，各级政府对各软件企业预算透明化的要求逐渐明晰。

10.1.1　制定预算的依据

制定软件预算的主要依据：

- 委托方预算编制的总体原则和要求；
- 委托方经营发展战略和目标；
- 软件研发成本度量规范；
- 软件研发成本度量规范应用指南（预算场景）；
- 国家或省级、行业软件主管部门发布的相关指导办法；
- 权威机构发布的行业基准数据和人力成本基准费率相关信息；
- 项目范围描述；
- 委托方同类项目的基准数据；
- 其他相关资料。

10.1.2　估算方法

在预算阶段，项目需求往往不清晰，主要采用基于类比法、专家经验法和功能点法的估算方法，下面分别对这些方法进行说明。

1. 基于类比法的软件成本估算

类比法即将项目的部分属性与类似项目的一组基准数据进行比对，进而获得待估算项目工作量、工期或成本估算值的方法。根据项目的主要属性，如开发技术、软件业务类型、开发团队规模等，与企业基准数据库或行业数据中选择主要属性相同的项目进行比对，从而推算出开发软件的预算成本。但当缺乏历史项目基准数据的支持时，则根据估算人员主观判断给出结论。例如，某公司计划开发一个人力资源管理系统，参考公司之前开发系统中有一个系统有人力资源管理模块，使用相同的技术框架，但新开发的系统规模要比之前的模块规模大，至于具体大多少，则是由评估专家共同决定的，假如根据需求确定规模大 1 倍，原系统人力资源管理模块费用是 10 万元，则新系统预计费用就是 20 万元。

类比估算要解决的主要问题是：①如何从相关项目特征中抽取出最具代表性的特征；②通过选取合适的相似度/相异度的表达式，评价相似程度；③如何用相似的项目数据得到最终估算值。特征量的选取是一个决定哪些信息可用的实际问题，通常会征求专家意见，以找出那些有助于确认出最相似实例的特征。当选取的特征不够全面时，所采用的解决方法也是使用专家意见。该方法比较直观，对估算人员的专业技术能力要求高，适合于对项目成本估算精确度不高的预算阶段使用，但其不容易提炼出统一科学、便于推广的方法论，主观性强。

2. 基于专家经验法的软件成本估算

专家经验法是依靠一个或多个专家具有的专业知识和经验对软件成本做出的估算。对于某一个专家自己所用的估算方法而言，经常使用工作分解结构（Work Breakdown Structure，WBS）对软件工作范围进行分解，WBS 包括两个层次的分解：一个表示软件产品本身的划分，把软件系统分解为各个功能组件以及其下的各个子模块；另一个表示开发软件所需活动的划分，工作活动分解为需求、设计、编码、测试、文档等大块以及其下的更具体的细分。针对分解后的任务包，分别估算出成本。由于专家作为个体，存在很多可能的个人偏好，因此通常人们会更信赖多个专家一起得出的结果，并达成一致。在专家集体决策方法中，Delphi 方法是最流行的专家评估技术，它准确度较高并且比较容易掌握。

在预算阶段，项目可用信息并不多，往往只能依赖专家意见而非确切的经验数据，专家经验法无疑是解决成本估算问题的最直接选择，但是估算专家的个人偏好、经验差异与专业局限性都可能为估算的准确性带来风险，完全依赖专家个人能力，不利于组织的知识积累和经验复用，也无法对估计结果进行有效性验证。

3. 基于功能点法的软件成本估算

基于功能点法的成本估算是基于软件项目的功能点数和基准数据建立参数模型，并通过输入各项参数，确定待估算项目工作量、工期或成本估算值的方法。ISO 标准认可的有 IFPUG、NESMA、COSMIC、FISMA 和 MarkII 五种度量功能点规模方法。以 NESMA

方法为例，基于行业基准数据（SSM-BK-201706，包含国际、国内项目数据超过 5000 套），其成本估算模型如图 10-1 所示。

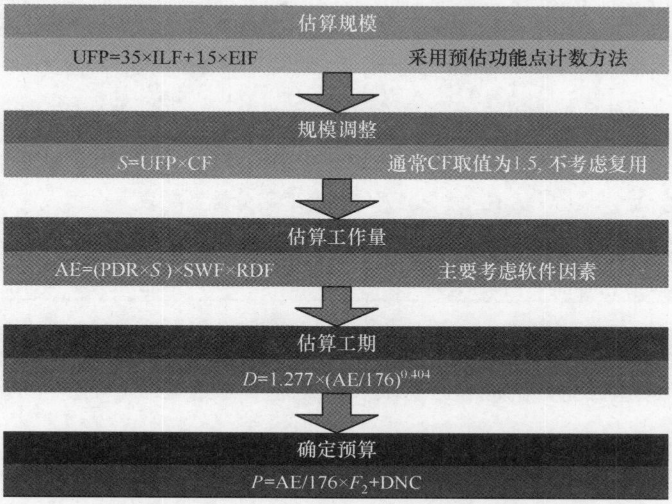

图 10-1 成本估算模型

图 10-1 中 UFP 为未调整功能点数，单位为功能点；ILF 为内部逻辑文件数量，单位为个；EIF 为外部接口文件数量，单位为个；S 为调整后软件功能规模，单位为功能点；CF 为规模变更调整因子，是指需求变更的数量与原有申报规模的比值，依据行业数据，预算阶段通常取值 1.5；AE 为调整后的估算工作量，单位为人时；PDR 为功能点耗时率，单位为人时每功能点；SWF 为软件因素调整因子；RDF 为开发因素调整因子；D 为工期，单位为月；F_2 为平均人力成本费率（含开发方直接人力成本、开发方间接成本及开发方毛利润），单位为元每人月；DNC 为开发方直接非人力成本，单位为元；P 为预算费用，单位为元。行业基准数据由中国软件行业协会系统与软件过程改进分会负责维护，并在每年 4 月发布。对于企业，应基于行业基准数据建立组织级基准数据库，提高估算的准确度。

1）估算规模

根据预算阶段初步的项目功能描述，采用预估功能点计数方法，估算未调整的功能点数。功能点估算公式如下：

$$UFP=35\times ILF+15\times EIF$$

功能点的计数规则，请参考 NESMA 相关标准。

2）规模调整

在预算阶段，用户需求往往比较模糊，后面可能会有很多隐含需求及需求变更。因此，需对估算规模进行调整，公式如下：

$$S=\text{UFP}\times\text{CF}$$

根据预算阶段需求清晰程度，可适当调整该因子。

3）估算工作量

根据调整后的软件规模估算工作量，公式如下：

$$\text{AE}=(\text{PDR}\times S)\times\text{SWF}\times\text{RDF}$$

根据 2017 年行业基准数据，PDR 的取值可参见表 10-1。

表 10-1　2017 年生产率百分位参数表

功能点	P10	P25	P50	P75	P90
人时	2.87	4.56	6.91	14.23	22.23

根据本书描述的各调整因子取值方法以及基准数据生产率 PDR 数据的 P25、P50、P75 值，计算出工作量估算结果的上下限及标准值。

4）估算工期

估算工期可根据工作量-工期模型计算，公式如下：

$$D=1.277\times(\text{AE/HM})^{0.404}$$

式中，HM 为人月折算系数，单位为人时每人月，取值为 176。

当期望工期短于估算工期的下限时，应对项目需求进行分析并适当调整。通常，压缩工期会增加项目工作量，以及导致生产效率降低。

5）确定预算

在获得了工作量估算结果后，可采用以下公式进行项目预算估算：

$$P=\text{AE/HM}\times F_2+\text{DNC}$$

式中，平均人力成本费率 F_2 可根据本组织历史数据或软件行业基准数据报告确定。如果委托方基于已确定的功能点单价估算预算费用，则采用以下公式计算：

$$P=S\times\text{PP}\times\text{SWF}\times\text{RDF}+\text{DNC}$$

式中，PP 为功能点单价，单位为元每功能点，PP 的取值可参考软件行业基准数据报告；SWF 为软件因素调整因子，通常包含质量要求调整因子及应用类型调整因子，上述调整因子的取值同上所述，在基于功能点单价确定预算时，为便于结算，通常委托方不使用规模调整，如果委托方使用规模调整因子，取值可参见相关调整因子参数表；RDF 为开发因素调整因子，通常包含开发语言、开发团队背景等，在预算时如无特殊要求，取值为 1，如果需要调整，取值可参见相关调整因子参数表。

6）预算审批

审批预算时应考虑预算的合理性、可用于本项目的资金情况、概算或年初总预算、其他预算项目可行性及投资收益率对比和平衡。预算审批人应参照《软件研发成本度量规范》的规定和公司相关的估算程序、检查单对预算的合理性进行评估，也可委托第三方机构进行评估。

当市场环境、经营条件、政策法规、需求范围等发生重大变化，引起工作量、工期、成本等指标严重偏离预算时，应相应地对预算方案进行变更调整，重新上报预算审批人批准。

10.1.3　上报预算

应以估算的结果为基础，并根据以下因素确定上报的预算额度：

- 需求变更的风险；
- 质量要求；
- 工期约束。

当项目的需求相对明确且无其他特殊要求时，上报的预算可考虑采用估算结果的中值，即 50 百分位数；如需求不明确或有较高质量、工期约束时，上报的预算可考虑采用估算结果的悲观值，即 75 百分位数。对于需求相对明确的项目，上报预算时，如采用功能点估算方法，应附上功能清单及对应功能点数。

10.1.4　审批预算

审批预算时应考虑以下因素：

- 预算的合理性；
- 可用于本项目的资金情况。

预算审批人根据企业发展战略与目标对预算的合理性进行评估，也可委托第三方机构进行评估。如果预算审批不通过，则应将预算驳回，并要求重新进行预算。

10.1.5　应用示例

某个甲方企业，准备为发包的企业物流管理系统进行预算。进行了功能点分析，估计项目有 38 个 ILF 和 8 个 EIF。预算阶段考虑需求变更因子、规模调整因子、所处的业务领域为“信息技术”、应用类型为“业务处理”；不考虑质量方面的要求和开发因素调整。成本预算估算时，参考北京地区工资基准进行评估；考虑项目承包方的合理利润，但是也暂时不考虑项目直接非人力成本。

根据需求描述，未调整规模为：

$$UFP=35\times ILF+15\times EIF=35\times 18+15\times 8=1450$$

考虑预算阶段需求较不明确，规模变更因子 CF 取值为 1.5，因此调整后的规模 $S=UFP\times CF=1450\times 1.5=2175$

示例项目预算参数如表 10-2 所示。

表 10-2 示例项目预算参数

功能点估算规模、工作量、工期、成本表		
ILF	38	
ELF	8	
未调整规模 UFP	1450	
规模变更因子 CF（考虑预算阶段需求较不明确，规模变更因子 CF 取值为 1.5）	1.5	
调整后规模 S=UFP×CF	2175	
基准数据（生产率 PDR）	P25	4.56
	P50	6.91
	P75	14.23
未调整工作量 UE=PDR×S	下限（人时）	9918
	标准值（人时）	15029.25
	上限（人时）	30950.25
设定调整因子	规模调整因子 SF =（269.6446+S×0.7094）/S	0.83
	业务领域调整因子 BD	1.02
	应用类型调整因子 AT	1
	质量特性调整因子 QR	1
	开发语言调整因子 SL	1
	开发团队背景调整因子 DT	1
软件因素调整因子 SWF=SF×BD×AT×QR	0.85	
开发因素调整因子 RDF=SL×DT	1	
调整后的工作量 AE（人时）=UE×SWF×RDF	下限（人时）	8430.3
	标准值（人时）	12774.86
	上限（人时）	26307.71
平均人力成本费率（含直接人力成本和间接成本及开发方毛利润）F_2（万元/人月）	2.57	
直接非人力成本 DNC	0	
预算费用 P=AE/176×F_2+DNC	下限（万元）	123.1
	标准值（万元）	224.9
	上限（万元）	384.2
工期 D（月）=1.277×（AE/176）$^{0.404}$	下限（月）	6.1
	标准值（月）	7.2
	上限（月）	9.65

10.2　招/投标场景

招/投标是国内外通用的一种项目采购方式，招/投标一般分为商务标和技术标，商务标中最核心的便是报价，而价格的确定与成本息息相关，因此，在软件项目的招/投标过程中，如何指导甲乙双方对软件成本进行统一、科学、一致的合理报价，避免恶意竞标、低价中标的情况出现，降低项目失败的风险，实现甲乙双方双赢，是至关重要的问题。

在国标《软件研发成本度量规范》中，关于招/投标场景成本如何估算给出了明确的应用指导，标准原文如下。

10.2.1　应用范围

本标准在招/投标过程中的应用主要包括：

- 招标方进行的成本估算；
- 评标基准价的设定；
- 投标方进行的成本估算和项目报价；
- 评标及合同签订。

对于采用非招标方式进行采购的委托方，宜参照本标准进行成本估算并确定合理采购价格范围。

对于采用非投标方式提供报价的开发方，宜参照本标准进行成本估算和项目报价。

10.2.2　招标

1. 招标准备

确定详细的工作说明书，工作说明书应能满足已选定的规模估算方法所需的功能点和非功能规模计数要求。

2. 估算

进行成本估算应依据：

- 《软件研发成本度量规范》；
- 工作说明书；
- 国家或省级、行业软件主管部门发布的相关指导办法；
- 权威机构发布的行业基准数据和人力成本基准费率相关信息；

➢ 其他相关资料。

并考虑以下因素：

➢ 项目和潜在投标人所在地域；

➢ 项目所需技术要求和所属领域的应用成熟度。

招标方（或受其委托的第三方机构）完成成本估算后，应考虑行业的平均毛利率及维护要求等因素，计算出合理招标价区间。

如招标阶段的工作说明书与预算阶段约定的范围没有实质性变化，则可直接采用预算阶段的估算结果。

3. 设定评标基准价/投标最低合理报价/投标最高合理报价

招标方应遵循以下原则设定评标基准价、投标最低合理报价和投标最高合理报价：

➢ 投标最低合理报价宜参考合理招标价区间的下限值设定；

➢ 投标最高合理报价宜参考合理招标价区间的上限值或项目预算值；

➢ 评标基准价宜采用合理招标价的中值或各投标人有效报价的平均值，有效报价指投标最低合理报价和投标最高合理报价之间的报价；

➢ 也可根据合理招标价区间和估算规模，计算出合理的功能点单价区间，并据此设定评标基准价、投标最低合理报价和投标最高合理报价；

➢ 可根据行业竞争状况及潜在投标人的情况对评标基准价、投标最低合理报价和投标最高合理报价进行适当调整。

招标方应基于评标基准价制定价格评分方法。

4. 形成招标文件

招标方应根据估算结果和设定价格形成招标文件相应部分的内容。

招标文件中宜明确投标方所需采用的规模估算方法、评标基准价的设定方法及投标报价的评分方法。

10.2.3 投标

1. 投标准备

投标方接到招标文件后，应对招标文件中与投标报价相关的内容进行澄清和确认，明确项目的范围和边界，并结合自身经验和项目实际情况整理出功能清单及对应功能点数。

2. 估算

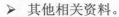

投标方进行成本估算应依据：

➢ 《软件研发成本度量规范》；
➢ 工作说明书；
➢ 国家或省级、行业软件主管部门发布的相关指导办法；
➢ 本组织的基准数据和人力成本基准费率相关信息；
➢ 权威机构发布的行业基准数据和人力成本基准费率相关信息；
➢ 招标文件要求；
➢ 其他相关资料。

并应考虑以下因素：

➢ 本组织及项目所在地域；
➢ 项目所需技术的要求和本组织的技术积累。

3. 确定投标报价

投标方不得以低于成本的报价竞标。投标方在确定投标报价时，应依据估算结果并考虑如下因素：

➢ 期望的利润水平；
➢ 商业策略；
➢ 行业同类项目的成本水平；
➢ 其他相关因素。

4. 形成投标文件

投标方应根据估算结果和确定的投标报价，形成投标文件中相应部分的内容。

投标文件中应包含功能清单及对应功能点数。

5. 评价

根据确定的价格制定评分方法并对有效报价进行价格评分。

对低于投标最低合理报价或高于投标最高合理报价的情况，应视为不合理报价，价格评分宜为 0 分。

10.2.4　应用示例

1. 项目背景

某企业因业务管理需要，需要开发“在线答题系统”。该项目依据客户需求任务展开，对内部员工进行定期考核和评比。传统的考试从出题、组卷、印刷，到试卷分发、答题、收卷，再到判卷、公布成绩，整个过程都需要人工参与，周期长，工作量大，容易出错，还需适当的保密工作，使得整个考试的成本较大。所以，实现无纸化、网络化、自动化的计算机考试系统，具有深远的现实意义和实用价值。因此，企业领导要求尽快完成该系统的开发并上线使用。

企业内部具体负责该项目的部门是流程 IT 部，流程 IT 部考虑到领导要求快速开发并上线，加之本部门人力资源紧张的现状，决定将该软件项目通过外包的形式进行。

紧接着该企业就启动了招/投标程序，招标书提交给公司领导审批时，领导询问设定评标基准价/投标最低合理报价/投标最高合理报价时的依据是什么？使用的估算方法是什么？流程 IT 部门无法给出让领导满意的答复。企业领导要求改正。

流程 IT 部经过对多种成本估算方法的比对和考证，最后决定以《软件成本度量规范》为依据，设定招标方进行的项目成本估算和评标基准价；并同时在标书中明确要求投标方需参考此标准进行项目成本估算和项目报价。

2. 估算依据

为保证成本评估有据可依，评估结果的科学性和一致性，经甲乙双方沟通，确定本次软件项目招/投标成本评估的方法、过程、原则主要依据如下标准及相关材料：

- 工业和信息化部行业标准《软件研发成本度量规范》（SJ/T 11463—2013）及配套的应用指南；
- 行业基准数据（SSM-BK-201706，包含国际、国内项目数据 5407 套及分析结果）；
- ISO/IEC 24570 软件工程—NESMA 功能规模度量方法 2.1 版—功能点分析应用的定义和计数指南。

3. 估算准备

1）成本估算知识学习

甲乙方共同参加了功能点和 CCEP 的相关培训和练习，以掌握相关标准的估算方法。

2）需求保证与澄清

高质量的软件需求说明书是规模估算的基础，因此在规模估算前，甲乙方需确定详细的工作说明书，工作说明书应能满足已选定的规模估算方法所需的功能点和非功能规模计数要求。

投标方接到项目需求后，应对需求内容进行澄清和评审确认，明确项目的范围和边界，并结合自身经验和项目实际情况整理出功能清单及对应功能点数。

4. 项目的原始需求

经甲乙双方评审确定项目的需求，如表 10-3 所示。

表 10-3　示例项目原始需求功能

序　号	功能名称	需求标识	优先级	简要描述
1	创建题库	A1	高	由管理员创建题库，即考题的类别
2	管理题库	A2	高	查看、更改、设置、删除已有题库
3	增加试题	A3	高	添加普通考题和对应的答案
4	管理试题	A4	高	查看、更改、设置、删除已有考题
5	创建试卷	A5	高	创建一次新的考试
6	管理试卷	A6	高	查看、更改、设置、删除已有试卷
7	发布文章	A7	高	添加公告，让考生查看最新的考试公告
8	管理文章	A8	高	查看、更改、设置、删除已有公告
9	系统配置	A10	高	设置系统默认参数
10	管理员	A11	高	创建和更改、删除、查看其余管理员
11	个人资料	A12	高	每个用户可修改自己的用户信息
12	增加用户	A13	高	管理员添加用户
13	管理用户	A14	高	查看、更改、设置、删除已有用户
14	用户分组	A15	高	创建和更改、删除、查看用户组
15	我的试卷	B1	高	考生选取相应考试，并开始考试
16	自我检测	B2	高	随机从题库抽题，让考试可以进行自检

5. 招标方估算实施

1）规模估算

（1）未调整规模估算。

甲方考虑到企业业务部门提出的需求比较粗略，项目又处于招标阶段，故采用 NESMA 标准的快速功能点法。计算公式为：

$$UFP=35\times ILF+15\times EIF$$

式中，UFP 为未调整的功能点数，单位为功能点；ILF 为内部逻辑文件数量，单位为个；EIF 为外部接口文件数量，单位为个。

第一步是识别应用类型，即本项目是新开发、增强类，还是已有系统的规模计数。本项目属于新开发项目，新开发项目只需计算最后交付的功能点数量，系统验收前发生的功能修改和删除不计入规模。

第二步是确定系统边界，经双方讨论，所有第三方、已存在的系统均属于系统边界外部功能。

第三步是对逻辑文件进行计数。按照功能点方法计数规则进行计数。该项目估算逻辑文件计数如表 10-4 所示。

表 10-4 招标示例项目估算逻辑文件计数

编 号	模 块	功能点计数项名称	类 别	UFP	备 注
1	题库模块	题库数据文件	ILF	35	
2	试题模块	试题数据文件	ILF	35	
3	试卷模块	试卷数据文件	ILF	35	
4	新闻模块	文章信息数据	ILF	35	
5		文章分类	ILF	35	
6	用户管理模块	用户信息	ILF	35	
7		用户分组信息	ILF		FPA 包含在用户信息里
8		管理员信息	ILF		
9	考试模块	自检考试信息	ILF	35	
10		考试信息	ILF	35	
UFP=280FP					

（2）调整后功能点数。

第一步是计算规模调整因子：甲方考虑到该系统是一个常规的中小规模的系统，将规模调整因子 VAF 直接取值为 1。

第二步是计算调整后的功能点：

计算调整后的功能点 FP=实际功能点 UFP×VAF

本项目调整后的功能点= 245×1.0 =245（FP）

第三步是规模变更因子：系统功能变更导致的软件规模变化。预算出现需求变更，在进行预算评估时，必然涉及 EI、EO、EQ、ILF 和 EIF 的计算，同时要考虑预算申报文档描述中的明确需求和隐含需求，如能与预算申报单位进行澄清沟通最好，如不能则测算规模的算法为：

$$S=US\times CF$$

式中，S 为调整后的软件规模，单位为功能点；US 为未调整软件规模，单位为功能点；CF 为规模变更调整因子，取值为 1～2 的任意实数。CF 是指需求变更的数量与原有申报规模的比值。

本项目处于招标阶段，根据行业惯例和经验值，CF 取值为 1.5。

$$S=245FP\times 1.5=367.5FP$$

2）工作量估算

采用国标中推荐的行业级工作量估算模型，行业方程法如下：

$$AE=(PDR\times S)\times SWF\times RDF$$

式中，AE 为调整后的估算工作量，单位为人时；S 为调整后的软件规模，单位为功能点；PDR 为平均生产率/功能点耗时率，单位为人时每功能点；SWF 为软件因素调整因子。

第一步：确定平均生产率/功能点耗时率 PDR。

考虑到企业目前没有更多的企业成本历史数据辅助建立自己的生产率基线数据，工作量估算方程决定采用 2017 年度行业数据的 PDR 基线数据，估算应为一个范围，参考表 10-1。

第二步：确定软件因素调整因子 SWF。

软件因素调整因子包括规模调整因子、业务领域调整因子、应用领域调整因子、质量要求调整因子。根据国标，查表获得软件各调整因子，如表 10-5 所示。

表 10-5　招标工作量估算调整因子参数取值

软件调整因素	计算方法	取　值
规模调整因子	SF=（269.6446+S×0.7094）/S （式中，S 为调整后的软件功能规模）	SF=1.44
业务领域调整因子	信息技术	BD=1.02
应用领域调整因子	业务处理	AT=1.0
质量要求调整因子	分布式处理——影响度−1 性能——影响度 0 可靠性——影响度 1 多重站点——影响度−1 QR=（分布式处理因子+性能因子+可靠性因子+多重站点因子）× 0.025+1	QR=0.975
SWF=SF×BD×AT×QR=1.44×1.02×1.0×0.975=1.47		

第三步：确定开发调整因子 RDF。

因为是招标阶段，开发调整因素无法确定，因此采用默认开发调整因素 RDF=1。

第四步：计算 AE，按照每人月 176 人时折算：

AE 上限=（PDR×S）×SWF×RDF=14.23×367.5×1.47×1=7687（人时）=43.7（人月）

AE 标准值=（PDR×S）×SWF×RDF=6.91×367.5×1.47×1=3733（人时）=21.2（人月）

AE 下限=（PDR×S）×SWF×RDF=4.56×367.5×1.47×1=2463（人时）=14（人月）

3）成本估算

对于招标方，也可利用不含毛利润的开发方人力成本费率（只包含直接人力成本和间接成本）估算软件研发成本，再根据开发方毛利润水平，确定预算费用 P，公式如下：

$$P=\mathrm{AE}/\mathrm{HM}\times F+\mathrm{DNC}$$

式中，AE 为调整后工作量，单位为人时；HM 为人月折算系数，取值为固定常数 176；F 为平均人力成本费率（包括开发方直接人力成本、间接成本及毛利润），单位为元每人月；DNC 为直接非人力成本，单位为万元。

（1）确定相关参数。

平均人力成本费率 F：参数取值基于 2017 年行业基准数据，甲方所在行政区域的平均人力成本费率进行计算。参考北京市平均开发工资标准 2.57 万元/人月（包含直接人力成本和间接成本），包括开发方直接人力成本、间接成本及毛利润，单位为元每人月。

直接非人力成本 DNC：本次评估暂不考虑，取值为 0。

（2）计算项目招标定价：

$$P\text{上限}=\text{AE/HM}\times F+\text{DNC}=43.7\times2.57+0=112.3\text{（万元）}$$

$$P\text{标准值}=\text{AE/HM}\times F+\text{DNC}=21.2\times2.57+0=54.5\text{（万元）}$$

$$P\text{下限}=\text{AE/HM}\times F+\text{DNC}=14\times2.57+0=35.98\text{（万元）}$$

招标时应依据规模、工作量、工期、成本、预算金额的估算结果，并考虑此类项目的特殊因素。例如，对于质量、进度要求较高的项目，为了确保项目成功，可按照预算金额的上限值上报预算。如无特殊情况，不应以低于预算金额下限或高于预算金额上限的金额上报预算。

对于采用功能点方法进行规模估算的项目，标书中还应附上功能清单及对应功能点数。

6. 投标方估算实施

1）规模估算

乙方依据与甲方沟通达成一致的项目需求文档，进行规模估算。

（1）未调整规模估算。

乙方结合对需求的理解情况及估算的准确性，考虑到项目处于投标阶段，故采用估算功能点法（NESMA 标准）。计算公式为：

$$\text{UFP}=7\times\text{ILF}+5\times\text{EIF}+4\times\text{EI}+5\times\text{EO}+4\times\text{EQ}$$

按照功能点方法计数规则，对逻辑文件和基本过程进行计数，该项目功能点计数项如表 10-6 所示。

表 10-6　投标估算示例——功能点计数项

编　号	模　块	功能点计数项名称	类　别	UFP	备　注
1	题库模块	题库数据文件	ILF	7	
2		创建题库	EI	4	
3		查看题库	EQ	4	
4		更改题库	EI	4	
5		设置题库	EI	4	
6		删除题库	EI	4	
7		选择题库	EO	5	
8	试题模块	试题数据文件	ILF	7	
9		新建试题	EI	4	
10		查看考题	EQ	4	
11		更改考题	EI	4	
12		设置考题	EI	4	
13		删除考题	EI	4	

（续表）

编 号	模 块	功能点计数项名称	类 别	UFP	备 注
14	试卷模块	试卷数据文件	ILF	7	
15		创建试卷	EI	4	
16		修改试卷	EI	4	
17		删除试卷	EI	4	
18		查看试卷	EQ	4	
19		设置试卷	EI	4	
20	新闻模块	文章信息数据	ILF	7	
21		发布文章	EI	4	
22		修改文章	EI	4	
23		删除文章	EI	4	
24		查看文章	EI	4	
25		文章分类	ILF	7	FPA Table
26		文章分类—创建	EI	4	
27		文章分类—查看	EO	5	
28		文章分类—删除	EI	4	
29		文章分类—修改	EI	4	
30	用户管理模块	用户信息	ILF	7	
31		新增用户	EI	4	
32		修改用户	EI	4	
33		删除用户	EI	4	
34		查看用户	EQ	4	
35		用户分组信息	ILF		FPA
36		新增用户组	EI		
37		修改用户组	EI		
38		删除用户组	EI		
39		查看用户组	EQ		
40	我的试卷	考试信息	ILF	7	
41		选择试卷参加考试	EO	5	
42		填写试卷	EI	4	
43		修改试卷	EI	4	
44		查看试卷	EQ	4	
45		计算考试结果	EO	5	
46	自我检测	自检信息	EO	5	
47		随机从题库抽题	EO	5	
48		填写试卷	EI	4	
49		查看试卷	EQ	4	
50		修改试卷	EI	4	
51		计算考试结果	EO	5	
UFP=212FP					

（2）调整后功能点数。

第一步是计算调整因子：乙方（投标方）根据软件项目，对规模的 14 个调整因子给出评分取值，如表 10-7 所示。

表 10-7　投标示例通用系统特征参数取值

通用系统特征		描　述	得　分
G1	数据通信	事务处理量衡量的是应用系统每秒事务处理的量级	4
G2	分布式数据处理	响应速度描述了在应用系统物理构件之间传输数据的快慢程度，通过事务处理相应时间来进行判别	3
G3	性能	资源利用率描述了应用系统在满足性能指标的情况下对计算机资源的利用程度，如对 CPU 的利用率等	4
G4	高强度配置	处理复杂度描述处理逻辑（主要是计算操作）的复杂程度对应用系统开发的影响程度	3
G5	交易速度	集成环境复杂度描述了应用系统软/硬件集成所涉及的数据库、中间件、操作系统和服务器的异构程度	2
G6	在线数据输入	架构合理性描述了应用系统耦合与开放的整体架构、功能模块耦合度、协议、接口开放程度和标准程度对应用系统开发的影响程度	4
G7	最终用户效率	易修改性描述了业务规则、业务流程、展现形式对修改处理逻辑或数据结构的难易程度的影响	3
G8	在线更新	可靠性描述了应用系统在软/硬件方面对潜在故障的备份、应急和容灾等应对措施的完善程度	3
G9	负责的处理	安全性描述了应用系统所采用的保障系统安全的相关举措，包括访问安全（权限控制、身份验证、网络分段）、数据安全（操作日志、数据备份、数据加密）、通信安全（SSL 策略、CA 认证、加密传输和验证）和异常告警（实时告警、告警日志）	2
G10	可复用性	无特别复用要求，对于用户管理模块希望能复用	2
G11	易安装性	需要提供安装程序，包括不同操作系统的安装程序，老系统的数据切换的数据安装迁移程序	4
G12	易操作性	系统提供远程启动、备份数据和恢复程序。可以通过脚本调用完成程序的数据备份	3
G13	多场地	需要考虑老电脑的使用，操作系统需要兼容 XP 和 Windows2000，Windows 7，Linux，UNIX 客户端的使用	3
G14	支持变更	用户界面友好度描述了应用系统中为提高用户易用性和界面亲和性而采用的技术。不同的技术对软件的开发规模有不同的影响	4
调整系数值：VAF = 0.65 + 0.01×44 =1.09			

说明：每个调整因子得分有 6 个档次，如表 10-8 所示。

表 10-8　调整因子评分标准

0	1	2	3	4	5
毫无影响	偶然影响	偏下影响	一般影响	重大影响	强烈影响

第二步是计算调整后的功能点：

调整后的功能点 FP=实际功能点 UFP×VAF

本项目调整后的功能点= 247×1.09 =269.23（FP）

第三步是规模调整：本项目处于投标阶段，根据行业惯例和经验值，CF 取值为 1.26。

S= US×CF=269.23FP×1.26=339FP

2）工作量估算

第一步：确定生产率 PDR。

考虑到企业目前没有更多的企业成本历史数据辅助建立自己的生产率基线数据，工作量估算方程，决定采用 2017 年度行业数据的 PDR 基线数据，估算应为一个范围，参考表 10-1。

第二步：确定软件调整因子 SWF。

软件调整因子包括规模调整因子、业务领域调整因子、应用领域调整因子、质量要求调整因子。根据国标，查表获得软件各调整因子，如表 10-9 所示。

表 10-9　招标工作量估算调整因子参数取值

软件调整因子	计算方法	取　值
规模调整因子	SF=（269.6446+S×0.7094）/S （式中，S 为调整后软件功能规模）	SF=1.5
业务领域调整因子	信息技术	BD=1.02
应用领域调整因子	业务处理	AT=1.0
质量要求调整因子	分布式处理——影响度-1 性能——影响度 0 可靠性——影响度 1 多重站点——影响度-1 QR=（分布式处理因子+性能因子+可靠性因子+多重站点因子）×0.025+1	QR=0.975
SWF=SF×BD×AT×QR=1.5×1.02×1.0×0.975=1.49		

第三步：确定开发因素调整因子 RDF。

在招标阶段，由于采用 Java 语言进行开发，之前并没有同类项目开发背景，参考第 7 章表 7-9 和表 7-10，开发因素调整因子 RDF 取值如下：

RDF=SL×DT=1.0×1.2=1.2

第四步：计算 AE，按照每人月 176 人时折算。

AE 上限=（PDR×S）×SWF×RDF=14.23×339×1.49×1.2=8625.3（人时）=49（人月）

AE 标准值=（PDR×S）×SWF×RDF=6.91×339×1.49×1.2=4188.4（人时）=23.8（人月）

AE 下限=（PDR×S）×SWF×RDF=4.56×339×1.49×1.2=2764（人时）=15.7（人月）

3）成本估算

（1）确定相关参数。

F_1：平均人员成本费率，直接人力成本费率以乙方单位的中等技术人员人月费率为计算标准；间接人力成本费率按乙方单位确定的计算规则得到，乙方单位的平均人员成本费率为 2.3 万元/人月。

HM：人月折算系数，取值为固定常数 176。

本次评估暂不考虑直接非人力成本 DNC，取值为 0。

（2）计算项目招标定价：

P 上限=AE×F1+DNC =49×2.3+0=112.7（万元）

P 标准值= AE×F1+DNC =23.8×2.3+0=54.7（万元）

P 下限= AE×F1+DNC =15.7×2.3+0=36.1（万元）

10.3　项目计划场景

随着知识经济、信息时代的来临，计算机软件业迅猛发展。商品化、资产化的计算机软件的价值评估的社会需求也日益增多，而且有越来越多的趋势。软件估算是软件开发中很重要的一个环节，如果低估项目周期会造成人力低估、成本预算低估、日程安排时间过短，最终人力资源耗尽，成本超出预算，为完成项目不得不赶工，影响项目质量，甚至导致项目失败。

估算不能以随意的方式来进行，因为估算是所有其他项目计划活动的基础，而项目计划又提供了通往成功的软件工程的道路图，所以，没有它我们就会搭错车。

软件项目一般来说可以分成两种：客户定制系统和研发产品化系统。

目前，国内绝大多数的软件项目都是在做客户定制系统，从接客户的单，到分析客户的需求，拿到客户的合同，做开发，做实施，做后期维护之类的工作。另外一种是研发产品化系统，即做产品研发的工作。

做一个正常的软件项目，在计划阶段，作为经营者和管理者，都想清楚地知道，这个软件项目有多大，要花掉多少成本，我能拿到的利润有多少，所以能不能准确地估算出软件项目的规模就显得很重要。

10.3.1　项目规模估算在制订项目计划中的作用

项目经理们在制订项目计划的过程中，通常处于这样一种状态：项目启动后，项目经理根据他所能得到的资源，根据初步分解后的任务，逐一指派任务，并按照与客户约定的日程制订各个任务的工期。这样就造成一个错觉，所有任务都是以工期为导向的，在项目中有多少资源就分配多少资源。至于各个资源的使用情况，各模块的实际工作量估算，并没有在计划中体现。这样，一份项目实施计划（MPP）就成了一份简单的任务—资源—开始、完成时间的清单。

在项目资源得到足够保障，项目计划没有太大变更的情况下，按照上述既定的 MPP 实施，不会产生太大的矛盾。但是，当项目计划由于某种原因产生比较大的变更时，尤其是这种变更引发人力资源缺口危机时，就产生问题了：人力资源缺口在哪里？组内现有资源使用情况如何？如何在未有外部支援的情况下在组内消除这些资源危机？

请读者思考上述问题的解决之道，本书 10.3.4 节的案例将讲述这些问题发生与解决的一个实例。

10.3.2　项目计划场景下估算的特点

软件项目计划过程面临的最大挑战就是计划的准确性差。据统计，在对软件项目进度与成本进行估算时，开发者的估算比现实低 20%～30%；大多数项目实际完成时间超过估算进度的 25%～100%，少数的进度估算精确度超过实际完成时间的 10%，能控制在 5%之内的项目十分罕见。要提高软件项目计划的准确性，需要加强对基础数据的统计与分析。

软件项目都是具有独特性的，不能照搬其他项目的经验作为制订本项目计划的依据。因此，在企业范围内加强对项目基础数据的统计分析以得出规律是十分必要的。项目管理既是科学，又是艺术，由于文化的差异，西方发达国家强调的是管理中的科学性，而我国的绝大多数企业强调的是管理中的艺术性。由于不重视基础数据的收集和统计，软件项目的计划常常是凭经验或“拍脑袋”而定的，企业并没有足够的统计数据来支持计划的制订。科学管理尽管是在 20 世纪初，对制造业和体力工人提出的，但其中提出的“不能度量就不能控制”的理念依然值得软件企业在管理项目时采纳。

10.3.3　项目计划场景下的估算要点

1. 估算前的规划

当我们的办公室内堆满了杂乱无章的文件时，恐怕无法知道对于我们真正有用的文件在哪里；当我们的软件项目中收集了各种需求、意见、问题时，我们也很难从中估算出整个项目的规模、工作量及成本。因此，在估算之前我们首先要对众多信息进行整理、归类分析，从而得到一个条理清晰的项目计划，在这个计划提供的框架内，才可能开始正确的估算。精心的规划是任何一个软件开发项目成功与否的关键，有了规划就有如成竹在胸，之后无论风云变幻，都有应对如流的方法。当然只有正确的规划，才能给软件开发指引正确的方向。

软件项目规划的重点是对人员角色、任务进度、经费、设备资源、工作成果等做出合理的安排，制订出一些计划（包括高层的和细节的），使大家按照计划行事，最终顺利地达到预定的目标。

1）规划的第一步：确定软件范围

确定软件范围就是确定目标软件的数据和控制、功能、性能、约束、接口及可靠性。这项工作和需求分析是很类似的，如果之前已经达成需求分析规约，那么可以直接从《需求分析说明书》中把有用的部分拿来使用。如果还没有开始需求分析，关于确定软件范围的方法方面，我们可以采用许多需求分析技术（如需求诱导），从客户那里得到一个具体的软件范围。当然，如果是一次全新的软件边界探索，就应当考虑软件本身可行性问题，包括团队是否在技术、财务、时间、资源上有可靠的保障，软件本身在市场上是否有可靠的竞争优势，等等。

获得软件范围最直接、最可靠的来源就是用户对软件的需求描述。以供电行业场景为例，在开发一个 C/S 架构的铁路供电段数据上报系统中，客户向我们提供了以下的目标软件需求描述：

在供电站总部每天结束前要审核下属节点操作员（30～40 个）的供电安全数据报表，要求每个节点必须在下午 5：30～6：00 之间上传数据。总部系统通过自动分析，整理出整个区内的安全形势报表，并自动反馈到每个节点。各个节点之间通过调制解调器拨号（MODEM）用内部电话线相连，每个节点电脑主机配备一个 MODEM。上传数据为制式报表，除了制式信息外，系统自动附加操作员姓名、上报时间、上报节点名称。信息一旦上传，节点端就不可以对已提交信息进行修改、删除，只能阅读、查询。节点间数据互相隔离，只有总部才具备对各个节点数据的管理权限，但是对于归档数据（一旦审核完毕的数据，就进行归档）总部不具备删改的权限。系统设置数据库管理员，独立于审核权限，其职责是对历史数据的清理维护。

通过上面的描述，我们通过提炼和简化，得到软件的以下功能：

- 节点数据录入、查询、上传；
- 总部数据汇总、查询、反馈；
- 总部与节点的互联；
- 总部数据库存储；
- 节点数据的本地存储。

在本例中，软件的性能是潜在的。客户虽然没有明确提出，但是由于数据本身的重要性，要求系统在数据上传、反馈、存储过程中安全可靠。客户要求使用 MODEM 进行拨号连接，那么鉴于 MODEM 连接过程中可能会出现由于拨号断开而导致的数据丢失，在节点本地存放一份数据副本是有必要的。由于系统要求每天上传数据，总部数据库应当是 7×24 小时不间断服务的，再加上目前总部只有该系统接收数据，各节点数据量并不大，那么在建议用户选择服务器时，应当考虑性能稳定可靠，但并不一定要购买大容量磁盘阵列和高性能双 CPU 主机。由于每天上传数据接近下班时间，那么总部汇总数据应当是自动进行的，一旦分析发现重大问题，可以通过与外部网络的设置，向值班人员发送手机短信、E-mail 或其他警示。由于不同人员对于上报数据的权限不同，对于系统用户实行分级管理。不同级别的用户，具有对数据的不同管理权力，从而保证在软件使用过程中不发生混乱。

现在一个较为清晰的软件模型已经构造完毕，接下来我们需要进入计划的第二步：确定工作所需资源。

2）规划的第二步：确定工作所需资源

软件工作所需资源包括：工作环境（软/硬件环境、办公室环境）、可复用软件资源（构件、中间件）、人力资源（包括不同各种角色的人员——分析师、设计师、测试师、程序员、项目经理……）。这三种资源的组成比例，可以看成一个金字塔的模式：最上面是人力资源，其次是可复用软件资源，最下面是工作环境。最上面的是组成比例最小的部分，最下面的是组成比例最大的部分。

（1）人力资源。

一个项目到底需要多少种职务的人员构成、多少数量的人员总量，才能成为最有创造力的团队呢？这恐怕是最让项目经理头疼的事情了。任何一个软件工程，都必须在确定软件的工作量之后，才能清楚地知道究竟需要多少人力，才能以最小成本和最高效率完成任务。在这之前，不能盲目地进行人力扩充，而且绝对不能为了给公司“抬高门面”，盲目招收高学历人员。

（2）可复用软件资源。

可复用软件资源是一个容易在计划阶段被忽视的重要资源，很多人总是进入编码阶段才发现可复用资源的价值和存在。经过长期的项目积累或是购买，公司的软件资源库中或许已经积累了大量的可复用资源，但在当前任务中，只能选择有价值的资源。根据不同的应用、时间、来源，可复用软件资源被分为以下几种。

可直接使用的构件：已有的能够从第三方厂商获得或已经在以前的项目中开发过的软件。这些构件已经经过验证及确认且可以直接用在当前的项目中。

具有完全经验的构件：已有的为以前类似于当前要开发的项目建立的规约、设计、代码或测试数据。当前软件项目组的成员在这些构件所代表的应用领域具有丰富的经验。因此，对于这类构件进行所需的修改，其风险相对较小。

具有部分经验的构件：已有的为以前与当前要开发的项目相关的项目建立的规约、设计、代码或测试数据，但需做实质上的修改。当前软件项目组的成员在这些构件所代表的应用领域仅有有限的经验，因此，对于这类构件进行所需的修改会有相当程度的风险。

新构件：软件项目组为满足当前项目的特定需要而必须专门开发的软件构件。

在采用构件的时候，应当以低成本、低风险为使用前提。如果任何一个漂亮的构件的应用，可能会带来潜在的出错风险或者必须经过复杂修改或者效率低下时，我们都应当毫不犹豫地把它抛弃。我们只采用那些能够满足项目的需要且可直接使用的构件，或者具有完全经验的构件，或者经过稍微修改便可使用的构件。

（3）环境资源。

“工欲善其事，必先利其器”，要得到高效的开发过程，就必须向工作人员提供良好的软/硬件环境，包括开发工具、开发设备、工作环境、管理制度。一般管理人员都会购买可以满足需要的软件开发工具和硬件平台，但是工作环境和管理制度往往被忽视。

站在人员的角度看，工作在更轻松自在、安静舒适的办公环境中的公司员工，往往比整天在狭小隔间中工作的公司员工，能产生更高的工作效率。而那些拥有灵活、人性化的管理制度的公司，比整天加班的公司更能留住高技术的人才。所以如何在有限资金中，规划一个合理的环境是很重要的事情。

到此为止，估算前的项目计划已经完成，我们已经形成一个工程开发框架。这是一个有界限的框架，虽然还不够精确，但足以进行估算的工作。

2. 估算的对象

目前为止，一个较为准确的软件项目估算的定义是：在给定公差范围内，对于要开发的软件规模的预测，以及对开发软件所需的工作量、成本和日历事件的预测。这个概念指出了一个事实，即估算是一种大约的估计，是将误差限定在一定范围内的估计。

估算主要包括以下几个重要内容。

1）规模估算

软件估算首先要将整个工程的规模估算出来，才能进行下面的其他估算。规模就是一个工程可量化的结果，是用具体数字来体现项目的描述。规模估算的信息来源是清晰、有界限的用户需求。

2）工作量估算

工作量估算是对开发软件所需的工作时间的估算，它和进度估算一起决定了开发团队的规模和构建。通常以人时、人天、人月、人年的单位来衡量，这些不同单位之间可以进行合理的转换。

3）进度估算

进度是项目自始至终之间的一个时间段。进度以不同阶段的里程碑作为标志。进度估算是针对以阶段为单位的估算，而不是对每一个细小任务都加以估算，对任务的适当分解很重要，分解得越细反而会不准确。因为任何一个软件工程，在各个方面都有与生俱来的不确定性。

4）成本估算

成本估算包括人力成本、物质、有形的、无形的支出的估算，其中以人力成本为主要部分。比较容易被忽视的是学习成本、软件培训成本、人员变动风险成本、开发延期成本等一些潜在成本消耗。

3. 估算的策略

在软件估算的众多方法中，存在“自顶向下”和“自底向上”两种不同的策略，两种策略的出发点不同，适应于不同的场合使用。

1）自顶向下的策略

自顶向下的策略是一种站在客户的角度来看问题的策略。它总是以客户的要求为最高目标，任何估算结果都必须符合这个目标。其工作方法是，由以项目经理为主的一个核心小组根据客户的要求，确定一个时间期限，然后根据这个期限，将任务分解，将开发工作进行对号入座，以获得一个估算结果。

当然，由于这完全是从客户要求出发的策略，而由于软件工程是一个综合项目，几乎没有哪个项目能完全保质保量地按照预定工期完工，那么这样一个策略就缺少了许多客观性。但是由于这样完成的估算比较容易被客户甚至被项目经理所接受，在许多公司我们看到这样一个并不科学的策略仍然被坚定地执行着。

2）自底向上的策略

与自顶向下的策略完全相反，自底向上的策略是一种从技术、人性的角度出发看问题的策略。在这样一个策略的指引下，对项目进行充分讨论，从而得到一个合理的任务分解。再根据每个任务的难易程度，将每个任务依照项目成员的特点、兴趣特长进行分配，并要求进行估算。最后将各个估算值加起来就是项目的估算值。

显然，自底向上的这种策略具有较为客观的优点，但是它的缺点就是这样一来项目工期就和客户的要求不一致了。而且由于其带来的不确定性，许多项目经理也不会采用这种方法。

4. 估算的方法

显然，估算是建立在客观实际的基础上的，对未来尽可能合理的一种预测。那么估算本身的不确定性，决定了它不可能是百分之百准确无误的。在项目刚开始时，人们对产品需求、技术、市场预期、人员素质等因素的了解还远远不够，在这种情况下人们很难做出准确的估计。但是依据某种方法进行估计显然比瞎猜好得多。

功能点分析估算法（FPA）是一种在需求分析阶段基于系统功能的一种规模估计方法。通过研究初始应用需求来确定各种输入、输出、计算和数据库需求的数量和特性。这种方法的计算公式是：功能点=信息处理规模×技术复杂度。信息处理规模包括各种输入、输出、查询、内部逻辑文件数、外部接口文件数，等等；技术复杂度包括性能复杂度、配置项目复杂度、数据通信复杂度、分布式处理复杂度、在线更新复杂度，等等。

10.3.4　项目计划场景下的估算案例

某项目 A 由于客户新确认一个需求，而此需求事先尚未列入此前的项目计划 MPP 中，由此产生资源危机。上级承诺给予项目组中途加入 3 位开发人员，但是，从目前情况看，开发人员按时到位的可能性不大。在此情况下，如何给予主管更有说服力的申请增加资源的理由呢？在承诺的资源不能按时到位时，如何在项目组内消除这种风险呢？项目经理开始反思自己的计划制订过程，基于工期的任务分配而不是基于工作量的资源调配是造成这种情况的原因。

项目经理调整了策略，决定先从任务规模估算入手。一方面，把项目计划（MPP）中的任务列表打印出来，召集相关模块负责人估算目前 MPP 中罗列的任务的规模。然后，固定工期调整项目计划。这样，哪些人任务过载，哪些人任务尚未饱和，可在成员工作量投入的报表中直接体现出来。另一方面，项目经理利用员工的周工作计划，在其中加入一周成员各任务工作量估计，使得当期与实际工作量有一个对照，便于项目经理调整整个项目的 MPP。

这样，项目经理在外加资源不能到位的情况下，根据现有资源的实际使用情况，合理调配，在项目组内部消化资源短缺风险。

案例启示：

在制订项目计划前，先进行合理的任务分解，并对各分解的任务进行规模估算和工作量估计。然后，根据项目组申请到的资源，先在 Project 中录入任务和工时（此前估算的该任务的工作量）。在给任务分配资源时先选择“固定工时”，然后加入“资源名称”，最后选择项目起始时间。Project 会自动根据“工时＝工期×（资源 A 的投入百分比＋资源 B 的投入百分比＋…）×8 小时”的对应关系，自动计算出每个人在该任务的投入比例。同时，周计划中的工作量估算为验证项目开始时所做的估算准确性及实时修订计划提供了参考。

构建可量化、可评估、标准化的软件开发投资造价评估模型，提高应用软件投资估算的精细化管控力度，从一定程度上起到了支撑网络规划、年度投资计划、工程项目投资预算和综合造价分析的作用。

制订标准化的软件开发业务需求模板，作为业务部门向系统运营主管部门提交业务需求的参考模板，从而提高需求的准确性，降低需求变更风险。

制订统一的软件功能需求和基本功能点数统计模板，作为系统运营主管部门向计划部提交项目建议书时对软件投资进行估算和评估的依据。

10.3.5 软件计划估算的戒律

任何一个项目经理，都知道要慎重估算，但是我们仍然发现在许多项目中存在人力资源的浪费和财力资源的匮乏现象。对于宝贵的资源，我们不是用得太多，就是根本不够用。因此，有以下前人总结出来的一些经验以供借鉴。

1. 不要追求完美

就像没有人能预测出未来一样，如果还没有完成，就不要企图完美的结果。更何况估算的太精确，反而会失去灵活机动的空间。

2. 不要为满足预算而估算

如果这个项目的预算根本不能完成 100%的任务，那么就不要让你的团队委曲求全。正确地反映客观现状，不仅可以争取应得的权利，而且是完成任务的前提。

3. 不要随意削减估算结果

有很多老板喜欢把项目经理递交的估算，不假思索地砍掉一部分。这是一种不负责任的做法，如果要削减一定要有理由。

4. 客观地估算，不贪多、不偷减

就像老板不能随便削减项目经理的估算一样，项目经理也同样不能在估算的时候，贪多或是偷减。贪多必然导致浪费，偷减必然导致不足。这两个结果恐怕都不是一个合格的项目经理的作为。

5. 客观利用过去的经验

对于以往估算的经验，当然是宝贵的财富，但是如果财富用错了地方就会变成垃圾。在使用经验时，要注意现在和参考经验之间的差异。不要忘记，随着时间的推移，计算机领域技术的更新，许多观念都在发生改变。

6. 不要以客户目标作为估算的结果

客户是上帝，软件公司一定要尽力实现客户的需求。但我们要实现的是合理的目标，况且不能为了达成目标而去堆积数字，这样岂不是因果倒置了。

7. 不要隐匿不确定的成本

软件开发中存在潜在风险，是很正常的事情。存在风险就会带来潜在的成本，如突

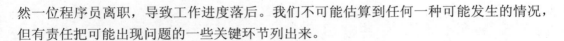

然一位程序员离职，导致工作进度落后。我们不可能估算到任何一种可能发生的情况，但有责任把可能出现问题的一些关键环节列出来。

8. 不要将估算变成承诺

尽管估算并不精确，但是用估算做计划是没有问题的。而如果要求团队根据不精确的规模估算结果，承诺开发完成时间（上线时间）就不对了，原因如下。

1）可能会让估算变得非常保守

当团队明白估算会被当成一个承诺时，团队往往会倾向于自我保护，放大估计值，这也很容易理解。软件工程大师 Ivar 曾经说过，他会把他的初步估计乘上一个 π，来给出一个承诺。

2）可能会伤害信任

由于得到了保守的估算（承诺），一些懂开发的业务人员就会质疑为什么会要这么长时间，开发人员会给出一个表面上的技术原因，但是不信任的种子已经埋下了。有些业务部门甚至逐渐会派生出专门和研发讨价还价的组织，这就是我们常说的“合同游戏”了。

3）可能会损害质量

如果强行让研发人员按一个乐观估计去承诺可以按时完成工作，这时如果研发团队不够成熟，他们就很可能为按时交付而放弃质量标准，这样会导致按时交付一个低质量的产品，这往往会损害商誉。

10.4 项目管理场景下的估算

项目管理场景下估算的应用主要表现为：在项目实施变更时，对变更进行合理估算、控制，做好变更管理工作，从而降低项目失败风险；在项目进行中，指导开发方实施成本控制，避免项目出现时间滞后、费用远远超出预算的情况；在软件企业过程改进中，指导企业建立组织过程性能基线、模型等，获取企业生产率、成本等数据；通过与行业数据比对等方法，确定企业过程改进区域，指导企业进行过程改进，最终实现企业生产效率提升、成本/质量/进度可控等。

在项目实施过程中，企业在以下里程碑对项目的实际功能规模、工作量、工期进行测量：

（1）需求完成；

（2）设计完成；

（3）编码完成；

（4）系统测试完成。

下面就以某企业的人力资源系统开发项目为例来进行介绍。

10.4.1 采用功能点方法进一步明确需求

在需求阶段，企业采用快速功能点的估算功能点方法，对预估功能点方法进行验证，计数未调整前功能点数为 200FP。

当预估功能点方法估算结果大于估算功能点方法很多时，企业会怀疑围绕着逻辑文件的事物功能是否挖掘充分。预估功能点方法与估算功能点方法可以对需求挖掘是否充分进行验证。

于是该企业对客户需求进行进一步挖掘，发现围绕着一些逻辑文件的事务操作功能未挖掘充分。最终需求进一步明确，通过调整估算功能点方法与预估功能点方法对规模的估算结果相一致，采用估算功能点方法进行计数。

采用估算功能点方法，能够更好地对需求进行挖掘，更好地对需求变更进行管理，更好地进行需求优先级排序等。

10.4.2 在项目各阶段对数据进行采集

该企业采用项目管理系统对项目完成情况（规模、进度）进行监控，采用工时登记系统辅助对项目工作量（直接人力成本等）进行测量，采用财务系统对直接非人力成本进行测量。项目管理系统中将工时登录系统、财务管理系统等成本相关数据进行集成和整合，如图 10-2 所示。

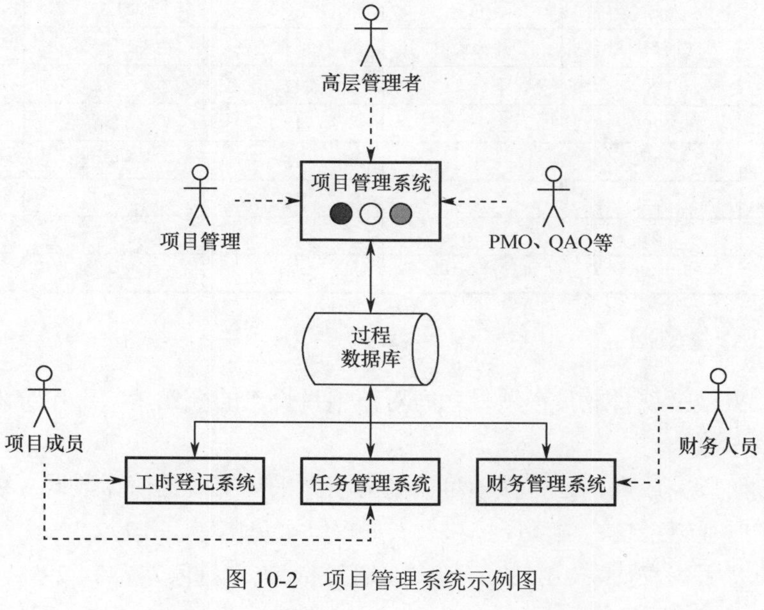

图 10-2　项目管理系统示例图

项目管理系统能够实时采集项目当前规模、进度、工作量、成本等偏差情况，并给出初步的项目健康度状况分析。根据偏差的不同情况，经过计算获得项目是否健康（绿灯健康、红灯风险大、黄灯预警）。项目管理系统能够根据项目偏差情况给出纠正措施建议，指导项目经理对偏差进行调整，如增加人力资源、计划变更或裁剪项目范围等。

在项目研发过程中，项目成员定期或以时间驱动，对已发生的直接成本进行测量。在项目结束后，按照要求对各项成本进行测量。

为了保证数据的正确性，企业对测量的数据建立专人、多层审核制度。在审核过程中如果发现问题，相关负责人应及时通知问题责任人进行修改，问题责任人应及时进行修正并再次提交，相关负责人进行审核直至问题得到解决。

数据审核主要包括对数据的真实性、同步性、一致性、有效性、及时性、分布性等的审核。

1. 采集规模数据

项目规模在项目开展过程中随着项目目标的逐渐清晰而清晰。项目前期主要是对规模进行估算，项目后期则是对规模进行准确测量。

规模估算数据在项目策划完成后就可以采集。在项目实施过程中，项目规模数据可能会随着项目目标的变化而变化，因此需要在项目不同节点、各里程碑对项目规模进行重新测量、采集，如表 10-10 所示。

表 10-10　项目规模数据采集表

	EI	EO	EQ	ILF	EIF
	外部输入	外部输出	外部查询	内部逻辑文件	外部接口文件
项目策划	20	8	12	8	0
需求分析	20	8	12	8	0
程序实现	22	10	16	9	0
系统测试	25	10	18	9	0
项目结项	25	10	18	9	0
原始规模	248	实际规模	312	规模偏差	25%

2. 采集工作量数据

工作量数据是指项目成员在项目期间对该项目投入的工作量，工作量采用人天为计量单位。

项目策划阶段完成后，乙方在项目估算文档中采集工作量估算数据；在项目进展过程中，通过工时登记系统、项目周报和个人周报等采集实际工作量。

项目工作量采集表如表 10-11 所示，该项目累计工作量偏差为 14.29%。

表 10-11　项目工作量采集表

阶　段	计划工作量（人天）	实际工作量（人天）	累计偏差
需求分析	150	131	−14.50%
设计	110	90	−17.65%
系统实现	350	422	5.13%
项目测试	320	407	11.43%
验收	150	210	14.29%

3. 采集工期数据

工期数据是指采集项目的进度信息。进度的单位多为：天、月、时，在具体采集时往往采用天作为计量单位。

项目策划完成后，乙方在项目计划文档中采集工期估算数据；在项目进展的过程中，项目实际进度通过任务管理系统、项目周报及个人周报等来采集。

进度数据采集一般包括：各阶段/任务的计划开始/结束时间、各阶段/任务的实际开始/结束时间、进度偏差等。采集的过程可以使用工具，也可以采用比较原始的数据采集表。

4. 采集成本数据

在项目实施过程中，成本数据主要关注直接人力成本，直接人力成本主要表现为工作量。项目实施过程中需要加强对直接人力成本的跟踪监控，主要方法就是收集组织每周工作量投入，与计划进行比较，从而辅助项目管理进行决策。

5. 数据测量最终结果

乙方数据测量的结果是成本及成本相关数据采集结果，如项目规模、工作量、工期、成本等采集数据。这些数据测量结果存放于企业过程数据库中。

10.4.3 软件研发成本分析

某企业定期对软件研发成本进行分析，主要包括：成本估算偏差分析、成本构成分析、成本关键影响因素相关性分析、成本估算方程回归分析等。

该企业的软件成本数据分析主要是定量监控软件成本，利用量化统计方法分析软件成本的估算值与实际值之间的偏差，并对偏差进行根本原因分析；预测软件成本的变化趋势，采取适当的纠正措施来控制偏差，使项目成本维持在可控、稳定的范围内；在组织范围内利用逐步积累的历史数据，建立并维护成本度量分析模型，以指导组织、项目开展后续的软件成本管理工作。

1. 首先测量成本偏差分析所需的数据

对以下三个数据进行采集。

计划值（PV）：到当前报告日期为止，按计划应完成的全部任务的预算成本的总和。

挣值（EV）：到当前报告日期为止，已完成的全部任务的预算成本的总和。

实际成本（AC）：到当前报告日期为止，已完成的全部任务的实际成本的总和。

2. 基于成本度量数据，计算成本偏差及其他相关量化指标

- 成本偏差（CV）是用来表明项目成本是否超出于实际成本：

  成本偏差（CV）=挣值（EV）−实际成本（AC）

- 进度偏差（SV）是用来表明项目进度是否落后于基准进度：

  进度偏差（SV）=挣值（EV）−计划值（PV）

- 成本绩效指标（CPI）是比较项目已完成计划工作的成本与实际成本的一种指标：

  成本绩效指标（CPI）=挣值/实际成本（EV/ AC）

- 进度绩效指标（SPI）是比较项目已完成进度与计划进度的一种指标：

  进度绩效指标（SPI）=挣值/计划值（EV/ PV）

企业定期采集计划值、挣值和实际成本等参数，并画出挣值图对项目进度、成本进行监测和报告。

假定项目进展到中期时计算得出 CPI 为 0.93，SPI 为 1.08，说明该项目预算超支且进度落后。项目管理系统建议需要通过加班赶工、调整阶段里程碑内计划来减少项目延迟等情况。

3. 对以上成本偏差及指标进行初步分析

CPI＜1 说明到目前为止的项目实际成本比计划成本多，需要进一步分析项目的进度偏差 SV，发现 SV＞0、SPI＞1，显然项目在成本增加的情况下，取得了比原有计划更快的项目进展。

利用成本偏差指标（CV，CPI），配合进度偏差指标（SV，SPI）来评估成本实际与计划之间的偏差大小，并初步分析成本偏离的原因，确定是否需要采取纠正或预防措施。随着项目工作的逐步完成，偏差的可接受范围也逐步缩小。项目开始时可允许较大的百分比偏差，然后随着项目逐渐接近完成而不断缩小。

4. 基于偏差数据、指标，对项目完工成本进行预测

随着项目进展，项目团队可根据项目绩效，以已完成工作的实际成本为基础，并根据已积累的经验来为剩余项工作编制一个新估算。对完工估算 EAC 进行预测。预测 EAC

是根据当前掌握的信息和知识，估算或预计项目未来的情况和事件。预测根据项目执行过程中所产生的工作成果、进展状况、已发生成本等信息来进行，并在必要时更新和重新发布预测。

在计算 EAC 时，通常用已完成工作的实际成本，加上剩余工作的 ETC（未完工尚需估算）。项目团队要根据已有的经验，考虑实施 ETC 工作可能遇到的各种情况。把挣值分析方法与手工预测 EAC 方法联合起来使用，效果更佳。预测公式为：

$$EAC= AC+ETC$$

在进行成本偏差分析并对最终完工成本进行预测之后，发现项目预测的 EAC 值不在可接受的范围内，该企业决定进一步进行根本原因分析，找出导致成本偏差的根本原因，并决策是否需要采取纠正措施来控制偏差，从而使得项目成本偏差控制在一定的范围内。

10.5　项目结算场景下的估算

10.5.1　结算分类

1. 正常结算

软件结算指软件开发完成后，软件开发方与软件采购方进行软件费用的支付过程。在双方正常合作的情况下，双方按照在项目采购时签订合同的支付约定进行项目结算。

软件项目结算支付过程有以下特点：

（1）人力成本占主要部分。软件项目成本中，虽然除了人力成本，仍然包括其他的如硬件、软件、网络设备等的采购成本，但是通常在软件项目中人力成本占绝大多数。

（2）费用垫付风险大。软件企业开发过程中，很多情况下乙方企业需要先行开发软件，交付甲方验收后才能收款。在项目开发过程中，乙方内部人力成本则必须持续支付，否则员工会立刻离职。所以在开发到收款的时间间隔内，需要乙方软件企业垫付软件开发人员的费用，存在垫付风险。

（3）服务滞后性。对于软件外包合同的甲方，直到软件最后提交上线，才能真正获得软件的服务。这个过程甲方同样承担一定的风险，一方面按照合同的支付计划需要提前付款，另一方面最终软件能否正常运行、达到预期效果具有很大的不确定性。

为规避以上垫支风险，通常软件外包会要求项目阶段中完成阶段性的成果，并随之产生支付计划。常见的支付计划按照项目的阶段性，在双方共同都确认的某些里程碑后支付。

以下是一个软件项目支付计划的例子。

×××××项目研发经费与报酬总额为：×××××万元，甲方采用分期支付方式支付给乙方。支付方式和时间如下： （1）2015年10月8日合同签约后5个工作日内支付总额的20%（人民币×××××元整）。 （2）2015年12月20日前完成需求确认，支付30%（人民币×××××元整）。 （3）2016年4月15日前完成设计及编码，并进行功能演示，初验完成后支付20%（人民币×××××元整）。 （4）2016年7月30日前完成产品部署实施，并完成正式验收，支付20%（人民币×××××元整）。 （5）正式验收后一年为维护期，维护期完成，支付10%（人民币×××××元整）。 乙方开户银行名称、地址和账号如下： 账户名称：________________ 开户银行：________________ 地址：________________ 账号：________________

由以上示例可见，软件研发和项目维护期的近两年的时间均属于支付结算的周期。

通常在项目正常健康发展时，无须在结算时再对软件进行成本估算，因为在项目的招/投标或签订合同时已经估算过。

2. 非正常结算

当项目不能正常结项，会引起项目不正常的结算。非正常结算可能的原因包括以下几种情况：

（1）甲方撤销项目。因为某些原因造成甲方的项目建设需求不再存在，甲方主动提出终止项目。如果合同中已经说明此种情况下如何结算，则按照合同条款执行。如果合同未约定，通常双方协商后进行结算。协商的过程中，需要考虑终止合同对乙方可能引起的损失，也需要考虑乙方已经投入的工时费用。这时需要对已经完成的项目工作进行工时估算。

（2）乙方撤销项目。乙方由于某些特定原因，如无法执行项目、技术水平限制等原因终止合同，此时优先按照合同约定进行结算。如果合同未约定此情形如何结算，可以通过双方协商后进行结算。这时由于项目终止责任不在甲方，乙方已经提交的工作成果对于甲方来说未必有价值，乙方往往需要退返甲方已经支付的费用。

（3）功能不完整的项目结算。如果交付的软件功能没有达到预期的要求，双方可自行按照已经提交的应用软件规模进行价格估算，确定此情况下的实际结算金额。

（4）超出软件项目需求的结算。由于项目的渐进明细的特点，在项目执行过程中，甲乙双方均可能会引起需求的扩展。这种情况下双方不仅需要按照原合同的金额进行支付，还需要讨论此项目超出部分的结算金额。

（5）软件项目需求置换。在某些情况下，经过甲乙双方商议，对项目的软件开发内容范围进行了变更。全部或部分功能不再开发，而是转而开发其他的应用功能。此情况下也需要依据双方共同确认的需求进行结算估算。

10.5.2　项目结算估算方法

以下探讨非正常结算的项目估算方法。非正常结算的项目往往存在某一方的过失，造成合作的另一方的损失，这时另一方可以提出对方赔偿己方违约金额，对于违约金额的多少不在本书中进行探讨。本书主要探讨非正常结算的软件项目应该如何估算费用。

1. 甲方撤销项目结算方法

甲方主动撤销项目，这种情况下中断的责任在甲方，因此甲方需要支付项目已经发生的所有费用；并按照双方协商的情况对乙方进行赔付。对乙方的赔偿本书不做讨论，本书主要讨论如何估算对已经发生的项目工作量的成本。

通常按照以下步骤来对中断的项目进行成本估算。

步骤一：确定完整项目金额。即确定项目如果完整地完成时的金额。此处有两种情况：①项目范围无变化，则完整项目金额可以直接使用合同金额。②项目范围发生变化，则需要确定项目实际规模，此处规模估算和其他场景的规模估算基本一致，注意有以下两个不同之处。

（1）尽量使用详细的估算依据。尽量使用最新的文档，包括需求、设计、原型、甚至是可执行的软件进行估算。

（2）需求变更的考虑因子，取值为 1。

步骤二：确定项目终止时已经完成的比例。

确定项目完成的比例，通常首先确定已经完成的里程碑，里程碑是双方共同确定的阶段性的交付点。这些交付点上，甲方会检验乙方完成的项目工作，并予以确认。在里程碑点上基本都能确认项目已经完成相应阶段的工作量。项目到里程碑占多少比例的工作量可以参考一些行业的基准数据报告，如表 10-12 所示。

表 10-12　工程活动工作量分布基准数据明细

工作活动工作量分布详细情况				
需求	设计	构建	测试	实施
13.53%	14.21%	40.59%	21.22%	10.45%

注：数据来源于 2017 年中国软件行业基准数据报告 SSM-BK-201706。

如果项目终止并非在里程碑点上，这时需要双方根据工期和乙方投入人力、物力的情况来协商项目工作的完成度。

步骤三：估算项目结算的金额。如果项目范围未变更，则可以按照项目合同中约定的软件研发费用按照上一步骤的比例结算，且通常按照上下 20%的浮动范围给予一个结算价格空间。例如，合同金额为 100 万元，步骤二确定完成比例为 45%，则除去违约金额外，项目费用按照 36 万～54 万元这个空间来结算均属于正常范围。

【案例分析】

案例背景：甲乙双方签订一个纯软件研发项目合同，签订的合同金额为 120 万元，项目进行到开发阶段时，由于甲方企业工作机制改变，该项目已经没有建设必要，甲方选择结束此项目。此时，项目刚完成到设计阶段里程碑，还没有开展后续阶段的工作。

项目除去按照协商对乙方进行赔偿外，软件已经完成的工作量估算成本如下。

步骤一：确定完整项目金额。因为此项目范围未变更，所以金额为 120 万元。

步骤二：确定项目终止时所完成的比例。参考表 10-12 中的比例，设计阶段完成时，项目工作的比例应该是“需求”和“设计”两个阶段的工作占比，为 27.74%。

步骤三：估算项目结算金额。按照 120 万元的 27.74%进行结算，即建议按照 33.288 万元进行结算。结算金额从 26.63 万元到 39.95 万元均属于正常范围。

2. 不完整的功能结算

由于乙方提交的项目功能没有达到合同中甲方要求的项目功能，因此结算金额不应按照最初的合同价格进行支付。此时乙方一般为功能不完整的责任方，如何赔付由双方进行协商处理，本书不做详细讨论。本书主要讨论如何对已经交付的不完整功能软件进行结算金额估算。

通常按照以下方法对不完整功能的项目进行结算。

步骤一：确定实际交付软件的规模。按照实际交付的软件进行规模估算，即打开软件按照各平台、模块功能逐一计数实际交付的软件功能。

注意以下计数的规则：

（1）双方确定的需求变更，需要计算此需求变更的功能规模影响。

（2）需求变更的调整因子，其参数值为 1。

（3）乙方提交的软件中，并非甲方要求的功能点不应计入交付软件规模。

步骤二：按照完成比例计算结算费用。例如，对合同签订时的软件规模与实际交付的软件规模进行比例计算。通常按照上下 20%的浮动范围给予一个结算价格空间。

【案例分析】

案例背景：甲乙双方合同签订计划交付 1000 功能点的软件，合同金额按照行业均价为 100 万元；在甲方对项目进行验收时，发现并没有实现当初约定的全部功能。项目结算时应如何结算？

项目除去按照协商进行赔偿外，已经完成的功能不完整的软件结算金额估算如下。

步骤一：确定实际交付软件的规模。经过对实际交付软件进行功能点规模计数，假设经过功能点评估已经交付的实际软件规模为 700 个功能点。

步骤二：按照完成比例计算结算费用。700 个功能点占应交付规模的 70%，所以项目的完成比例为 70%。则不完整功能的软件结算价格建议为 100 万元的 70%，即 70 万元。同样建议的结算价格区间上下浮动 20%，即 56 万～84 万元均属于正常的结算价格范围。

3. 超出范围功能结算

交付的软件项目超出原有功能可能有两种类型。

类型一：甲方并不需要的功能附加。一般乙方软件公司均有自身的技术储备，本身技术储备的功能可能已经超出甲方的要求。这种情况下，甲乙双方均有权要求去除超出的功能部分。超出的功能部分并不是甲方要求的功能，按照原则是不予支付的，因此这种情况无须另外估算成本。

类型二：甲方需要的功能扩展。甲方发起要求，在开发过程中增加软件的功能。针对这类功能的扩展，双方应遵循规范的需求变更流程，评估增加的功能的范围，并对需求增加的影响进行详细分析。

甲方需要的功能扩展，通常按照以下方式进行结算估算。

步骤一：计算超出部分的规模。对超出的功能模块单独进行功能点估算。

步骤二：按完成比例计算结算费用。按照超出部分的比例计算完成比例。

【案例分析】

案例背景：甲乙双方签订了一个软件开发项目合同，甲方因为考虑软件的功能开发，在需求分析阶段，提出了一个需求变更。此变更增加一个报表自定义的模块。原计划项目为 1000 个功能点，合同金额 100 万元。

步骤一：计算超出部分的规模。在结项时对超出原定范围的报表自定义模块进行规模计数，得知其超出部分软件规模为 280 个功能点。

步骤二：按完成比例计算结算费用。加上超出的 280 个功能点，软件完成比例为 138%。按照原项目金额 100 万元的 138%来计算结算费用，结算费用为 138 万元。同样建议超出部分价格区间上下浮动 20%，即 130.4 万～145.6 万元均属于正常的结算价格范围。

4. 第三方软件成本评估

在项目非正常结项双方存在分歧，协商无果时，可以借助第三方机构依据已经完成的软件进行第三方软件成本评估。

第三方软件成本评估一般要求具有软件成本造价相关资质的专家来进行分析评估。执行评估依据《软件研发成本度量规范》，通过分析项目的具体项目需求，出具经过认可的功能点、成本评估报告。第三方软件成本评估主要工作流程如图 10-3 所示。

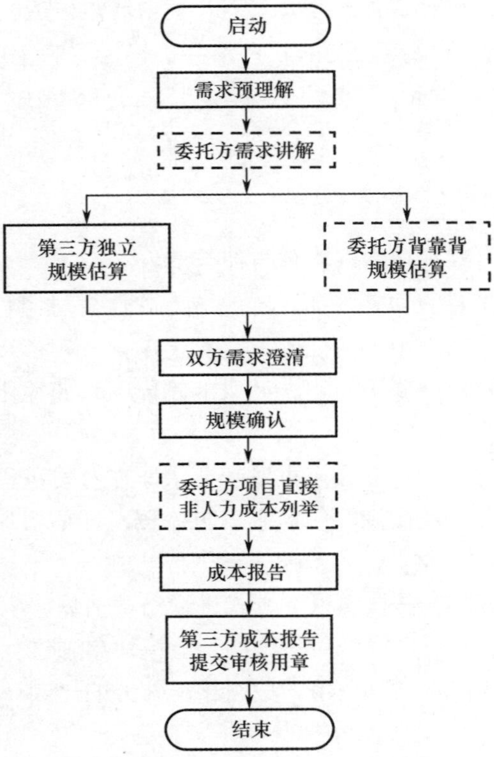

图 10-3　第三方软件成本评估主要工作流程

第一阶段：需求预理解。由委托方提供估算的依据文档，专家组阅读并理解需求。但是每一个软件开发都需要有些行业的背景和专业的知识，所以这个阶段评估专家在需要理解的同时，还在标识出存在疑问需要澄清解释的估算材料。

第二阶段：需求澄清阶段。委托方与评估专家小组通过沟通的方式将待澄清的需求弄明白，为后续功能点估算做好准备。

第三阶段：规模计数并确认。功能点估算专家按照国际功能点估算规范进行功能识别，完成后双方就规模及澄清的需求进行确认。

第四阶段：确认软件成本。按照《软件研发成本度量规范》及其实施指南的要求，对相关工作量和成本的调整因子进行取值，结合行业发布的软件行业基准数据对软件成本进行确认，并形成第三方软件成本评估报告。

第三方软件成本报告示例如表 10-13 所示。

表 10-13　第三方软件成本评估报告示例

序　号	评估内容	评估结果		单　位
1	未调整功能点规模	5713		FP
2	调整功能点规模	8827		
3	软件开发工作量范围	低价位值	293.38	人月
		标准值	366.60	
		高价位值	439.82	人月
4	软件开发费用（除直接非人力成本）范围	低价位值	478.49	万元
		标准值	597.90	
		高价位值	717.32	
5	软件开发费用（直接非人力成本）	标准	5.5	万元
6	软件开发总费用范围	低价位值	483.99	万元
		标准值	603.4	
		高价位值	722.82	
7	软件实施维护费用范围	标准	52.8	万元
8	项目总费用范围	低价位值	536.79	万元
		标准值	656.2	
		高价位值	775.62	

如表 10-13 所示，第三方软件成本评估报告包括软件项目的未调整功能点规模、调整功能点规模、软件开发工作量范围、软件开发费用范围（除直接非人力成本）、软件开发费用范围（直接非人力成本）、软件开发总费用范围、软件实施维护费用范围、项目总费用范围。

10.5.3　结算后数据的应用

结算时对软件的实际软件规模数据进行收集，获取项目的实际规模、实际开发工时、实际成本等数据，对于企业的后续管理是很有帮助的。从以下几个方面可以体现其提升能力：

（1）提升企业软件规模估算的能力。部分企业在软件开发过程中进行规模评估，因为开发人员希望体现其工作多，而倾向于将功能规模估算得偏大。如果据此“虚高”的软件规模来计算企业的开发效率，可能会高估自身企业的开发水平。所以定期地将早期的规模估算和真实交付的软件规模进行比对，能够尽早地将“虚高”的规模拉回到现实中来。

（2）提升软件企业项目计划管理水平。所有项目开始后都需要针对其项目范围估算项目的工作量，从而合理地安排项目人力资源，并排定工作计划。只有经过多个项目的实际历史数据收集，才能够获得项目实际开发的生产率基线水平，从而使后续计划安排更加成熟、有效。

（3）提升企业的软件项目的成本预算水平。甲乙双方在完成项目后获得真实的成本数据，将有利于日后类似项目再行开发时对成本的估算，从而提升企业的预算能力。

（4）提升企业软件运维水平。当企业完成软件开发后，软件进入运维状态。而了解交付运行的软件的“大小”是非常重要的。运行软件的规模将直接影响到运维的人力资源分配、时间分配和运维的预算。掌握了准确的软件规模大小，再结合考虑其他的因素，可以更精细化地进行运维管理。

附　录

GSC 调整因子评分说明如下。

1. 数据通信

应用程序使用的数据和控制信息通过数据通信设施进行发送和接收。

一组本地连接到计算机系统的终端并不能算是通信设施。数据通信在相隔一定的地理距离的双方之间发生，一般来说，需要特别的设施。如果这样的设施只是所选择技术基础设施中或多或少的附带部分，那么它不应该被进行影响程度的估值。

影响程度：

0：应用程序是单独运行的批处理，或者独立的单机处理。

1：应用程序是批处理，但是只有远程数据输入，或者只有远程打印。

2：应用程序是批处理，但是有远程数据输入和远程打印。

3：在线功能表单主要是批处理过程或者查询系统的前端。

4：应用程序不仅仅只是一个前端程序（很可能是一个在线和批量处理过程的组合），但是只支持一种类型的远程处理通信协议。

5：应用程序不仅仅只是一个前端程序，并且支持多种类型的远程处理通信协议。

2. 分布式数据处理

应用程序包括分布式数据，或者分布式处理功能。

分布式数据意味着文件分散在应用程序的各组件里。

分布式处理功能意味着信息处理被分配到应用程序的各组件，由各组件来完成。

一个组件可以是一个技术单元，一个计算机配置，一个独立的 CPU，一个数据库处理器，一个终端用户计算机系统，等等。

影响程度：

0：在应用程序的各组件之间没有发生任何数据传输或者处理功能。

1：应用程序为在另一个系统组件上进行的终端用户处理准备数据。例如，PC 数据电子表格和 PC 数据库管理系统。

2：数据被准备用来在另一个系统组件上进行传输，发送和处理（并不意味着给终端用户使用）。传输的启动和处理以标准化的方式完成。

3：分布式处理和数据传输在线发生，并且只在一个方向上发生。传输的启动和处理以标准化的方式完成。

4：分布式处理和数据传输在线发生，而且是双向的。传输的启动和处理以标准化的方式完成。

5：处理功能是动态的，在最适合的系统组件上完成。

3. 性能

用户确定或者认可的响应时间，或者吞吐时间等性能目标会影响到应用程序的开发、实现和维护。

影响程度：

0：用户没有提出特别的性能需求，即“快且脏”的解决方案。例如，那些计划的、短生命周期的应用程序。

1：用户提出了响应时间的需求，但是没有额外的说明。

2：在线响应时间只是在高峰时刻是关键的。对于所采用的 CPU 没有特别的设计。处理的截止日期是紧跟着的第二个营业日。

3：在线响应时间在整个营业时间都非常关键。和应用程序打交道的其他应用程序对处理截止日期提出需求。

4：用户对于响应时间存在一定的需求，使得性能分析活动已经被包含在设计阶段。

5：为了满足用户提出的性能目标，在应用程序的设计、开发或者实施阶段开展性能分析活动，并使用工具。

4. 大量使用的配置

应用程序必须在一个已经被大量使用（在操作期间被大量使用）的计算机系统上运行，因此需要特别的设计考虑。

影响程度：

0：不存在显示或者隐式的操作限制。

1：确实存在操作限制，但是并非那么严格。符合限制要求，但不需要额外的工作。

2：存在一些安全和定时的考虑。

3：在生产系统上对应用程序的一部分施加了特别需求。

4：操作限制对于应用程序的结构提出了特别的限制。

5：操作限制对于应用程序的结构提出了特别的限制，并且这个特别的限制被施加到应用程序的其他分布式组件上。

5. 事务处理率

事务处理率是指单位时间完成的事务处理数量。这里的关键是事务处理率的高低和应用程序架构是密切相关的。尤其要记住高峰时刻的负载要求。高事务处理率影响到系统的开发、实现和维护。低事务处理率对于系统的开发、实现和维护没有任何影响。

影响程度：

0：无须关注性能分析。

1：需要注意性能分析，但是事务处理率很低。

2：事务处理率要求一般，但是事务处理是简单的，以至于性能分析并不那么重要。

3：对于事务处理率和复杂度存在一定程度的要求，使得需要进行常规的性能分析考虑。

4：为了满足用户提出的高事务处理率的要求，性能分析任务成为组成项目设计阶段的一部分。

5：执行性能分析任务，并且在应用程序的设计、开发或者安装阶段都需要辅以性能分析。

6. 在线数据输入

应用程序提供在线数据录入（输入数据）或者输入控制信息在线功能。这涉及事务处理的类型，而非事务处理被执行的效率。

影响程度：

0：没有交互的数据录入事务处理。

1：1%～7%的事务处理是交互的数据录入。

2：8%～15%的事务处理是交互的数据录入。

3：16%～23%的事务处理是交互的数据录入。

4：24%～30%的事务处理是交互的数据录入。

5：超过30%的事务处理是交互的数据录入。

7. 最终用户效率

应用程序中的事务处理是以实现最终用户工作的高效率为目标而进行安排的。这里的问题涉及应用程序的结构，应用程序的结构将使得最终用户在其组织内工作得更加有效。

要考虑以下一些情况：

- 菜单；
- 在线帮助功能和帮助文档；
- 自动化的光标移动；
- 翻阅功能；

- 远程打印（通过在线事务处理）；
- 预设的功能键；
- 在线事务处理中提交批次任务；
- 屏幕画面数据的光标选择；
- 大量使用扭转视频、高亮显示、颜色标注和其他指示形式；
- 对在线事务处理进行硬复制；
- 使用鼠标的接口；
- 弹出画面；
- 执行一个业务功能时使用尽可能少的画面；
- 在屏幕画面之间方便的浏览（例如，通过功能键）；
- 多语言支持。
    - 两种语言：统计为 4 个项目。
    - 多种语言：统计为 6 个项目。

影响程度：

0：没有出现上述任何情况。

1：出现上述情况中的 1、2 或者 3 种。

2：出现上述情况中的 4 或 5 种。

3：出现上述情况中的 6 种或更多，但是用户对于效率没有特别的需求。

4：出现上述情况中的 6 种或更多，而且用户存在对于效率的需求，使得需要专门的任务来开发这些需求。

5：出现上述情况中的 6 种或更多，而且用户存在对于效率的需求，使得需要专门的资源和过程来验证效率目标的达成。

8. 在线更新

应用程序内部逻辑文件会发生在线更新。这里涉及的是事务处理的类型，而不是事务处理的执行效率。

影响程度：

0：不适用。

1：包含控制信息的文件被在线更新。更新的频率是低的，并且没有发生数据恢复。

2：内部逻辑文件被在线更新。更新的频率是低的，数据恢复是简单的。

3：重要的内部逻辑文件被在线更新。需要考虑到内部控制的需求。

4：和 3 一样。此外，避免数据丢失的保护措施是必要的特性。

5：和 4 一样。此外，在考虑数据恢复时，需要将成本方面和海量数据结合在一起考虑。

9. 复杂处理

应用程序的内部处理是复杂的。特别是当存在：

- 大量的控制或者安全设施；
- 大量的逻辑处理；
- 大量的数学处理；
- 很多导致事务处理被中断或者重启的异常例程；
- 复杂的过程来处理多个输出和输入的可能性。例如，多媒体和独立设备。

影响程度：

0：没有出现上述任何一个特性。

1：出现上述特性中的 1 个。

2：出现上述特性中的 2 个。

3：出现上述特性中的 3 个。

4：出现上述特性中的 4 个。

5：出现上述所有 5 个特性。

10. 复用性

应用程序以这样一种方式被结构化处理和维护：它的一部分可以被相同的应用程序或者其他应用程序使用。复用性围绕着可以在应用程序之外被用作功能单元的软件或者软件的一部分。

影响程度：

0：不考虑可复用代码的生产。

1：只考虑应用程序相关的可复用代码的生产。

2：所生产的适合其他应用程序复用的代码在所有要开发的模块中所占比例小于 10%。

3：所生产的适合其他应用程序复用的代码在所有要开发的模块中所占比例等于或者大于 10%。

4：整个应用程序以这样一种方式被进行结构化处理或者编档——所生产的代码能够被方便地复用。在复用时，必须在源代码一级进行调整。

5：整个应用程序以这样一种方式被进行结构化处理或者编档——所生产的代码的复用非常简单。在复用时，可以通过用户参数来调整代码。

11. 易于安装

易于安装具有下列特征：

- 应用程序可以被方便地进行转换和安装；

转换和安装计划，或者转换工具是在应用程序相关的测试阶段被制定和测试。

影响程度：

0：没有任何涉及安装和转换的计划。

1：用户没有声明任何计划，但是安装需要一个专门的设置。

2：用户已经说明了转换和安装的需求，安装的准则也已经过测试。转换对于项目影响不大。

3：用户已经说明了转换和安装的需求，安装的准则也已经过测试。转换对于项目影响很大。

4：和 2 一样，但是安装和转换的自动化工具已经提供，并且已经通过测试。

5：和 3 一样，但是安装和转换的自动化工具已经提供，并且已经通过测试。

12. 易于操作

应用程序的操作简便性的特点是减少操作应用程序（操作和计算机中心）所需的国际标准工作量。这包括为了以下动作所开发的程序或设置过程。

- 启动应用程序；
- 备份数据；
- 恢复应用程序；
- 磁带处理；
- 纸张处理。

影响程度：

0：用户没有说明除了标准的备份过程之外的其他操作需求。

1～4：从下面的选项中选取适用于相关应用程序的项目。除非另有指示，否则为每个选项统计一个点：

- 已经对启动应用程序、备份数据和恢复应用程序进行了处理，但是需要操作员的介入。
- 已经对启动应用程序、备份数据和恢复应用程序进行了处理，而且无须操作员的介入（作为两个项目进行计数）。
- 应用程序对磁带设置限制了最小次数。
- 应用程序对将其他纸张放入打印机限制了最小次数。

5：需求是应用程序必须被设置成无须人为操作。换句话说，除了启动或者停止应用程序之外，不需要任何操作员的介入，应用程序具有自动恢复机制。

13. 多站点

应用程序被专门设计、开发和支持，在多个组织或者多个站点上使用。

影响程度：

0：应用程序只提供给一个用户在一个站点上使用。

1：在设计阶段，就需要考虑应用程序在多站点上使用，但是只是在相同的软/硬件环境下。

2：在设计阶段，就需要考虑应用程序在多站点上使用，但是是在相似的软/硬件环境下。

3：在设计阶段，就需要考虑应用程序在多站点上使用，而且是在不同的软/硬件环境下。

4：为支持应用程序在多站点上运行编制了文档和支持计划，并且通过了测试，而且应用程序如 1 和 2 所述。

5：为支持应用程序在多站点上运行编制了文档和支持计划，并且通过了测试，而且应用程序如 3 所述。

14. 允许改变

对于应用程序的灵活性有特定的要求。灵活性是指用户在没有技术上的介入的情况下，能够影响应用程序操作的程度。

影响程度：

0：没有说明特别的需求。

1～5：从下面的选项中选取适用于应用程序的项目。除非另有指示，否则为每个选项统计一个点。

1：提供一个灵活的查询机制，能够处理简单的查询请求。例如，只能应用于一个逻辑文件的“与/或逻辑”。

2：提供一个灵活的查询机制，能够处理一般复杂度的查询请求。例如，应用于多个逻辑文件的“与/或逻辑”（作为 2 个项目进行计数）。

3：提供一个灵活的查询机制，能够处理复杂的查询请求。例如，应用于多个逻辑文件的“与/或逻辑”组合（作为 3 个项目进行计数）。

4：控制信息被保存在数据表中，并且由用户进行在线维护。但是，任何改变只是在下一个营业日才开始有效。

5：控制信息被保存在数据表中，并且由用户进行在线维护。任何改变都立刻生效（作为 2 个项目计数）。

参 考 文 献

[1] Demarco T. Controlling software projects: Management, measurement & estimation[J]. Pearson Schweiz Ag, 1982, 10(6): 417-421.

[2] Ceddia J, Dick M. Automating the estimation of project size from software design tools using modified function points[C]. Australasian Conference on Computing Education. Australian Computer Society, Inc. 2004: 33-39.

[3] Shepperd M, Schofield C, Kitchenham B. Effort estimation using analogy[C]. International Conference on Software Engineering. IEEE, 1996: 170-178.

[4] Alelyani T, Mao K, Yang Y. Context-centric pricing: Early pricing models for software crowdsourcing tasks[C]. The International Conference, 2017.

[5] Aggarwal A K, Dave D S. Statistical software pricing analysis through artificial intelligence and statistical methods[M]. Geneva: Inderscience Publishers, 2010.

[6] Paul B. Ellickson, Sanjog Misra, Harikesh S. Nair (2012) repositioning dynamics and pricing Strategy[J]. Journal of Marketing Research, 2012, 49(6): 750-772.

[7] Turek M, Werewka J, Pałka D. The scrum pricing model for developing a common software framework in a multi-project Environment[M]. Cham: Springer International Publishing, 2017.

[8] Ojala A. Adjusting software revenue and pricing strategies in the era of cloud computing[J]. Journal of Systems & Software, 2016, 122: 40-51.

[9] NFSS Committee. Software non-functional assessment process（SNAP）. Assessment Practices Manual Release 2.3[Z]. Princeton: The International Function Point Users Group, 2015.

[10] 中国软件行业协会系统与软件过程改进分会，广州赛宝认证中心服务有限公司，等. 软件研发成本度量规范应用指南[Z]. SJ/T11463-2013.

[11] ISO/IEC JTC 1/SC 7. 软件工程—NESMA 功能规模度量方法 2.1 版—功能点分析应用定义和计数指南[Z]. ISO/IEC 24570.

[12] 中国软件行业协会，CSBSG. 中国软件行业基准数据报告[DB/OL]. 北京：中国软件基准数据比对用户组, 2017.

[13] David Garmus, David Herron. 功能点分析——成功项目的测量实践[M]. 钱岭，苏薇，盛轶阳 译 北京：清华大学出版社, 2003.

[14] 罗怀勇. COSMIC 方法研究及度量过程改进[D]. 长沙：国防科学技术大学, 2010.

[15] 刘拴西. 软件项目跟踪管理的研究与系统实现[D]. 厦门：厦门大学, 2008.

[16] 北京节能环保中心，北京建筑技术发展有限责任公司. DB11/T 1425—2017 信息技术：软件项目测

量元[S]. 2017.

[17] 北京凯思昊鹏软件工程技术有限公司, 中国电子技术标准化研究院, 北京邮电大学. GB/T 30961—2014 嵌入式软件质量度量[S]. 北京: 中国标准出版社, 2014.

[18] 侯红, 郝克刚. CMMI 的软件测量[J]. 计算机科学, 2006(11): 289-292.

[19] 张松. 精益软件度量[M]. 北京: 人民邮电出版社, 2013.

[20] 李江卫, 肖建华, 王厚之, 等. 城市坐标基准维持数据处理与稳定性分析研究[J]. 城市勘测, 2010(1): 45-49.

[21] 王求真. 软件开发项目工作量估算技术的比较研究[J]. 浙江大学学报(人文社会科学版), 2005, 35(4): 90-97.

[22] 姜卫平. 基准数据处理方法与应用[M]. 武汉: 武汉大学出版社, 2017.

[23] 何桢, 周善忠. 基准比较实施方法研究[J]. 机械工程, 2005(3): 43-46.

[24] 马贤颖, 吴欣. 一种多方法融合的软件成本估算改进方法[J]. 现代电子技术, 2013(22): 69-72.

[25] 李嘉. 基于功能点规模度量的软件成本估算模型研究及其应用[D]. 上海: 上海交通大学, 2011.

[26] 郑人杰. 软件工程——实践者的研究方法[J]. 计算机教育, 2007(3): 80.

[27] 基肖尔. 软件需求与估算[M]. 北京: 机械工业出版社, 2004.

[28] 胡媛媛, 位增杰. 如何构建应用软件造价评估模型[J]. 通信企业管理, 2015(11): 76-77.

[29] 唐颖. 软件项目成本估算研究[D]. 成都: 电子科技大学, 2006.

[30] 马剑. 软件开发工作量估算模型研究及其在项目管理中的应用[D]. 保定: 华北电力大学, 2012.

[31] 杜娟, 李江. 软件项目工作量估算方法应用研究[J]. 上海管理科学, 2007, 29(6): 65-67.

[32] 张俊光, 宋喜伟, 杨芳芳. 软件项目工作量动态估计方法研究[J]. 计算机应用研究, 2014, 31(10): 2998-3001.

[33] 王养廷. 软件项目工作量估算方法研究与应用[J]. 华北科技学院学报, 2014(4): 54-56.

[34] 石慧. 软件开发项目的进度计划与控制研究[D]. 武汉: 武汉理工大学, 2007.

[35] 李华北, 翟宏宝. 度量方法及高成熟度管理[M]. 北京: 电子工业出版社, 2015.

[36] 徐进. 工程项目结算与支付管理研究及软件开发[D]. 保定: 华北电力大学, 2002.

[37] 曹萍. 基于双边视角的软件项目支付进度优化研究[J]. 武汉理工大学学报（信息与管理工程版）, 2016(3): 372-376.

[38] 徐进. 工程项目结算与支付管理研究及软件开发[D]. 保定: 华北电力大学, 2002.

[39] 刘黎黎. 软件外包企业的应收账款管理探讨[D]. 成都: 西南交通大学, 2010.

[40] 曹萍. 软件项目支付进度问题研究[J]. 运筹与管理, 2015(4): 282-287.

[41] 赵雅洁. 信息化建设引领项目成本管理水平提升——项目分包结算管理软件开发与应用[J]. 经营管理者, 2015(20): 197.

[42] 沈华红.《软件工程功能规模测量 NESMA 方法》标准解读[J]. 信息技术与标准化, 2015(10): 54-56.

[43] 刘庚. 简化的功能点度量方法的比较和分析[J]. 计算机科学与探索, 2015(12): 1459-1470.
[44] 于洪玉. 应用 IFPUG 功能点分析方法进行软件规模估算实践[J]. 金融电子化, 2011(11): 73-75.
[45] 杜海凤. 基于 COCOMO 模型的软件定价方法研究[D]. 北京: 北京交通大学, 2012.
[46] 余芳. 功能点分析方法研究[J]. 计算机科学, 2007(11): 245-251.
[47] 罗宾・蔡斯, 王芮. 共享经济: 重构未来商业新模式[J]. 中国房地产（市场版）, 2015(10): 76.
[48] 王南丰. 软件产品市场定价策略分析[J]. 当代经济, 2008(4): 76-77.